高等学校土木建筑专业应用型本科系列规划教材

建筑工程定额与计价

主　编　戴望炎

副主编　胡晓楠　张　颖

参　编　李　芸　王宏军

东南大学出版社

·南京·

内 容 提 要

本书全面系统地介绍了建筑工程定额的概念及编制原理、建筑工程费用的构成及计算程序、建筑面积与工程量的概念及计算方法、建筑工程概预算与结决算的概念及编制方法、工程施工招标与投标报价的编制方法及实际操作要领、工程量清单的编制内容及清单计价的步骤方法等内容，附录列举了工程量清单与清单计价编制实例。

本书可作为高等院校土木工程、工程管理及相关专业的教材，亦可作为广大工程设计、施工、监理以及工程造价管理人员和自学者参考书。

图书在版编目(CIP)数据

建筑工程定额与计价 / 戴望炎主编. —南京：东南大学出版社，2011.6 (2013.6 重印)
高等学校土木建筑专业应用型本科系列规划教材
ISBN 978-7-5641-2823-4

Ⅰ.①建… Ⅱ.①戴… Ⅲ.①建筑经济定额—高等学校—教材 ②建筑工程—工程造价—高等学校—教材 Ⅳ.①TU723.3

中国版本图书馆 CIP 数据核字(2011)第 103186 号

建筑工程定额与计价

出版发行：东南大学出版社
社　　址：南京市四牌楼 2 号　邮编：210096
出 版 人：江建中
责任编辑：史建农　戴坚敏
网　　址：http://www.seupress.com
电子邮件：press@seupress.com
经　　销：全国各地新华书店
印　　刷：南京四彩印刷有限公司
开　　本：787mm×1092mm　1/16
印　　张：20.75
字　　数：531 千字
版　　次：2012 年 1 月第 1 版
印　　次：2013 年 6 月第 2 次印刷
书　　号：ISBN 978-7-5641-2823-4
印　　数：3001-5500
定　　价：42.00 元

高等学校土木建筑专业应用型本科系列规划教材编审委员会

总前言

国家颁布的《国家中长期教育改革和发展规划纲要(2010—2020年)》指出，要“适应国家和区域经济社会发展需要，不断优化高等教育结构，重点扩大应用型、复合型、技能型人才培养规模”；“学生适应社会和就业创业能力不强，创新型、实用型、复合型人才紧缺”。为了更好地适应我国高等教育的改革和发展，满足高等学校对应用型人才的培养模式、培养目标、教学内容和课程体系等的要求，东南大学出版社携手国内部分高等院校组建土木建筑专业应用型本科系列规划教材编审委员会。大家认为，目前适用于应用型人才培养的优秀教材还较少，大部分国家级教材对于培养应用型人才的院校来说起点偏高，难度偏大，内容偏多，且结合工程实践的内容往往偏少。因此，组织一批学术水平较高、实践能力较强、培养应用型人才的教学经验丰富的教师，编写出一套适用于应用型人才培养的教材是十分必要的，这将有力地促进应用型本科教学质量的提高。

经编审委员会商讨，对教材的编写达成如下共识：

一、体例要新颖活泼。学习和借鉴优秀教材特别是国外精品教材的写作思路、写作方法以及章节安排，摒弃传统工科教材知识点设置按部就班、理论讲解枯燥无味的弊端，以清新活泼的风格抓住学生的兴趣点，让教材为学生所用，使学生对教材不会产生畏难情绪。

二、人文知识与科技知识渗透。在教材编写中参考一些人文历史和科技知识，进行一些浅显易懂的类比，使教材更具可读性，改变工科教材艰深古板的面貌。

三、以学生为本。在教材编写过程中，“注重学思结合，注重知行统一，注重因材施教”，充分考虑大学生人才就业市场的发展变化，努力站在学生的角度思考问题，考虑学生对教材的感受，考虑学生的学习动力，力求做到教材贴合学生实际，受教师和学生欢迎。同时，考虑到学生考取相关资格证书的需要，教材中还结合各类职业资格考试编写了相关习题。

四、理论讲解要简明扼要，文例突出应用。在编写过程中，紧扣“应用”两字创特色，紧紧围绕着应用型人才培养的主题，避免一些高深的理论及公式的推导，大力提倡白话文教材，文字表述清晰明了、一目了然，便于学生理解、接受，能激起学生的学习兴趣，提高学习效率。

五、突出先进性、现实性、实用性、操作性。对于知识更新较快的学科，力求将最新最前沿的知识写进教材，并且对未来发展趋势用阅读材料的方式介绍给学生。同时，努力将教学改革最新成果体现在教材中，以学生就业所需的专业知识和操作技能为着眼点，在适度的基础知识与理论体系覆盖下，着重讲解应用型人才培养所需的知识点和关键点，突出实用性和可操作性。

六、强化案例式教学。在编写过程中，有机融入最新的实例资料以及操作性较强的案例素材，并对这些素材资料进行有效的案例分析，提高教材的可读性和实用性，为教师案例教学提供便利。

七、重视实践环节。编写中力求优化知识结构，丰富社会实践，强化能力培养，着力提高学生的学习能力、实践能力、创新能力，注重实践操作的训练，通过实际训练加深对理论知识的理解。在实用性和技巧性强的章节中，设计相关的实践操作案例和练习题。

在教材编写过程中，由于编写者的水平和知识局限，难免存在缺陷与不足，恳请各位读者给予批评斧正，以便教材编审委员会重新审定，再版时进一步提升教材的质量。本套教材以“应用型”定位为出发点，适用于高等院校土木建筑、工程管理等相关专业，高校独立学院、民办院校以及成人教育和网络教育均可使用，也可作为相关专业人士的参考资料。

高等学校土木建筑专业应用型
本科系列规划教材编审委员会
2010 年 8 月

前　言

《建筑工程定额与计价》是土木建筑类专业的一门重要专业基础课程，是为学生今后从业奠定牢固基础的专业知识体系的组成部分，更是为培养适应建设、施工、管理方面应用型人才所必需的基本知识的课程。

自2000年《中华人民共和国招标投标法》实施以来，建设工程招投标制度已在建设市场中占主导地位，建设工程通过招投标竞争成为形成工程预算计价的主要形式。我国加入世贸组织以后，建设市场进一步对外开放。为了引进外资和对外投资，在招投标工作中引入国际通行做法，实行招标工程的工程量清单计价方法，这样做有利于促进我国经济发展，提高施工企业管理水平和进入国际市场承包工程。

本书以《建设工程工程量清单计价规范》(GB 50500—2008)、《江苏省建筑与装饰工程计价表》(2004年)和《江苏省建设工程费用定额》(2009年)，以及国家颁布的有关工程预算造价政策文件为基础，结合作者的多年教学和工作实践，阐述了《计价规范》和《计价表》的具体操作应用、基本技能掌握和工程量计算方法、建筑工程计价中信息技术的应用，在附录中特别增加了工程量清单与清单计价编制实例。考虑到工程定额与计价的科学性和先进性，更着重于编制预算造价的实用性和可操作性。因此，在编写中既重视理论概念的阐述，也注意工程预算造价编制实例的讲解。

本书编写人员分工如下：东南大学戴望炎(第1、5、11章及附录)，三江学院李芸(第2、9、12章)，南京理工大学泰州学院王宏军(第3章)，南京工程学院胡晓楠(第4、8章)，盐城工学院张颖(第6、7、10章)。全书由主编戴望炎拟定大纲和统稿。在编写过程中参阅了大量文献和资料，限于编者的水平和经验，书中难免存在不足之处，敬请广大读者批评指正，以便不断完善。

编　者

2011年8月

目 录

1 **工程建设与定额预算概论** …… 1
1.1 工程建设基本概念 …… 1
1.2 工程定额概述 …… 5
1.3 工程预算概述 …… 9
2 **建筑工程定额** …… 12
2.1 人工消耗定额 …… 12
2.2 材料消耗定额 …… 15
2.3 机械台班消耗定额 …… 20
2.4 建筑工程施工定额 …… 23
2.5 建筑工程预算定额 …… 26
2.6 建筑工程概算定额与概算指标 …… 43
2.7 建筑工程企业定额 …… 51
3 **工程费用(造价)构成** …… 53
3.1 商品价格及建筑产品费用 …… 53
3.2 建设项目费用的构成 …… 58
4 **建筑工程计价费用** …… 68
4.1 建筑工程费用计算规则(规定) …… 68
4.2 工程类别的划分 …… 73
4.3 工程费用计算规则及计算标准 …… 75
4.4 建筑与装饰工程造价计算 …… 78
5 **建筑面积和工程量的计算** …… 81
5.1 建筑面积的计算 …… 81
5.2 工程量的计算 …… 85
6 **建设项目投资估算** …… 147
6.1 建设项目投资估算概述 …… 147
6.2 建设项目投资估算的编制 …… 149
7 **建筑工程设计概算** …… 155
7.1 设计概算概述 …… 155
7.2 单位工程设计概算的编制方法 …… 156

7.3 单位工程设计概算的审查 …… 158

8 建筑工程施工图预算 …… 161

8.1 施工图预算概述 …… 161

8.2 施工图预算的编制 …… 162

8.3 施工图预算工料分析 …… 165

9 建筑工程竣工结算与建设项目竣工决算 …… 166

9.1 建筑工程竣工结算 …… 166

9.2 建设项目竣工决算 …… 187

10 工程量清单与清单计价 …… 199

10.1 工程量清单概述 …… 199

10.2 《建设工程工程量清单计价规范》(GB 50500—2008)简介 …… 200

10.3 工程量清单的编制 …… 201

10.4 工程量计价的编制 …… 212

11 建筑工程招标标底与投标报价 …… 231

11.1 工程招标与投标概述 …… 231

11.2 工程施工招标 …… 232

11.3 工程施工投标 …… 238

11.4 工程施工合同 …… 240

11.5 施工索赔 …… 242

12 建筑工程计价中信息技术的应用 …… 245

12.1 概述 …… 245

12.2 土建算量软件——广联达图形算量软件 GCL2008 …… 246

12.3 钢筋算量软件——鲁班钢筋 2010(预算版) …… 257

12.4 工程计价软件——未来清单 2008 …… 267

附录 工程量清单与清单计价编制实例 …… 271

参考文献 …… 322

1 工程建设与定额预算概论

1.1 工程建设基本概念

1.1.1 工程建设的含义

工程建设是指固定资产扩大再生产的新建、扩建、改建、迁建和复建等建设工程以及与其相关的其他建设活动。例如，盖工厂、开矿山、筑铁路、造桥梁、修水利、建海港等，都属于工程建设。工程建设是形成新增固定资产的一种综合性的经济活动，其中新建和扩建是主要形式。其主要内容是把一定量的物质资料，如建筑材料、机械设备等，通过购置、运输、建造和安装活动，转化为固定资产，形成新的生产力或使用效益的过程，以及与其相关的其他活动，如土地征购、青苗赔偿、迁坟移户、勘察设计、筹建机构、招聘人员、职工培训等，也是工程建设的组成部分。

工程建设实质上就是活劳动和物化劳动的生产，是扩大再生产的转换过程，它以扩大生产、造福于人类为目的，其主要效益是增加物质基础和改善物质条件。

1.1.2 工程建设的内容

1）建筑工程

永久性和临时性的建筑物和构筑物的房屋建筑、给水排水、暖气通风、电气照明等，以及与其相关的建筑场地平整、清理绿化、电力线路及小区道路等建设。

2）安装工程

动力、电讯、起重、运输、医疗、实验室等的机械设备和电气设备的安装或装配，以及附属于被安装设备的管线敷设、金属支架、梯台和有关保温、绝缘、油漆和测试等工作。

3）勘察与设计

地质勘察、地形测量和工程设计等工作。

4）设备、工具、器具购置

生产应配备的各种设备、工具、器具、生产家具及实验室仪器等的购置。

5）相关其他建设工作

除上述各项建设工作以外的其他建设工作，如征购土地、青苗赔偿、房屋拆迁、建设监理、机构设置、科学研究、用具添置等。

1.1.3 工程建设的分类

工程建设是由工程建设项目组成的，通常将其简称为建设工程或建设项目。由于建设项目的性质、规模和投资等的不同，可将建设工程作如下分类：

1）按工程建设性质划分

(1) 新建项目。是指原无固定资产，一切重新开始建设的项目。或对原有项目重新进行总体设计，经扩大建设规模，其新增固定资产价值超过原有固定资产价值3倍以上的建设项目。

(2) 扩建项目。是指原有固定资产，为了扩大生产规模或发挥投资效益，在原有的基础上增加(扩大)新建的建设项目。

(3) 改建项目。是指原有固定资产，为了提高生产效率或改进产品质量，而对原有的设备、工艺进行技术改造的建设项目。或为了提高综合生产能力，增加一些附属和辅助车间或非生产性工程，也可列为改建项目。

(4) 复建项目。是指原有固定资产，但遭受自然(如地震、台风)或人为(如火灾、战争)灾害的破坏而毁损或报废，以后又投资重新恢复建设的项目。

(5) 迁建项目。是指原有固定资产的建设单位，由于某种原因进行搬迁到另地重建的项目，无论其建设规模是维持原状或扩大，都属迁建项目。

2）按建设工程规模划分

(1) 大中型建设项目。是指项目投资在限额(5 000万元)以上的建设项目。

(2) 小型建设项目。是指项目投资在限额(5 000万元)以下的建设项目。

3）按建设工程用途划分

(1) 生产性建设项目。是指直接用于物质生产所需要的建设项目，如用于工业建设、农业建设、商业建设，以及基础设施(包括交通、通讯、邮电、勘探)等建设。

(2) 非生产性建设项目。是指用于满足人民物质生活和文化福利需要的建设和物质资料生产部分的建设项目，如办公用房、公共建筑、住宅用房和其他建设项目等。

1.1.4 工程建设项目划分

为确定出每一个建设项目的建设费用，就必须对整个建设工程进行科学的分析和研究，以便计算出工程建设的费用。为此，首先必须根据由大到小、从整体到局部的原则，将工程建设分解并划分为建设项目、单项工程、单位工程、分部工程、分项工程5个层次；然后在计算工程造价时，则反之，按照由小到大、从局部到整体的顺序，求出每一个层次的组成要素的费用；最后再逐层汇总计算出整个工程建设项目的工程造价(费用)。

1）建设项目

建设项目又称建设单位。建设单位是指在一个场地或几个场地上，按照一个总体规划设计和总概算进行建设(施工)，经济上实行统一核算，行政上具有独立组织形式的工程建设单位。如：一个工厂、一所学校、一口矿井、一条铁路、一座桥梁等。

2) 单项工程

单项工程又称工程项目,它是建设项目的组成部分。单项工程是指具有独立设计文件和概算,工程竣工后可以独立发挥生产能力或使用功能要求的工程。如:一座工厂中的各个车间、办公楼、食堂;一所学校中的各个教学楼、图书馆、学生宿舍等。

3) 单位工程

单位工程是单项工程的组成部分。单位工程是指具有独立设计文件和概算,但工程竣工后不能独立发挥生产能力或使用功能要求的工程。如:学校办公楼中的土建工程、给水排水工程、电气照明工程、采暖通风工程等。

4) 分部工程

分部工程是单位工程的组成部分。分部工程是指在一个单位工程中,按各个工程部位不同(如:基础工程、墙体工程、楼地面工程、天棚工程、屋面工程等),或按使用材料和专业工程不同(如:土石方工程、桩基础工程、砌筑工程、混凝土工程、金属结构工程等),将单位工程进一步划分的工程。

5) 分项工程

分项工程是分部工程的组成部分。分项工程是指在分部工程中,按施工方法、材料品种或规格型号的不同,将分部工程再进一步划分为若干部分的工程。如:基础工程(分部工程)可划分为挖地槽土方、打基础垫层、砌砖基础墙、抹墙基防潮层、回填地槽土方等。

分项工程本身无独立存在的意义,只是为了计算建筑工程造价(费用)而分解出来的"假定产品"。但分项工程却是计算工、料、机和成本(费用)的"最基本、最微小"的构成要素,即建筑工程预算造价的编制,就是从这"最基本、最微小"的分项工程开始起算,由小到大逐步汇总而成的结果。

1.1.5 工程建设的程序

工程建设的程序是指工程建设项目,从分析主项、论证决策、勘察设计、施工建造到竣工验收的整个建设过程中,各项工作必须遵循的先后次序。工程建设程序,不是由人们的主观意志所决定的,而是工程建设客观规律的反映。我国长期工程建设的实践经验告诉我们:凡一项工程能遵循工程建设程序,就会获得较好的经济效益和社会效益。反之,不遵循工程建设客观规律,就会受到应有的惩罚而造成不可挽回的经济损失。

工程建设的程序,是要使工程造价的编制深度要求与工程建设的阶段性工作相适应。因此,工程建设的程序一般由以下4个阶段组成:

1) 决策阶段

(1) 提出项目建议书

项目建议书是建设单位根据区域发展和行业规划的要求,结合建设项目相关的自然资源、生产力状况和市场预测信息,通过调查、研究、分析,得出拟建项目建设的必要性、条件的可行性、获利的可能性,向国家建设主管部门提出立项的建议书。根据批准的项目建议书,编制初步投资估算。再经有权部门批准,作为建设项目建设前期工程的控制造价。

(2) 进行可行性研究

可行性研究是根据国民经济发展长远规划和已获批准的项目建议书,对建设项目在技术上、经济上是否可行，通过多方案比较，所进行的科学分析与论证，并得出可行与否结论的“可行性研究报告”。根据论证通过的可行性研究报告，编制投资估算，再经有权部门批准，作为该建设项目的国家控制造价。

2）设计阶段

(1) 编制设计任务书

根据批准的项目建议书和可行性研究报告，编制设计任务书。设计任务书是编制设计文件的主要依据，由建设单位组织设计单位编制。设计任务书的内容一般包括：建设目的和依据；建设规模；水文地质资料；主要技术指标；抗震方案；完成设计时间；建设工期；投资估算额度；达到的经济效益和社会效益等。

(2) 编制设计文件

设计任务书报有权部门批准后，建设单位就可委托设计单位编制设计文件。

设计分阶段进行，对于技术复杂而又缺乏经验的建设项目，分三阶段设计，即初步设计、技术设计和施工图设计。一般建设项目均按两阶段设计，即初步设计和施工图设计。对于技术简单、方案明确的小型建设项目，可采用一阶段设计，即施工图设计。

初步设计阶段编制初步设计总概算，经有关部门批准后，即作为拟建项目工程投资的最高限额。技术设计阶段编制修正设计总概算，经批准后则作为编制施工图设计和施工图预算的依据。施工图设计阶段编制施工图预算，用以核实施工图预算造价是否超过批准的初步设计总概算，否则就要调整修正初步设计内容。

3）施工阶段

(1) 施工招投标、签订承包合同

施工招标是建设单位将拟建工程的工程内容、建设规模、建设地点、施工条件、质量标准和工期要求等，拟成招标文件，通过报刊或电台发布公告，告知有意承包者前来响应，以便招引有意投标的单位参加投标竞争。施工单位获知招标信息后，根据设计文件中的各项条件和要求，并结合自身能力，提出愿意承包工程的条件和报价，参与施工投标。建设单位从众多投标的施工单位中，选定施工技术好、经济实力强、管理经验多、报价较合理、信誉好的施工单位承揽招标工程的施工任务。

施工招投标工程以施工图预算为基础，承包合同价以中标价为依据确定。施工单位中标后，应与建设单位签订施工承包合同，明确承发包关系。

(2) 进行施工准备，组织全面施工

建设项目开工前，必须做好各项施工准备工作，这是确保项目能否顺利进行施工的前提。施工准备工作内容包括：办理开工手续、收集技术资料、进行征地拆迁、搞好“三通一平”、熟悉施工图纸、编制施工预算、搭设临时设施、落实建筑材料、订购施工机械设备、招募培训劳力、现场测设“测量控制网”和埋设水准点等。

施工准备工作就绪，并取得“施工许可证”和批准“开工报告”后，工程方可正式施工。工程项目必须严格按照施工图纸和施工验收规范的要求，将各专业队组的工人组织起来，使其能有次序、有节奏、有规律、均衡地进行施工，务使工程达到工期短、质量好、成本低之目的，来完成工程的施工任务。

4）竣工验收阶段

建设项目通过施工活动，最终完成建筑产品，符合设计文件规定的要求后，便可组织竣工验收。竣工验收内容包括:绘制竣工图;隐蔽工程施工记录;质量事故处理报告;各项试验资料等。验收合格后,施工单位应向建设单位办理竣工移交和竣工结算手续,然后交付建设单位使用。

1.2 工程定额概述

1.2.1 工程定额的含义

定额是指从事经济活动,对人力、物力和财力的消耗数量的限定标准,是一种规定的额度或限额。在工程施工过程中,为了完成某一建筑产品的施工生产,就必须要消耗一定数量的人力、物力和财力的资源,也就是一定数量的活劳动和物化劳动的消耗。这些资源的消耗是随着施工对象、施工条件、施工方法、施工水平和施工组织的变化而变化的。

工程定额是指在正常的施工生产、合理的劳动组织和节约使用材料的条件下,完成单位合格产品所需消耗的人工、材料、机械和资金的数量标准。工程定额反映了工程建设的投入与产出的关系,它不仅规定了该项产品投入与产出的数量标准,而且还规定了完成该产品具体的工作内容、质量标准和安全要求。

实行定额的目的,是定额可以调动企业和职工的生产积极性,不断提高劳动生产率,加速经济建设发展,增加社会物质财富,满足整个社会不断增长的物质和文化生活的要求。定额反映生产关系和生产过程的规律,应用现代科学技术方法,找出产品生产与生产消耗之间的数量关系,用以寻求最大限度地节约生产消耗和提高劳动生产率的途径。因此,在建筑企业的生产活动中贯彻应用定额,就能体现出以最少的人力、物力的资源消耗,生产出质量合格的建筑产品,以获得最好的经济效益。

1.2.2 定额的产生

定额产生于19世纪资本主义企业管理科学的发展初期。定额的产生是资本主义社会生产发展对企业管理的客观要求,它与管理科学的发展密切地联系在一起,是企业管理科学化的必然结果。

19世纪末叶,美国工程师泰罗(Taylor 1856—1915)为了解决当时资本主义工业高速发展与传统的生产管理方法之间的矛盾,开始对企业科学管理进行研究,以提高工人的劳动生产率,提出了一整套的科学管理方法,这就是后来著名的“泰罗制”。

首先,泰罗通过研究工人的工作时间,制定出“工时定额”,作为衡量工人工作效率的尺度;其次,研究工人的操作方法,制定出最能节约工作时间的“标准操作方法”,用以增加产品的数量和质量;同时,还制定出相应配套的“差别计件工资制度”,对工人完成产品生产的数量和质量的高与低和好与差,规定有不同区别的工资,以刺激工人为多拿奖励工资而努力工作,因而大大提高了劳动生产率。

泰罗制的推行,无疑使资本主义企业获得了更多的利润,给企业带来根本性的改革,对提高劳动生产率产生了深远的影响，有其显著的科学成就。

1.2.3 工程定额的分类

1）按定额生产因素和消耗内容分

物资生产所必须具备的“三要素”是：劳动者、劳动对象和劳动手段。劳动者是指生产工人；劳动对象是指建筑材料（包括半成品）；劳动手段是指生产机具设备。因此，根据施工活动所需生产要素和消耗内容，可将工程定额分为以下3种类型：

(1) 劳动消耗定额。劳动消耗定额简称为劳动定额，又称人工定额。劳动消耗定额是指在正常施工技术和合理劳动组织的条件下，为生产单位合格产品，所规定活劳动消耗的数量标准。

(2) 材料消耗定额。材料消耗定额简称材料定额，是指在合理使用材料的条件下，生产单位合格产品所规定的原材料、成品、半成品、构配件、燃料、水、电等消耗数量的标准。

(3) 机械消耗定额。机械消耗定额是以一台机械一个工作班(8 h)为计量单位，所以又称机械台班使用定额。是指在正常施工技术、合理劳动组织和合理使用机械的条件下，生产单位合格产品所规定的施工机械台班消耗数量的标准。

2）按定额用途和编制程序分

按定额用途和编制程序，工程定额可分为以下5种：

(1) 施工定额。施工定额是指工种工人或专业班组，在合理劳动组织和正常施工条件下，生产单位合格产品所规定的人工、材料和机械台班消耗数量的标准。

施工定额是施工企业组织生产和加强管理，而在施工企业内部使用的一种典型的生产性定额，是属于企业定额的性质。施工定额又是一种项目划分最细、定额子目最多的定额，也是工程定额中的基础性定额。

(2) 预算定额。预算定额是指在先进和合理的施工条件下，确定（完成）一个分部分项工程或结构构件所规定的人工、材料和机械台班消耗数量的标准。

预算定额是以施工定额为基础编制的，它是施工定额的综合和扩大。预算是一种典型的计价性定额。

(3) 概算定额。概算定额又称扩大结构定额，是指按一定计量单位规定的扩大分部分项工程或扩大结构构件所规定的人工、材料和机械台班消耗数量及费用的标准。概算定额也是一种计价性定额。

(4) 概算指标。概算指标是指用每 m^2、每 m^3 或每座为计量单位，所规定的人工、材料和机械台班消耗数量的标准，或规定的每万元投资所需人工、材料、机械台班消耗数量及造价费用的标准。概算指标也是一种计价性定额。

(5) 估算指标。估算指标是在项目建议书和可行性研究阶段，编制投资估算时使用的一种定额。它是以人工、主要材料、其他材料费、机械使用费消耗量的形式表现的。这种定额非常概略，往往以独立的单项工程或完整的工程项目为计算对象，编制内容是所有项目费用之和。

3）按编制单位和执行范围分

(1) 全国统一定额。它是综合全国工程建设的施工技术、组织管理和生产劳动的一般情况而编制的定额，在全国范围内统一执行使用。如《建筑安装工程劳动定额》(1994 年建设部和劳动部合编)、《全国统一建筑工程基础定额》(1995 年建设部编)。

(2) 行业统一定额。它是考虑到各部门生产技术特点，参照全国统一定额的水平编制的，仅在本部门范围内执行，具有较强的行业专业性。如《水利水电建筑工程预算定额》(水利部编)。

(3) 地区统一定额。它是考虑到各地区气候资源、物质技术和交通运输等条件的特点不同而编制的定额，只在本地区范围内执行使用。如《江苏省建设工程费用定额》(2009 年江苏省建设厅编)。

(4) 企业定额。企业定额是指施工企业考虑本企业具体情况，并参照国家、部门或地区定额的水平而制定的定额。企业定额只在企业内部使用，亦可用于施工企业投标报价。这种定额对外不公开，严守定额秘密。企业定额水平应高于国家定额水平，这样才能促进企业生产技术发展，促进管理水平和市场竞争的提高。

4) 按专业不同和适用目的分

(1) 建筑工程定额。

(2) 给水排水工程定额。

(3) 电气照明工程定额。

(4) 采暖通风工程定额。

1.2.4 定额水平与劳动生产率

1) 定额水平的含义

定额水平是指规定完成单位合格产品所需消耗的资源(劳动力、材料、机械台班)数量的多寡。它是按照一定的施工程序和工艺条件下，所规定的施工生产中活劳动和物化劳动的消耗水平。

定额水平是一种“平均先进水平”，即在正常施工条件下，大多数施工队组和工人，经过努力能够达到和超过的水平，它低于先进水平，而略高于平均水平。

定额水平反映企业的生产水平，是施工企业经营管理的依据和标准，每个企业和工人都必须努力达到或超额完成。

2) 定额水平与劳动生产率和资源消耗间的关系

定额水平应直接反映劳动生产率水平和资源消耗水平。定额水平变化与劳动生产率水平变化，其变化方向应相一致；定额水平变化与资源消耗水平变化，其变化方向则应相反。

3) 影响定额水平的因素

(1) 施工操作人员的技术水平。

(2) 新材料、新工艺、新技术的应用情况。

(3) 企业施工采用机械化的程度。

(4) 企业施工的管理水平。

(5) 企业工人的生产积极性。

1.2.5 定额的制定及修订

1）定额的制定

定额是根据生产某种建筑产品，工人劳动的实际情况和用于该产品的材料消耗、机械台班使用情况，并考虑先进施工方法的推广程度，分别通过调查、研究、测定、分析、讨论和计算之后所制定出来的标准。因此，定额是平均的，同时又是先进的标准。

定额的制定应符合从实际出发，体现“技术先进、经济合理”的要求。同时，也要考虑“适当留有余地”，反映正常施工条件下，施工企业的生产技术和管理水平。

2）定额的修订

定额水平不是一成不变的，而是随着社会生产力水平的变化而变化的。定额只是一定时期社会生产力的反映。随着科学技术的发展和定额对社会劳动生产率的不断促进，导致定额水平往往会落后于社会劳动生产率水平。当定额水平已经不能促进生产和管理，甚至影响进一步提高劳动生产率时，就应当修订已陈旧的定额，以达到新的平衡。

1.2.6 制定平均先进水平定额的意义

(1) 平均先进水平的定额，能调动工人生产积极性，因而提高劳动生产率。

由于定额是平均而又是先进的标准，因此使工人生产有章可循，即有明确的努力目标。在正常的施工条件下，只要工人通过自己的努力，目标是一定可以达到或超过的。因而，定额会激发和调动工人的生产积极性，为社会多做贡献。

(2) 平均先进水平的定额，是施工企业制定内部使用的“企业定额”的理想水平。

由于定额是平均先进水平，它低于先进水平，而又略高于平均水平。这种定额的水平，使先进工人感到有一定的压力，必须努力更上一层楼；使中间工人感到定额水平是可望又可即，从而增加达到和超过定额水平的信心；使后进工人感到有压迫力，落后就要挨打，必须尽快提高操作技术水平，以达到定额水平。

(3) 平均先进水平的定额，会减少资源消耗，提高产品的质量。

由于定额不仅规定了一个“数量标准”，而且还有其具体的工作内容和达到的质量要求。施工生产中如果有了定额，那么“产量的高与低、质量的好与差、消耗的多与少”，就有了一个衡量的标准。

总之，平均先进水平的定额，是一种起着可以鼓励先进、勉励中间、鞭策落后的作用。因此，定额在施工生产中贯彻执行，必然会带来提高劳动生产率，增加工人物质生活福利。因而，在促使施工工程缩短工期、加快进度、确保质量、降低成本等诸多方面均有重大的现实意义。

1.2.7 定额的特性

1）定额的科学性

定额中规定的各种人工、材料、机械的数据，都是在遵循客观规律的条件下，经过长期的观察、测定,广泛收集资料和总结生产实践经验的基础上,以实事求是的态度,运用科学的方法,经认真分析后确定的,具有可靠的科学性。

2)定额的群众性

定额制定颁发后,在施工生产实践中要由广大工人群众去贯彻执行,也只有得到群众的充分协助和支持,定额才能更加合理化,并能为群众所接受,所以定额具有广泛的群众性。

3)定额的系统性

工程定额是由多种内容的定额结合而成的有机整体,它具有结构复杂、层次分明、目标明确的特点,工程定额是相对独立的系统。

4)定额的稳定性

定额如果经常处于修改和变动状态,那么必然会造成执行中的困难和混乱。定额的执行需要有一个实践过程,只有通过实践的检验、观察和使用后才能发现问题,并在执行使用中不断加以完善和补充修订,因此应当有其稳定的使用期,决不可以朝订暮改。

1.3 工程预算概述

1.3.1 工程预算的定义

工程预算是指根据设计图纸及其说明,并结合施工设计或施工方案,以及有关概预算定额手册、计算规则和地区取费标准、取费率等,预先计算出来的该项工程的价格(造价)。工程预算包括设计概算和施工图预算,它们是建设项目在不同实施阶段全部投资额的技术经济文件。

1.3.2 工程预算的分类

工程预算按工程建设不同阶段编制文件划分,可分为投资估算、设计概算、修正概算、施工图预算、竣工结算和竣工决算。

1)投资估算

投资估算是在项目建议书和可行性研究阶段,根据投资估算指标、市场工程造价资料、现行材料设备价格,并结合工程实际情况,对拟建项目的投资数额进行预测与估计,确定出投资估算的造价。

2)设计概算

设计概算是在初步设计或扩大初步设计阶段,由设计单位以投资估算为目标,根据初步设计图纸、概算定额或概算指标、费用定额或取费标准等技术经济资料,预先计算和确定出建设项目从项目筹建、竣工验收到交付使用的全部建设费用的经济文件。经批准的设计概算造价,即成为控制建设项目工程造价的最高限额。

3）修正概算

修正概算是在技术设计阶段，随着初步设计内容的深化，在建设规模、结构类型、材料品种等方面，对原初步设计图纸进行必要的修改和变动，此时则应对初步设计概算作相应的修改和变动，即形成修正概算。修正概算不得超过原已批准的设计概算的投资额。

4）施工图预算

施工图预算是在施工图设计完成后，单项工程或单位工程开工前，由施工单位根据已审定的施工图纸、施工组织设计、定额手册、取费标准、建设地区的自然和技术经济条件等，预先计算和确定的单项工程或单位工程费用的技术经济文件。施工图预算是确定建筑工程预算造价的依据。

5）竣工结算

竣工结算是在单项工程或单位工程完成合同规定的全部内容，并经竣工验收合格后，由施工单位以施工图预算为依据，并根据设计变更通知书、现场施工记录、现场变更签证，有关计价单价、费用标准等资料，汇总计算出项目的最终工程价款。

6）竣工决算

竣工决算是在建设项目或单项工程全部完工并经验收后，由建设单位编制的从项目筹建到竣工验收的全过程中，实际支付的全部建设费用的经济文件。

1.3.3 工程预算的作用

(1) 是国家制定工程建设计划的依据。

(2) 是建设单位确定工程造价的依据。

(3) 是设计单位衡量设计水平和选择设计方案的依据。

(4) 是建设银行支付贷款和进行财政监督的依据。

(5) 是建设工程实行招投标和签订承包合同的依据。

(6) 是施工企业编制施工计划和统计工作量的依据。

(7) 是施工企业编制施工组织设计和进行经济核算的依据。

1.3.4 工程建设程序与工程预算编制的关系

工程建设项目是一种特殊的生产产品，其施工过程是一个生产周期长、消耗数量大、投资费用多的生产消费过程，而且要分阶段进行，逐步深入。按照工程建设的程序，要分阶段编制相应的工程概预算，即从投资估算、设计概算、施工图预算到承包合同价，再到各项工程的结算价，并在竣工结算的基础上，最后汇总编制出竣工决算，整个计价过程是一个由粗到细、由浅到深，最后才能确定工程实际造价的过程。

工程建设程序与工程预算编制的关系如图 1-1 所示。

图 1-1 说明了工程建设程序与工程预算编制关系的总体过程。从图中可以看出：它们之间存在着不可分割的关系。由此可知：必须严格遵循工程建设程序，按阶段编制相应工程预算，并实施阶段的全面造价管理，使“编”与“管”相结合，只有这样，才能达到有效地节约建

设投资，提高投资经济效益之目的。

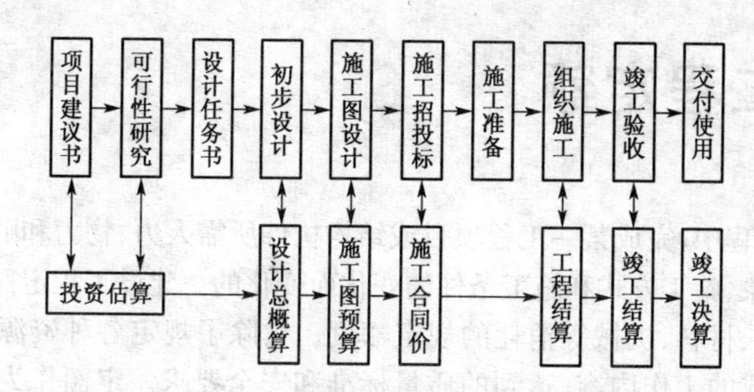

图 1-1 工程建设程序与工程预算编制的关系图

1.3.5 工程预算(造价)的两种含义及计价特点

1) 工程预算(造价)的两种含义

第一种含义：是指一项建设项目，由建设单位预计开支的全部固定资产投资费用，从开始筹建至建成交付使用，建设全过程所需投入的建设成本，也就是建设项目的全部资金投入。

第二种含义：是指一项建筑工程施工的工程承发包价格，由建设单位付给施工单位的全承包费用，也就是建筑工程的产品价格。

2) 工程预算(造价)的计价特点

(1) 计价的单件性

每一项工程项目，都有其设计的特定功能和用途的要求，因而具有在造型和结构、面积和装饰等方面的不同。即使功能和用途均相同的工程，其建设等级、建筑标准、施工方法、技术水平等方面也会有不同。何况工程的实物形态的不同，再加上各建造地区的自然环境和物质资源的差别，最终导致工程预算造价的千差万别。因此，建筑工程产品就不能像一般工业产品那样批量生产和批量定价，而只能按各个工程项目单独设计和单独定价，即单件性计价。

(2) 计价的多次性

一项工程项目，由于建设周期长、耗费资源多、投资费用大，因此要按工程建设程序分阶段进行建设并按相应的阶段进行多次计价，如投资估算、设计概算、施工图预算、竣工结算和竣工决算等，这样才能保证工程预算造价计算的正确性和控制的有效性，这就是计价的多次性。

(3) 计价的组合性

一项建设项目是一个工程综合体，这个综合体可以分解为许多有内在联系的独立和不独立的工程。从工程预算计价和工程施工管理的角度来观察，一个建设项目是“由大到小”做如下分解：建设项目→(若干)单项工程→(若干)单位工程→(若干)分部工程→(若干)分项工程。由此可见，建设项目的这种逐步分解过程，决定了计价是一个相反的“由小到大”逐步组合过程。其计价顺序为：分部分项工程单价→单位工程造价→单项工程造价→建设项目总造价。工程预算计价的这种组合过程，就称为计价的组合性。

2 建筑工程定额

在工程施工过程中，完成某一工程项目或结构构件所需人力、物力和财力等资源的消耗量，是随着施工对象、施工方式和施工条件的变化而变化的。建设工程定额是指在工程建设中单位产品上人工、材料、机械等消耗的规定额度。它除了规定各种资源和资金的消耗量外，还规定了应完成的工作内容、达到的质量标准和安全要求。定额作为加强企业经营管理、组织施工、决定分配的工具，主要作用表现为：它是建设系统作为计划管理、宏观调控、确定工程造价、对设计方案进行技术经济评价、贯彻按劳分配原则、实行经济核算的依据；是衡量劳动生产率的尺度；是总结、分析和改进施工方法的重要手段。这种规定的数量额度所反映的是，在一定的社会生产力发展水平的条件下，完成工程建设中的某项产品与各种生产消费之间特有的数量关系。

建筑工程定额是建筑工程的施工定额、预算定额、概算定额和概算指标的统称。建筑工程一般理解为房屋和构筑物工程。建筑工程定额在整个建设工程定额中占有突出的地位。

2.1 人工消耗定额

2.1.1 人工消耗定额的概念

人工消耗定额也称为劳动定额。它是建筑安装工程统一劳动定额的简称，是反映建筑产品生产中活劳动消耗数量的标准。劳动定额是指在正常的施工(生产)技术组织条件下，为完成一定数量的合格产品或完成一定量的工作所预先付出的必要的活劳动消耗量。

2.1.2 人工消耗定额的形式

1) 按表现形式的不同

人工定额按表现形式的不同，可分为时间定额和产量定额两种形式。

(1) 时间定额

时间定额，就是某种专业、某种技术等级工人班组或个人，在合理的劳动组织和合理使用材料的条件下，完成单位合格产品所必需的工作时间，包括准备与结束时间、基本工作时间、辅助工作时间、不可避免的中断时间及工人必需的休息时间。时间定额以工日为单位，每一工日按 8 小时计算。其计算方法如下：

$$\text{单位产品时间定额(工日)} = \frac{1}{\text{每工产量}} \tag{2-1}$$

或
$$单位产品时间定额(工日)=\frac{小组成员工日数总和}{机械台班产量} \quad (2-2)$$

(2) 产量定额

产量定额，就是在合理的劳动组织和合理使用材料的条件下，某种专业、某种技术等级的工人班组或个人在单位工日中所应完成的合格产品的数量。其计算方法如下：

$$每工产量=\frac{1}{单位产品时间定额(工日)} \quad (2-3)$$

产量定额的计量单位有：m、m^2、m^3、t、块、根、件、扇等。

时间定额与产量定额互为倒数，即：

$$时间定额\times产量定额=1 \quad (2-4)$$

$$时间定额=\frac{1}{产量定额} \quad (2-5)$$

$$产量定额=\frac{1}{时间定额} \quad (2-6)$$

对小组完成的时间定额和产量定额，两者就不是通常所说的倒数关系。时间定额与产量定额之积，在数值上恰好等于小组成员数总和。

2) 按定额的标定对象不同

按定额标定对象不同，人工定额又可分为单项工序定额和综合定额两种，综合定额表示完成同一种产品中的各单项(工序或工种)定额的综合。按工序综合的用“综合”表示，按工种综合的一般用“合计”表示。其计算方法如下：

$$综合时间定额=\sum 各单项(工序)时间定额 \quad (2-7)$$

$$综合产量定额=\frac{1}{综合时间定额(工日)} \quad (2-8)$$

时间定额和产量定额都表示同一人工定额项目，它们是同一人工定额项目的两种不同的表现形式。时间定额以工日为单位，综合计算方便，时间概念明确；产量定额则以产品数量为单位表示，具体、形象，劳动者的奋斗目标一目了然，便于分配任务。人工定额用复式表同时列出时间定额和产量定额，以便于各部门、各企业根据各自的生产条件和要求选择使用。

复式表示法有如下形式：

$$\frac{时间定额}{每工产量} \quad 或 \quad \frac{人工时间定额}{机械台班产量}$$

2.1.3 人工消耗定额的作用

1) 制定预算定额的依据

确定建筑工程预算定额中的各施工过程或单位建筑产品的劳动力耗用量，是以人工消耗定额为基础的。人工消耗定额是建筑工程定额中最基本、最重要的组成部分。

2）计划管理的依据

施工单位的计划管理，需编制年、季、旬生产计划，作业计划，施工进度计划，劳动工资计划等，确定上述计划的基本数据的依据是人工消耗定额。应当指出，施工单位编制所有计划，应以本企业平均先进的劳动定额为依据。

3）作为衡量劳动生产率的标准

衡量施工单位、施工班组及个人的劳动生产率，是以劳动定额为唯一标准。随着施工工艺、技术、工具、设备的改进和劳动生产率的提高，劳动定额亦应相应调整，以显示建筑业生产率的不断提高。

4）按劳分配和推行经济责任制的依据

施工单位实行计件工资和计时奖励制，均应以劳动定额为结算依据。

施工单位签发施工任务书，规定各施工组织体职责范围的依据是劳动定额，使生产、计划、成果及分配统一起来，也使国家、集体与个人的利益相一致。

5）推广先进技术和劳动竞赛的基本条件

以劳动定额为基础，可测定本单位、本班组及个人的生产率，找出差距和影响因素。采用先进技术，改进操作方法，开展班组之间和个人之间的劳动竞赛，均以劳动定额为依据，促进劳动生产率的提高。

6）施工单位经济核算的依据

施工单位对考核与分析建筑产品的劳动量消耗，是以劳动定额为依据进行核算，并用来控制劳动消耗和产品的工时消耗，降低建筑产品中的人工费用消耗。

2.1.4 人工消耗定额的应用

【例 2-1】 某土方工程二类土，挖基槽的工程量为 450 m^3，每天有 24 名工人负责施工，时间定额为 0.205 工日/m^3，试计算完成该分项工程的施工天数。

【解】 (1) 计算完成该分项工程所需总工作时间

$$总工作时间 = 450 \times 0.205 = 92.25\ 工日$$

(2) 计算施工天数

$$施工天数 = 92.25/24 = 3.84(取\ 4\ 天)$$

即完成该分项工程需 4 天。

【例 2-2】 有 140 m^3 标准砖外墙，由 11 人的砌筑小组负责施工，产量定额为 0.862 m^3/工日，试计算其施工天数。

【解】 (1) 计算小组每工日完成的工程量

$$小组每工日完成的工程量 = 11 \times 0.862 = 9.48\ m^3$$

(2) 计算施工天数 $= 140/9.48 = 14.77$(取 15 天)

即该标准砖外墙需要 15 天完成。

【例 2-3】 若某项工作工人的消耗时间节约 10%，则产量定额提高多少？

【解】 产量定额 $= \frac{1}{时间定额} = \frac{1}{1-10\%} = 1.11$，则产量定额提高了11%。

2.2 材料消耗定额

2.2.1 材料消耗定额的概念

材料消耗定额是指在合理和节约使用材料的前提下，生产单位合格产品所必须消耗的建筑材料（半成品、配件、燃料、水、电）的数量标准。建筑材料是建筑安装企业进行生产活动，完成建筑产品的物资条件。建筑工程的原材料（包括半成品、成品等）品种繁多，耗用量大。在一般工业与民用建筑工程中，材料消耗占工程成本的60%～70%，材料消耗定额的任务，就在于利用定额这个经济杠杆，对材料消耗进行控制和监督，以达到降低物资消耗和工程成本的目的。

材料消耗定额是编制材料需要量计划、运输计划、供应计划、计算仓库面积、签发限额领料单和经济核算的依据。制定合理的材料消耗量定额，是组织材料的正常供应，保证生产顺利进行，以及合理利用资源，减少积压、浪费的必要前提。

2.2.2 材料消耗定额的组成

根据施工生产材料消耗工艺要求，建筑安装材料分为非周转性材料和周转性材料两大类。非周转性材料也称直接性材料，是指在建筑工程施工中一次性消耗并直接构成工程实体的材料，如砖、砂、石、钢筋、水泥等。周转性材料是指在施工过程中能多次使用、周转的工具型材料，如各种模板、活动支架、脚手架、支撑等。

施工中材料的消耗，可分为必需消耗的材料和损失的材料两类。

必需消耗的材料数量，是指在合理用料的条件下，生产合格产品所需消耗的材料数量。它包括直接用于建筑工程的材料、不可避免的施工废料和不可避免的材料损耗。其中：直接用于建筑工程的材料数量，称为材料净用量；不可避免的施工废料和材料损耗数量，称为材料损耗量。用公式表示如下：

$$材料总耗用量 = 材料净用量 + 材料损耗量 \tag{2-9}$$

材料损耗量是不可避免的损耗，如：场内运输及场内堆放在允许范围内不可避免的损耗、加工制作中的合理损耗及施工操作中的合理损耗等。常用计算方法是：

$$材料损耗量 = 材料净用量 \times 材料损耗率 \tag{2-10}$$

材料的损耗率通过观测和统计得到。表2-1列出了部分常用建筑材料的损耗率。

为了合理考核工程消耗、加强现场施工管理，材料消耗定额中的损耗包括场内运输及场内堆放中允许范围内不可避免的损耗、加工制作中的合理损耗及施工操作中的合理损耗等。场外运输损耗、现场仓库保管损耗等，不包括在定额消耗量内，而计入材料预算价格。

表 2-1　常用建筑材料损耗率参考表

材料名称	工程项目	损耗率（%）	材料名称	工程项目	损耗率（%）
普通黏土砖	地面、屋面、空花(斗)墙	1.5	水泥砂浆	抹墙及墙群	2
普通黏土砖	基础	0.5	水泥砂浆	地面、屋面、构筑物	1
普通黏土砖	实砖墙	2	素水泥浆		1
普通黏土砖	方砖墙	3	混凝土(预制)	柱、基础梁	1
普通黏土砖	圆砖柱	7	混凝土(预制)	其他	1.5
普通黏土砖	烟囱	4	混凝土(现浇)	二次灌浆	3
普通黏土砖	水塔	3.0	混凝土(现浇)	地面	1
白瓷砖		3.5	混凝土(现浇)	其余部分	1.5
陶瓷锦砖(马赛克)		1.5	细石混凝土		1
面砖、缸砖		2.5	轻质混凝土		2
水磨石板		1.5	钢筋(预应力)	后张吊车梁	13
大理石板		1.5	钢筋(预应力)	先张高强丝	9
混凝土板		1.5	钢材	其他部分	6
水泥瓦、黏土瓦	(包括脊瓦)	3.5	铁件	成品	1
石棉垄瓦(板瓦)		4	镀锌铁皮	屋面	2
砂	混凝土、砂浆	3	镀锌铁皮	排水管、沟	6
白石子		4	铁钉		2
砾(碎)石		3	电焊条		12
乱毛石	砌墙	2	小五金	成品	1
乱毛石	其他	1	木材	窗扇、框(包括配件)	6
方整石	砌体	3.5	木材	镶板门芯板制作	13.1
方整石	其他	1	木材	镶板门企口板制作	22
碎砖、炉(矿)渣		1.5	木材	木屋架、檩、椽圆木	5
珍珠岩粉		4	木材	木屋架、檩、椽方木	6
生石膏		2	木材	屋面板平口制作	4.4
滑石粉	油漆工程用	5	木材	屋面板平口安装	3.3
滑石粉	其他	1	木材	木栏杆及扶手	4.7
水泥		2	木材	封檐板	2.5
砌筑砂浆	砖、毛方石砌体	1	模板制作	各种混凝土结构	5

续表 2-1

材料名称	工程项目	损耗率(%)	材料名称	工程项目	损耗率(%)
砌筑砂浆	空斗墙	5	模板安装	工具式钢模板	1
砌筑砂浆	泡沫混凝土块墙	2	模板安装	支撑系统	1
砌筑砂浆	多孔砖墙	10	模板制作	圆形储仓	3
砌筑砂浆	加气混凝土块	2	胶合板、纤维板、吸音板	天棚、间壁	5
混合砂浆	抹天棚	3.0			
混合砂浆	抹墙及墙群	2	石油沥青		1
石灰砂浆	抹天棚	1.5	玻璃	配置	15
石灰砂浆	抹墙及墙群	1	油漆		3
水泥砂浆	抹天棚、梁柱腰线、挑檐	2.5	环氧树脂		2.5

2.2.3 非周转性材料的消耗量

1) 非周转性材料消耗量的制定

材料消耗定额编制的基本方法有现场观察法、试验法、统计法、理论计算法。

现场观察法是指在合理使用材料的条件下，对施工中实际完成的建筑产品数量与所消耗的各种材料量进行现场观察测定的方法。该方法可以取得编制材料消耗定额的全部资料。

试验法是指在试验室内采用专门的仪器设备，通过试验的方法来确定材料消耗定额的一种方法。用这种方法提供的数据虽然精确度较高，但由于试验室工作条件与现场施工条件存在一定的差别，因此容易脱离现场实际情况。它只适用于在试验室条件下测定混凝土、沥青、砂浆、油漆涂料等材料的消耗定额。

统计法是通过对现场用料的大量统计资料进行分析计算的一种方法。用该方法可以获得材料消耗定额的数据。虽然该方法比较简单，但不能准确区分材料消耗的性质，因而不能区分材料净用量和损耗量，只能笼统地确定材料消耗定额。

理论计算法是运用一定的计算公式确定材料消耗定额的方法。该方法较适合于块状、板状、卷材状的材料消耗量计算。

2) 非周转性材料消耗量的计算

(1) 理论计算法计算净用量

标准砖砌体中，标准砖、砂浆用量的计算公式为：

$$A=\frac{1}{\text{墙厚}\times(\text{砖长}+\text{灰缝})\times(\text{砖厚}+\text{灰缝})}\times K \qquad (2\text{-}11)$$

式中：K—— 墙厚的砖数 ×2（墙厚的砖数是 0.5 砖墙、1 砖墙、1.5 砖墙……）

墙厚砖数见表 2-2。

表 2-2 墙厚砖数

砖数	1/2 砖	3/4 砖	1 砖	$1\frac{1}{2}$砖	2 砖
计算厚度(m)	0.115	0.178	0.240	0.365	0.490

$$标准砖(砂浆)总消耗量 = 净用量 \times (1 + 损耗率)$$

(2) 测定法

根据试验情况和现场测定的资料数据确定材料的净用量。

(3) 图纸计算法

根据选定的图纸，计算各种材料的体积、面积、延长米或重量。

(4) 经验法

根据历史上同类项目的经验进行估算。

2.2.4 周转性材料的消耗量

周转性材料是指在施工过程中多次使用、周转的工具性材料，如钢筋混凝土工程用的模板，搭设脚手架用的杆体、架手板，挖土方工程用的挡土板等。

周转性材料消耗一般与下列 4 种因素有关：

(1) 第一次使用时的材料消耗(一次使用量)。

(2) 每周转使用一次材料的损耗(第二次使用时需要补充)。

(3) 周转使用次数。

(4) 周转材料的最终回收及其回收折价。

定额中周转材料消耗量指标的表示，应当用一次使用量和摊销量两个指标表示。一次使用量是指周转材料在不重复使用时的一次使用量，供施工企业组织施工用；摊销量是指周转材料推出使用，应分摊到每一计量单位的结构构件的周转材料消耗量，供施工企业成本核算或投标报价使用。

例如，捣制混凝土结构木模板用量的计算公式如下：

$$一次使用量 = 净用量 \times (1 + 操作损耗率) \tag{2-12}$$

$$周转使用量 = \frac{一次使用量 \times [1 + (周转次数 - 1) \times 补损率]}{周转次数} \tag{2-13}$$

$$回收量 = \frac{一次使用量 \times (1 - 补损率)}{周转次数} \tag{2-14}$$

$$摊销量 = 周转使用量 - 回收量 \times 回收折价率 \tag{2-15}$$

现行《全国统一建筑工程基础定额》中有关木模板计算数据见表 2-3。

表 2-3　木模板计算数据

项目名称	周转次数	补损率(%)	摊销量系数	备注
圆柱	3	15	0.291 7	施工制作损耗率均取为5%
异形梁	5	15	0.235 0	
整体楼梯、阳台、栏板等	4	15	0.256 3	
小型构件	3	15	0.291 7	
支撑材、垫板、拉杆	15	10	0.13	
木楔	2	—	—	

又如,预制混凝土构件的模板用量的计算公式如下:

$$一次使用量 = 净用量 \times (1 + 操作损耗率) \tag{2-16}$$

$$摊销量 = \frac{一次使用量}{周转次数} \tag{2-17}$$

2.2.5　材料消耗定额的应用

【例 2-4】 计算砌 1 m^3 240 mm 厚标准砖的用砖量。(注:标准砖的尺寸为 240 mm×115 mm×53 mm,灰缝 10 mm)

【解】 砌 1 m^3 240 mm 厚标准砖的净用砖量为:

$$\frac{1}{0.24 \times (0.24 + 0.01) \times (0.053 + 0.01)} \times 1 \times 2 = \frac{1}{0.003\,78} \times 2 = 529.1 \text{ 块}$$

每立方米标准砖砌体砂浆净用量 = 1 m^3 砌体 − 1 m^3 砌体中标准砖的净体积

每立方米标准砖砌体砂浆净用量 = 1 − 0.24 × 0.115 × 0.053 × 标准砖数量

= 1 − 0.001 462 8 × 标准砖数量

标准砖(砂浆)总消耗量 = 净用量 ×(1 + 损耗率)

【例 2-5】 计算 1 m^3 370 mm 厚标准砖墙的标准砖和砂浆的总消耗量。(标准砖和砂浆的损耗率均为 1%)

【解】

$$标准砖净用量 = \frac{1.5 \times 2}{0.365 \times 0.25 \times 0.063} = 521.7 \text{ 块}$$

$$标准砖总消耗量 = 521.7 \times (1 + 1\%) = 526.92 \text{ 块}$$

$$砂浆净用量 = 1 - 0.001\,462\,8 \times 521.7 = 1 - 0.763 = 0.237 \text{ m}^3$$

$$砂浆总消耗量 = 0.237 \times (1 + 1\%) = 0.239 \text{ m}^3$$

【例 2-6】 用水泥砂浆贴 500 mm×500 mm×15 mm 花岗石板地面,结合层 5 mm 厚,灰缝 1 mm 宽,花岗石损耗率 2%,砂浆损耗率 1.5%。试计算每 100 m^2 地面的花岗石和砂浆的总消耗量。

【解】 (1) 计算花岗石消耗量

每 100 m^2 地面花岗石块料面层净用量(块)

$$=\frac{100}{(\text{块料长}+\text{灰缝})\times(\text{块料宽}+\text{灰缝})}=\frac{100}{(0.5+0.001)\times(0.5+0.001)}=398.4\text{块}$$

每 100 m^2 地面花岗石消耗量 $=398.4\times(1+2\%)=406.4$ 块

(2) 计算砂浆总消耗量

每 100 m^2 花岗石地面结合层砂浆净用量 $=100\ m^2\times0.005=0.5\ m^3$

每 100 m^2 花岗石地面灰缝砂浆净用量 $=(100-0.5\times0.5\times398.4)\times0.015=0.006\ m^3$

每 100 m^2 花岗石地面砂浆消耗量 $=(0.5+0.006)\times(1+1.5\%)=0.514\ m^3$

【例 2-7】 某施工企业施工时使用自有模板,已知一次使用量为 1 000 m^2,周转次数为 10,补损率为 8%,施工损耗为 10%,求模板的摊销量。

【解】

$$\text{摊销量}=\text{一次使用量}\times(1+\text{施工损耗})\times\left[\frac{1+(\text{周转次数}-1)\times\text{补损率}}{\text{周转次数}}-\frac{(1-\text{补损率})\times50\%}{\text{周转次数}}\right]$$

$$=1\,000\times(1+10\%)\times\left[\frac{1+(10-1)\times8\%}{10}-\frac{(1-8\%)\times50\%}{10}\right]$$

$$=138.6\ m^2$$

2.3 机械台班消耗定额

2.3.1 机械台班消耗定额的概念

机械台班消耗定额是指在正常的施工(生产)技术组织条件及合理的劳动组合和合理地使用施工机械的前提下,生产单位合格产品所必须消耗的一定品种、规格施工机械的作业时间。

机械台班消耗定额的内容包括准备与结束时间、基本作业时间、辅助作业时间、工人休息时间。其计量单位为台班(每一台班按照 8 h 计算)。

2.3.2 机械台班消耗定额的表现形式

机械台班消耗定额的表现形式有机械台班时间定额和机械台班产量定额两种。

1) 机械台班时间定额

机械台班时间定额,是指在合理劳动组织和合理使用机械条件下,完成单位合格产品所必需的工作时间,包括有效工作时间(正常负荷下的工作时间和降低负荷下的工作时间)、不可避免的中断时间、不可避免的无负荷工作时间。机械时间定额以“台班”表示,即一台机械工作一个作业班时间。一个作业班时间为 8 h。

$$\text{单位产品机械时间定额(台班)} = \frac{1}{\text{台班产量}} \tag{2-18}$$

由于机械必须由工人小组配合，所以完成单位合格产品的时间定额，同时列出人工时间定额。即：

$$\text{单位产品人工时间定额(工日)} = \frac{\text{小组成员总人数}}{\text{台班产量}} \tag{2-19}$$

例如：斗容量为 1 m^3 的正铲挖掘机，挖四类土，装车，深度在 2 m 内。小组成员两人，机械台班产量为 4.76(定额单位 100 m^3)，则：

$$\text{挖 100 m}^3\text{ 的人工时间定额为} \frac{2}{4.76} = 0.42 \text{ 工日}$$

$$\text{挖 100 m}^3\text{ 的机械时间定额为} \frac{1}{4.76} = 0.21 \text{ 台班}$$

2) 机械台班产量定额

机械台班产量定额，是指在合理劳动组织与合理使用机械条件下，机械在每个台班时间内应完成合格产品的数量。

$$\text{机械台班产量定额} = \frac{1}{\text{机械时间定额(台班)}} \tag{2-20}$$

机械台班产量定额和机械台班时间定额互为倒数关系。

3) 定额表示方法

机械台班使用定额复式表示法的形式如下：

$$\frac{\text{人工时间定额}}{\text{机械台班产量}}$$

例如：正铲挖土机每一台班劳动定额表中 $\frac{0.466}{4.29}$ 表示在挖一、二类土，挖土深度在 1.5 m以内，且需装车的情况下，斗容量为 0.5 m^3 的正铲挖土机的台班产量定额为 4.29 (100 m^3/台班)；配合挖土机施工的工人小组的人工时间定额为 0.466(工日/100 m^3)；同时可推算出挖土机的时间定额，应为台班产量定额的倒数，即：

$$\frac{1}{4.29} = 0.233 \text{ 台班 /100 m}^3$$

可推算出配合挖土机施工的工人小组的人数为 $\frac{\text{人工时间定额}}{\text{机械台班产量}}$，即 $\frac{0.466}{0.233} = 2$ 人；或人工时间定额 × 机械台班产量定额，即 0.466 × 4.29 = 2 人。

2.3.3 机械台班消耗定额的编制

1) 拟定正常施工条件

机械操作与人工操作相比，劳动生产率在更大程度上受施工条件的影响，所以需要更好地拟定正常的施工条件。拟定机械工作正常的施工条件，主要是拟定工作地点的合理组织和拟定合理的技术工人编制。

2）确定机械1 h纯工作的正常生产率

确定机械正常生产率必须先确定机械纯工作1 h的正常劳动生产率。因为只有先取得机械纯工作1 h正常生产率，才能根据机械利用系数计算出施工机械台班定额。机械纯工作时间，是指机械的必需消耗时间。机械1 h纯工作正常生产率，是指在正常施工组织条件下，具有必需的知识和技能的技术工人操纵机械1 h的生产率。

根据机械工作的特点不同，机械1 h纯工作正常生产率的确定方法也有所不同。

(1) 对于循环动作机械。确定机械纯工作1 h正常生产率的计算分为3步。

第一步，计算机械循环一次的正常延续时间。

$$\text{机械循环一次正常延续时间} = \sum \text{循环内各组成部分延续时间} - \text{交叠时间}$$

第二步，计算机械纯工作1 h的循环次数。

$$\text{机械纯工作 1 h 循环次数} = \frac{60 \times 60\ \text{s}}{\text{一次循环的正常延续时间}} \tag{2-21}$$

第三步，计算机械纯工作1 h的正常生产率。

$$\text{机械纯工作 1 h 正常生产率} = \text{机械纯工作 1 h 循环次数} \times \text{一次循环的产品数量} \tag{2-22}$$

(2) 对于连续动作机械。确定机械纯工作1 h正常生产率要根据机械的类型和结构特征，以及工作过程的特点来进行，计算公式如下：

$$\text{连续动作机械纯工作 1 h 正常生产率} = \frac{\text{工作时间内生产产品数量}}{\text{工作时间(h)}} \tag{2-23}$$

3）确定施工机械的正常利用系数

确定施工机械的正常利用系数，是指机械在工作班内对工作时间的利用率。机械正常利用系数与工作班内的工作状况有着密切的关系，所以，要确定机械的正常利用系数，首先要拟定机械工作班的正常工作状态，保证合理地利用工时。机械正常利用系数的计算公式如下：

$$\text{机械正常利用系数} = \frac{\text{机械在一个工作班内纯工作时间}}{\text{机械一个工作班延续时间(8 h)}} \tag{2-24}$$

4）计算施工机械台班定额

$$\begin{aligned}\text{施工机械台班产量定额} &= \text{机械 1 h 纯工作正常生产率} \times \text{工作班纯工作时间} \\ &= \text{机械 1 h 纯工作正常生产率} \times \text{工作班延续时间} \\ &\quad \times \text{机械正常利用系数}\end{aligned} \tag{2-25}$$

2.3.4 机械台班消耗定额的应用

【例2-8】 某工程现场采用出料容量为500 L的混凝土搅拌机，每次循环中，装料、搅拌、卸料、中断需要的时间分别为 1 min、3 min、1 min、1 min，机械正常利用系数为 0.9，求该机械的台班产量定额。

【解】 该搅拌机一次循环的正常延续时间 $= 1+3+1+1 = 6$ min $= 0.1$ h

该搅拌机纯工作 1 h 循环次数 $= 10$ 次

该搅拌机纯工作 1 h 正常生产率 $= 10 \times 500 = 5\,000$ L $= 5$ m^3

该搅拌机台班产量定额 $= 5 \times 8 \times 0.9 = 36$ m^3/台班

【例 2-9】 有 4 350 m^3 土方开挖任务要求在 11 天内完成。采用挖斗容量为 0.5 m^3 的反铲挖掘机挖土，载重量为 5 t 的自卸汽车将开挖土方量的 60%运走，运距为 3 km，其余土方量就地堆放。经现场测定的有关数据如下：

(1) 假设土的松散系数为 1.2，松散状态容重为 1.65 t/m^3。

(2) 假设挖掘机的铲斗充盈系数为 1.0，每循环一次时间为 2 min，机械时间利用系数为 0.85。

(3) 自卸汽车每次装卸往返需 24 min，时间利用系数为 0.80。

求：需挖掘机和自卸汽车数量各为多少台？

【解】 (1) 挖掘机的台班产量

每小时循环次数：$60/2 = 30$ 次

每小时生产率：$30 \times 0.5 \times 1.0 = 15$ m^3/h

每台班产量：$15 \times 8 \times 0.85 = 102$ m^3/台班

(2) 自卸汽车台班产量

每小时循环次数：$60/24 = 2.5$ 次

每小时生产率：$2.5 \times 5/1.65 = 7.58$ m^3/h

每台班产量：$7.58 \times 8 \times 0.8 = 48.51$ m^3/台班

(3) 完成土方任务需机械总台班

挖掘机：$4\,350 \div 102 = 42.65$ 台班；$4\,350 \times 60\% \times 1.2 \div 48.51 = 64.56$ 台班

(4) 完成土方任务需要机械数量

挖掘机：42.65 台班/11 天=3.88，取 4 台；64.56 台班/11 天=5.87，取 6 台

2.4 建筑工程施工定额

2.4.1 (建筑)施工定额的概念

施工定额是建筑安装工人或工人小组在合理的劳动组织和正常的施工条件下，为完成单位合格产品所需消耗的人工、材料、机械的数量标准。它是建筑企业中用于工程施工管理的定额。施工定额是建筑工程定额中分得最细、定额子目最多的一种定额。

2.4.2 施工定额的分类与组成

根据工程的性质不同对施工定额的分类如图 2-1 所示。

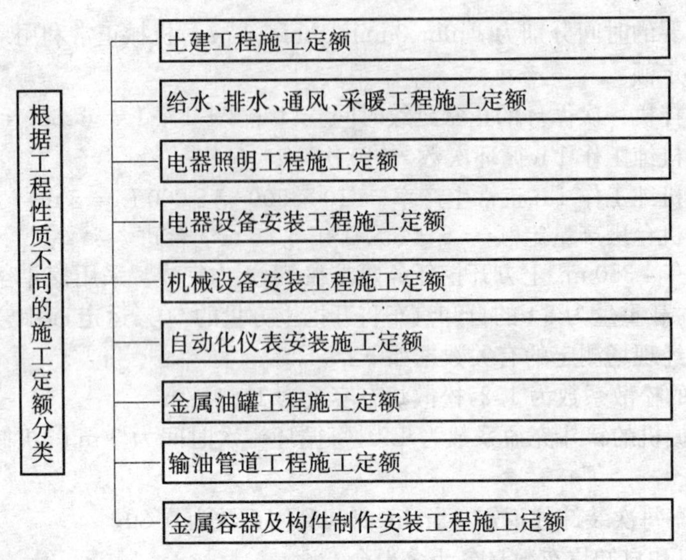

图 2-1　施工定额的分类情况示意图

施工定额是由劳动定额、材料消耗定额和机械台班使用定额三部分组成的，它是在考虑了预算定额项目划分的方法和内容以及劳动定额的分工种做法的基础上，由工序定额综合而成的。

2.4.3　施工定额的作用

施工定额是施工企业管理工作的基础，也是建设工程定额体系的基础。施工定额在企业管理工作中的基础作用主要表现在以下几个方面：

(1) 施工定额是企业计划管理的依据。表现为施工定额是企业编制施工组织设计的依据，也是企业编制施工工作计划的依据。

(2) 施工定额是组织和指挥施工生产的有效工具。企业通过下达施工任务书和限额领料单来实现组织管理和指挥施工生产。

(3) 施工定额是计算工人劳动报酬的依据。工人的劳动报酬是根据工人劳动的数量和质量来计量的，而施工定额为此提供了一个衡量标准，它是计算工人计件工资的基础，也是计算奖励工资的基础。

(4) 施工定额有利于推广先进技术。施工定额水平中包含着某些已成熟的先进的施工技术和经验，工人要达到和超过定额，就必须掌握和运用这些先进技术，如果工人想大幅度超过定额，就必须创造性地劳动。

2.4.4　施工定额的编制

1) 施工定额的编制原则

(1) 施工定额水平必须遵循平均先进的原则。所谓平均先进水平，是指在正常的生产条件下，多数施工班组或生产者经过努力可以达到，少数班组或劳动者可以接近，个别班组或劳动者可以超过的水平，通常这种水平低于先进水平，略高于平均水平。平均先进水平是一种鼓励先进、勉励中间、鞭策后进的定额水平。贯彻“平均先进”的原则，才能促进企业的科学管理和不断提高劳动生产率，进而达到提高企业经济效益的目的。

(2) 定额的结构形式应符合简明适用的原则。所谓简明适用是指定额结构合理，定额步距大小适当，文字通俗易懂，技术方法简便，易为群众掌握运用，具有多方面的适应性，能在较大的范围内满足不同情况、不同用途的需要。

2) 编制施工定额前的准备工作

编制施工定额是一项非常复杂的工作，事先必须做好充分准备和全面规划。编制前的准备工作一般包括以下几个方面的内容：

(1) 明确编制任务和指导思想。

(2) 系统整理和研究日常积累的定额基本资料。

(3) 拟定定额编制方案，确定定额水平、定额步距、表达方式等。

2.4.5 施工定额的应用

【例 2-10】 某企业砌筑一砖墙的技术测定资料如下：

完成 1 m³ 砖砌体需基本工作时间 15.5 h，辅助工作时间占工作延续时间的 3%，准备与结束工作时间占 3%，不可避免中断时间占 2%，休息时间占 16%。

砖墙采用 M5 水泥砂浆，实体体积与虚体积之间的折算系数为 1.07。砖和砂浆的损耗率均为 1%，完成 1 m³ 砌体需耗水 0.8 m³，其他材料费占上述材料费的 2%。

砂浆采用 400 L 搅拌机现场搅拌，装料 50 s，搅拌 100 s，卸料需 40 s，不可避免的中断时间 10 s。搅拌机的出料系数为 0.65，机械利用系数为 0.8。

问题：确定砌筑 1 m³ 砖墙的施工定额为多少？

【解】 (1) 劳动定额(人工消耗定额)

1 m³ 砖墙时间定额 $= 15.5/[(1-3\%-3\%-2\%-16\%)\times 8] = 2.549$ 工日/m³

产量定额 $= 1/2.549 = 0.392$ m³/工日

(2) 施工机械消耗定额

首先确定混凝土搅拌机循环一次所需时间：$50+100+40+10=200$ s…

混凝土搅拌机纯工作 1 h 的生产率 $ND = 3\,600\div 200\times 0.4\times 0.65 = 4.68$ m³

混凝土搅拌机的产量定额 $= ND\times 8\times kB = 4.68\times 8\times 0.8 = 29.952$ m³

1 m³ 1.5 厚砖墙搅拌机台班消耗量 $= 0.256/29.952 = 0.009$ 台班

(3) 材料消耗定额

砖：1.5 厚砖墙 1 m³ 的砖净用量 = 522

砖的消耗量 $= 522\times(1+1\%) = 527$ 块

砂浆：1 m³ 砖墙砂浆净用量 $= (1-522\times 0.24\times 0.115\times 0.053)\times 1.07 = 0.253$ m³

1 m³ 砖墙砂浆的消耗量 $= 0.253\times(1+1\%) = 0.256$ m³

水：0.8 m³

其他材料费用占上述材料费的 2%。

2.5 建筑工程预算定额

2.5.1 预算定额的概念

预算定额是在施工定额的基础上进行综合扩大编制而成的。预算定额中的人工、材料和施工机械台班的消耗水平根据施工定额综合取定,定额子目的综合程度大于施工定额,从而可以简化施工图预算的编制工作。预算定额是编制施工图预算的主要依据。

预算定额项目中人工、材料和施工机械台班消耗量指标,应根据编制预算定额的原则、依据,采用理论与实际相结合、图纸计算与施工现场测算相结合、编制定额人员与现场工作人员相结合等方法进行计算。

表 2-4 为 1995 年《全国统一建筑工程基础定额》中砖石结构工程分部部分砖墙项目的示例。

预算定额的说明包括定额总说明、分部工程说明及各分项工程说明。涉及各分部需说明的共性问题列入总说明,属某一分部需说明的事项列章节说明。

表 2-4 砖墙定额示例

工作内容:调、运、铺砂浆,运砖;砌砖包括窗台虎头砖、
腰线、门窗套;安装木砖、铁件等　　计量单位:10 m^3

定额编号			4-2	4-3	4-5	4-8	4-10	4-11
项目		单位	单面清水砖墙			混水砖墙		
			1/2 砖	1 砖	1 砖半	1/2 砖	1 砖	1 砖半
人工	综合工日	工日	21.79	18.87	17.83	20.14	16.08	15.63
材料	水泥砂浆 M5	m^3	—	—	—	1.95	—	—
	水泥砂浆 M10	m^3	1.95	—	—	—	—	—
	水泥混合砂浆 M2.5	m^3	—	2.25	2.40	—	2.25	2.04
	普通黏土砖	千块	5.641	5.314	5.350	5.641	5.341	5.350
	水	m^3	1.13	1.06	1.07	1.33	1.06	1.07
机械	灰浆搅拌机 200 L	台班	0.33	0.38	0.40	0.33	0.38	0.40

2.5.2 预算定额的项目排列与定额编号

1) 建筑工程预算定额的编制

(1) 编制原则

① 必须全面贯彻执行党和国家有关基本建设产品价格的方针和政策。

② 必须贯彻“技术先进、经济合理”的原则。

③ 必须体现“简明扼要、项目齐全、使用方便、计算简单”的原则。

(2) 编制依据

① 国家或各省、市、自治区现行的施工定额或劳动定额、材料消耗定额和施工机械台班定额，以及现行的建筑工程预算定额等有关定额资料。

② 现行的设计规范、施工及验收规范、质量评定标准和安全操作规程等文件。

③ 通用设计标准图集、定型设计图纸和有代表性的设计图纸等有关设计文件。

④ 新技术、新结构、新工艺和新材料，以及科学实验、技术测定和经济分析等有关最新的科学技术资料。

⑤ 现行的工人工资标准、材料预算价格和施工机械台班费用等有关价格资料。

(3) 步骤与方法

① 建筑工程预算定额可分 3 个阶段编制：

A. 准备阶段。在这一阶段主要是调集人员、成立编制小组，收集编制资料，拟定编制方案，确定定额项目、水平和表现形式。

B. 编制初稿阶段。在这一阶段主要是审查、熟悉和修改资料，以及进行测算和分析，按确定的定额项目和图纸等资料计算工程量，确定人工、材料和施工机械台班消耗量，计算定额基价，编制定额项目表和拟定文字说明。

C. 审定阶段。在这一阶段主要是测算新编定额水平，审查、修改所编定额，定稿后报送上级主管部门审批、颁发并执行。

② 建筑工程预算定额编制包括以下 6 个方面的内容：

A. 根据编制建筑工程预算定额的有关资料，参照施工定额分项项目，综合确定预算定额的分部分项工程(或结构构件)项目及其所含子项目的名称和工作内容。

B. 根据正常的施工组织设计，正确合理地确定施工方法。

C. 根据分项工程(或结构构件)的形体特征和变化规律，确定定额项目的计量单位。确定原则和表示方法如下：

a. 确定原则。一般来说，当物体的长、宽、高都发生变化时，应当采用 m^3 为计量单位，如土方、砖石、钢筋混凝土等工程；当物体有一定的厚度，而面积不固定时，应当采用 m^2 为计算单位，如地面、墙面和天棚抹灰、屋面工程等；当物体的截面形状和大小不变，而长度发生变化时，应当采用 m 为计量单位，如楼梯扶手、阳台栏杆、装饰线工程等；当物体的体积或面积相同，但质量和价格差异较大时，应当采用 t 或 kg 为计量单位，如金属构件制作、安装工程等；当物体形状不规则，难以量度时，则采用自然单位为计量单位，如根、榀、套等。

b. 定额计量单位的表示方法。建筑工程预算定额的计量单位均按公制执行，长度采用 m，面积采用 m^2，体积采用 m^3，重量采用 t、kg。定额项目单位及其小数的取定：人工以工日为单位，取两位小数；主要材料及成品、半成品中的木材以 m^3 为单位，取 3 位小数；钢材和钢筋以 t 为单位，取 3 位小数；水泥和石灰以 kg 为单位，取整数；砂浆和混凝土以 m^3 为单位，取 2 位小数；其他材料费以元为单位，取 2 位小数；施工机械以台班为单位，取 2 位小数；数字计算过程中取 3 位小数，计算结果四舍五入，保留 2 位小数；定额单位扩大时，通常采用原单位的倍数。

D. 根据确定的分项工程或结构构件项目及其子项目，结合选定的典型设计图纸或资料、典型施工组织设计，计算工程量并确定定额人工、材料和施工机械台班消耗量指标。

E. 编制定额表，即确定和填制定额表中的各项内容。

a. 确定人工消耗定额。按工种分别列出各工种工人的工日数和他们的合计工日数。

b. 确定材料消耗定额。应列出主要材料名称和消耗量，对一些用量很小的次要材料可合并一项，按其他材料，以元来表示，但占材料总价值的比重不能超过2%～3%。

c. 确定机械台班消耗定额。列出各种机械名称，消耗定额以台班表示；对一些次要机械，可合并成一项，按其他机械费，直接以元列入定额表。

d. 确定定额基价。建筑工程预算定额表中，直接列出定额基价和其中的人工费、机械使用费。

F. 按建筑工程预算定额的工程特征，包括工作内容、施工方法、计量单位以及具体要求，编制简要的定额说明。

2）建筑工程预算定额手册的组成

(1) 预算定额手册的内容

建筑工程预算定额手册由目录、总说明、建筑面积计算规则、分部分项工程说明及其相应的工程量计算规则、定额项目表和有关附录等组成。

① 定额总说明。定额总说明概述建筑工程预算定额的编制目的、指导思想、编制原则、编制依据、定额的适用范围和作用，以及有关问题的说明和使用方法。

② 建筑面积计算规则。建筑面积计算规则严格、系统地规定了计算建筑面积内容范围和计算规则，这是正确计算建筑面积的前提条件，从而使全国各地区的同类建筑产品的计划价格有一个科学的可比价。

③ 分部工程说明。分部工程说明是建筑工程预算定额手册的重要内容。它介绍了分部工程定额中包括的主要分项工程和使用定额的一些基本规定，并阐述了该分部工程中各项工程的工程量计算规则和方法。

④ 分项工程定额项目表。

⑤ 定额附录。建筑工程预算定额手册中的附录包括机械台班价格、材料预算价格，它们主要作为定额换算和编制补充预算定额的基本依据。

(2) 预算定额项目的排列

预算定额项目应根据建筑结构和施工程序等，按章、节、项目、子项目等顺序排列。

分部工程为“章”，是将单位工程中结构性质相近、材料大致相同的施工对象结合在一起。目前各省、直辖市、自治区现行的建筑工程预算定额手册，是根据国家的有关规定，结合本地区具体情况，将单位工程按其结构部位不同、工种不同和使用材料不同等因素，划分成若干分部工程(章)。

分部分项工程以下，又按工程性质、工程内容、施工方法、使用材料类别等，分成许多分项工程。分项工程在预算定额手册中称为“节”。分项工程在定额手册中的编号，用阿拉伯数字1,2,3,……顺序排列。分项工程(节)以下，再按工程性质、规格、材料类别等，分成若干项目。在项目中还可以按材料类别、规格以及建筑构造等再细分为若干子项目。子项目在预算定额中的编号，也用阿拉伯数字1,2,3,……顺序排列。

(3) 定额编号

为了提高施工图预算编制质量，便于查阅、审查选套的定额项目是否正确，在编制施工图预算时必须注明选套的定额项目编号。预算定额手册的编号方法，通常有“三符号”和“两符号”两种编号方法。

① 三符号编号法。其第一个符号是表示分部工程(章)的序号，第二个符号是表示分项工程(节)的序号(或子项目所在定额中的页数)，第三个符号是表示分项工程项目的子项目序号。其表达形式如下：

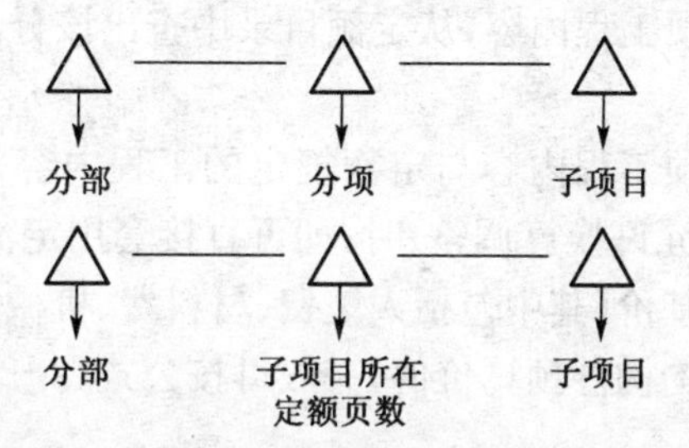

② 二符号编号法。它是在三符号编号法的基础上，去掉中间的符号(分项工程序号或子项目所在定额页数)，而采用分部工程序号和子项目序号两个符号编号。其编号形式如下：

分部　　子项目

2.5.3　预算定额的作用

(1) 预算定额是编制施工图预算、确定工程预算造价的基本依据。

(2) 预算定额是对设计方案进行技术经济评价，对新结构、新材料进行技术经济分析的主要依据。

(3) 预算定额是推行投标报价、投资包干、招标承包制的重要依据。

(4) 预算定额是施工企业与建设单位办理工程结算的依据。

(5) 预算定额是建筑企业进行经济核算和考核工程成本的依据。

(6) 预算定额是国家对基本建设进行统一计划管理的重要工具之一。

(7) 预算定额是编制概算定额的基础。

2.5.4　预算定额的应用

1) 选套定额

(1) 阅读有关说明

预算定额是编制施工图预算的基础资料，在选套定额项目时，一定要认真阅读定额的总说明、分部工程说明、分节说明和附注内容；要明确定额的适用范围，定额考虑的因素和有关问题的规定，以及定额中的用语和符号的含义(如定额中凡注有“×××以内”或“×××以下”者，均包括其本身在内；而“×××以外”或“×××以上”者，均不包括其本身在内等)；要正确理解、熟记建筑面积和各分项工程的工程量计算规则，并注意分项工程(或结构构件)的工程量计量单位应与定额单位相一致，做到准确地套用相应的定额项目。

(2) 直接套用定额项目

当施工图纸的分部分项工程内容与所选套的相应定额项目内容相一致时，应直接套用定额项目；要查阅、选套定额项目和确定单位预算价值。绝大多数工程项目属于这种情况。选套定额项目的步骤和方法如下：

① 根据设计的分部分项工程内容，从定额目录中查出该分部分项工程所在定额中的页数及其部位。

② 判断设计的分部分项工程内容与定额规定的工程内容是否一致，当完全一致(或虽然不相一致，但定额规定不允许换算调整)时，即可直接套用定额基价。

③ 将定额编号和定额基价(其中包括人工费、材料费、机械使用费)填入预算表内。

④ 确定分项工程或结构构件预算价值，一般可按公式(2-26)计算。

$$\text{分项工程预算价值} = \text{分项工程工程量} \times \text{相应定额基价} \tag{2-26}$$

(3) 套用换算后定额项目

当施工图纸设计的分部分项工程内容与所选套的相应定额项目内容不完全一致，如定额规定允许换算，则应在定额规定范围内进行换算，套用换算后的定额基价。当采用换算后的定额基价时，应在原定额编号右下角注明"换"字，以示区别。

(4) 套用补充定额项目

当施工图纸中的某些分部分项工程还未列入建筑工程预算定额手册中或定额手册中缺少某类项目，也没有相类似的定额供参考时，为了确定其预算价值，就必须制定补充定额。当采用补充定额时，应在原定额编号内填写一个"补"字，以示区别。

2) 定额的换算

在确定某一分项工程或结构构件单位预算价值时，如果施工图纸设计的项目内容与套用的相应定额项目内容不完全一致，但定额规定允许换算时，则应按定额规定的范围、内容和方法进行换算。使得预算定额规定的内容和施工图纸设计的内容相一致的换算(或调整)过程，就称为定额的换算(或调整)。根据预算定额(或基础定额)的规定，仅就最常见的几种换算(或调整)方法，简要叙述如下。

(1) 乘系数换算法

在定额允许换算的项目中，有许多项目都是利用乘系数进行换算的。乘系数换算法是按定额规定，将原定额中人工、材料、机械或其中 1 项或 2 项乘以规定系数的换算方法，可按公式(2-27)、公式(2-28)和公式(2-29)分别计算。

$$\text{换算定额人工综合工日数} = \text{原定额人工综合工日数} \times \text{系数} \tag{2-27}$$

$$\text{换算定额某种材料消耗量} = \text{原定额某种材料消耗量} \times \text{系数} \tag{2-28}$$

$$\text{换算定额某种机械台班量} = \text{原定额某种机械台班量} \times \text{系数} \tag{2-29}$$

(2) 材料变化的定额换算

在定额允许换算的项目中，有许多项目是由于材料的种类、规格、数量、配合比等发生变化而引起的定额换算。下面仅就在编制施工图预算时最常用的几种材料变化，说明其换算方法。

① 砂浆的换算。由于砂浆强度等级不同，而引起砌筑工程或抹灰工程相应定额基价的变动，必须进行换算。其换算的实质是预算单价的换算。在换算过程中，砂浆消耗量不变，仅调整定额规定的砂浆品种或强度等级不相同的预算价格。其换算可按公式(2-30)计算。

$$\text{换算后的定额基价} = \text{换算前的定额基价} \pm \text{应换算的砂浆定额用量} \times \text{两种不同砂浆的单价价差} \tag{2-30}$$

【例 2-11】 用 M7.5 和 M10 的水泥砂浆代替 M5 的水泥砂浆砌筑外墙基础。试确定变换后的定额基价。

【解】 砌筑外墙砖基础

(1) M7.5 水泥砂浆　定额基价 = 184.77 元 /m^3

其中：
人工费 = 45.75 元 /m^3
材料费 = 510×0.177+0.265×159+2.140 = 134.55 元 /m^3
机械费 = 4.47 元 /m^3

(2) M10 水泥砂浆　定额基价 = 192.03 元 /m^3

其中：
人工费 = 45.75 元 /m^3
材料费 = 510×0.177+0.265×185.35+2.140 = 141.53 元 /m^3
机械费 = 4.47 元 /m^3

② 混凝土的换算。由于混凝土的标号、种类不同，而引起定额基价的变动，可以进行换算。在换算过程中，混凝土消耗量不变，仅调整不同混凝土的预算价格。因此，混凝土的换算实质上就是预算单价的调整。其换算方法与砂浆的换算相同，一般可按公式(2-31)计算。

$$\text{换算后的定额基价} = \text{换算前的定额基价} \pm \text{应换算的混凝土定额用量} \times \text{两种不同标号混凝土的单价价差} \tag{2-31}$$

【例 2-12】 用 C25 预拌混凝土代替 C30 的预拌混凝土浇筑梁。试确定变换后的定额基价。

【解】 C30 的预拌混凝土浇筑梁的定额基价 = 331.10 元 /m^3

其中：
人工费 = 16.03 元 /m^3
材料费 = 300.00×1.015+4.75 = 309.25 元 /m^3
机械费 = 4.82 元 /m^3

C25 的预拌混凝土浇筑梁换算后的定额基价 = 314.88 元 /m^3

其中：
人工费 = 16.03 元 /m^3
材料费 = 285.00×1.015+4.75 = 294.03 元 /m^3
机械费 = 4.82 元 /m^3

2.5.5 施工定额与预算定额的关系

预算定额是在施工定额的基础上制定的，两者都是施工企业实现科学管理的工具。但是这两种定额又有不同之处，它们的主要区别表现为以下几个方面：

(1) 定额作用不同

施工定额是施工企业内部管理的依据,直接用于施工管理;是编制施工组织设计、施工作业计划及劳动力、材料、机械台班使用计划的依据;是加强企业成本管理和经济核算的依据;是施工企业投标报价的依据。预算定额是一种计价性的定额,其主要作用表现在对工程造价的确定和计算方面;进行国家、建设单位和施工单位之间的拨款和结算;施工企业投标报价、建设单位编制标底也可以预算定额为依据。

(2) 定额水平不同

施工定额中规定的活劳动和物化劳动消耗量标准,应是平均先进的水平标准,企业自身编制的企业定额反映本企业的施工和管理水平。编制预算定额的目的主要在于确定建筑安装工程每一单位分项工程的预算基价,而任何产品的价格都是按照生产该产品所需要的社会必要劳动量来确定的,所以预算定额中规定的活劳动和物化劳动消耗量标准应体现社会平均水平。这种水平的差异,主要体现在预算定额比施工定额考虑了更多的实际存在的可变因素,如工序衔接、机械停歇、质量检查等。为此,在施工定额的基础上增加一个附加额,即幅度差。

(3) 项目划分和定额内容不同

施工定额的编制主要以工程或工程过程为研究对象,所以定额项目划分详细,定额工作内容具体;预算定额是在施工定额的基础上经过综合扩大编制而成的,所以定额项目划分更加综合,每一个定额项目的工作内容包括了若干个施工定额的工作内容。

2.5.6 预算定额项目的人工、材料和机械台班消耗量(指标)的确定

1) 人工消耗指标的确定

预算定额中人工消耗量水平和技工、普工比例,以人工定额为基础,通过有关图纸规定,计算定额人工的工日数。

(1) 人工消耗指标的组成

预算定额中的人工消耗量指标包括完成该分项工程必需的各种用工量。

① 基本用工

基本用工是指完成分项工程的主要用工量。例如,砌筑各种墙体工程的砌砖、调制砂浆以及运输砖和砂浆的用工量。

② 其他用工

其他用工是辅助基本用工消耗的工日。按其工作内容不同又分为以下 3 类:

A. 超运距用工是指超过人工定额规定的材料、半成品运距的用工。

B. 辅助用工是指材料需要在现场加工的用工,如筛砂子、淋石灰膏等增加的用工量。

C. 人工幅度差用工是指人工定额中未包括的,而在一般正常情况下又不可避免的一些零星用工,其内容如下:

a. 各种专业工种之间的工序搭接及土建工程与安装工程的交叉、配合中不可避免的停歇时间。

b. 施工机械在场内单位工程之间变换位置及在施工过程中移动临时水电线路引起的临时停水、停电所发生的不可避免的间歇时间。

c. 施工过程中水电维修用工。

d. 隐蔽工程验收等工程质量检查影响的操作时间。

e. 现场内单位工程之间操作地点转移影响的操作时间。

f. 施工过程中工种之间交叉作业造成的不可避免的剔凿、修复、清理等用工。

g. 施工过程中不可避免的直接少量零星用工。

(2) 人工消耗指标的计算

预算定额的各种用工量,应根据测算后综合取定的工程数量和人工定额进行计算。

① 综合取定工程量

预算定额是一项综合性定额,它是按组成分项工程内容的各工序综合而成的。

编制分项定额时,要按工序划分的要求测算,综合取定工程量,如砌墙工程除了主体砌墙外,还需综合砌筑门窗洞口、附墙烟囱、弧形及圆形碳、垃圾道、预留抗震柱孔等含量。综合取定工程量是指按照一个地区历年实际设计房屋的情况,选用多份设计图纸,进行测算取定数量。

② 计算人工消耗量

按照综合取定的工程量或单位工程量和劳动定额中的时间定额,计算出各种用工的工日数量。

A. 基本用工的计算

$$\text{基本用工数量} = \sum(\text{工序工程量} \times \text{时间定额}) \tag{2-32}$$

B. 超运距用工的计算

$$\text{超运距用工数量} = \sum(\text{超运距材料数量} \times \text{时间定额}) \tag{2-33}$$

$$\text{砌筑,超运距} = \text{预算定额规定的运距} - \text{劳动定额规定的运距} \tag{2-34}$$

C. 辅助用工的计算

$$\text{辅助用工} = \sum(\text{加工材料数量} \times \text{时间定额}) \tag{2-35}$$

D. 人工幅度差用工的计算

$$\text{人工幅度差用工数量} = \sum(\text{基本用工} + \text{超运距用工} + \text{辅助用工}) \times \text{人工幅度差系数} \tag{2-36}$$

2) 材料耗用量指标的确定

材料耗用量指标是在节约和合理使用材料的条件下,生产单位合格产品所必须消耗的一定品种规格的材料、燃料、半成品或配件数量标准。材料耗用量指标是以材料消耗定额为基础,按预算定额的定额项目,综合材料消耗定额的相关内容,经汇总后确定。

3) 机械台班消耗指标的确定

预算定额中施工机械消耗指标,是以台班为单位进行计算,每一台班为 8 小时工作制。预算定额的机械化水平,应以多数施工企业采用的和已推广的先进施工方法为标准。预算定额中的机械台班消耗量按合理的施工方法取定并考虑增加了机械幅度差。

(1) 机械幅度差

机械幅度差是指在施工定额中未曾包括的，而机械在合理的施工组织条件所必需的停歇时间，在编制预算定额时应予考虑。其内容包括：

① 施工机械转移工作面及配套机械相互影响损失的时间。

② 在正常的施工条件下，机械施工中不可避免的工序间歇。

③ 检查工程质量影响机械操作的时间。

④ 临时水、电线路在施工中移动位置所发生的机械停歇时间。

⑤ 工程结尾时，工作量不饱满所损失的时间。

由于垂直运输用的塔吊、卷扬机及砂浆、混凝土搅拌机是按小组配合，应以小组产量计算机械台班产量，不另增加机械幅度差。

(2) 机械台班消耗指标的计算

① 小组产量计算法：按小组日产量大小来计算耗用机械台班多少。计算公式如下：

$$\text{分项定额机械台班使用量} = \frac{\text{分项定额计量单位值}}{\text{小组产量}} \tag{2-37}$$

② 台班产量计算法：按台班产量大小来计算定额内机械消耗量大小。计算公式如下：

$$\text{定额台班用量} = \frac{\text{定额单位}}{\text{台班产量}} \times \text{机械幅度差系数} \tag{2-38}$$

2.5.7 预算定额的人工单价、材料单价和机械台班单价的确定

1) 人工工资标准和定额工资单价

人工工日单价是指预算定额基价中计算人工费的单价。工日单价通常由日工资标准和工资性补贴构成。

(1) 工资标准的确定

工资标准是指工人在单位时间内(日或月)按照不同的工资等级所取得的工资数额。研究工资标准的目的是为了确定工日单价，满足编制预算定额或换算预算定额的需要。

① 工资等级

工资等级是按国家或企业有关规定，按照劳动者的技术水平、熟练程度和工作责任大小等因素所划分的工资级别。

② 工资等级系数

工资等级系数也称工资级差系数，是某一等级的工资标准与一级工工资标准的比值。

(2) 工日单价的计算

预算定额基价中人工工日单价是指一个建筑生产工人一个工作日在预算中应计入的全部人工费用。一般组成如下：

① 生产工人基本工资。根据有关规定，生产工人基本工资应执行岗位工资和技能工资制度。

② 生产工人工资性津贴。是指为了补偿工人额外或特殊的劳动消耗及为了保证工人的工资水平不受特殊条件影响，而以补贴形式支付给工人的劳动报酬，它包括按规定标准发放的物价补贴，煤、燃气补贴，交通补贴，房租补贴，流动施工津贴及地区津贴等。

③ 生产工人辅助工资。是指生产工人年有效施工天数以外非作业天数的工资，包括职工学习、培训期间的工资，调动工作、探亲、休假期间的工资，因气候影响的停工工资，女工哺乳时间的工资，病假在6个月以内的工资及产、婚、丧假期的工资。

④ 职工福利费。是指按规定标准计提的职工福利费。

⑤ 生产工人劳动保护费。是指按规定标准发放的劳动保护用品的购置费及修理费，徒工服装补贴，防暑降温费，在有碍身体健康环境中施工的保健费用等。

为了便于控制工程造价，对于生产工人的工资单价，在过去相当长的一段时间内实行过不分工种、不分等级统一工资单价的做法。近年来，为了适应建筑市场的变化，有利于劳务分包的实施，各地开始对不同工种的工人采用不同的工资单价计价。

以江苏省《计价表》为例，根据苏建价〔2008〕66号文规定如下。

A. 包工包料工程标准如下：

建筑、安装、市政工程：一类工47.00元/工日，二类工44.00元/工日，三类工41.00元/工日；单独装饰工程：54.00～70.00元/工日；修缮工程：44.00元/工日；仿古建筑及园林工程：执行1990版《仿古建筑园林工程预算定额》第一册与第四册44.00元/工日、第二册与第三册53元/工日；执行2007版《江苏省仿古建筑与园林工程计价表》第一册与第三册44元/工日，第二册53元/工日。

B. 包工不包料工程为以下标准：除单独装饰工程69.00～86.00元/工日、执行1990版《仿古建筑园林工程预算定额》第二册与第三册和执行2007版《江苏省仿古建筑与园林工程计价表》第二册69元/工日外，其余工程为58.00元/工日。

C. 点工为以下标准：除单独装饰工程60.00元/工日、执行1990版《仿古建筑园林工程预算定额》第二册与第三册和执行2007版《江苏省仿古建筑与园林工程计价表》第二册56元/工日外，其余工程为48.00元/工日。

D. 机械台班定额中的预算工资单价按照44元/工日执行。

E. 预算工资单价标准，按照费用定额(计算规则)规定应计入基价，作为取费基础。

(3) 建筑劳务工资市场指导价

为了及时反映建筑市场劳动力使用情况，指导建设单位、施工单位的工程发包承包活动，各地工程造价管理机构还发布了建筑劳务工资指导价。表2-5为南京市2010年7月建筑工种人工成本信息。

表2-5 南京市2010年7月建筑工种人工成本信息

序号	工 种	月工资(元)	日工资(元)
1	建筑、装饰工程普工	1860	62
2	木工(模板工)	2250	75
3	钢筋工	2160	72
4	混凝土工	2010	67
5	架子工	2100	70
6	砌筑工(砖瓦工)	2010	67

续表 2-5

序号	工　种	月工资(元)	日工资(元)
7	抹灰工(一般抹灰)	2 190	73
8	抹灰、镶贴工	2 250	75
9	装饰木工	2 460	82
10	防水工	2 010	67
11	油漆工	2 010	67
12	管工	2 070	69
13	电工	2 070	69
14	通风工	2 010	67
15	电焊工	2 280	76
16	起重工	2 160	72
17	玻璃工	2 040	68
18	金属制品安装工	2 250	75

注:日工资按照 8 小时/工日计算。

2) 材料预算价格

(1) 材料预算价格的概念

材料预算价格是指材料由其来源地或交货地运达仓库或施工现场堆放地点后至出库过程中平均发生的全部费用。

(2) 材料预算价格的组成

材料价格由原价或出厂价、供销部门手续费、包装费、运输费和采购及保管费 5 个部分组成。其中,原价、运输费、采购及保管费 3 项是构成材料预算价格的基本费用。

(3) 材料预算价格中各项费用的确定

① 材料原价

材料原价一般是指材料的出厂价、交货地点价格、国营主管部门的批发价和市场批发价,以及进口材料的调拨价等。

$$\text{加权平均原价} = \frac{C_1K_1 + C_2K_2 + \cdots + C_nK_n}{K_1 + K_2 + \cdots + K_n} \tag{2-39}$$

式中:$K_1, K_2, \cdots, K_n$——各不同供应地点的供应量或需求量;

$C_1, C_2, \cdots, C_n$——各不同供应地点的原价。

② 供销部门手续费

供销部门手续费是指某些材料不能直接向单位采购,需经过当地物资部门或供销部门供应所支付的手续费。

$$\text{供销部门手续费} = \text{材料原价} \times \text{材料供销部门手续费率} \tag{2-40}$$

③ 包装费

包装费是指为了便于材料运输或保护材料不受损失而进行包装所需的费用，包括袋装、箱装、篷布所耗用的材料费和工资。

包装品回收率及回收价值率一般应按各地区定额的主管部门制定的标准执行，如无规定时，可参照下列数据计算：

用木材制品包装者，其回收率为70%，回收价值率为原价的20%。

用铁皮、铁丝制品包装者，其回收率，铁桶以95%、铁皮以50%、铁丝以50%计算，其回收价值率均按包装品原价的20%计算。

用纸皮与纤维制品包装者，其回收率按60%计算，其回收价值率按包装材料的50%计算。

用草绳、草袋制品包装者不计回收值。

材料包装费分两种情况：一种是材料出厂时已由厂方包装者，其包装费已计入材料原价内，不再另行计算，但应计算包装品的回收价值；另一种情况是施工单位自备包装品，其包装费按原包装品的价值和使用次数分摊计算。

④ 材料运杂费

运杂费是指材料自来源地运至工地仓库或指定堆放地点所发生的全部费用，包括材料由采购地点或发货地点至施工现场的仓库或工地存放地点(含外埠中转运输过程)所发生的一切费用和过境过桥费。

材料运输费用一般按外埠运输费和市内运输费两段计算。

外埠运输费。外埠运输费包括材料由其来源地运至本市材料仓库或货站的全部费用。

市内运输费。市内运输费包括材料从本市仓库或货站运至施工地仓库的出仓费、装卸费和运输费。

⑤ 材料采购及保管费

材料采购及保管费，是指施工企业材料的供应部门在组织材料采购、供应和保管过程中所需要支出的各项费用。其中包括：采购及保管部门的人员工资和管理费，工地材料仓库的保管费，货物过秤费及材料在运输及储存中所耗的费用等。

$$\begin{matrix}\text{材料采购}\\\text{及保管费}\end{matrix}=\left(\text{材料原价}+\begin{matrix}\text{供销部门}\\\text{手续费}\end{matrix}+\text{包装费}+\text{运输费}\right)\times\text{采购及保管费率} \tag{2-41}$$

采购及保管费率一般为2%～2.5%。

(4) 材料预算价格

上述5种费用组成材料预算价格，其计算公式为：

$$\begin{matrix}\text{材料预}\\\text{算价格}\end{matrix}=\left(\begin{matrix}\text{材料供}\\\text{应价格}\end{matrix}+\begin{matrix}\text{市内}\\\text{运输费}\end{matrix}\right)\times\left(1+\begin{matrix}\text{采购及}\\\text{保管费率}\end{matrix}\right)-\begin{matrix}\text{包装品}\\\text{回收价格}\end{matrix} \tag{2-42}$$

式中，材料供应价格包括材料原价、供销部门手续费、包装费和外埠运输费。

表 2-6 江苏省 2009 年 10 月材料价格(节选)

编号	编　码	名　称	规　格(mm)	计量单位	本期价格中准价
1	101010101	白石屑		t	78.17
2	101020101	细砂		t	45.92
3	101020201	中砂		t	60.31
4	101020301	粗砂		t	61.08
5	102010301	碎石	5～16	t	54.12
6	102010302	碎石	5～20	t	55.93
7	102010303	碎石	5～31.5	t	54.7
8	102010304	碎石	5～40	t	54.74
9	102040201	白石子	2#	t	174.75
10	104010101	块石	(大片)	t	61.24
11	105010101	生石灰		t	279.55
12	105010201	石灰膏		m^3	198.09
13	105040101	二灰结石		t	74.52
14	105050201	滑石粉		kg	0.57
15	105060102	膨润土	200 目	kg	0.55
16	201010601	混凝土实心砖	240×115×53(10 MPa)	百块	32.6
17	201010604	混凝土实心砖	240×115×53(15 MPa)	百块	34
18	201020101	KP1 砖	190×190×90	百块	62.3
19	201020102	KP1 砖	240×115×90	百块	49.09
20	201020201	KM1 砖	190×190×90	百块	61.45
21	201020202	KM1 砖	240×115×90	百块	54.88
22	201020501	页岩模数多孔砖	190×240×90	百块	129.33
23	201020503	页岩模数多孔砖	140×240×90	百块	98
24	201020506	页岩模数多孔砖	120×190×90	百块	65.83
25	202020201	粉煤灰蒸压砖	240×115×53	百块	35.71
26	202020401	面包砖	10×20×6	m^2	29.75
27	202020402	面包砖	10×20×8	m^2	32.5
28	202020903	混凝土多孔砖	240×115×90(7.5 MPa)	百块	54.6
29	202020905	混凝土多孔砖	240×115×90(10 MPa)	百块	56.8

续表 2-6

编号	编　码	名　称	规　格(mm)	计量单位	本期价格中准价
30	203010107	混凝土小型空心砌块	390×190×190	m^3	234
31	203010108	混凝土小型空心砌块	190×190×190	m^3	189
32	203010110	混凝土小型空心砌块	390×240×190 双排孔	m^3	249.2
33	203010217	蒸压砂加气混凝土砌块	600×200×200(B07 A5.0)	m^3	334.18
34	203010225	蒸压砂加气混凝土砌块	600×300×100(B07 A5.0)	m^3	305.73
35	203030305	粉煤灰加气混凝土砌块	500×190(120)×200(A5.0)	m^3	204.83
36	203030601	硅酸钙空心砌块	390×240×190	百块	253.14

3）机械台班预算价格

(1) 施工机械台班预算价格的概念

为使机械正常运转，一个台班中所支出和分摊的各项费用之和，称为机械台班使用费或机械台班单价。

(2) 施工机械台班预算价格的组成

① 折旧费

折旧费是指机械设备在规定的使用期限内陆续回收其原值及支付贷款利息的费用。

$$台班折旧费 = \frac{机械预算价格 \times (1 - 残值率) \times 贷款利息系数}{耐用总台班} \tag{2-43}$$

A. 机械预算价格：是指机械出厂价格加上从生产厂家（或销售单位）交货地点运至使用单位机械管理部门验收入库的全部费用。包括出厂价格、供销部门手续费和一次运杂费。进口机械预算价格是由进口机械到岸完税价格加上关税、外贸部门手续费、银行财务费以及由口岸运至使用单位机械管理部门验收入库的全部费用。

B. 残值率：是指施工机械报废时其回收的残余价值占机械原值（即机械预算价格）的比例。财务制度规定，净残值率按照固定资产原值的3%～5%确定。各类施工机械的残值率综合确定如下：运输机械为2%；特、大型机械为3%；中、小型机械为4%；掘进机械为5%。

C. 为补偿施工单位贷款购置机械设备所支付的利息，合理反映资金的时间价值，以大于1的贷款利息系数，将贷款利息（单利）分摊在台班折旧费中。贷款利息系数根据机械的折旧年限和设备更新贷款年利率（以定额编制银行当年规定的贷款年利率为准）计算。

D. 耐用总台班是指机械在正常施工作业条件下，从投入使用起到报废止，按规定应达到的使用总台班数。机械耐用总台班的计算公式为：

$$耐用总台班 = 大修间隔台班 \times 大修周期 \tag{2-44}$$

大修间隔台班是指机械自投入使用起至第一次大修止或上一次大修后投入使用起至下一次大修止，应达到的使用台班数。

大修周期即使用周期，是指机械在正常的施工作业条件下，将其寿命期（即耐用总台班）

按规定的大修理次数划分为若干个周期。其计算公式为：

$$大修周期 = 寿命期大修理次数 + 1 \tag{2-45}$$

② 大修费用

大修费用是指机械在规定的大修理间隔台班进行修理，以恢复机械设备正常功能所需要的费用。

$$台班大修理费 = \frac{一次大修理费 \times 寿命期内大修理次数}{耐用总台班} \tag{2-46}$$

A. 一次大修理费是指机械设备按规定的大修理范围和修理工作内容，进行一次全面修理所需消耗的工时、配件、辅助材料、油燃料以及送修运输等全部费用。

B. 寿命期大修理次数是指机械设备为恢复原机功能按规定在使用期限内需要进行的大修理次数。

③ 经常修理费

经常修理费是指机械设备除大修理以外的各级保养及临时的故障排除所需的费用；为保证机械正常运转所需替换设备、随机使用工具、附件摊销和维护的费用；机械运转与日常保养所需的润滑油脂、擦拭材料等费用和机械停置期间的维护保养费用等。

$$台班经常修理费 = \frac{\sum(各级保养一次费用 \times 寿命期各级保养总次数) + 临时故障排除费}{耐用总台班} + 替换设备台班摊销费 + 工具附具台班摊销费 + 例保辅料费 \tag{2-47}$$

为了简化计算，也可以采用以下公式：

$$台班经常修理费 = 台班大修理费 \times K \tag{2-48}$$

$$K = \frac{机械台班经常修理费}{机械台班大修理费} \tag{2-49}$$

A. 各级保养(一次)费用分别是指机械在各个使用周期内为保证机械处于完好状况，必须按规定的各级保养间隔周期、保养范围和内容进行的一、二、三级保养或定期保养所消耗的工时、配件、辅料、油燃料等费用，计算方法同一次大修费的计算方法。

B. 寿命期各级保养总次数分别指一、二、三级保养或定期保养在寿命期内各个使用周期中保养次数之和。

C. 机械临时故障排除费用指机械除规定的大修理及各级保养以外，临时故障所需要的费用以及机械在工作日以外的保养维护所需润滑擦拭材料费。经调查和测算，按各级保养(不包括例保辅料费)费用之和的3%计算。

D. 替换设备及工具附具台班摊销费是指轮胎、电缆、蓄电池、运输皮带、钢丝绳、胶皮管、履带板等消耗性设备和按规定随即配备的全套工具附具的台班摊销费用。

E. 例保辅料费是指机械日常保养所需润滑擦拭材料的费用。

④ 安装费及场外运费

安装费是指机械在施工现场进行安装、拆卸所需的人工费、材料费、机械费、试运转费，以及安装所需的辅助设施的费用。

$$台班安拆费=\frac{机械一次安拆费\times年平均安拆费}{年工作台班}+台班辅助设施摊销费 \quad (2\text{-}50)$$

$$台班辅助设施摊销费=\frac{辅助设计一次费用\times(1-残值率)}{辅助设计耐用台班} \quad (2\text{-}51)$$

台班场外运费＝

$$\frac{(一次运输及装卸费+辅助材料一次摊销费+一次架线费)\times年平均场外运输次数}{年工作台班} \quad (2\text{-}52)$$

定额台班基价内所列安拆费及场外运输费，除地下工程机械外，均按年平均 4 次运输、运距平均 25 km 以内考虑。

⑤ 人工费

人工费是指机上司机、司炉和其他操作人员的工作日工资及上述人员在规定的机械年工作台班以外的工资。人工费包括基本工资、工资性津贴和流动施工津贴等。

$$台班人工费=定额机上人工工日\times日工资单价 \quad (2\text{-}53)$$

$$定额机上人工工日=机上定员工日\times(1+增加工日系数) \quad (2\text{-}54)$$

$$增加工日系数=\frac{年度工日-年工作台班-管理费内非生产天数}{年工作台班} \quad (2\text{-}55)$$

增加工日系数取定为 0.25。

⑥ 动力燃料费

动力燃料费是指机械在运输、施工作业中所消耗的电力、燃料和水等的费用。

$$台班燃料动力消耗量=\frac{实测数\times4+定额平均值+调查平均值}{6} \quad (2\text{-}56)$$

$$台班燃料动力量=\sum台班燃料动力消耗量\times当地相应预算价格 \quad (2\text{-}57)$$

⑦ 养路费和车船使用税

养路费和车船等使用税是指机械按国家有关规定应交纳的费用，包括养路费、车船使用税、运输管理费和附加费、车辆牌照费及年检费，并按车辆或行驶机械的年工作台班数摊销到台班费用中。

《全国统一施工机械台班费用编制规则江苏地区预算价格》(2004 年)，将工资单价调整到 26 元/工日，燃料动力单价已调整到汽油 3.81 元/kg，柴油 3.28 元/kg，煤 390 元/t，电 0.75 元/kwh，水 2.8 元/m^3。工程实际发生的燃料动力价差由各市造价处(站)另行处理。

机械台班定额中考虑了施工中不可避免的机械停置时间和机械的技术中断原因，但特殊原因造成机械停置，可以计算停置台班费。因此，江苏省现行规定：

$$机械停置台班费=机械折旧费+人工费$$

应当指出：一天 24 h，工作台班最多可算 3 个台班，但最多只能算 1 个停置台班。因此，机械连续工作 24 h，为工作 3 个台班，连续停置 24 h，为停置 1 个台班。

表 2-7　江苏省 2009 台班单价(节选)

编号	名　称	单价	编号	名　称	单价
J01001	履带式推土机 60 kW	378.48	J01032	轮胎式装载机 3.5 m^3	890.14
J01002	履带式推土机 75 kW	575.31	J01033	履带式拖拉机 60 kW	390.22
J01003	履带式推土机 90 kW	685.48	J01034	履带式拖拉机 75 kW	543.77
J01004	履带式推土机 105 kW	699.63	J01035	履带式拖拉机 90 kW	680.16
J01005	履带式推土机 135 kW	857.54	J01036	履带式拖拉机 105 kW	777.33
J01006	履带式推土机 165 kW	1 089.19	J01037	履带式拖拉机 135 kW	958.16
J01007	履带式推土机 240 kW	1 365.57	J01038	履带式拖拉机 165 kW	1 173.05
J01008	履带式推土机 320 kW	1 444.84	J01039	轮胎式拖拉机 21 kW	177.72
J01009	湿地推土机 105 kW	643.73	J01040	轮胎式拖拉机 41 kW	296.16
J01010	湿地推土机 135 kW	954.71	J01041	履带式单斗挖掘机(液压)6 m^3	481.42
J01011	湿地推土机 165 kW	1 048.74	J01042	履带式单斗挖掘机(液压)8 m^3	762.33
J01012	自行式铲运机 7 m^3	791.24	J01043	履带式单斗挖掘机(液压)1 m^3	990.41
J01013	自行式铲运机 10 m^3	856.94	J01044	履带式单斗挖掘机(液压)1.25 m^3	1046.1
J01014	自行式铲运机 12 m^3	1 012.5	J01045	履带式单斗挖掘机(液压)1.6 m^3	1107.81
J01015	自行式铲运机 16 m^3	1 436.82	J01046	履带式单斗挖掘机(液压)2 m^3	1193.46
J01016	拖式铲运机 3 m^3	356.74	J01047	履带式单斗挖掘机(液压)2.5 m^3	1272.57
J01017	拖式铲运机 7 m^3	672.7	J01048	履带式单斗挖掘机(机械)1 m^3	744.16
J01018	拖式铲运机 10 m^3	768.33	J01049	履带式单斗挖掘机(机械)1.5 m^3	898.47
J01019	拖式铲运机 12 m^3	855.68	J01050	轮胎式单斗液压挖掘机 2 m^3	325.19
J01020	平地机 90 kW	521.83	J01051	轮胎式单斗液压挖掘机 4 m^3	343.26
J01021	平地机 120 kW	745.6	J01052	轮胎式单斗液压挖掘机 6 m^3	365.2
J01022	平地机 132 kW	819.59	J01053	拖式羊角碾(单筒)3 t	15.89
J01023	平地机 150 kW	908.46	J01054	拖式羊角碾(双筒)6 t	29.29
J01024	平地机 180 kW	1 063.41	J01055	光轮压路机(内燃)6 t	214.8
J01025	平地机 220 kW	1 321.23	J01056	光轮压路机(内燃)8 t	259.62
J01026	轮胎式装载机 5 m^3	377.27	J01057	光轮压路机(内燃)12 t	359.74
J01027	轮胎式装载机 1 m^3	432.87	J01058	光轮压路机(内燃)15 t	432.02
J01028	轮胎式装载机 1.5 m^3	511.06	J01059	光轮压路机(内燃)18 t	691.37
J01029	轮胎式装载机 2 m^3	599.66	J01060	振动压路机 6 t	299.64
J01030	轮胎式装载机 2.5 m^3	673.61	J01061	振动压路机 8 t	407.03
J01031	轮胎式装载机 3 m^3	806.25	J01062	振动压路机 10 t	505.89

续表 2-7

编号	名　称	单价	编号	名　称	单价
J01063	振动压路机 12 t	602.04	J02019	静力压桩机(液压)2 000 kN	2 712.18
J01064	振动压路机 15 t	798.98	J02020	静力压桩机(液压)3 000 kN	3 345.4
J01065	振动压路机 18 t	970.00	J02021	静力压桩机(液压)4 000 kN	3 956.78
J01066	手扶振动压实机 1 t	109.14	J04013	自卸汽车 2 t	243.57
J01067	轮胎压路机 9 t	334.07	J04014	自卸汽车 5 t	398.64
J01068	夯实机(电动)20～62 N·m	24.15	J04015	自卸汽车 8 t	563.81
J02015	振动沉拔桩机 600 kN	850.73	J04016	自卸汽车 10 t	692.08
J02016	静力压桩机(液压)900 kN	1 014.85	J04017	自卸汽车 12 t	768.72
J02017	静力压桩机(液压)1 200 kN	1 378.48	J04018	自卸汽车 15 t	871.92
J02018	静力压桩机(液压)1 600 kN	1 736.38	J04019	自卸汽车 18 t	982.85

2.6 建筑工程概算定额与概算指标

2.6.1 概算定额的概念

概算定额也叫做扩大结构定额。它规定了完成一定计量单位的扩大结构构件或扩大分项工程的人工、材料、机械台班消耗量的数量标准。它是在预算定额的基础上，进行综合、合并而成。因此，从性质上看，概算定额与综合预算定额在性质上具有相同的特征。

概算定额表达的主要内容、主要方式及基本使用方法都与综合预算定额相近。

$$
\begin{aligned}
\text{定额基准价} &= \text{定额单位人工费} + \text{定额单位材料费} + \text{定额单位机械费} \\
&= \text{人工概算定额消耗量} \times \text{人工工资单价} \\
&\quad + \sum(\text{材料概算定额消耗量} \times \text{材料预算价格}) \\
&\quad + \sum(\text{施工机械概算定额消耗量} \times \text{机械台班费用单价}) \qquad (2\text{-}58)
\end{aligned}
$$

概算定额的内容和深度是以预算定额为基础的综合与扩大。概算定额与预算定额的不同之处，在于项目划分和综合扩大程度上的差异。同时，概算定额主要用于设计概算的编制。由于概算定额综合了若干分项工程的预算定额，因此使概算工程量计算和概算表的编制都比编制施工图预算简化了很多。

编制概算定额时，应考虑到能适应规划、设计、施工各阶段的要求。概算定额与预算定额应保持一致水平，即在正常条件下，反映大多数企业的设计、生产及施工管理水平。

2.6.2 概算定额的项目划分

概算定额手册通常由文字说明和定额项目表组成。文字说明包括总说明和各分部说明。总说明中主要说明定额的编制目的、编制依据、适用范围、定额作用、使用方法、取费计算基础以及其他有关规定等。各分部说明中主要阐述本分部综合分项工程内容、使用方法、工程量计算规则以及其他有关规定等。

(1) 总说明。主要是介绍概算定额的作用、编制依据、编制原则、适用范围、有关规定等内容。

(2) 建筑面积计算规则。规定了计算建筑面积的范围、计算方法,不计算建筑面积的范围等。建筑面积是分析建筑工程技术经济指标的重要数据,现行建筑面积的计算规则是由国家统一规定的。

(3) 册章节说明。册章节(又称各章分部说明)主要是对本章定额运用、界限划分、工程量计算规则、调整换算规定等内容进行说明。

(4) 概算定额项目表。定额项目表是概算定额的核心,它反映了一定计量单位扩大结构或构件扩大分项工程的概算单价,以及主要材料消耗量的标准。

(5) 附录、附件。附录一般列在概算定额手册的后面,包括砂浆、混凝土配合比表,各种材料、机械台班造价表等有关资料,供定额换算、编制施工作业计划等使用。

以《江苏省建筑工程概算定额(2005)》为例,该定额包括建筑工程概算费用计算规则、册章节说明及项目表、附录。该概算定额共分为十四章,包括第一章土方工程,第二章基础工程,第三章墙体工程,第四章柱、梁工程,第五章楼地面、天棚工程,第六章屋盖及防水工程,第七章门窗及木装修工程,第八章构筑物工程,第九章附属工程及零星项目,第十章钢筋、铁件、套管接头、建筑物超高人工降效费,第十一章脚手架工程,第十二章模板工程,第十三章基坑支护、施工排水、降水、建筑物超高措施增加费,第十四章建筑工程垂直运输、大型机械进(退)场费。

3 个附录分别为:

附录一　建筑工程建筑面积计算规范

本附录是国家标准《建筑工程建筑面积计算规则》(GB/T 50353—2005)的内容,我省以苏建价(2005)第 336 号《关于贯彻〈建筑工程建筑面积计算规则〉(GB/T 50353—2005)的通知》的形式予以转发,规定自 2006 年 1 月 1 日开始执行。

该计算规则与我省原来使用的计算规则有所调整,主要变化为:

(1) 高度在 2.2 m 以上部分计算全部面积,1.2～2.2 m 部分的建筑面积应按照一半面积进行计算。

(2) 阳台不论封闭与否,均按照水平投影面积的一半进行计算。

(3) 地下室、半地下室的出入口坡道,有永久性顶盖部分才能计算面积。

(4) 雨篷结构挑出外墙 2.10 m 时,可以按照水平投影面积的一半计算。

(5) 有永久性顶盖无围护结构的车棚、货棚、站台、加油站、收费站等,按照顶盖水平投影面积的一半计算。

(6) 建筑物内的变形缝,不分宽窄,合并到自然层内计算建筑面积。

(7) 无永久性顶盖的架空走廊、室外楼梯不能计算建筑面积。

(8) 建筑物通道(骑楼、过街楼的底层)、飘窗不能计算建筑面积。

(9) 自动扶梯、自动人行道不能计算建筑面积。

表 2-8 砖、石柱概算定额示例

工程内容：基坑挖、运，回填土，砌砖(石)，抹灰(勾缝)，刷乳胶漆。　　　　计量单位：m^3

计价表编号	项目	综合单价	单位	4-1 矩形砖柱 水泥砂浆面 数量	合价	4-2 方整石柱 勾凸缝 数量	合价
概算定额编号				4-1		4-2	
				矩形砖柱		方整石柱	
				水泥砂浆面		勾凸缝	
				数量	合价	数量	合价
基准价			元	505.55		985.66	
其中	人工费		元	195.84		204.38	
	材料费		元	208.87		673.95	
	机械费		元	5.99		7.68	
	管理费		元	70.63		74.20	
	利润		元	24.22		25.45	
1-1	人工挖一类干土深 1.5 m 内(运回)	4.76	m^3	1.44	6.85	1.44	6.85
1-1	人工挖一类干土深 1.5 m 内(运出)	4.76	m^3	1.60	7.62	1.60	7.62
1-92 换	人力车运土 150 m 内(运出)	10.39	m^3	1.60	16.62	1.60	16.62
1-92 换	人力车运土 150 m 内(运回)	10.39	m^3	1.44	14.96	1.44	14.96
1-104	基(槽)坑回填土(夯填)	12.72	m^3	1.44	18.32	1.44	18.32
1-55	人工挖地坑深 1.5 m 内(干土)	20.24	m^3	0.80	16.19	0.80	16.19
1-56	人工挖地坑深 3 m 内(干土)	23.42	m^3	0.80	18.74	0.80	18.74
3-49 换	M10 水泥砂浆砌毛石基础	159.63	m^3			1.00	159.63
3-3 换	M5 混合砂浆砌方形砖柱	231.62	m^3	1.00	231.62		
3-57 换	M5 混合砂浆砌方整石柱	676.74	m^3			1.00	676.74
16-308 换	抹灰面刷乳胶漆 3 遍	107.35	10 m^3	0.70	75.15		
13-52	水泥砂浆勾凸缝	55.54	10 m^3			0.90	49.99
13-27	水泥砂浆粉砖柱面	142.11	10 m^3	0.70	99.48		
人工及主要材料	000010	一类工	工日	0.91			
	000020	二类工	工日	3.36		4.61	
	000030	三类工	工日	2.44		2.44	
	101022	中砂	t	0.63		0.85	
	102019	毛石	t			1.95	
	103007	方整石 400×200×200(mm)	m^3			0.94	
	105012	石灰膏	m^3	0.02		0.01	
	201008	标准砖 240×115×53(mm)	百块	5.46			
	301002	白水泥	kg	3.70			
	301023	水泥 32.5 级	kg	117.00		150.70	
	601106	乳胶漆	kg	3.24			

附录二　国家工期定额(节选)

(1) 本附录的设立,主要是为编制设计概算,计算建筑工程垂直运输机械费,确定国家定额工期提供方便;同时也是作为计算建筑工程垂直运输机械费时确定工程量的标准。

(2) 本附录摘自2002年的《全国统一建筑安装工程工期定额》[建标(2000)38号];考虑到本省所属地区类别,定额工期只选用了江苏省所属的I类地区标准;结构类型选取的也是江苏省常用的混合结构、现浇框架结构、全现浇结构、预制排架结构等结构形式。当工程遇有其他类型结构时,请直接使用《全国统一建筑安装工程工期定额》。

(3) 我省执行文件为"关于贯彻执行《全国统一建筑安装工程工期定额》的通知"[苏建定(2000)283号],自2000年9月1日开始执行。我省建筑工程在执行国家工期定额时的调整规定如下:

① 民用建筑工程中的单项工程:±0.00以下工程调减5%,±0.00以上工程中的宾馆、饭店、影剧院、体育馆调减15%;民用建筑工程中的单位工程:±0.00以下结构工程调减5%,±0.00以上结构工程、宾馆、饭店及其他建筑的装修工程调减10%。

② 工业建筑工程均调减10%。

③ 其他建筑工程均调减5%。

④ 除以上情况外,均按国家工期定额标准执行。

(4) 在计算单位工程国家定额工期日历天时,有关计算规定应按照建标(2000)38号及苏建定(2000)283号文执行,附录中的有关说明是从上述文件和工期定额中摘录下来的。

附录三　定额材料预算价格取定表

本附录系直接摘自《江苏省建筑与装饰工程计价表》附录六的内容,供调整、换算及确定材料价格之用。

2.6.3　概算定额的作用

概算定额在控制建设投资、合理使用建设资金及充分发挥投资效果等方面发挥着积极的作用。

为了合理确定工程造价和有效控制工程建设投资,江苏省编制颁发了《江苏省建筑工程概算定额(2005年)》,自2006年1月起在全省范围内施行,原《江苏省建筑工程概算定额(1999)》同时停止执行。该定额的作用主要体现在以下6个方面:

(1) 建筑工程概算定额是对设计方案进行经济技术分析比较的依据。

设计方案比较,主要是对不同的建筑及结构方案的人工、材料和机械台班消耗量、材料用量、材料资源短缺程度等进行比较,弄清不同方案、人工材料和机械台班消耗量对工程造价的影响,材料用量对基础工程量和材料运输量的影响,以及由此而产生的对工程造价的影响,短缺材料用量及其供给的可能性,某些轻型材料和变废为宝的材料应用所产生的环境效益和国民经济宏观效益等。其目的是选出经济合理的建筑设计方案,在满足功能和技术性能要求的条件下,降低造价和人工、材料消耗。概算定额按扩大建筑结构构件或扩大综合内容划分定额项目,对上述诸方面,均能提供直接的或间接的比较依据,从而有助于做出最佳选择。

对于新结构和新材料的选择和推广,也需要借助于概算定额进行技术经济分析和比较,从经济角度考虑普遍采用的可能性和效益。

(2) 建筑工程概算定额是初步设计阶段编制工程设计概算、技术设计阶段编制修正概算、施工图设计阶段编制施工图概算的主要依据。

概算项目的划分与初步设计的深度相一致,一般是以分部工程为对象。根据国家有关规定,按设计的不同阶段对拟建工程进行估价,编制工程概算和修正概算。这样,就需要与设计深度相适应的计价定额。概算定额正是适应了这种设计深度而编制的。

(3) 建筑工程概算定额是招、投标工程编制招标标底、投标报价及签订施工承包合同的依据。

(4) 建筑工程概算定额是编制主要材料申请计划、设备清单的计算基础和施工备料的参考依据。

保证材料供应是建筑工程施工的先决条件。根据概算定额的材料消耗指标,计算工程用料的数量比较准确,并可以在施工图设计之前提出计划。

(5) 建筑工程概算定额是拨付工程备料款、结算工程款和审定工程造价的依据。

(6) 建筑工程概算定额是编制建设工程概算指标或估算指标的基础。

2.6.4 概算定额与预算定额的关系

(1) 概算定额是一种计价性定额,其主要作用是作为编制设计概算的依据。而对设计概算进行编制和审核是我国目前控制工程建设投资的主要方法。所以,概算定额也是我国目前控制工程建设投资的主要依据。

(2) 概算定额是一种社会标准,在涉及国有资本投资的工程建设领域,同样具有技术经济法规的性质,其定额水平一般取社会平均水平。

(3) 概算定额是在预算定额或综合预算定额的基础上综合扩大而成的计价性定额,不论从定额的形式、数据结构还是从定额的标定对象、消耗量水平看,与综合预算定额基本相同。

(4) 概算定额与预算定额的相同之处,都是以建(构)筑物各个结构部分和分部分项工程为单位表示的,定额标定对象均为扩大了的分项工程或结构构件;定额消耗量的内容也包括人工、材料和机械台班 3 个基本部分;概算定额表达的主要内容、主要方式及基本使用方法都与预算定额相近。

(5) 概算定额与预算定额的不同之处在于项目划分和综合扩大程度上的差异,同时,概算定额主要用于设计概算的编制,而预算定额还可以作为编制施工图预算的依据。由于概算定额综合了若干分项工程的预算定额,因此使概算工程量计算和概算表的编制都比编制施工图预算简化了很多。

2.6.5 概算指标的概念

概算指标是以每 100 m^2 建筑面积、每 1 000 m^3 建筑体积或每座构筑物为计量单位,规定人工、材料、机械及造价的定额指标。

概算指标是概算定额的扩大与合并,它是以整个房屋或构筑物为对象,以更为扩大的计量单位来编制的，也包括劳动力、材料和机械台班定额3个基本部分。同时，还列出了各结构分部的工程量及单位工程（以体积计或以面积计）的造价。例如每1 000 m^3 房屋或构筑物、每1 000 m管道或道路、每座小型独立构筑物所需要的劳动力，材料和机械台班的消耗数量等。

2.6.6 概算指标的表现形式

按具体内容和表示方法的不同，概算指标一般有综合指标和单项指标两种形式。综合指标是以一种类型的建筑物或构筑物为研究对象，以建筑物或构筑物的体积或面积为计量单位，综合了该类型范围内各种规格的单位工程的造价和消耗量指标而形成的，它反映的不是具体工程的指标，而是一类工程的综合指标，是一种概括性较强的指标。单项指标则是一种以典型的建筑物或构筑物为分析对象的概算指标，仅仅反映某一具体工程的消耗情况。

以建筑物或构筑物的概算指标有以下种类：

(1) 建设投资参考指标。如表2-9，其中一为各类工业项目投资参考指标，二为建筑工程每100 m^2 消耗工料指标的示例。

(2) 各类工程的主要项目费用构成指标。

(3) 各类工程技术经济指标。详见表2-10。

表2-9 建设投资参考指标

一、各类工业项目投资参考指标

序号	项　目	投资分配(%)					
		建筑工程			设备及安装工程		其他
		工业建筑	民用建筑	厂外工程	设备	安装	
1	冶金工程	33.4	3.5	1.3	48.2	5.7	7.9
2	电工器材工程	27.7	5.4	0.8	51.7	2.2	12.2
3	石油工程	22	3.5	1	50	10	13.5
4	机械制造工业	27	3.9	1.3	56	2.3	9.5
5	化学工程	33	3	1	46	11	9
6	建筑材料工业	35.6	3.1	3.5	50	2.8	7.8
7	轻工业	25	4.4	0.5	55	6.1	9
8	电力工业	30	1.6	1.1	51	13	3.3
9	煤炭工业	41	6	2	38	7	6
10	食品工业(冻肉厂)	55	3	0.5	30	9	2.5
11	纺织工业(棉纺厂)	29	4.5	1	53	4	8.5

二、建筑工程每 100 m² 消耗工料指标

项目	人工	钢材	水泥	模板	成材	砖	黄砂	碎石	毛石	石灰	玻璃	油毡	沥青
	工日	t	t	m³	m³	千块	t	t	t	t	m²	m²	kg
工业与民用建筑综合	315	3.04	13.57	1.69	1.44	14.76	44	46	8	1.48	18	110	240
（一）工业建筑	340	3.94	14.45	1.82	1.43	11.56	46	51	10	1.02	18	133	300
（二）民用建筑	277	1.68	12.24	1.50	1.48	19.58	42	36	6	2.63	17	67	160

注：表头“人工及主要材料”横跨人工至沥青各列。

表 2-10 各类工程技术经济指标

一、办公楼技术经济指标汇总表

层数及结构形式		2 层混合结构	4 层混合结构	6 层框架结构	9 层框架结构	12 层框架结构	29 层框剪结构
总建筑面积	m²	435	1 377	4 865	5 378	14 800	21 179
总造价	万元	27.8	86.7	243	309	1 595	2 008
檐高	m	7.1	13.5	23.4	29	46.9	90.9
工程特征及设备选型		混合结构，钢筋混凝土带基，桩基(0.2 m × 0.2 m × 8 m × 109 根)，铝合金茶色玻璃窗，硬木弹簧门，外墙石屑砂浆面层，内墙刷乳胶漆，2 件卫生洁具	混合结构，无梁带基，外墙刷 PA—1 涂料，2 件卫生洁具，吊扇，立式空调器，50 门电话交换机 1 套	框架结构，钢筋混凝土有梁满堂基础，内外墙面刷涂料，地面做 777 涂料，吊扇，50 门共电式交换机 1 套，窗式空调器，2 t 电梯 1 台	框架结构，独立柱基，桩基(0.4 m×0.4 m × 26.5 m × 365 根)，铝合金门窗，外墙做水刷石，地面做 777 涂料，2 件卫生洁具，吊扇，1 t 电梯 2 台	框架结构，独立柱基，桩基(0.4 m×0.4 m ×17 m×262 根)，古铜色铝合金茶色玻璃门窗，外墙石屑砂浆面层，局部泰山面砖，彩色水磨石地面，2 件卫生洁具，窗式空调器。400 门自动电话交换机，1 t 电梯 3 台	框剪结构，箱基（底板厚 δ = 1 200 mm)，桩基(0.45 m × 0.45 m × 38.2 m ×251 根)，铝合金弹簧门，铝合金窗，外墙贴马赛克，局部轻钢龙骨吊顶，水磨石地面，3 件卫生洁具，0.5 t 电梯 2 台，1 t 电梯 4 台
每平方米建筑面积总造价(元)		639	631	500	573	1 078	948
其中：土建		601	454	382	453	823	744
设备		35	176	112	115	242	191
其他		3	1	6	5	13	13
主要材料消耗指标 水泥	kg/m²	251	212	234	247	292	351
钢材	kg/m²	28	28	55	57	79	74
钢模	kg/m²	1.2	2.2	2.5	3	5.2	7.4
原木	m³/m²	0.022	0.018	0.015	0.023	0.029	0.018
混凝土折厚	cm/m²	19	12	23	54	48	58

二、工业厂房技术经济指标汇总表

层数及结构形式			单层排架结构	单层排架结构	2层框架结构	3层框架结构	3层框架结构	4层框架结构
总建筑面积		m^2	1 698	4 974	4 605	1 042	2 247	1 311
总造价		万元	159	297.4	277.2	64.4	130.1	78.1
檐高		m	11.7	10.5	9.6	10.8	16.11	15.4
工程特征及设备选型			排架结构,独立柱基,大型屋面板,行车起吊重量10 t,跨度22.5 m,轨高 8.2 m,1.5 t钢板水箱1座,离心水泵及齿轮油泵各4台	排架结构,杯基,桩基(0.4 m×0.4 m×24 m × 248根),大型屋面板,10 t桥式吊车2台,跨度22.5 m,轨高8 m	框架结构,有梁带基,铝合金卷帘门,外墙贴面砖,局部内墙贴墙纸,轻钢龙骨石膏板吊顶,3.9 t钢板水箱1座,480 kVA变压器设备1套,立式空调器,1 t锅炉1台,2 t电梯1台	框架结构,有梁带基,铝合金弹簧门,外墙贴玻璃马赛克,水磨石地面。立式冷风机3台,窗式空调器1台,500门共电式交换机1套	框架结构,有梁带基,行车起吊重量3 t,跨度10.5 m,轨高5.2 m,0.5 t、1 t电动葫芦各1台,外墙马赛克,1 t电梯1台	框架结构,独立柱基,10 t钢筋混凝土水箱1座,2 t电梯1台
每平方米建筑面积总造价(元)			936	597	602	618	579	596
其中:土建			752	579	418	474	484	482
设备			164	13	173	139	88	107
其他			20	5	11	5	7	7
主要材料消耗指标	水泥	kg/m^2	409	269	244	282	270	327
	钢材	kg/m^2	120	100	41	44	75	59
	钢模	kg/m^2	2.1	1.6	2.8	2.9	2.2	3.5
	原木	m^3/m^2	0.03	0.017	0.026	0.02	0.014	0.022
	混凝土折厚	cm/m^2	39	41	30	25	28	36

2.6.7 概算指标的作用

概算指标的作用与概算定额类似,在设计深度不够的情况下,往往用概算指标来编制初步设计概算。

因为概算指标比概算定额进一步扩大与综合,所以依据概算指标来估算投资就更为简便,但精确度也随之降低。

建筑工程概算指标的作用:

(1) 建筑工程概算指标是初步设计阶段编制建筑工程设计概算的依据。这是指在没有条件计算工程量时只能使用概算指标。

(2) 建筑工程概算指标是设计单位在建筑方案设计阶段,进行方案设计技术经济分析和估算的依据。

(3) 在建设项目的可行性研究阶段,作为编制项目的投资估算的依据。

(4) 在建设项目规划阶段,作为估算投资和计算资源需要量的依据。

2.7 建筑工程企业定额

2.7.1 企业定额的概念

企业定额是施工企业根据本企业的技术水平和管理水平,编制制定的完成单位合格产品所必需的人工、材料和施工机械台班消耗量,以及其他生产经营要素消耗的数量标准。企业定额反映企业的施工生产与消费之间的数量关系,是施工企业生产力水平的体现。企业的技术和管理水平不同,企业的定额水平也就不同。因此,企业定额是施工企业进行施工管理和投标报价的基础和依据,也是企业核心竞争力的具体表现。

2.7.2 企业定额的编制原则和依据

1) 企业定额的编制原则

施工企业在编制企业定额时应依据本企业的技术能力和管理水平,以基础定额为参照和指导。测定计算完成分项工程或工序所必需的人工、材料和机械台班的消耗,准确反映本企业的施工生产力水平。

目前,为适用国家推行的工程量清单计价办法,企业定额可采用基础定额的形式,按照统一的工程量计算规则、统一划分的项目、统一的计量单位进行编制。

在确定人工、材料和机械台班消耗量以后,需按选定的市场价格,包括人工价格、材料价格和机械台班价格等编制分项工程单价和分项工程的综合单价。

2) 企业定额的编制依据

企业定额的编制依据有:国家的有关法律、法规,政府的价格政策,现行的建筑安装工程施工及验收规范,安全技术操作规程和现行劳动保护法律、法规,国家设计规范,各种类型具有代表性的标准图集,施工图样,企业技术与管理水平,工程施工组织方案,现场实际调查和测定的有关数据,工程具体结构和程度状况,以及采用新工艺、新技术、新材料、新方法的情况等。

2.7.3 企业定额的编制要点

编制企业定额最关键的工作是确定人工、材料和机械台班的消耗量,以及计算分项工程单价或综合单价。具体测定和计算方法同前述施工定额及预算定额的编制。

人工消耗量的确定,首先是根据企业环境,拟定正常的施工作业条件,分别计算测定基本用工和其他用工的工日数，进而拟定施工作业的定额时间。

确定材料消耗量，是通过企业历史数据的统计分析、理论计算、实验试验、实地考察等方法计算确定材料包括周转材料的净用量和损耗量，从而拟定材料消耗的定额指标。

机械台班消耗量的确定，同样需要按照企业的环境，拟定机械工作的正常施工条件，确定机械净工作效率和利用系数，据此拟定施工机械作业的定额台班及与机械作业相关的工人小组的定额时间。

人工价格也即劳动力价格，一般情况下就按地区劳务市场价格计算确定。人工单价最常见的是日工资单价，通常是根据工种和技术等级的不同分别计算人工单价，有时可以简单的按专业工种将人工粗略地划分为结构、精装修、机电三大类，然后按每个专业需要的不同等级人工的比例综合计算人工单价。

材料价格按市场价格计算确定，其应是供货方将材料运至施工现场堆放或工地仓库后的出库价格。

施工机械使用价格最常用的是台班价格，应通过市场询价，根据企业和项目的具体情况计算确定。

3 工程费用(造价)构成

3.1 商品价格及建筑产品费用

3.1.1 商品的价值和价格

1) 商品价值

商品价值,从字面上的意义而言,是指一件商品所蕴含的价值。但在马克思的《资本论》中将这个概念加以深化讨论,他认为商品价值是指凝结在商品中无差别的人类劳动。无差别的人类劳动则以社会必要劳动时间来衡量。

商品具有价值和使用价值。商品价值是凝结在商品中的无差别的人类劳动(包括体力劳动和脑力劳动)。使用价值是指某物对人的有用性(例如面包能填饱肚子,衣服能保暖)。过渡商品价值是过渡的商品的使用价值(比如我生产出衣服,但是不用来自己穿着保暖,而是卖给别人,获得一定的报酬,在这个卖的过程中,自己就过渡掉了使用价值,而占有价值)。价值和使用价值不能同时占有。对于买家来说是通过买的过程占有了使用价值,而卖家则是占有了价值。

商品的价值量取决于生产该种商品的社会必要劳动时间(社会必要劳动时间:在现有的社会正常的生产条件下,在社会平均的劳动熟练程度和劳动强度下制造某种使用价值所需要的劳动时间),其定义为:凝结在商品中的无差别的一般人类劳动(这里的无差别的人类劳动指的是体力或脑力劳动,不管制造商品的是哪一个行业,制造商品的人的劳动的质是一样的)。

知道了商品的价值量,则商品价值总量就是生产一定数量的商品所耗费的总计的社会必要劳动时间。商品价值总量是单个商品价值量的总和(计算上可以统一到生产商品所需要的社会必要劳动时间上。举例说明:生产 1 台电脑的社会必要劳动时间是 5 小时,1 台电视机为 3 小时,则这两种商品的价值总量为 $5+3=8$ 小时,如果 1 小时的社会必要劳动价值为 600 元,则价值总量为 4 800 元)

使用价值量指的是商品能够满足人们某种需要的属性,也就是物品的有用性。使用价值是商品的自然属性,由物品的物理、化学、生物等属性决定。

有使用价值的物品不一定有价值;但有价值的物品一定是商品。举例说明:空气有使用价值,是人赖以生存的三要素之一,但是却没有价值,即不能称其为商品,如果一个人进入深山老林,用瓶瓶罐罐装上新鲜的空气运到受污染的城市里卖,这时的空气就有了使用价值了,可以称为商品了。

商品的价值在现实中,主要通过价格来体现。

2）商品价格

(1) 商品价格的含义

商品价格是商品价值的货币表现，它是与商品经济紧密联系的一个经济范畴。商品是使用价值和价值的统一体。商品的价值是凝结在商品中的一般人类劳动，这种劳动是以量的形式表现出来的。商品的价值量由生产这种商品所耗费的社会必要劳动时间所决定的。商品的价值不能自我表现，一个商品的价值必须由另一个商品来表现，并且只能在同另外一个商品相交换时才能实现。

最初的商品交换表现为一种商品同另一种商品的易手，商品的价值通过另一种商品的使用价值的量得到表现。我们把一种商品同另一种商品相交换的量的关系或比例，称作商品的交换价值。商品的交换价值，随着商品生产的发展，经历了漫长的历史发展过程，从简单价值形式到扩大价值形式，再到一般价值形式，最后发展到货币价值形式。此时，货币便从商品世界分离出来，作为一种特殊的商品稳固地独占了交换价值的形式地位。从此，物物交换形式被商品与货币相交换形式所取代。商品通过货币表现出来的价值，就是商品的价格。因此，价格体现了商品和货币的交换关系，是商品和货币交换比例的指数。

由此可见，商品价格的产生是以生产力水平的提高、商品交换的扩大、货币的出现为条件的，它是商品交换发展的必然结果。

(2) 价格的本质

价格是一种从属于价值并由价值决定的货币价值形式。价值的变动是价格变动的内在的、支配性的因素，是价格形成的基础。但是，由于商品的价格既是由商品本身的价值决定的，也是由货币本身的价值决定的，因而商品价格的变动不一定反映商品价值的变动。例如，在商品价值不变时，货币价值的变动就会引起商品价格的变动；同样，商品价值的变动也并不一定就会引起商品价格的变动。例如，在商品价值和货币价值按同一方向发生相同比例变动时，商品价值的变动并不引起商品价格的变动。

因此，商品的价格虽然是表现价值的，但是，仍然存在着商品价格和商品价值不相一致的情况。在简单商品经济条件下，商品价格随市场供求关系的变动，直接围绕它的价值上下波动；在资本主义商品经济条件下，由于部门之间的竞争和利润的平均化，商品价值转化为生产价格，商品价格随市场供求关系的变动，围绕生产价格上下波动。

(3) 价格的职能

基本职能主要有：

① 标度职能。即价格所具有的表现商品价值量的度量标记。在商品经济条件下，劳动时间是商品的内在价值尺度，而货币是商品内在价值尺度的外部表现形式。货币的价值尺度的作用是借助价格来实现的，价格承担了表现社会劳动耗费的职能，成为从观念上表现商品价值量大小的货币标记。

② 调节职能。即价格所具有的调整经济关系、调节经济活动的功能。由于商品的价格和价值经常存在不相一致的情况，价格的每一次变动都会引起交换双方利益关系的转换，因而使价格成为有效的经济调节手段和经济杠杆。

③ 信息职能。即价格变动可以向人们传递市场信息，反映供求关系变化状况，引导企业进行生产、经营决策。价格的信息职能，是在商品交换过程中形成的，是市场上多种因素共同作用的结果。

(4) 价格与价值的关系

商品价格是商品的货币表现,由于受价值规律支配和其他因素影响,从某一次具体交换看,商品价格和它的价值往往是相脱离的;但从较长时间和整个社会趋势上看,商品价格仍然符合其价值。因此,价格和价值是既相联系又有区别的两个概念。二者的关系可概括为:价值是价格的基础,价格是价值的表现形式。

还必须明确,价值决定价格,价格表现价值在不同社会形态里情况是不一样的。在资本主义条件下,价值规律自发地起调节作用,价格更多地受市场供求关系影响;在社会主义市场经济条件下,商品的价格除了受价值规律的自发调节外,还要受国家自觉运用价值规律进行宏观调控的约束。

(5) 价格运动规律与价值运动规律

价格运动规律是指价格按照价值规律的要求表现价值、实现价值并围绕价值而变动的规律。也就是价格按照价值规律的要求表现自己、实现自己并围绕价值而变动的规律。

价值运动规律是社会必要劳动时间决定商品价值量的规律。依照价值规律运动的要求,商品必须以价值为基础,按照等价交换的原则来进行。

价格运动规律与价值运动规律的关系表现在两个方面:一方面表现在价值规律对价格运动的内在支配。由于价格是价值的货币表现形式,并为价值所规定,价值规律对价格运动有一种内在的必然要求和强制,这种要求和强制就迫使价格运动受到价值规律制约(使价格趋向于价值),而价值规律就成为价格运动规律内在的支配力量。另一方面表现在价值规律的作用必须通过价格运动来表现。价值本身是一个抽象概念,它本身不能自己表现自己,只有通过它的表现形式——价格来表现自己。价格规律的作用同样要通过它的表现形式的变化,即通过价格运动来表现。

(6) 价格的作用

价格的作用是价值规律作用的表现,是价格实现自身功能时对市场经济运行所产生的效果,是价格的基本职能的外化。在市场经济中,价格的作用主要有:

① 价格是商品供求关系变化的指示器。借助于价格,可以不断地调整企业的生产经营决策,调节资源的配置方向,促进社会总供给和社会总需求的平衡。在市场上,借助于价格,可以直接向企业传递市场供求的信息,各企业根据市场价格信号组织生产经营。与此同时,价格的水平又决定着价值的实现程度,是市场上商品销售状况的重要标志。

② 价格水平与市场需求量的变化密切相关。一般来说,在消费水平一定的情况下,市场上某种商品的价格越高,消费者对这种商品的需求量就越小;反之,商品价格越低,消费者对它的需求量也就越大。而当市场上这种商品的价格过高时,消费者也就可能作出少买或不买这种商品,或者购买其他商品替代这种商品的决定。因此,价格水平的变动起着改变消费者需求量、需求方向和需求结构的作用。

③ 价格是实现国家宏观调控的一个重要手段。价格所显示的供求关系变化的信号系统,为国家宏观调控提供了信息。一般来说,当某种商品的价格变动幅度预示着这种商品有缺口时,国家就可以利用利率、工资、税收等经济杠杆,鼓励和诱导这种商品生产规模的增加或缩减,从而调节商品的供求平衡。价格还为国家调节和控制那些只靠市场力量无法使供求趋于平衡的商品生产提供了信息,使国家能够较为准确地干预市场经济活动,在一定程度上避免由市场自发调节带来的经济运行的不稳定,或减少经济运行过程的不稳定因素,使市

场供求大体趋于平衡。

3.1.2 建筑产品的价格和费用

1）建筑产品的价格

(1) 建筑产品商品价值的基本特征

① 同其他商品一样是使用价值与价值的统一体。

② 生产者的劳动，既是具体劳动又是抽象劳动。

③ 其价值量是由其社会必要劳动时间所决定的。

④ 符合等价交换的原则。

(2) 建筑产品价格的形成及计算特点

① 建筑产品价格的形成

建筑产品价格是由建筑产品的发包方与承包方两方面的费用和新创造的价值构成，建设单位为建筑产品向建筑安装企业支付的全部费用并非是最终产品的价格，而只是建筑安装企业产品的“出厂价格”。

建筑产品价格构成包括以下各项：

A. 建筑工程直接费。指与建筑工程施工直接有关，且为构成建筑工程或其部分实体所需的费用。包括每个分部分项工程的人工费、材料费和机械使用费等。

B. 建筑工程间接费。指不能归属于建筑工程某一构件或某一分项工程实体，而是服务于整个工程的费用。包括行政管理费和其他间接费两部分。其他间接费是指临时设施费、劳动支出费和施工队伍调迁费等。

C. 计划利润。以直接费与间接费之和，或以人工费为基础计取。

D. 税金。以上三项合计为基础计取。

② 建筑产品价格形成的特点

A. 个别产品单件计价。

B. 多阶段计价。

C. 供求双方直接定价。

③ 建筑产品价格运动的特点

A. “观念流通”规律。建筑产品只有“观念流通”，没有物的流通。

B. 建筑产品生产的“时滞性”。

C. 采取承包生产方式的建筑产品价格运动与一般产品的运动不同。一般产品的价格运动是：生产成本—税金—流通费用(含税金)—计划利润—销售价格。

承包生产的建筑产品价格运动是：签订合同价格，即买卖双方同意的合同价格(包含利润、税金)—生产预付款—假定产品(即工程按完成进度)中间付款—按国际惯例、标准合同条件索赔等调整合同价格—实际成本—验收最终结算—实际利润。

D. 建筑产品的使用价值可以零星出售，即出租。

E. 现货销售的建筑产品的价格，除生产成本外，还决定于环境及配套。

F. 配套设备也影响建筑产品价格。

④ 建筑产品计划价格的计算原理

国家不能对整个建筑产品统一定价,但可以对建筑产品进行分解,对分解所得到的比较简单而彼此相同的组成部分统一规定消耗定额和计价标准,来实现对建筑产品计划价格的统一管理。

建设工程项目可以分解如下:建设项目、单项工程(亦称工程项目)、单位工程、分部工程、分项工程。

(3) 建筑产品及分部分项工程的统一计价不同的建筑工程,往往具有相同的分部、分项工程,它们的计量单位相同,每一单位所消耗的劳动量也相同。这样,就可以在一定意义上把分项工程视为建筑产品。但它们并没有独立存在的意义,因此是一种假定产品,它是整个建筑工程的基本构成要素。

国家统一规定分部分项工程的内容及其物化劳动和活劳动的消耗定额,按地区统一规定各种原材料价格、机械设备使用费标准、工人工资及其他取费标准,这就可以计算出各种分部分项工程成本中的直接费,也就等于规定了假定产品的统一价格。

若按照工程的构造将该项工程所有的假定产品的价格加以汇总,再加上其他有关费用,就能计算出建筑工程产品以至整个建设项目的造价。这就是采用单位估价方法计算建设项目和建筑产品价格的基本原理,也是我国建设预算和建筑工程预算编制方法的基础。

2) 建筑产品成本构成和分类

(1) 建筑产品成本构成

按现行《国营施工企业核算办法》的规定,结合《施工、房地产开发企业财务制度》,建安工程成本具体分为直接成本和间接成本。

① 直接成本。是指施工过程中耗费的构成工程实体或有助于工程形成的各项支出。包括人工费、材料费、施工机械使用费和其他直接费。

A. 人工费。是指直接从事建筑安装工程施工的生产工人开支的各项费用,内容包括工人基本工资、工资性补贴、生产工人辅助工资、职工福利费、生产工人劳动保护费等。

B. 材料费。是指施工过程中耗用的构成工程实体的原材料、辅助材料、构配件、零件、半成品的费用和周转使用材料的推销(或租赁)费用,内容包括材料原价(或供应价)、供销部门手续费、包装费、装卸费、运输费及途耗、采购及保管费等。

C. 施工机械使用费。是指使用施工机械作业所发生的机械使用费以及机械安、拆和进出场费用,内容包括折旧费,大修费,维修费,安、拆费及场外运输费,燃料动力费,人工费,运输机械养路费,车船使用税及保险费等。

D. 其他直接费。是指直接费以外施工过程中发生的其他费用,内容包括冬雨季施工增加费,夜间施工增加费,二次搬运费,仪器仪表使用费,生产工具用具使用费,检验试验费,特殊工程培训费,工程定位复测、工程点交、场地清理等费用,特殊工区施工增加费等。

② 间接成本。是指企业各单位为组织和管理施工所发生的全部支出,包括现场经费和企业管理费。

A. 现场经费。是指为施工准备、组织施工生产和管理所需的费用,内容包括临时设施费和现场管理费。现场管理费内容有现场管理人员的基本工资、工资性补贴、职工福利费、劳动保护费、办公费、差旅交通费、固定资产使用费、工具用具使用费、保险费、工程保修费、工程排污费、其他费用等。

B. 企业管理费。是指施工企业为组织施工生产所发生的管理费用,内容包括管理人员的基本工资、工资性补贴及规定标准计提的福利费，差旅交通费，办公费，固定资产折旧费，修理费，工具用具使用费，工会经费，职工教育经费，劳动保险费，职工养老保险费及待业保险费，保险费，税金(指房产税、车船使用税、土地使用税、印花税等)，其他费用。

(2) 建筑产品成本的分类

建筑产品的成本按作用分类，有预算成本、计划成本和实际成本。

① 预算成本。是以施工图预算为依据，按一定预算价格计算的成本。预算成本反映了社会平均的成本水平。它的作用是控制工程成本最高限额，以其作为中间结算的依据，同时作为工程供工、供料的参考和作为考核工程活动的经济效果、降低工程成本情况的依据。

② 计划成本。指在施工中采取技术组织措施和实现降低成本计划要求所确定的工程成本。计划成本是以施工定额为基础，具体考虑各项工程的施工条件，采用积极可行的技术组织措施，充分挖掘企业内部潜力和厉行增产节约的经济效果后编制的。计划成本反映的是企业的成本水平，是建筑企业内部进行经济控制和考核工程经济活动效果的依据。

③ 实际成本。指建筑安装施工工程实际支出费用的总和。它是反映建筑安装企业经营活动的综合性指标，用它与预算成本比较，可以反映工程的盈亏情况。用它与计划成本比较，可以作为企业内部考核的依据，能较准确地反映工程活动和企业经营管理水平。

以上三种成本是由建筑产品的技术经济特点所产生的一种特殊经济核算形式。由于预算成本是以预算定额为基础确定的，施工中实际成本费用的开支，是以施工定额为基础编制并以施工预算来控制的，而预算定额与施工定额之间，本身就存在着事实上的“富余”，因而，若按施工预算控制开支，实际成本一定会低于预算成本。

企业要获得盈利，实现计划利润，其核心和正确的途径就是降低成本，绝不能在编制预算价格的施工图预算时采取高估冒算、定额套高不套低、提高计费标准等不正确的做法。

3.2 建设项目费用的构成

3.2.1 建设项目固定资产投资构成

建设项目固定资产投资构成由设备及工具器具购置费、建筑安装工程费、工程建设其他费、预备费、建设期贷款利息、固定资产投资方向调节税构成。

3.2.2 建筑安装工程费

根据建标〔2003〕206 号文件《建筑安装工程费用项目组成》的规定，建筑安装工程费由直接费、间接费、利润、税金组成。

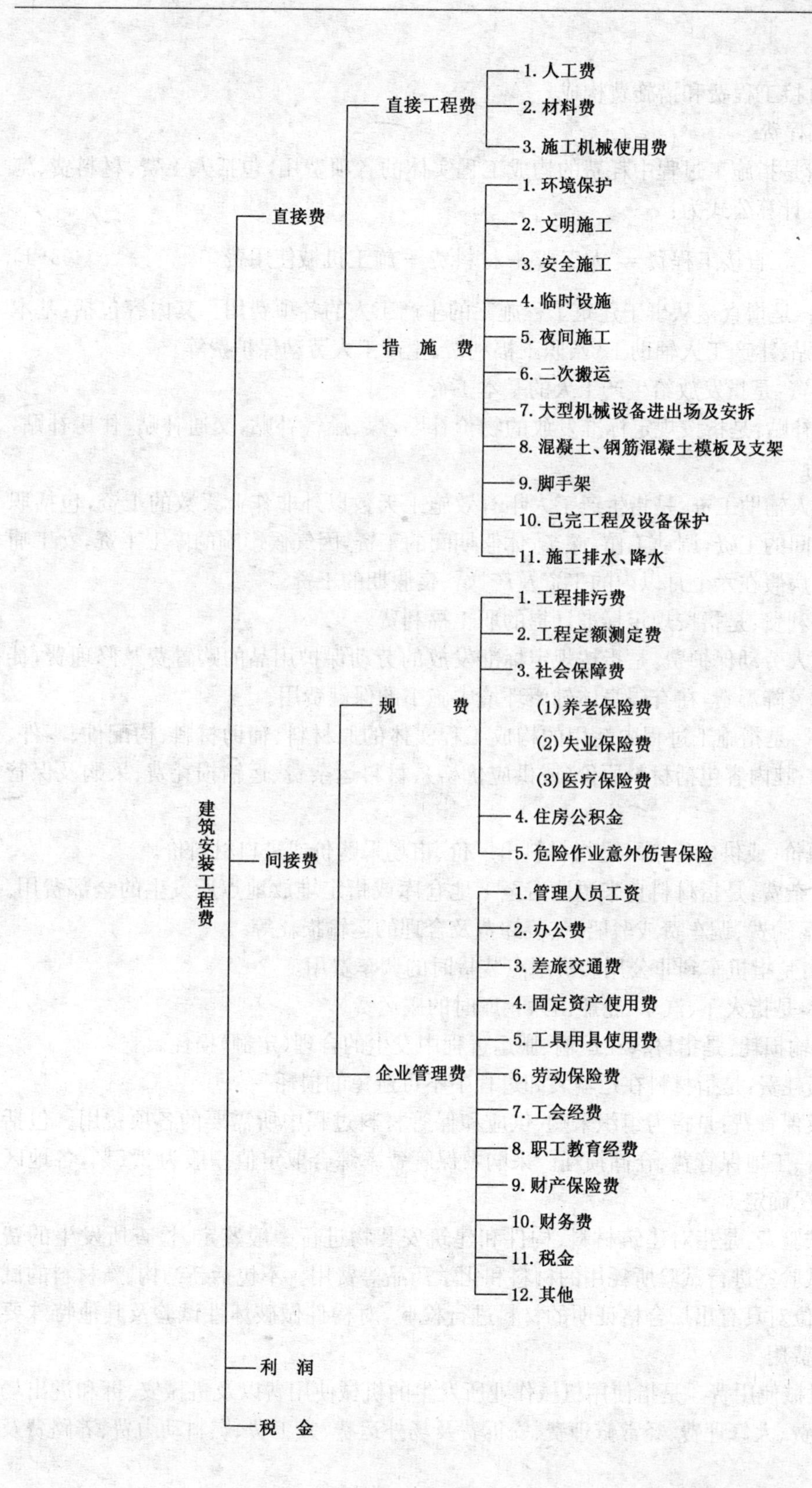
建筑安装工程费
直接费
直接工程费
1. 人工费
2. 材料费
3. 施工机械使用费
措 施 费
1. 环境保护
2. 文明施工
3. 安全施工
4. 临时设施
5. 夜间施工
6. 二次搬运
7. 大型机械设备进出场及安拆
8. 混凝土、钢筋混凝土模板及支架
9. 脚手架
10. 已完工程及设备保护
11. 施工排水、降水
间接费
规 费
1. 工程排污费
2. 工程定额测定费
3. 社会保障费
(1)养老保险费
(2)失业保险费
(3)医疗保险费
4. 住房公积金
5. 危险作业意外伤害保险
企业管理费
1. 管理人员工资
2. 办公费
3. 差旅交通费
4. 固定资产使用费
5. 工具用具使用费
6. 劳动保险费
7. 工会经费
8. 职工教育经费
9. 财产保险费
10. 财务费
11. 税金
12. 其他
利 润
税 金

1）直接费

直接费由直接工程费和措施费构成。

（1）直接工程费

直接工程费是指施工过程中耗费的构成工程实体的各项费用，包括人工费、材料费、施工机械使用费。计算公式为：

$$直接工程费 = 人工费 + 材料费 + 施工机械使用费 \tag{3-1}$$

① 人工费。是指直接从事于建筑工程施工的生产工人的各项费用。其内容包括：基本工资、工资性补贴、生产工人辅助工资、职工福利费、生产工人劳动保护费等。

A. 基本工资：是指发放给生产工人的基本工资。

B. 工资性补贴：是指按规定标准发放的物价补贴，煤、燃气补贴，交通补贴，住房补贴，流动施工津贴等。

C. 生产工人辅助工资：是指生产工人年有效施工天数以外非作业天数的工资，包括职工学习、培训期间的工资，调动工作、探亲、休假期间的工资，因气候影响的停工工资，女工哺乳时间的工资，病假在六个月以内的工资及产、婚、丧假期的工资。

D. 职工福利费：是指按规定标准计提的职工福利费。

E. 生产工人劳动保护费：是指按规定标准发放的劳动保护用品的购置费及修理费，徒工服装补贴，防暑降温费，在有碍身体健康环境中施工的保健费用。

② 材料费。是指施工过程中耗用的构成工程实体的原材料、辅助材料、构配件、零件、半成品的费用。其内容包括材料原价（或供应价格）、材料运杂费、运输损耗费、采购及保管费、检验试验费。

A. 材料原价（或供应价格）：是指材料出厂价、市场采购价或进口材料价。

B. 材料运杂费：是指材料自来源地运至工地仓库或指定堆放地点所发生的全部费用。包括车船等的运输费、调车费或驳船费、装卸费及合理的运输损耗等。

a. 调车费：是指机车到非公用装货地点装货时的调车费用。

b. 装卸费：是指火车、汽车、轮船出入仓库时的搬运费。

c. 材料运输损耗：是指材料在运输、搬运过程中发生的合理（定额）损耗。

C. 运输损耗费：是指材料在运输装卸过程中不可避免的损耗。

D. 采购及保管费：是指为组织采购、供应和保管材料过程中所需要的各项费用。包括采购费、仓储费、工地保管费、仓储损耗。采购及保管费率综合取定值一般为 2.5%，各地区可根据实际情况确定。

E. 检验试验费：是指对建筑材料、构件和建筑安装物进行一般鉴定、检查所发生的费用，包括自设试验室进行试验所耗用的材料和化学药品等费用。不包括新结构、新材料的试验费和建设单位对具有出厂合格证明的材料进行检验，对构件做破坏性试验及其他特殊要求检验试验的费用。

③ 施工机械使用费。是指使用机械作业所发生的机械使用费以及机械安、拆和进出场费。包括折旧费、大修理费、经常修理费、安拆费及场外运费、人工费、燃料动力费、养路费及车船使用税。

A. 折旧费：指施工机械在规定的使用年限内，陆续收回其原值及购置资金的时间价值。

B. 大修理费：指施工机械按规定的大修理间隔台班进行必要的大修理，以恢复其正常功能所需的费用。

C. 经常修理费：指施工机械除大修理以外的各级保养和临时故障排除所需的费用。

D. 安拆费及场外运费：安拆费指施工机械在现场进行安装与拆卸所需的人工、材料、机械和试运转费用以及机械辅助设施的折旧、搭设、拆除等费用；场外运费指施工机械整体或分体自停放地点运至施工现场或由一施工地点运至另一施工地点的运输、装卸、辅助材料及架线等费用。

E. 人工费：指机上司机(司炉)和其他操作人员的工作日人工费及上述人员在施工机械规定的年工作台班以外的人工费。

F. 燃料动力费：指施工机械在运转作业中所消耗的固体燃料(煤、木柴)、液体燃料(汽油、柴油)及水、电等。

G. 养路费及车船使用税：指施工机械按照国家规定和有关部门规定应缴纳的养路费、车船使用税、保险费及年检费等。

(2) 措施费

措施费是指为完成工程项目施工，发生于该工程施工前和施工过程中非工程实体项目的费用。包括：

① 环境保护费：是指施工现场为达到环保部门要求所需要的各项费用。

② 文明施工费：是指施工现场文明施工所需要的各项费用。

③ 安全施工费：是指施工现场安全施工所需要的各项费用。

④ 临时设施费：是指施工企业为进行建筑工程施工所必须搭设的生活和生产用的临时建筑物、构筑物和其他临时设施费用等。

⑤ 大型机械设备进出场及安拆费：是指机械整体或分体自停放场地运至施工现场或由一个施工地点运至另一个施工地点，所发生的机械进出场运输及转移费用及机械在施工现场进行安装、拆卸所需的人工费、材料费、机械费、试运转费和安装所需的辅助设施的费用。

⑥ 混凝土、钢筋混凝土模板及支架费：是指混凝土施工过程中需要的各种钢模板、木模板、支架等的支、拆、运输费用及模板、支架的摊销(或租赁)费用。

⑦ 脚手架费：是指施工需要的各种脚手架搭、拆、运输费用及脚手架的摊销(或租赁)费用。

⑧ 施工排水、降水费：是指为确保工程在正常条件下施工，采取各种排水、降水措施所发生的各种费用。

⑨ 夜间施工费：是指因夜间施工所发生的夜班补助费、夜间施工降效、夜间施工照明设备摊销及照明用电等费用。

⑩ 二次搬运费：是指因施工场地狭小等特殊情况而发生的二次搬运费用。

⑪ 已完工程及设备保护费：是指竣工验收前，对已完工程及设备进行保护所需费用。

2) 间接费

间接费由规费、企业管理费组成。

(1) 规费

规费是政府和有关权力部门规定必须缴纳的费用。包括：

① 工程排污费：施工现场按规定缴纳的工程排污费。

② 工程定额测定费：按规定支付工程造价管理部门的定额测定费。

③ 社会保障费的内容

A. 养老保险费：企业按规定标准为职工缴纳的基本养老保险费。

B. 失业保险费：企业按照国家规定标准为职工缴纳的失业保险费。

C. 医疗保险费：企业按照规定标准为职工缴纳的基本医疗保险费。

D. 住房公积金：企业按规定标准为职工缴纳的住房公积金。

E. 危险作业意外伤害保险：按照建筑法规定，企业为从事危险作业的建筑安装施工人员支付的意外伤害保险费。

(2) 企业管理费

企业管理费是指建筑安装企业组织施工生产和经营管理所需的费用。包括：

① 管理人员工资：现场管理人员的基本工资、工资性补贴、职工福利费、劳动保护费等。

② 办公费：是指现场管理办公用的文具、纸张、账表、印刷、邮电、书报、会议、水、电、烧水和集体取暖(包括现场临时宿舍取暖)用煤等费用。

③ 差旅交通费：是指职工因公出差期间的旅费、住勤补助费，市内交通费和误餐补助费，职工探亲路费，劳动力招募费，职工离退休、退职一次性路费，工伤人员就医路费，工地转移费以及现场管理使用的交通工具的油料、燃料、养路费及牌照费。

④ 固定资产使用费：是指现场管理及试验部门使用的属于固定资产的设备、仪器等的折旧、大修理、维修费或租赁费等。

⑤ 工具用具使用费：是指现场管理使用的不属于固定资产的工具、器具、家具、交通工具和检验、试验、测绘、消防用具等的购置、维修和摊销费。

⑥ 劳动保险费：是指施工管理用财产、车辆保险，高空、井下、海上作业等特殊工种安全保险等。

⑦ 工会经费：是指企业按职工工资总额计提的工会经费。

⑧ 职工教育经费：是指企业为职工学习先进技术和提高文化水平，按照职工工资总额计提的费用。

⑨ 财产保险费：是指施工管理所用的财产和车辆保险。

⑩ 财务费：是指企业为筹集资金而发生的各种费用。

⑪ 税金：是指企业按规定缴纳的房产税、车船使用税、土地使用税、印花税等。

⑫ 其他费用：包括技术转让费、技术开发费、业务招待费、绿化费、广告费、公证费、法律顾问费、审计费、咨询费等。

3) 利润

利润是指施工企业完成所承包工程获得的盈利。

4) 税金

税金是指国家税法规定的应计入建筑安装工程造价内的营业税、城市维护建设税、教育费附加等。

3.2.3 设备及工具、器具购置费

设备及工具、器具购置费是由设备及工具、器具购置费用和工具、器具及生产家具购置费用组成，是固定资产投资的构成部分。在生产性工程建设中，设备及工具、器具购置费用与资本的有机构成相联系，其占固定资产投资比重的增大，意味着生产技术的进步和资本有机构成的提高。

1）设备购置费

设备购置费是指为建设项目购置或自制的，达到固定资产标准的各种国产或进口设备、工具、器具的费用。它由设备原价和运杂费组成。

(1) 国产设备原价的构成与计算

国产设备原价一般指设备制造厂的交货价或订货合同价。国产设备原价分为国产标准设备原价和国产非标准设备原价。

① 国产标准设备是指按照主管部门颁布的标准图纸和技术要求，由生产厂批量生产的符合国家质量检测标准的设备。国产标准设备原价指设备制造厂的交货价，即出厂价。一般有两种形式，即带有备件的原价和不带有备件的原价，一般按带有备件的原价计算。

② 非标准设备是指国家尚无定型标准，各设备生产厂不可能采用批量生产，只能按一次订货，并根据具体的设备图纸制造的设备。非标准设备原价的计算方法有成本计算估价法、系列设备插入估价法、分部组合估价法、定额估价法。无论哪种方法都应该使非标准设备计价的准确度接近实际出厂价格，并要求计算方法简便。

(2) 进口设备原价的构成及计算

进口设备的原价是进口设备的抵岸价。抵岸价即抵达买方边境港口或边境车站，且交完关税等税后形成的价格。

① 进口设备的交货类别

进口设备的交货类别一般分为内陆交货、目的地交货、装运港交货。

② 进口设备到岸边的构成

进口设备购置预算的费用应包括引进合同中的货架、进口设备的从属费用，以及从我国港口到达工程地点的国内运杂费和现场保管费。从属费用指国外运费和运输保险费、关税、增值税、消费税、银行财务费、外贸手续费、海关监管手续费等。所以计算公式为：

$$\begin{aligned}\text{进口设备到岸价} &= \text{货价} + \text{国外运输费} + \text{关税} + \text{增值税} + \text{消费税} \\ &\quad + \text{银行财务费} + \text{外贸手续费} + \text{海关监管手续费}\end{aligned} \tag{3-2}$$

其中，消费税和海关监管手续费并不是每种进口设备都计取。

(3) 运杂费的构成与计算

① 设备运杂费主要包括运费和装卸费、包装费、供销部门手续费、采购与仓库保管费。

② 设备运杂费的计算：

$$\text{设备运杂费} = \text{设备原价} \times \text{设备运杂费率} \tag{3-3}$$

2）工器具及生产家具购置费

工器具及生产家具购置费，是指新建项目或扩建项目初步设计规定的，保证初步正常生产必须购置的，但没有达到固定资产标准的设备、仪器、工卡模具、器具、生产家具和备品备件等的购置费用。其计算公式为：

$$工器具及生产家具购置费 = 设备购置费 \times 定额费率 \tag{3-4}$$

3.2.4 工程建设其他费

工程建设其他费是指从工程筹建起到工程竣工验收交付生产或使用为止的整个建设期间，除去建设安装工程费用和设备及工器具购置费以外的，为保证工程建设顺利完成和交付使用后能够正常发挥效益或效能而发生的各项费用。

工程建设其他费包括土地使用费、与项目建设有关的其他费用、与未来企业生产经营有关的其他费用。

1）土地使用费

由于建筑物的固定性，必然要发生为获得建设用地而支付的费用，即土地使用费。它包括用划拨方式取得土地使用权而支付的土地征用费及迁移补偿费，或者通过土地使用权出让取得土地使用权而支付的土地出让金。

(1) 土地征用及迁移补偿费

依照《中华人民共和国土地管理法》等规定，土地征用及迁移补偿费包括：

① 土地补偿费。征用耕地（包括菜地）的补偿标准，按政府规定，为该耕地被征用前三年平均年产值的6～10倍，具体补偿标准由省、自治区、直辖市人民政府在此范围内制定。征用园地、鱼塘、藕塘、苇塘、宅基地、林地、牧场、草原等的补偿标准，由省、自治区、直辖市参照征用耕地的土地补偿费制定。征收无收益的土地，不予补偿。土地补偿费归农村集体经济组织所有。

② 青苗补偿费和被征用土地上的房屋、水井、树木等附着物补偿费。这些补偿费的标准由省、自治区、直辖市人民政府制定。征用城市郊区的菜地时，还应按照有关规定向国家缴纳新菜地开发建设基金。地上附着物及青苗补偿费归地上附着物及青苗的所有者所有。

③ 安置补助费。征用耕地、菜地的，其安置补助费按照需要安置的农业人口数计算。每一个需要安置的农业人口的安置补助费标准，为该耕地被征用前三年平均年产值的4～6倍。但是，每公顷被征用耕地的安置补助费，最高不得超过被征用前三年平均年产值的15倍。征用土地的安置补助费必须专款专用，不得挪作他用。需要安置的人员由农村集体经济组织安置的，安置补助费支付给农村集体经济组织，由农村集体经济组织管理和使用；由其他单位安置的，安置补助费支付给安置单位；不需要统一安置的，安置补助费发放给被安置人员个人或者征得被安置人员同意后用于支付被安置人员的保险费用。市、县和乡（镇）人民政府应当加强对安置补助费使用情况的监督。

④ 缴纳的耕地占用税或城镇土地使用税、土地登记费及征地管理费等。县市土地管理

机关从征地费中提取土地管理费的比率,按征地工作量大小,视不同情况,在1%~4%幅度内提取。

⑤ 征地动迁费。包括征用土地上的房屋及附属构筑物、城市公共设施等拆除、迁建补偿费、搬迁运输费,企业单位因搬迁造成的减产、停工损失补贴费,拆迁管理费等。

⑥ 水利水电工程水库淹没处理补偿费。包括农村移民安置迁建费,城市迁建补偿费,库区工矿企业、交通、电力、通信、广播、管网、水利等的恢复、迁建补偿费,库底清理费,防护工程费,环境影响补偿费用等。

(2) 土地使用权出让金

土地使用权出让金是指建设项目通过土地使用权出让方式取得有限期的土地使用权,依照《中华人民共和国城镇国有土地使用权出让和转让暂行条例》规定支付土地使用权出让金。城市土地的出让和转让可采用协议、招标、公开拍卖等方式。

2) 与项目建设有关的其他费用

与项目建设有关的其他费用一般包括以下内容:

(1) 建设单位管理费

建设单位管理费是指建设单位从项目开工之日起至办理竣工财务决算之日止发生的管理性质的开支。包括:不在原单位发工资的工作人员工资、基本养老保险费、基本医疗保险费、失业保险费、办公费、差旅交通费、劳动保护费、工具用具使用费、固定资产使用费、零星购置费、招募生产工人费、技术图书资料费、印花税、业务招待费、施工现场津贴、竣工验收费和其他管理性质开支。

(2) 勘察设计费

勘察设计费是指对工程建设项目进行勘察设计所发生的费用。勘察设计费包括:项目的各项勘探、勘察费用,初步设计、施工图设计费,竣工图文件编制费,施工图预算编制费,以及设计代表的现场技术服务费。按其内容划分为勘察费和设计费。

(3) 研究试验费

研究试验费是指为本建设项目提供或验证设计参数、数据资料等进行必要的研究试验及涉及规定在施工必须进行的试验、验证所需的费用

(4) 临时设施费

临时设施费是指施工企业为运行建筑安装工程所必需的生活和生产用的临时建筑物、构筑物和其他临时设施费用等。

(5) 工程监理费

工程监理费是指建设单位委托监理单位对工程实施监理所支付的费用。

(6) 工程保险费

工程保险费是指建设项目在建设期间根据需要进行工程保险所需的费用。

(7) 引进技术和进口设备其他费用

引进技术和进口设备其他费用,包括出国人员费用、国外工程技术人员来华费用、技术引进费、分期或延期付款利息、担保费以及进口设备检验鉴定费。

(8) 工程承包费

工程承包费是指具有总承包条件的工程公司，对工程建设项目从开始建设到竣工投产全过程的总承包所需的管理费用。具体包括勘察设计、设备材料采购、施工招标、发包、工程预决算、项目管理、施工质量监督、隐蔽工程检查、验收和试车到竣工投产的各种管理费用。

3) 与未来企业生产经营有关的其他费用

(1) 联合试运转费

是指新建企业或新增加生产工艺过程的扩建企业在竣工验收前，按照设计规定的工程质量标准，进行整个车间的负荷或无负荷联合试运转所发生的费用支出大于试运转收入的亏损部分；必要的工业炉烘炉费。不包括应由设备安装费用开支的单体试车费用。

(2) 生产准备费

生产准备费是指新建企业或新增生产能力的企业，为保证竣工交付使用进行必要的生产准备所发生的费用。包括：

① 生产人员培训费，包括自行培训、委托其他单位培训的人员的工资、工资性补贴、职工福利费、差旅交通费、学习资料费、学习费、劳动保护费等。

② 生产单位提前进场参加施工、设备安装、调试等以及熟悉工艺流程及设备性能等人员的工资、工资性补贴、职工福利费、差旅交通费、劳动保护费等。

(3) 办公和生活家具购置费

办公和生活家具购置费是指为保证新建、改建、扩建项目初期正常生产、使用、管理所需购置的办公和生活家具、用具的费用。

3.2.5 预备费

按我国现行规定预备费包括基本预备费和涨价预备费。

(1) 基本预备费

基本预备费是针对在项目实施过程中可能发生难以预料的支出，需要事先预留的费用，又称工程建设不可预见费。主要指设计变更及施工过程中可能增加工程量的费用。主要包括以下几个方面的费用：

① 在进行设计和施工过程中，在批准的初步设计范围内，必须增加的工程和按规定需要增加的费用(含相应增加的价差及税金)。本项费用不含Ⅰ类变更设计增加的费用。

② 在建设过程中，工程遭受一般自然灾害所造成的损失和为预防自然灾害所采取的措施费用。

③ 竣工验收时为鉴定工程质量对隐蔽工程进行必要的挖掘和修复费用。

(2) 涨价预备费

涨价预备费是对建设工期较长的投资项目，在建设期内可能发生的材料、人工、设备、施工机械等价格上涨，以及费率、利率、汇率等变化，而引起项目投资的增加，需要事先预留的费用，亦称价差预备费或价格变动不可预见费。

3.2.6 建设期贷款利息

建设期贷款利息包括向国内银行和其他非银行金融机构贷款、出口信贷、外国政府贷款、国际商业银行贷款以及在境内外发行的债券等在建设期间内应偿还的贷款利息。计算公式为：

$$\text{每年应计利息} = (\sum \text{年初贷款本息} + 1/2\,\text{当年贷款额}) \times \text{年利率} \tag{3-5}$$

3.2.7 固定资产投资方向调节税

为了贯彻国家产业政策,控制投资规模,引导投资方向,调整投资结构,加强重点建设,促进国民经济持续、稳定、协调发展,对在我国境内进行固定资产的单位和个人征收固定资产投资方向调节税。固定资产投资方向调节税于 2000 年 1 月 1 日起暂停征收,但该税种并未取消。

4　建筑工程计价费用

4.1　建筑工程费用计算规则(规定)

在实际工程计价中,自《建设工程工程量清单计价规范》(GB 50500—2008)实施以来,各地(省、市、自治区)均推行“工程量清单计价”模式。本书建筑工程计价费用的项目划分和组成内容,系采用清单计价模式并以《江苏省建设工程费用定额》(2009)和《江苏省建筑与装饰工程计价表》(2004)为依据进行阐述。

1) 建筑与装饰工程费用项目的组成

建筑与装饰工程计价由分部分项工程费、措施项目费、其他项目费、规费和税金组成。

2) 费用项目的分类

(1) 按限定性分类

① 不可竞争费。不可竞争费在编制招标控制价或投标报价时均应按规定计算,不得让利或随意调整计算标准。不可竞争费包括现场安全文明施工措施费、规费和税金。

② 可竞争费。建筑与装饰工程费用除了不可竞争费用必须按规定计算外,其余费用均可依据工程规模、技术难度、施工条件、工期长短和企业自身的资源等的不同,投标单位根据工程实际情况分别计算确定,为可竞争费用。

(2) 按工程取费标准分类

① 建筑与装饰工程。按工程类别分为一类、二类和三类工程取费标准。

② 单独装饰工程。单独装饰工程不分工程类别。

③ 包工不包料、点工。

4.1.1　分部分项工程费

分部分项工程费是指施工过程中耗费的构成工程实体性项目的各项费用,由人工费、材料费、施工机械使用费、企业管理费和利润构成。

1) 人工费

指列入计价表中的直接从事建筑与装饰工程施工的生产工人开支的各项费用,内容包括:

(1) 基本工资。是指发放给生产工人的基本工资,包括基础工资、岗位(职级)工资、绩效工资等。

(2) 工资性津贴。是指企业发放的各种性质的津贴、补贴,包括物价补贴、交通补贴、住房补贴、施工补贴、误餐补贴、节假日(夜间)加班费等。

(3) 生产工人辅助工资。是指生产工人年有效施工天数以外非作业天数的工资,包括职工学习、培训期间的工资，探亲、休假期间的工资，因气候影响的停工工资，女工哺乳时间的工资，病假在6个月以内的工资及产、婚、丧假期的工资。

(4) 职工福利费。是指按规定标准计提的职工福利费。

(5) 劳动保护费。是指按规定标准发放的劳动保护用品、工作服装补贴、防暑降温费、高危险工种施工作业防护补贴费等。

2) 材料费

指列入计价表中的在施工过程中耗费的构成工程实体的原材料、辅助材料、构配件、零件、半成品的费用和周转使用材料的摊销费用。内容包括：

(1) 材料原价。

(2) 材料运杂费：材料自来源地运至工地仓库或指定堆放地点所发生的全部费用。

(3) 运输损耗费：材料在运输装卸过程中不可避免的损耗。

(4) 采购及保管费：为组织采购、供应和保管材料过程所需要的各项费用。包括：采购费、工地保管费、仓储费和仓储损耗。

3) 施工机械使用费

指列入计价表中的施工机械作业所发生的机械使用费、机械安拆费和场外运费。施工机械台班单价应由下列费用组成：

(1) 折旧费。施工机械在规定的使用年限内，陆续收回其原值及购置资金的时间价值。

(2) 大修理费。指施工机械按规定的大修理间隔台班进行必要的大修理，以恢复其正常功能所需的费用。

(3) 经常修理费。指施工机械除大修理以外的各级保养和临时故障排除所需的费用。包括为保障机械正常运转所需替换设备与随机配备工具用具的摊销和维护费用，机械运转及日常保养所需润滑与擦拭的材料费用及机械停滞期间的维护和保养费用等。

(4) 安拆费及场外运费。安拆费指施工机械在现场进行安装与拆卸所需的人工、材料、机械和试运转费用以及机械辅助设施的折旧、搭设、拆除等费用；场外运费指施工机械整体或分体自停放地点运至施工现场或由一施工地点运至另一施工地点的运输、装卸、辅助材料及架线等费用。

(5) 人工费。指机上司机(司炉)和其他操作人员的工作日人工费及上述人员在施工机械规定的年工作台班以外的人工费。

(6) 燃料动力费。指施工机械在运转作业中所消耗的固体燃料(煤、木柴)、液体燃料(汽油、柴油)及水电等。

(7) 车辆使用费。指施工机械按照国家规定和有关部门规定应缴纳的车船使用税、保险费及年检费等。

4) 企业管理费

指施工企业组织施工生产和经营管理所需的费用。内容包括：

(1) 管理人员的基本工资、工资性津贴、职工福利费、劳动保护费等。

(2) 差旅交通费。指企业职工因公出差、住勤补助费、市内交通费和误餐补助费，职工探亲路费、劳动力招募费、工地转移费以及交通工具油料、燃料、牌照费等。

(3) 办公费。指企业办公用文具、纸张、账表、印刷、邮电、书报、会议、水、电、燃煤、燃气等费用。

(4) 固定资产使用费。指企业属于固定资产的房屋、设备、仪器等的折旧、大修、维修或租赁费。

(5) 生产工具用具使用费。指企业管理使用不属于固定资产的工具、用具、家具、交通工具、检验、试验、消防等的购置、维修和摊销费，以及支付给工人自备工具的补贴费。

(6) 工会经费及职工教育经费。工会经费是指企业按职工工资总额计提的工会经费；职工教育经费是指企业为职工学习培训按职工工资总额计提的费用。

(7) 财产保险费。指企业管理用财产、车辆保险。

(8) 劳动保险补助费。包括由企业支付的 6 个月以上的病假人员工资、职工死亡丧葬补助费、按规定支付给离休干部的各项经费。

(9) 财务费。是指企业为筹集资金而发生的各种费用。

(10) 税金。指企业按规定交纳的房产税、车船使用税、土地使用税、印花税等。

(11) 意外伤害保险费。企业为从事危险作业的建筑安装施工人员支付的意外伤害保险费。

(12) 工程定位、复测、点交、场地清理费。

(13) 非甲方所为 4 小时以内的临时停水停电费用。

(14) 企业技术研发费。建筑企业为转型升级、提高管理水平所进行的技术转让、科技研发、信息化建设等费用。

(15) 其他。业务招待费、远地施工增加费、劳务培训费、绿化费、广告费、公证费、法律顾问费、审计费、咨询费、联防费等。

5) 利润

利润指施工企业完成所承包工程获得的盈利。

4.1.2 措施项目费

措施项目费是指为完成建筑与装饰工程项目施工所必须发生的施工准备和施工过程中技术、生活、安全、环境保护等方面的非工程实体项目费用。由通用措施项目费和专业措施项目费两部分组成。

通用措施项目费包括：

(1) 现场安全文明施工措施费。为满足施工现场安全、文明施工以及环境保护、职工健康生活所需要的各项费用。本项为不可竞争费用。

① 安全施工措施包括：安全资料的编制、安全警示标志的购置及宣传栏的设置；“三宝”（安全帽、安全带、安全网）、“四口”（楼梯口、电梯口、预留洞口、通道口）、“五临边”（沟、坑，槽和深基础周边；楼层周边；楼梯侧边；平台或阳台边；屋面周边）防护的费用；施工安全用电的费用，包括电箱标准化、外电防护标志；起重机、塔吊等起重设备（含井架、门架）及外用电梯的安全防护措施（含警示标志）费用及卸料平台的临边防护及层间安全门防护棚等设施费用；建筑工地起重机械的检验检测费用；施工机具防护棚及其围栏的安全防护设施费用；施工现场安全防护通道的费用；工人的防护用品、用具购置费用；消防设施与消防器材的配置费用；电气保护、安全照明设施费；其他安全防护措施费用。

② 文明施工措施包括：大门、五牌一图[①]、工人胸卡、企业标识的费用；围挡的墙面美化（包括内外粉刷、刷白、标语等）、压顶装饰费用；现场厕所便槽刷白、贴面砖、水泥砂浆地面或地砖费用，建筑物内临时便溺设施费用；其他施工现场临时设施的装饰装修、美化措施费用；现场生活卫生设施费用；符合卫生要求的饮水设备、淋浴、消毒等设施费用；生活用洁净燃料费用；防煤气中毒、防蚊虫叮咬等措施费用；施工现场操作场地的硬化费用；现场污染源的控制、建筑垃圾及生活垃圾清理、场地排水排污措施的费用，防扬尘洒水费用；现场绿化费用、治安综合治理费用、现场电子监控设备费用；现场配备医药保健器材、物品费用和急救人员培训费用；用于现场工人的防暑降温费，电风扇、空调等设备及用电费用；现场施工机械设备防噪音、防扰民措施费用；其他文明施工措施费用。

③ 环境保护费用包括：施工现场为达到环保部门要求所需要的各项费用。

④ 安全文明施工费由基本费、现场考评费和奖励费三部分组成。

基本费是施工企业在施工过程中必须发生的安全文明措施的基本保障费。

现场考评费是施工企业执行有关安全文明施工规定，经考评组织现场核查打分和动态评价获取的安全文明措施增加费。

奖励费是施工企业加大投入，加强管理，创建省、市级文明工地的奖励费用。

(2) 夜间施工增加费。规范、规程要求正常作业而发生的夜班补助、夜间施工降效、照明设施摊销及照明用电等费用。

(3) 二次搬运费。因施工场地狭小等特殊情况而发生的二次搬运费用。

(4) 冬雨季施工增加费。在冬雨季施工期间所增加的费用。包括冬季作业、临时取暖、建筑物门窗洞口封闭及防雨措施、排水、工效降低等费用。

(5) 大型机械设备进出场及安拆费。机械整体或分体自停放场地运至施工现场，或由一个施工地点运至另一个施工地点所发生的机械进出场运输转移、机械安装、拆卸等费用。

(6) 施工排水费。为确保工程在正常条件下施工，采取各种排水措施所发生的费用。

(7) 施工降水费。为确保工程在正常条件下施工，采取各种降水措施所发生的费用。

(8) 地上、地下设施，建筑物的临时保护设施费。工程施工过程中，对已经建成的地上、地下设施和建筑物的保护。

(9) 已完工程及设备保护。对已施工完成的工程和设备采取保护措施所发生的费用。

(10) 临时设施费。施工企业为进行建筑工程施工所必须搭设的生活和生产用的临时建筑物、构筑物和其他临时设施等费用。

① 临时设施包括临时宿舍、文化福利及公用事业房屋与构筑物、仓库、办公室、加工厂等。

② 建筑与装饰工程规定范围内（建筑物沿边起 50 m 以内，多幢建筑两幢间隔 50 m 内）围墙、临时道路、水电、管线和塔吊基座（轨道）垫层（不包括混凝土固定式基础）等。

建设单位同意在施工就近地点临时修建混凝土构件预制场所发生的费用，应向建设单位结算。

---

① 按《建筑施工安全检查标准》(JGJ 59—99)实施的“五牌一图”，即五牌：工程概况牌、管理人员名单及监督电话牌、消防保卫牌、安全生产牌、文明施工牌。一图：施工现场平面图。

(11) 企业检验试验费。施工企业按规定进行建筑材料、构配件等试样的制作、封样和其他为保证工程质量进行的材料检验试验工作所发生的费用。

根据有关国家标准或施工验收规范要求对材料、构配件和建筑物工程质量检测检验发生的费用由建设单位直接支付给所委托的检测机构。

(12) 赶工措施费。施工合同约定工期比定额工期提前,施工企业为缩短工期所发生的费用。

(13) 工程按质论价。指施工合同约定质量标准超过国家规定,施工企业完成工程质量达到经有权部门鉴定或评定为优质工程所必须增加的施工成本费。

(14) 特殊条件下施工增加费。指地下不明障碍物、铁路、航空、航运等交通干扰而发生的施工降效费用。

专业工程措施项目费包括:

① 建筑与装饰工程。混凝土、钢筋混凝土模板及支架、脚手架、垂直运输机械费、住宅工程分户验收费等。

② 单独装饰工程。脚手架、垂直运输机械费、室内空气污染测试、住宅工程分户验收费等。

4.1.3 其他项目费

(1) 暂列金额。招标人在工程量清单中暂定并包括在合同价款中的款项,用于施工合同签订时尚未明确或不可预见的所需材料、设备和服务的采购,施工中可能发生的工程变更,合同约定调整因素出现时的工程价款调整及发生的索赔、现场签证确认等费用。

(2) 暂估价。招标人在工程量清单中提供的用于支付必然发生但暂时不能确定价格的材料的单价以及专业工程的金额。

(3) 计日工。在施工过程中,完成发包人提出的施工图纸以外的零星项目或工作,按合同中约定的综合单价计价。

(4) 总承包服务费。总承包人为配合协调发包人进行的工程分包、自行采购的设备、材料等进行管理、服务以及施工现场管理、竣工资料汇总整理等服务所需的费用。

4.1.4 规费

规费是指有权部门规定必须缴纳的费用。

(1) 工程排污费。包括废气、污水、固体及危险废物和噪声排污费等内容。

(2) 建筑安全监督管理费。有权部门批准收取的建筑安全监督管理费。

(3) 社会保障费。企业为职工缴纳的养老保险、医疗保险、失业保险、工伤保险和生育保险等社会保障方面的费用(包括个人缴纳部分)。为确保施工企业各类从业人员社会保障权益落到实处,省、市有关部门可根据实际情况制定管理办法。

(4) 住房公积金。企业为职工缴纳的住房公积金。

4.1.5 税金

税金是指国家税法规定的应计入建筑与装饰工程造价内的营业税、城市维护建设税及教育费附加。

(1) 营业税

营业税是指以产品销售或劳务取得的营业额为对象的税种。营业税应纳税额的计算公式为：

$$应纳税额 = 营业额 \times 适应税率(税率一般规定为 3\%) \tag{4-1}$$

(2) 城市建设维护税

城市建设维护税是指为加强城市公共事业和公共设施的维护建设而开征的税，它以附加形式依附于营业税。应纳税额的计算公式为：

$$应纳税额 = 营业税 \times 适应税率 \tag{4-2}$$

税率一般规定为：

① 纳税地点在市区(包括郊区)的企业，税率为 7%。

② 纳税地点在县城、镇的企业，税率为 5%。

③ 纳税地点不在市区、县城、镇的企业，税率为 1%。

(3) 教育费附加

教育费附加是指为发展地方教育事业，扩大教育经费来源而征收的税种。它以营业税的税额为计征基数。应纳税额的计算公式为：

$$应纳税额 = 营业税 \times 适应税率(税率一般规定为 3\%) \tag{4-3}$$

为了便于计算，通常采用综合税率。

$$税金 = 税前造价 \times 综合税率 \tag{4-4}$$

综合税率，按现行税法规定为：

① 纳税地点在市区(包括郊区)的企业，税率为 3.413%。

② 纳税地点在县城、镇的企业，税率为 3.348%。

③ 纳税地点不在市区、县城、镇的企业，税率为 3.220%。

4.2 工程类别的划分

4.2.1 建筑与装饰工程类别划分标准

建筑与装饰工程类别划分标准见表 4-1。

表 4-1　建筑与装饰工程类别划分标准

工程类型			单位	工程类别划分标准		
				一类	二类	三类
工业建筑	单层	檐口高度	m	≥20	≥16	<16
		跨度	m	≥24	≥18	<18
	多层	檐口高度	m	≥30	≥18	<18
民用建筑	住宅	檐口高度	m	≥62	≥34	<34
		层数	层	≥22	≥12	<12
	公共建筑	檐口高度	m	≥56	≥30	<30
		层数	层	≥18	≥10	<10
构筑物	烟囱	混凝土结构高度	m	≥100	≥50	<50
		砖结构高度	m	≥50	≥30	<30
	水塔	高度	m	≥40	≥30	<30
	筒仓	高度	m	≥30	≥20	<20
	贮池	容积(单体)	m^3	≥2 000	≥1 000	<1 000
	栈桥	高度	m	—	≥30	<30
		跨度	m	—	≥30	<30
大型机械吊装工程		檐口高度	m	≥20	≥16	<16
		跨度	m	≥24	≥18	<18
大型土石方工程		挖或填土(石)方容量	m^3	≥5 000		
桩基础工程		预制混凝土(钢板)桩长	m	≥30	≥20	<20
		灌注混凝土桩长	m	≥50	≥30	<30

4.2.2　建筑与装饰工程类别划分说明

(1) 工程类别划分是根据不同的单位工程按施工难易程度，结合江苏省建筑与装饰工程项目管理水平确定的。

(2) 不同层数组成的单位工程，当高层部分屋面(竖向切分)占总面积30%以上时，按高层的指标确定工程类别，不足30%的按低层指标确定工程类别。

(3) 单独地下室工程的按二类标准取费，如地下室建筑面积 ≥ 10 000 m^2 则按一类标准取费。

(4) 建筑物、构筑物高度系指设计室外地面标高至檐口顶标高(不包括女儿墙，高出屋面电梯间、楼梯间、水箱间等的高度)，跨度系指轴线之间的宽度。

(5) 工业建筑工程是指从事物质生产和直接为生产服务的建筑工程，主要包括生产(加工)车间、实验车间、仓库、独立实验室、化验室、民用锅炉房、变电所和其他生产用建筑工程。

(6) 民用建筑工程是指直接用于满足人们的物质和文化生活需要的非生产性建筑，主要包括商住楼、综合楼、办公楼、教学楼、宾馆、宿舍及其他民用建筑工程。

(7) 构筑物工程是指与工业与民用建筑工程相配套且独立于工业与民用建筑的工程，主要包括烟囱、水塔、仓类、池类、栈桥等。

(8) 桩基础工程是指天然地基上的浅基础不能满足建筑物、构筑物稳定要求而采用的一种深基础。主要包括各种现浇和预制桩。

(9) 强夯法加固地基、基础钢管支撑均按建筑工程二类标准执行。深层搅拌桩、粉喷桩、基坑锚喷护壁按制作兼打桩三类标准执行。专业预应力张拉施工如主体为一类工程按一类工程取费；主体为二、三类工程均按二类工程取费。

(10) 轻钢结构的单层厂房按单层厂房的类别降低一类标准计算，但不得低于最低类别标准。

(11) 预制构件制作工程类别划分按相应的建筑工程类别划分标准执行。

(12) 与建筑物配套的零星项目，如化粪池、检查井、分户围墙按相应的主体建筑工程类别标准确定外，其余如厂区围墙、道路、下水道、挡土墙等零星项目，均按三类标准执行。

(13) 建筑物加层扩建时要与原建筑物一并考虑套用类别标准。

(14) 确定类别时，地下室、半地下室和层高小于 2.2 m 的均不计算层数。

(15) 凡工程类别标准中，有两个指标控制的，只要满足其中一个指标即可按指标确定工程类别。

(16) 在确定工程类别时，对于工程施工难度很大的(如建筑造型复杂、基础要求高、有地下室、采用新的施工工艺的工程等)，以及工程类别标准中未包括的特殊工程，如展览中心、影剧院、体育馆、游泳馆、别墅、别墅群等，由当地工程造价管理部门根据具体情况确定，报上级造价管理部门备案。

4.3 工程费用计算规则及计算标准

4.3.1 分部分项工程费计算

1) 人工工资的计算

(1) 包工包料工程

建筑与装饰工程的人工工资标准分为 3 类：一类工标准为 28 元/工日；二类工标准为 26 元/工日；三类工标准为 24 元/工日。

(2) 单独装饰工程的人工工资可在计价表单价基础上调整为 30～45 元/工日，具体在投标报价或由双方合同中予以明确。

(3) 包工不包料、点工分别按 35 元/工日、29 元/工日计算。

2) 企业管理费、利润取费标准和规定

(1) 建筑与装饰工程的企业管理费与利润

建筑与装饰工程计价表中的管理费是以三类工程的标准列入子目，其计算基础为人工费加机械费。利润不分工程类别按表中规定计算(见表 4-2 及表 4-3)。

(2) 包工不包料、点工的管理费和利润包含在工资单价中。

(3) 意外伤害保险费在管理费中列支,费率不超过税前总造价的0.6‰。

企业管理费、利润标准见表4-2和表4-3。

表4-2 建筑工程企业管理费和利润取费标准

序号	项目名称	计算基础	企业管理费率(%)			利润率(%)
			一类工程	二类工程	三类工程	
一	建筑工程	人工费+机械费	31	28	25	12
二	预制构件制作	人工费+机械费	15	13	11	6
三	构件吊装、打预制桩	人工费+机械费	11	9	7	5
四	制作兼打桩	人工费+机械费	15	13	11	7
五	大型土石方工程	人工费+机械费		6		4

表4-3 单独装饰工程企业管理费和利润费率标准

序号	项目名称	计算基础	企业管理费率(%)	利润率(%)
一	单独装饰工程	人工费+机械费	42	15

4.3.2 措施项目费取费的计算

(1) 措施费计算分为两种形式:一种是以工程量乘以综合单价计算;另一种是以费率计算。

(2) 二次搬运费,大型机械设备进出场及安拆费,施工排水、已完工程及设备保护费,特殊条件下施工增加费,地上、地下设施、建筑物的临时保护设施费以及专业工程措施费,按工程量乘以综合单价计取。

(3) 部分以费率计算的措施项目费费率标准见表4-4,现场安全文明施工措施费见表4-5,根据工程实际情况,由造价管理部门核定后方可计取。

表4-4 部分以费率计算的措施项目费费率标准

序号	项目名称	计算基础	现场安全文明施工措施费	夜间施工增加费	冬雨季施工增加费	已完工程及设备保护	临时设施费	检验试验费	赶工费	按质论价费	住宅分户验收
一	建筑工程	分部分项工程费	见表4-5	0~0.1	0.05~0.2	0~0.05	1~2.2	0.2	1~2.5	1~3	0.08
二	单独装饰			0~0.1	0.05~0.1	0~0.1	0.3~1.2	0.2	1~2.5	1~3	0.08

表 4-5 现场安全文明施工措施费费率标准

序号	项目名称	计算基础	基本费率(%)	现场考评费率(%)	奖励费(获市级文明工地/获省级文明工地)(%)
一	建筑工程	分部分项工程费	2.2	1.1	0.4/0.7
二	构件吊装		0.85	0.5	—
三	桩基工程		0.9	0.5	0.2/0.4
四	大型土石方工程		1	0.6	—
五	单独装饰工程		0.9	0.5	0.2/0.4

4.3.3 其他项目费的计算

(1) 暂列金额、暂估价按发包人给定的标准计取。

(2) 计日工:由发承包双方在合同中约定。

(3) 总承包服务费:招标人应根据招标文件列出的内容和向总承包人提出的要求,参照下列标准计算:

① 招标人仅要求对分包的专业工程进行总承包管理和协调时,按分包的专业工程估算造价的1%计算。

② 招标人要求对分包的专业工程进行总承包管理和协调,并同时要求提供配合服务时,根据招标文件中列出的配合服务内容和提出的要求,按分包的专业工程估算造价的2%~3%计算。

4.3.4 规费计算

(1) 工程排污费:暂按不含规费及税金造价的1‰标准计取,结算时,按有权部门实际收取的规费调整。

(2) 建筑安全监督管理费:按不含规费及税金造价的0.19%计取。

(3) 社会保障费率及住房公积金费率按表4-6标准计取。

表 4-6 社会保障费率及公积金费率标准

序号	工程类别	计算基础	社会保障费费率	公积金费率
1	建筑与装饰工程	分部分项工程费+措施项目费+其他项目费	3	0.5
2	预制构件制作、构件吊装、桩基工程		1.2	0.22
3	单独装饰工程		2.2	0.38
4	大型土石方工程		1.2	0.22
5	点工	人工工日	15	
6	包工不包料		13	

注:(1) 社会保障费包括养老保险费、失业保险费、医疗保险费、工伤保险费、生育保险费。

(2) 点工和包工不包料的社会保障费和公积金已经包含在人工工资单价中。

(3) 人工挖孔桩的社会保险费率和公积金费率按2.8%和0.5%计取。

(4) 社会保障费费率和公积金费率将随着社保部门要求和建设工程实际参保率的增加,适时调整。

4.3.5 税金计算

税金包括营业税、城市建设维护税、教育费附加，按各市规定计取。计算基础为不含税的工程造价。

4.4 建筑与装饰工程造价计算

4.4.1 工程造价计算程序

1) 工程量清单法计算程序(包工包料)(见表 4-7)

表 4-7 工程量清单法计算程序(包工包料)

序号		费用名称	计算公式	备注
一		分部分项工程量清单费用	工程量×综合单价	
	其中	1. 人工费	人工消耗量×人工单价	
		2. 材料费	材料消耗量×材料单价	
		3. 机械费	机械消耗量×机械单价	
		4. 企业管理费	(1+3)×费率	
		5. 利润	(1+3)×费率	
二		措施项目清单费用	分部分项工程费×费率 或综合单价×工程量	
三		其他项目费用		
四		规费	(一+二+三)×费率	按规定计取
	其中	1. 工程排污费		
		2. 建筑安全监督管理费		
		3. 社会保障费		
		4. 住房公积金		
五		税金	(一+二+三+四)×费率	按当地规定计取
六		工程造价	一+二+三+四+五	

2）工程量清单法计算程序（包工不包料）（见表4-8）

表4-8 工程量清单法计算程序（包工不包料）

<table>
<tr><th>序号</th><th colspan="2">费用名称</th><th>计算公式</th><th>备 注</th></tr>
<tr><td>一</td><td colspan="2">分部分项工程量清单人工费</td><td>人工消耗量×人工单价</td><td rowspan="3"></td></tr>
<tr><td>二</td><td colspan="2">措施项目清单费用</td><td>（一）×费率或工程量×综合单价</td></tr>
<tr><td>三</td><td colspan="2">其他项目费用</td><td></td></tr>
<tr><td rowspan="5">四</td><td colspan="2">规费</td><td rowspan="5">（一＋二＋三）×费率</td><td rowspan="5">按规定计取</td></tr>
<tr><td rowspan="4">其中</td><td>1. 工程排污费</td></tr>
<tr><td>2. 建筑安全监督管理费</td></tr>
<tr><td>3. 社会保障费</td></tr>
<tr><td>4. 住房公积金</td></tr>
<tr><td>五</td><td colspan="2">税金</td><td>（一＋二＋三＋四）×费率</td><td>按当地规定计取</td></tr>
<tr><td>六</td><td colspan="2">工程造价</td><td>一＋二＋三＋四＋五</td><td></td></tr>
</table>

4.4.2 工程造价调整概念

从建筑与装饰工程造价的计算方法和程序可知，构成工程造价的主要因素是根据设计图纸的工程量和计价表的综合单价计算出分部分项工程费用。而计价表中的综合单价是编制计价表时期某一年份某一中心城市的人工工资标准、材料和机械台班费的价格进行编制的，而实际工程中所用的人工、材料、机械台班的价格会因为国家政策因素、地区因素、时间因素、供求因素、地方部门文件因素的变化而处于经常的波动状态之中，无论价格是上涨还是下落，其波动是经常的、绝对的，不以人的意志为转移。由于价格的变动就形成了不同的市场价，以致产生预算编制期的价格与计价表编制期的价格之差。因此，编制预算造价时需要按规定对按计价表计算出来的分部分项工程费中的人工、材料、机械台班费进行调整。调整后的费用才是完整的预算分部分项工程费用，即：

$$\text{预算分部分项工程} = \sum \text{工程量} \times \text{综合单价} + \text{人工费调差} + \text{材料费调差} + \text{机械费调差} \tag{4-5}$$

(1) 人工费调差

$$\text{人工费调差} = \text{计价表人工工日} \times (\text{预算时人工单价} - \text{计价表人工单价}) \tag{4-6}$$

(2) 机械费调整

从施工机械台班单价的费用构成看，只要人工工资单价、有关燃料、动力等预算价格发生变化，则施工机械台班费就会发生改变，就需要调整。其调整方法是按地方造价管理部门出台的文件执行。

(3) 材料费调差

计算材料价差的方法主要有按实调整法、综合系数调整法、按实调整法与综合系数相结合法、价格指数调整法等几种方法。

这里我们主要讲述按实调整法。根据单位工程材料分析，汇总得出各种材料数量，然后将其中的每一种材料的用量乘以该材料调整前后的价差，便得出该材料的价差，各个材料价差的总和就是该单位工程的材料费调差。

$$\text{材料费调差} = \sum \text{计价表材料用量} \times (\text{预算时材料实际单价} - \text{计价表中材料单价}) \tag{4-7}$$

注：工程材料预算时实际价格的确定。①参照当地造价管理部门定期发布的全部材料信息价格；②建设单位指定或施工单位采购经建设单位认可，由材料供应部门提供的实际价格。

5 建筑面积和工程量的计算

5.1 建筑面积的计算

5.1.1 建筑面积的概念

建筑面积是指建筑物各层水平平面面积之和,它包括使用面积、辅助面积和结构面积。

使用面积是指建筑物各层平面中直接为生产或生活使用的净面积之和。如住宅建筑中的卧室、起居室等所占的净面积之和。

辅助面积是指建筑物各层平面中为辅助生产或生活所占的净面积之和。如住宅建筑中的厨房、卫生间、门厅、走道、楼梯间等所占的净面积之和。

结构面积是指建筑物各层平面中的墙、柱等结构所占的面积之积。

5.1.2 建筑面积的作用

(1) 是控制建设规模的重要依据。根据项目立项批准文件所核准的建筑面积,是初步设计的重要控制指标。而施工图设计的建筑面积不得超过初步设计的 5%,否则必须重新报批。

(2) 是确定各项技术经济指标的基础。有了建筑面积,才能确定每平方米建筑面积的工程造价、工料耗量等重要技术经济指标。

(3) 是计算有关分项工程量的依据。应用统筹计算方法,即根据建筑物的底层建筑面积,就可以很方便地推算出室内回填土体积、楼(地)面面积、天棚面积和满堂脚手架面积等的工程量。

(4) 是选择概算指标和编制概算的主要依据。概算指标通常以建筑面积为计量单位。用概算指标编制概算时,要以建筑面积为计算基础。

(5) 是工程施工招投标过程中编制招标标底和投标报价中一个重要的衡量指标依据。

(6) 是房地产开发商销售房屋计算房价和房产中介商出租房屋计算租金的依据。

(7) 是物业管理费和房屋公摊维修费的收取计算基础。

5.1.3 建筑面积的名词术语

(1) 层高。上下两层楼面或楼面与地面之间的垂直距离。

(2) 自然层。按楼板、地板结构分层的楼层。

(3) 架空层。建筑物深基础或坡地建筑吊脚架空部位不回填土方形成的建筑空间。

(4) 挑廊。挑出建筑物外墙的水平交通空间。

(5) 檐廊。设置在建筑物底层出檐下的水平交通之间。

(6) 回廊。在建筑物门厅、大厅内设置在两层或两层以上的回形走廊。

(7) 门斗。在建筑物出入口设置的起分隔、挡风、御寒等作用的建筑过渡空间。

(8) 通道。为道路通过建筑物而设置的建筑空间。

(9) 勒脚。建筑物的外墙与室外地面或散水接触部位墙体的加厚部分。

(10) 围护结构。围合建筑空间四周的墙体、门窗等。

(11) 落地橱窗。突出外墙面根基落地的橱窗。

(12) 地下室。房间地平面低于室外地平面的高度超过该房间净高的 1/2 者。

(13) 半地下室。房间地平面低于室外地平面的高度超过该房间净高的 1/3,且不超过 1/2 者。

(14) 飘窗。为房间采光和美化造型而设置的突出外墙的窗。

(15) 变形缝。伸缩缝、沉降缝和抗震缝的总称。

(16) 骑楼。楼层部分跨在人行道上的临街楼房。

(17) 过街楼。有道路穿过建筑空间的楼房。

5.1.4 建筑面积的计算规则和规定

根据建筑部颁发的《建筑工程建筑面积计算规范》(GB/T 50353—2005)的规定,将建筑面积的计算划分为“全部计算建筑面积、部分计算建筑面积和不计算建筑面积”三大范围内容。

1) 按计算全部建筑面积的范围和规定

(1) 单层建筑物。按其外墙勒脚以上结构外围水平面积计算。并应符合下列规定:

① 单层建筑物高度在 2.20 m 及以上者应计算全面积。

② 利用坡屋顶内空间时,顶板下表面至楼面的净高超过 2.10 m 的部位应计算全面积。

(2) 单层建筑物内设有局部楼层。局部楼层的两层及以上楼层,有围护结构的应按其围护结构外围水平面积计算,无围护结构的应按其结构底板水平面积计算。层高在 2.20 m 及以上者应计算全面积。

(3) 多层建筑物。按各层建筑面积之和计算。其首层应按外墙勒脚以上结构外围水平面积计算;两层及以上楼层应按外墙结构外围水平面积计算。并应符合以下规定:

① 多层建筑物每层层高在 2.20 m 及以上者应计算全面积。

② 多层建筑坡屋顶内和场馆看台下,当设计加以利用时净高超过 2.10 m 的部位应计算全面积。

(4) 地下室、半地下室。地下室、半地下室(车间、商店、车站、车库、仓库等),包括相应的有永久性顶盖的出入口,应按其外墙上口(不包括采光井、外墙防潮层及其保护墙)外边线所围水平面积计算。层高在 2.20 m 及以上者应计算全面积。

(5) 坡地建筑物吊脚架空层、深基础架空层。当设计加以利用并有围护结构的,层高在 2.20 m 及以上的部位应计算全面积。

(6) 门厅、大厅。建筑物的门厅、大厅按一层计算建筑面积。门厅、大厅内设有回廊时,应按其结构底板水平面积计算。回廊层高在 2.20 m 及以上者应计算全面积。

(7) 架空走廊。建筑物间有围护结构的架空走廊,应按其围护结构外围水平面积计算。层高在 2.20 m 及以上者应计算全面积。

(8) 立体书库、立体仓库、立体车库。当无结构层时应按一层计算;当有结构层时应按其结构层面积分别计算。层高在 2.20 m 及以上者应计算全面积。

(9) 舞台灯光控制室。有围护结构的舞台灯光控制室,应按其围护结构外围水平面积计算。层高在 2.20 m 及以上者应计算全面积。

(10) 落地橱窗、门斗、挑廊、走廊、檐廊。建筑物外有围护结构的落地橱窗、门斗、挑廊、走廊、檐廊,应按其围护结构外围水平面积计算。层高在 2.20 m 及以上者应计算全面积。

(11) 建筑物顶部的楼梯间、水箱间、电梯机房。有围护结构的且层高在 2.20 m 及以上者应计算全面积。

(12) 室内楼梯间、电梯井、垃圾道等。建筑物内的室内楼梯间、电梯井、观光电梯井、提物井、管道井、通风排气竖井、垃圾道、附墙烟囱等应按建筑物的自然层计算(注:若这些井或楼梯间设置在建筑物外墙以内时,不需另计算建筑面积,因其面积已包含在整体建筑物的建筑面积之内)。

(13) 不垂直于水平面而超出底板外沿的建筑物。设有围护结构不垂直于水平面而超出底板外沿的建筑物,应按其底板面的外围水平面积计算。层高在 2.20 m 及以上者应计算全面积。

(14) 高低联跨建筑物。高低联跨的建筑物,应以高跨结构外边线为界分别计算建筑面积。高低跨内部联通时,其变形缝应计算在低跨面积内。

(15) 幕墙为围护结构的建筑物。若以幕墙作为围护结构的建筑物,应以幕墙外边线计算建筑面积。

(16) 外墙外侧有保温隔热层的建筑物。若建筑物外墙外侧有保温隔热层的,应按保温隔热层外边线计算建筑面积。

(17) 变形缝。建筑物内的变形缝,应按其自然层合并在建筑物的建筑面积内计算。

2) 按计算一半建筑面积的范围和规定

(1) 单层建筑物高度不足 2.20 m 者应计算 1/2 面积。

(2) 单层建筑物利用坡屋顶内空间时,顶板下表面至楼面的净高在 1.20 m 至 2.10 m 的部位应计算 1/2 面积。

(3) 单层建筑物内设有局部楼层者,局部楼层的两层及以上楼层,有围护结构的应按其围护结构外围水平面积计算,无围护结构的应按其结构底板水平面积计算。当层高不足 2.20 m者应计算 1/2 面积。

(4) 多层建筑物当层高不足 2.20 m 者应计算 1/2 面积。

(5) 多层建筑坡屋顶内和场馆看台下,当设计加以利用时,净高在 1.20～2.10 m 的部位应计算 1/2 面积。

(6) 地下室、半地下室,包括相应的有永久性顶盖的出入口,应按其外墙上口外边线所围水平面积计算。当层高不足 2.20 m 者应计算 1/2 面积。

(7) 坡地吊脚架空层、深基础架空层,设计加以利用并有围护结构的,层高不足 2.20 m 者应计算 1/2 面积。设计加以利用、无围护结构的建筑吊脚架空层,应按其利用部位水平面积的 1/2 计算。

(8) 门厅、大厅内设有回廊时，应按其结构底板水平面积计算。当回廊层高不足2.20 m者应计算 1/2 面积。

(9) 建筑物间有围护结构的架空走廊，应按其围护结构外围水平面积计算，当层高不足2.20 m 者应计算 1/2 面积。有永久性顶盖无围护结构的应按其结构底板水平面积的 1/2 计算。

(10) 立体书库(仓库、车库)，无结构层的应按一层计算，有结构层的应按其结构层面积分别计算。当层高不足 2.20 m 者应计算 1/2 面积。

(11) 有围护结构的舞台灯光控制室，应按其围护结构外围水平面积计算。层高不足2.20 m者应计算 1/2 面积。

(12) 建筑物外有围护结构的落地橱窗、门斗、挑廊、走廊、檐廊，应按其围护结构外围水平面积计算。当层高不足 2.20 m 者应计算 1/2 面积。当有永久性顶盖无围护结构的应按其结构底板水平面积的 1/2 计算。

(13) 有永久性顶盖无围护结构的场馆看台，应按其顶盖水平投影面积的 1/2 计算。

(14) 建筑物顶部有围护结构的楼梯间、水箱间、电梯机房等，当层高不足 2.20 m 者应计算 1/2 面积。

(15) 设有围护结构不垂直于水平面而超出底板外沿的建筑物，应按其底板面的外围水平面积计算。层高不足 2.20 m 者应计算 1/2 面积。

(16) 雨篷结构的外边线至外墙结构外边线的宽度超过 2.10 m 者，应按雨篷结构板水平投影面积的 1/2 计算(注:有柱和无柱雨篷计算均相同)。

(17) 有永久性顶盖的室外楼梯，应按建筑物自然层的水平投影面积的 1/2 计算。

(18) 建筑物的阳台均按其水平投影面积的 1/2 计算(注:挑阳台、凹阳台、封闭或不封闭阳台计算均相同)。

(19) 有永久性顶盖无围护结构的车棚、货棚、站台、加油站、收费站等，应按其顶盖水平投影面积的 1/2 计算。

3) 按不计算建筑面积的范围和规定

(1) 多层建筑物的坡屋顶内和场馆看台下，当设计不利用或室内净高不足 1.20 m 时不应计算面积。

(2) 坡地建筑吊脚架空层、深基础架空层，当设计不利用时不应计算面积。

(3) 建筑物通道(骑楼、过街楼的底层)。

(4) 建筑物内的设备管道夹层。

(5) 建筑物内分隔的单层房间，舞台及后台悬挂幕布、布景的天桥、挑台等。

(6) 屋顶水箱、花架、凉棚、露台、露天泳池等。

(7) 建筑物内的操作平台、上料平台、安装箱和罐体的平台。

(8) 勒脚、附墙柱、垛、台阶、墙面抹灰、装饰面、镶贴块料面层、装饰性幕墙、空调室外机搁板(箱)、飘窗、构件、配件、宽度在 2.10 m 及以内的雨篷以及与建筑物内不相连通的装饰性阳台、挑廊。

(9) 无永久性顶盖的架空走廊、室外楼梯和用于检修、消防等的室外钢楼梯、爬梯。

(10) 自动扶梯、自动人行道。

(11) 独立烟囱、烟道、地沟、油(水)罐、气柜、水塔、储油(水)池、储仓、栈桥、地下人行(防)通道、地铁隧道。

5.2　工程量的计算

5.2.1　工程量的含义

工程量是指以物理计量单位或自然计量单位所表示的建筑与装饰工程各个分项工程或结构构件的实物数量。物理计量单位是指以度量表示的长度、面积、体积和重量等计量单位;自然计量单位是指建筑成品表现在自然状态下的简单点数所表示的个、条、樘、块等计量单位。

工程量是确定建筑工程分部分项工程费,编制施工组织设计,安排工程作业进度,组织材料供应计划,进行统计工作和实现经济核算的重要依据。

5.2.2　工程量计算的依据

(1) 施工图纸及设计说明。

(2) 施工组织设计或施工方案。

(3) 建筑与装饰工程计价表或建设工程工程量清单计价规范。

(4) 工程量计算规则。

5.2.3　工程量计算的顺序

计算工程量应按照一定的顺序依次进行,既可以节省看图时间,加快计算进度,又可以避免漏算或重复计算。

1) 单位工程计算顺序

(1) 按施工顺序计算法。按施工顺序计算法就是按照工程施工顺序的先后次序来计算工程量。如一般民用建筑,按照土方、基础、墙体、脚手架、地面、楼面、屋面、门窗安装、外抹灰、内抹灰、刷浆、油漆、玻璃等顺序进行计算。

(2) 按定额顺序计算法。按定额顺序计算工程量法就是按照预算定额(或计价表)上的分章或分部分项工程顺序来计算工程量。这种计算顺序法对初学编制预算的人员尤为合适。

2) 单个分项工程计算顺序

(1) 按照顺时针方向计算法。按顺时针方向计算法就是先从平面图的左上角开始,自左至右,然后再由上而下,最后转回到左上角为止,这样按顺时针方向转圈依次进行计算工程量。例如计算外墙、地面、天棚等分项工程,都可以按照此顺序进行计算。

(2) 按“先横后竖、先上后下、先左后右”计算法。此法就是在平面图上从左上角开始,按“先横后竖、从上而下、自左到右”的顺序计算工程量。例如房屋的条形基础土方、基础垫层、砖石基础、砖墙砌筑、门窗过梁、墙面抹灰等分项工程,均可按这种顺序计算。

(3) 按图纸分项编号顺序计算法。此法就是按照图纸上所注结构构件、配件的编号顺序计算工程量。例如计算混凝土构件、门窗,均可照此顺序进行。

在计算工程量时,无论采用哪种顺序方法计算,都不能有漏项少算或重复多算。

5.2.4 计算工程量的步骤

(1) 列出计算式。工程项目列出后,根据施工图所示的部位、尺寸和数量,按照一定的计算顺序和工程量计算规则,列出该分项工程量计算式。计算式应力求简单明了,并按一定的次序排列,便于审查核对。例如,计算面积时,应该为宽×高,计算体积时,应该为长×宽×高,等等。

(2) 演算计算式。分项工程量计算式全部列出后,对各计算式进行逐式计算,并将其计算结果数量保留两位小数。然后再累计各算式的数量,其和就是该分项工程的工程量,将其填写入工程量计算表中的“计算结果”栏内。

(3) 调整计量单位。计算所得工程量,一般都是以 m、m^2、m^3 或 kg 为计量单位,但预算定额或计价表往往是以 100 m、100 m^2、100 m^3 或 10 m、10 m^2、10 m^3 或 t 等为计量单位。这时,就要将计算所得的工程量,按照预算定额或计价表的计量单位进行调整,使其一致。

5.2.5 计算工程量的注意事项

(1) 必须口径一致。根据施工图列出的工程项目的口径(工程项目所包括的内容及范围),必须与预算定额或计价表中相应工程项目的口径相一致,才能准确地套用预算定额或计价表单价。例如《江苏省建筑与装饰工程计价表》(2004 年)第三章“砌筑工程”中,规定砖墙不分清、混水墙及艺术形式复杂程度的区别,工程量均按砖墙体积计算,其中砖碹、砖过梁、圈梁、腰线、垛、挑檐、附墙烟囱等均已综合考虑在定额内,不分别另立项目重复计算其工程量(其中“砌体钢筋加固”中的钢筋应另立项目计算重量除外)。因此,计算工程量除必须熟悉施工图外,还必须熟悉预算定额或计价表中每个工程项目所包括的内容和范围。

(2) 必须按工程量计算规则计算。工程量计算规则是综合和确定定额各项消耗指标的依据,也是具体工程测算和分析资料的准绳。例如,一砖半砖墙的厚度,无论施工图中所标注出的尺寸是 360 mm 或 370 mm,都应以计算规则所规定的 365 mm 进行计算。

(3) 必须按图纸计算。工程量计算时,必须严格按照图纸所注尺寸为依据进行计算,不得任意加大或缩小、任意增加或丢失,以免影响工程量计算的准确性。图纸中的项目,要认真地反复清查,不得漏项和余项或重复计算。

(4) 必须列出计算式。在列计算式时,必须部位清楚,详细列项标出计算式,注明计算结构构件的所在部位和轴线(例如:Ⓐ轴线①→⑨的外墙等),并写上计算式,作为计算底稿。但工程量计算式应力求简单明了、醒目易懂,并要按一定的次序排列,以便于审核和校对。

(5) 必须计算准确。工程量计算的精度将直接影响着预算造价的精度,因此数量计算要准确。一般规定工程量的结余数,除土石方、整体面层、刷浆、油漆等可以取整数外,其他工程取小数点后两位(小数点后两位可以四舍五入),但钢筋混凝土、木材和金属结构工程应取到小数点后三位(混凝土按立方米、金属结构按吨为计量单位)。

(6) 必须计量单位一致。工程量的计量单位,必须与预算定额中规定的计量单位相一致,才能准确地套用计价表中的综合单价。例如,《江苏省计价表》(2004 年)中规定现浇混凝土"整体楼梯"是以其楼梯水平投影的面积 10 m^2 为计量单位,而现场或工厂预制混凝土"装配式楼梯"则以混凝土的体积立方米为计量单位。两者虽然同是混凝土楼梯项目,但由于所采用的制作方法和施工要求的不同,则其计算工程量的计量单位是有区别的。

(7) 必须注意顺序计算。为了计算时不遗漏项目,又不产生重复计算,应按照一定的顺序进行计算。例如对于具有单独构件(柱、梁)的设计图纸,可按如下顺序计算全部工程量:首先,将独立的部分(如基础)先计算完毕,以减少图纸数量;其次,再计算门窗和混凝土构件,用表格的形式汇总其工程量,以便在计算砖墙、装饰等工程项目时运用这些计算结果;最后,按先水平面(如楼地面和屋面)后垂直面(如砌体、装饰)的顺序进行计算。

(8) 力求分层分段计算。要结合施工图纸,尽量做到结构按楼层,内装修按楼层分房间,外装修按施工层分立面计算,或按施工方案的要求分段计算,或按使用的材料不同分别进行计算。这样,在计算工程量时既可避免漏项,又可为编制工料分析和安排施工进度计划时提供数据。

(9) 必须注意统筹计算。各个分项工程项目的施工顺序、相互位置及构造尺寸之间存在内在联系,要注意统筹安排计算程序。例如,墙基地槽挖土与基础垫层,砖墙基础与墙基防潮层,门窗与砖墙,砖墙与抹灰等之间的相互关系。通过了解它们之间的相互联系,得出计算简化过程的途径,以达减少重复劳动之目的。

(10) 必须自我检查复核。工程量计算完毕后,必须进行自我复核,检查其项目、算式、数据及小数点等有无错误和遗漏,以避免预算审查时返工重算。

5.2.6 统筹法计算工程量的原理

实践表明,每个分项工程量计算虽有着各自的特点,但都离不开计算"线"、"面"之类的基数,它们在整个工程量计算中常常要反复多次使用。因此,根据这个特性和预算定额的规定,运用统筹法原理,对每个分项工程的工程量进行分析,然后依据计算过程的内在联系,按先主后次,统筹安排计算程序,从而简化了繁琐的计算,形成了统筹计算工程量的计算方法。

1) 利用基数,连续计算

就是以"线"或"面"为基数,利用连乘或加减,算出与它有关的分项工程量。基数就是以"线"或"面"的长度和面积。

(1)"线"是按建筑物平面图中所示的外墙和内墙的中心线和外边线。"线"分为 3 条:

① 外墙中心线——代号 $L_{中}$,总长度 $L_{中} = L_{外} - 墙厚 \times 4$。

② 内墙净长线——代号 $L_{内}$,总长度 $L_{内}$ = 建筑平面图中所有内墙净长度之和。

③ 外墙外边线——代号 $L_{外}$,总长度 $L_{外}$ = 建筑平面图的外围周长之和。

根据分项工程量计算的不同需要,利用这 3 条线为基数。与"线"有关的计算项目有:

外墙中心线——外墙基挖地槽、基础垫层、基础砌筑、墙基防潮层、基础梁、圈梁、墙身砌筑等分项工程。

内墙净长线——内墙基挖地槽、基础垫层、基础砌筑、墙基防潮层、基础梁、圈梁、墙身砌筑、墙身抹灰等分项工程。

外墙外边线——勒脚、腰线、勾缝、外墙抹灰、散水等分项工程。

(2)“面”是指建筑物的底层建筑面积,用代号 S 表示,要结合建筑物的造型而定。“面”的面积按图纸计算,即底层建筑面积:

$$S = \text{建筑物底层平面图勒脚以上结构的外围水平投影面积}$$

与“面”有关的计算项目有平整场地、地面、楼面、屋面和天棚等分项工程。

一般工业与民用建筑工程,都可在这 3 条“线”和 1 个“面”的基数上,连续计算出它的工程量。也就是:把这 3 条“线”和 1 个“面”先计算好,作为基数,然后利用这些基数再计算与它们有关的分项工程量。

例如:以外墙中心线长度为基数,可以连续计算出与它有关的地槽挖土、墙基垫层、墙基砌体、墙基防潮层等分项工程量,其计算程序如图 5-1 所示。

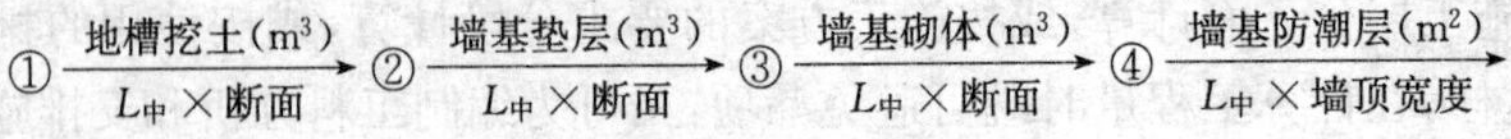

① 地槽挖土(m^3)/ $L_中$ × 断面 → ② 墙基垫层(m^3)/ $L_中$ × 断面 → ③ 墙基砌体(m^3)/ $L_中$ × 断面 → ④ 墙基防潮层(m^2)/ $L_中$ × 墙顶宽度 →

图 5-1

2) 统筹程序　合理安排

工程量计算程序的安排是否合理,关系着预算工作的效率高低、进度快慢。预算工程量的计算,按以往的习惯,大多数是按施工程序或定额顺序进行的。因为预算有预算程序的规律,违背它的规律,势必造成繁琐计算,浪费时间和精力。统筹程序,合理安排,可克服用老方法计算工程量的缺陷。因为按施工顺序或定额顺序逐项进行工程量计算,不仅会造成计算上的重复,而且有时还易出现计算差错。举例如下:

室内地面工程有挖土、垫层、找平层及抹面层 4 道工序。如果按施工程序或定额顺序计算工程量则如图 5-2 所示。

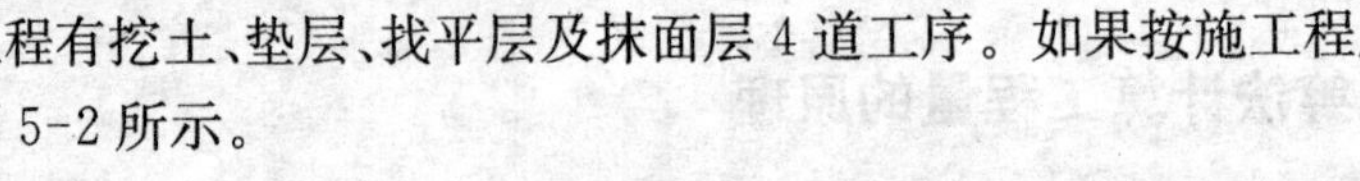

① 挖(填)土(m^3)/ 长×宽×厚 → ② 垫层(m^3)/ 长×宽×厚 → ③ 找平层(m^3)/ 长×宽×厚 → ④ 抹面(m^2)/ 长×宽 →

图 5-2

这样,“长×宽”就要进行 4 次重复计算。如改用统筹法计算安排程序,则如图 5-3 所示。

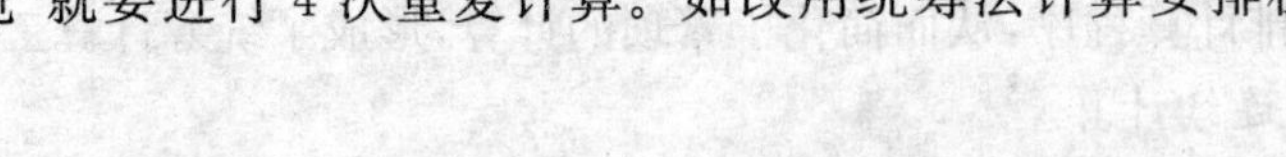

① 抹面(m^2)/ 长×宽 → ② 挖(填)土(m^3)/ 抹面×厚 → ③ 垫层(m^3)/ 抹面×厚 → ④ 找平层(m^3)/ 抹面×厚 →

图 5-3

第一种安排没有抓住基数,4 道工序就需要重复计算 4 次“长 × 宽”,显然不科学。第二种安排是把计算程序进行统筹,抓住抹面这道工序,“长 × 宽”只算 1 次,就把另 3 道工序的工程量更方便地计算出来了。

3) 一次算出　多次应用

对于那些不能用“线”和“面”基数进行连续计算的项目,如木门窗、屋架、钢筋混凝土预制标准构件、土方放坡断面系数等,事先组织力量将常用数据一次算出,汇编成建筑工程量计算手册。当需计算有关的工程量时,只要查手册就能很快算出所需要的工程量。这样可以减少以往那种按图逐项地进行繁琐而重复的计算，亦能保证准确性。

4）结合实际　灵活机动

用“线”、“面”、“册”计算工程量，只是一般常用的工程量基本计算方法。实践证明，在一般工程上完全可以利用。但在特殊工程上，由于基础断面、墙宽、砂浆等级和各楼层的面积不同，就不能完全用线或面的一个数作基数，而必须结合实际情况灵活地计算。

（1）分段法。例如基础砌体断面不同时，采用分开线段计算的方法。

假设有3个不同的断面：Ⅰ断面、Ⅱ断面、Ⅲ断面，则基础砌体工程量为：

$$L_{中\mathrm{I}} \times S_{\mathrm{I}} + L_{中\mathrm{II}} \times S_{\mathrm{II}} + L_{中\mathrm{III}} \times S_{\mathrm{III}}$$

（2）补加法。例如散水宽度不同时，进行补加计算的方法。

假设前后墙散水宽度2 m，两山墙散水宽度1.50 m，那么首先按1.50 m计算，再将前后墙0.50 m散水宽度进行补加。

（3）联合法。用线和面这个基数既套不上又串不起来的工程量，可用以下两种方法联合进行计算。

① 用“列表查册法”计算。如“门窗工程量明细计算表”、“钢筋混凝土预制构件工程量明细表”等，利用这两张表可套出与它有关的项目和数量。

② 按图纸尺寸“实际计算”。这其中一些项目虽进行了一些探索，找出了一些规律，但还必须进一步研究，充实完善。

需要特别强调的是，在计算基数时，一定要非常认真细致，因为70%～90%的工程项目都是在3条“线”和1个“面”的基数上连续计算出来的，如果基数计算出了错，那么，这些在“线”或“面”上计算出来的工程量则全都错了。所以，计算出正确基数极为重要。

5.2.7　工程量计算规则

建筑工程在编制分部分项“工程量清单”和进行分部分项“清单计价”时，常需要根据招标人提供的“清单工程量”和投标人计算的“计价工程量”（或称施工工程量）及相应的综合单价，再经综合分析运算后得出的“清单项目综合单价”，最后才能确定建设工程的“投标总价”。因此，确定“清单工程量”和“计价工程量”就成为首要的关键问题。

清单工程量和计价工程量是两个不同范畴的工程量。一般情况下，大多数项目的计价工程量与清单工程量，在项目包含的内容和工程数量上是同等的，但也有一些项目的计价工程量与清单工程量是不同等的，或项目包含内容是计价工程量多于清单工程量。

清单工程量是由招标人根据拟建工程的招标文件、设计施工图和清单计价规范中的工程量计算规则等确定的，它反映工程实体项目的工程量。清单工程量也是投标人确定投标报价的重要依据，它对参与同一工程的所有投标人都是同等的，不存在工程项目和工程数量的差别。只有这样，才能符合投标的公平竞争原则。

计价工程量是投标人根据拟建工程的设计施工图、施工方案、施工区域状况、工程量清单和计价表（计价定额）中的工程量计算规则计算的。清单项目工程量中没有体现的，但实际施工中又会发生的工程内容，就必须考虑在计价工程量中，因此它是反映工程施工项目的工程量。计价工程量是确定“清单项目综合单价”必不可少的数据，是计算工程投标报告的重要依据。

5.2.7.1 计价表法下的工程量计算规则

本节计价工程量计算规则系按《江苏省建筑与装饰工程计价表》(2004 年)的有关工程量计算规则内容阐述。

1) 土(石)方工程

(1) 有关规定要点

① 土(石)方各划分为 4 类,其挖土、运土均按天然密实体积计算,填土按夯实后的体积计算。

② 挖土深度一律以设计室外地面标高为准计算,如实际自然地面标高与设计地面标高发生高低差时,其工程量在竣工结算时调整。

③ 挖沟槽、挖基坑、挖土方三者的区分:挖沟槽是指凡图示沟槽底宽在 3 m 以内,且槽长大于 3 倍槽底宽以上者;挖基坑为坑底面积小于 20 m^2 者;挖土方为槽底宽在 3 m 以上,坑底面积在 20 m^2 以上,平整场地挖填厚度在 0.30 m 以上者。

④ 平整场地:是指建筑场地挖、填方厚度在±300 mm 以内及找平。

⑤ 挖干土与湿土的区别:以常水位为准,以上为干土,以下为湿土。采用人工降低地下水位时,干、湿土的划分仍以常水位为准。

⑥ 挖湿土与挖淤泥的区别:湿土是指常水位以下的土,淤泥是指在静水或缓慢流水环境中沉积并经生化作用形成的糊状黏性土。

⑦ 挖土与山坡切土的区别:切土是指挖室外地坪以上的土,挖土是指挖室外地坪以下的土。

⑧ 挖沟槽、基坑、土方需放坡时,如施工组织设计无规定,则按表 5-1 规定计算放坡。

表 5-1 放坡高度、比例确定表

土壤类别	放坡深度规定(m)	人工挖土	机械挖土	
			坑内作业	坑上作业
一、二类土	1.20	1∶0.5	1∶0.33	1∶0.75
三类土	1.50	1∶0.33	1∶0.25	1∶0.67
四类土	2.00	1∶0.25	1∶0.10	1∶0.33

注:(1) 沟、坑中土壤类别不同时,分别按其土壤类别、放坡比例以不同土壤厚度分别计算。

(2) 计算放坡工程量时,交接处的重复工程量不扣除,符合放坡浓度规定时才能放坡,放坡高度应自垫层下面至设计室外地坪标高计算。

⑨ 基础施工所需工作面宽度按表 5-2 规定计算。

表 5-2 基础施工所需工作面宽度表

基础材料	每边各增加工作宽度(mm)
砖基础	以最底下一层大放脚边至地槽(坑)边 200
浆砌毛石、条石基础	以基础边至地坑(槽)边 150
混凝土基础支模板	以基础边至地坑(槽)边 300
基础垂直面做防水层	以防水层面的外表面至地槽(坑)边 800

⑩ 回填土:分为松填和夯填,以 m^3 计算,定额内已包括 5 m 范围内取土;如在 5 m 外取土时,需另增运土费。取自然土作回填土时,应另按土壤类别计算挖土费。

⑪ 运土方、淤泥:按运输方式和运距以 m^3 计算。运堆积土(堆期 1 年内)或松土时,除按运土定额执行外,另增加按挖一类土定额计算,每立方米虚土可折算为 0.77 m^3 实土。取自然土回填时,按土壤类别执行挖土定额。

⑫ 土石方均按自然密实体积计算,当推土机、铲运机推或铲未经压实的堆积土时,按三类土定额项目乘以系数 0.73。

⑬ 机械土方定额是按三类土计算的,如实际土壤类别不同时,定额中机械台班量乘以表 5-3 中的系数。

表 5-3

项　目	三类土	一、二类土	四类土	项　目	三类土	一、二类土	四类土
推土机推土方	1.00	0.84	1.18	自行式铲运机运土方	1.00	0.86	1.09
铲运机运土方	1.00	0.84	1.26	挖掘机挖土方	1.00	0.84	1.14

⑭ 机械挖土方工程量按机械完成工程量计算。机械挖不到的地方用人工修边坡、整平的土方工程量套用人工挖土方相应定额项目人工乘以系数 2。机械挖土石方单位工程量小于 2 000 m^3 或在桩间挖土石方,按相应定额乘系数 1.10。

⑮ 自卸汽车运土,按正铲挖土机挖土考虑,如系反铲挖土机装车,则自卸汽车运土台班量乘系数 1.10;拉铲挖土机装车,自卸汽车运土台班量乘系数 1.20。

⑯ 装载机装原状土,需推土机破土时,另增加推土机"推土"项目。

⑰ 土方按不同的土壤类别、挖土深度、干湿土分别计算工程量。在同一槽或坑内有干、湿土时应分别计算,但使用定额时则按槽或坑的全深计算。

⑱ 大开挖的桩间挖土按打桩后坑内挖土相应定额执行。

⑲ 定额中未包括地下水位以下的施工排水费用,如发生时其排水人工、机械费用应另行计算。

(2) 主要计算规则

① 平整场地:按建筑物外墙外边线每边各加 2 m,以 m^2 计算。即

$$平整场地 = 底层建筑面积 + 外墙外边线长度 \times 2 + 16$$

② 挖沟槽:按沟槽长度乘以沟槽截面积以 m^3 计算。

沟槽长度:外墙按图示中心长度计算;内墙按图示地槽底宽度+工作面宽度之间净长度计算。

沟槽宽度:按设计宽度加施工工作面宽度计算。

如有凸出墙面的垛、附墙烟囱等体积并入沟槽内计算。

③ 挖基坑、挖土方:不放坡时:按坑底面积乘以挖土深度以 m^3 计算。

需放坡时:按 $\frac{H}{6}(F_1 + 4F_0 + F_2)$ 以 m^3 计算。

式中:H 为挖土深度(m),按图示坑底至室外设计标高的深度计算;F_1 为坑上底面积(m^2);F_2 为坑下底面积(m^2);F_0 为坑中截面积(m^2)。

④ 建筑场地原土碾压以 m^2 计算，填土碾压按图示垫土厚度以 m^3 计算。

⑤ 沟槽基坑及室内回填土：

沟槽、基坑回填土体积 =（挖土体积）−（设计室外地坪以下墙基体积 + 基础垫层体积）

室内回填土体积 = 主墙间净面积 × 填土厚度（不扣柱、垛、附墙烟囱、间壁墙所占面积）

⑥ 余土外运或缺土内运：

余土外运体积 = 挖土体积 − 回填土体积

缺土内运体积 = 回填土体积 − 挖土体积

⑦ 沟槽、基坑需支挡土板时，挡土板面积按槽、坑边实际支挡土板面积计算。

⑧ 机械挖土、石方运距按以下规定计算：

A. 推土机运距——按挖方区重心至回填区重心的直线距离计算。

B. 铲运机运距——按挖方区重心至卸土区重心加转向距离 45 m 计算。

C. 自卸汽车运距——按挖方区重心至填土区重心的最短距离计算。

2）打桩及基础垫层

(1) 有关规定要点

① 定额中已考虑土壤类别、打桩机类别和规格，执行中不换算。

② 打桩机及其配套施工机械的进（退）场费和组装、拆卸费，应另按实际进场机械的类别和规格计算。

③ 使用预制钢筋混凝土桩尖时，钢筋混凝土桩尖另加，定额中活瓣桩尖摊销费应扣除。

④ 打预制混凝土方桩的定额中未计制作费，应另行计算。

⑤ 打（压）预制混凝土方桩定额中取定 C35 混凝土，如设计要求混凝土强度等级与定额规定不同时，不做调整。

⑥ 灌注桩如设计要求的混凝土强度等级或砂石级配与定额规定不同时，可以调整材料。

⑦ 混凝土基础垫层厚度以 15 cm 内为准，厚度超过 15 cm 时应按“混凝土工程”的基础垫层相应项目执行。

⑧ 各种灌注桩中材料用量暂按表 5-4 内充盈系数和操作损耗计算，结算时充盈系数按打桩记录灌入量进行调整，操作损耗不变。

表 5-4　充盈系数表

项目名称	充盈系数	操作损耗	项目名称	充盈系数	操作损耗
打孔沉管灌注混凝土桩	1.20	1.5%	钻孔灌注混凝土桩（土孔）	1.20	1.5%
打孔沉管灌注砂（石）桩	1.20	2.0%	钻孔灌注混凝土桩（岩石孔）	1.10	1.5%
打孔沉管灌注砂石桩	1.20	2.0%	打孔沉管夯扩灌注混凝土桩	1.15	2.0%

⑨ 每个单位工程打（灌注）桩工程量小于表 5-5 规定数量时，其人工、机械（包括送桩）按相应定额项目乘系数 1.25。

表 5-5 打桩定额工程量表

项目名称	工程量	项目名称	工程量
预制钢筋混凝土方桩	150 m³	打孔灌注砂石桩、碎石桩、砂桩	100 m³
预制钢筋混凝土管桩	50 m³	钻孔灌注混凝土桩	60 m³
打孔灌注混凝土桩	60 m³		

⑩ 打方桩、管桩在定额内已包括 300 m 内的场内运输，若实际超过 300 m 时，应按“构件运输”章节相应定额执行，并扣除本定额内的“场内运输费”。

⑪ 打预制桩需送桩，其送桩长度按从桩顶面标高至自然地面另加 500 mm，乘以桩身截面积以 m^3 计算。

(2) 主要计算规则

① 打预制混凝土方桩和管桩：按设计桩长（包括桩尖，不扣除桩尖虚体积）乘以桩截面积以 m^3 计算。管桩应扣除空心体积；若空心部分设计要求灌注混凝土或其他填充料时，则应另行立项计算。

② 打孔混凝土和砂石灌注桩：使用活瓣桩尖时，单打、复打桩体积按设计桩长（包括桩尖，不扣除桩尖虚体积）另加 250 mm 后乘以桩管外径截面积以 m^3 计算；使用混凝土预制桩尖时，单打、复打体积均按设计桩长（不包括混凝土预制桩尖）另加 250 mm 乘以桩管外径截面积以 m^3 计算。

③ 打孔、沉管灌注桩：空沉管部分，按空沉管的实体积以 m^3 计算。

④ 泥浆护壁钻孔灌注桩：应按钻孔和灌注混凝土分别计算。

A. 钻孔：按钻土孔与钻岩石孔分别以体积计算。

$$钻土孔体积 = 自自然地面至岩石表面之深度 \times 设计桩截面面积$$

$$钻岩石孔体积 = 孔入岩深度 \times 设计桩截面面积$$

B. 混凝土灌入量：

$$体积 = [设计桩长(含桩尖长) + 桩径] \times 桩截面面积$$

（注：地下室基础超灌高度按现场具体情况另行计算）

C. 泥浆外运量：泥浆体积 = 钻孔体积。

⑤ 截断、修凿桩头：均按根数计算。一根桩多次被截断，按截断次数计算。

⑥ 长螺旋或旋挖钻孔灌注桩：体积(单桩) =（设计桩长+500 mm）×螺旋外径（或×设计截面面积）。

⑦ 深层搅拌桩、粉喷桩：体积(单桩) =（设计长度 + 500 mm）× 设计截面面积。

⑧ 泥浆运输量：按钻孔体积以 m^3 计算。

⑨ 夯扩灌注桩：分别按每次设计夯扩前投料长度（不包括预制桩尖）乘以桩管外径截面积以 m^3 计算。最后管内灌注混凝土按设计桩长另加 250 mm 乘以桩管外径截面面积以 m^3 计算。

⑩ 基础垫层：按图示尺寸以 m^3 计算。其中垫层长度，外墙基础垫层按外墙中心线长度计算，内墙基础垫层按内墙基础垫层净长计算。

⑪ 接桩:按每个接头计算。

⑫ 打孔灌注桩、夯扩桩使用混凝土桩尖:按桩尖个数另列项目计算。单打、复打的桩尖数按单打、复打的次数之和计算。

⑬ 凿混凝土灌注桩头:按 m^3 计算。

⑭ 人工挖孔灌注桩:挖井坑土、砌砖井壁、混凝土井壁、井壁内灌注混凝土等均按图示尺寸以 m^3 计算。

3) 砌筑工程

(1) 有关规定要点

① 砖墙不分清、混水墙及艺术形式复杂程度,砖碳、砖过梁、砖圈梁、腰线、砖垛、砖挑檐、附墙烟囱等因素均已综合考虑在定额内,不另列项目计算。阳台砖隔断按相应内墙定额执行。

② 砌块墙、多孔砖墙、窗台虎头砖、腰线、门窗洞边接茬用标准砖已包括在定额内。

③ 砌砖、砌块定额中已包括了门、窗框与砌体的原浆勾缝在内,砌筑砂浆强度等级按设计分别计算。

④ 砖砌体内钢筋加固及墙角、内外墙搭接钢筋应以"吨"另行计算,套用混凝土及钢筋混凝土工程中的"砌体、板缝内加固钢筋"定额执行。

⑤"小型砌体":是指砖砌大小便槽、隔热板砖墩、地板墩、门墩、房上烟囱、水槽、垃圾箱、台阶面上矮墙、花台、煤箱、容积小于 3 m^3 的水池、阳台栏板等砌板,均按体积以 m^3 计算。

⑥ 墙体厚度按表 5-6 规定。

表 5-6 砖墙厚度计算表 单位:mm

墙厚/砖	1/4	1/2	3/4	1	$1\frac{1}{2}$	2
标准砖	53	115	178	240	365	490
八五砖	43	105	158	216	331	442

⑦ 各种砖砌体的砖、砌块是按表 5-7 编制的,如表格不同时可以换算。

表 5-7 各种砖和砌块规格表

序号	砖 名 称	长×宽×高 (mm)
1	普通黏土(标准)砖	240×115×53
2	KP_1 黏土多孔砖	240×115×90
3	KM_1 黏土空心砖	190×190×90
4	硅酸空心砌块(双孔)	390×190×190
5	硅酸空心砌块(单孔)	190×190×90
6	加气混凝土块	600×240×150

⑧ 墙基与墙身的划分

A. 砖墙

a. 同一材料时,以设计室内地坪(或地下室地坪)为界,以上为墙身,以下为基础。

b. 不同材料时，位于设计室内地坪±300 mm 以内时，以不同材料为分界线；位于设计室内地坪±300 mm 以外时，以设计室内地坪为分界线。

B. 石墙：外墙以设计室外地坪为界，内墙以设计室内地坪为界，以上为墙身，以下为基础。

C. 砖、石围墙：以设计室外地坪为分界线，以上为墙身，以下为基础。

⑨ 砖砌地下室外墙、内墙及基础，按设计图示尺寸以 m^3 计算。其工程量合并，均按相应内墙定额执行。

⑩ 阳台砖砌隔断，按相应内墙定额执行。

⑪ 空斗墙中门窗边、门窗过梁、窗台、墙角、檩条下、楼板下、踢脚线部位和屋檐处的实砌砖已包括在定额内，不得另列项目计算。但空斗墙中如有实砌钢筋砖圈（过）梁或单面墙垛时，应另列项目按“小型砌体”定额执行。

（2）主要计算规则

① 砖基础：按实体积以 m^3 计算。

$$外墙墙基体积 = 外墙中心线长度 \times 基础断面面积$$

$$内墙墙基体积 = 内墙基最上一步净长度 \times 基础断面面积$$

A. 不扣除体积：基础大放脚 T 形接头；嵌入基础的钢筋、铁件、管道、基础防潮层；通过基础的每个面积小于或等于 0.30 m^2 的孔洞。

B. 应扣除体积：通过基础的每个面积大于 0.30 m^2 孔洞；混凝土构件体积。

C. 应增加体积：附墙垛基础宽出部分体积。

② 墙身：按实体积以 m^3 计算，分别以不同厚度按定额执行。

$$外墙体积 = 外墙中心线长度 \times 墙厚 \times 墙高$$

$$内墙体积 = 内墙净长度 \times 墙厚 \times 墙高$$

A. 内墙净长、外墙中心线长度、厚度：按图示尺寸计算。

B. 外墙墙身高度

斜屋面：

a. 当木屋面板无檐口无天棚者——高度算至墙中心线屋面板底面。

b. 当无屋面板无檐口无天棚者——高度算至墙中心线椽子顶面。

c. 当有屋架且室内外均有天棚者——高度算至（屋架下弦底面＋200 mm）处。

d. 当有屋架且室内外均无天棚者——高度算至（屋架下弦底面＋300 mm）处。

e. 当出檐宽度大于 600 mm 者——按实砌高度计算。

平屋面：有现浇混凝土平板者应算至混凝土屋面板底面；有女儿墙者应算至自外墙梁（板）顶面至图示女儿墙顶面；有混凝土压顶者应算至压顶底面。

C. 内墙墙身高度

a. 内墙位于屋架下者——高度算至屋架底面。

b. 内墙无屋架者——高度算至（天棚底面＋120 mm）。

c. 内墙有钢筋混凝土楼隔层者——高度算至钢筋混凝土板底面。

d. 内墙有框架梁者——高度算至框架梁底面。

e. 同一墙上板厚不同，或前后墙高度不同者——均按平均高度计算。

应扣除体积：门窗洞口、过人洞、空圈、嵌入墙身的混凝土柱、过梁、圈梁、挑梁、壁龛。

不扣除体积：梁头、梁垫、外墙预制板头、檩头、垫木、木楞头、木砖、沿椽木、门窗走头、钢(木)筋、铁件、钢管的体积；每个面积小于 0.3 m^2 的孔洞。

不增加体积：窗台虎头砖、压顶线、山墙泛水、门窗套，3 皮砖以下的腰线及挑檐。

应增加体积：附墙砖垛、3 皮砖以上的腰线及挑檐；附墙烟囱、通风洞、垃圾道。

③ 女儿墙：体积＝墙中心线长度×墙厚×墙高。其墙长、墙厚按图示尺寸；墙高自外墙顶面至女儿墙顶面的高度(有混凝土压顶者至压顶底面高度)。

女儿墙按不同墙厚套用“混水墙”定额计算。

④ 框架间砌体：体积 ＝ 框架间净面积×墙厚度。

A. 分别按内、外墙不同砂浆强度，套用相应定额。

B. 框架外表面镶包砖部分，也并入墙工程量内一并计算。

⑤ 砖柱：砖柱基、柱身不分断面均按设计体积以 m^3 计算。柱身和柱基工程量合并套用“砖柱”定额。如柱基、柱身的砌体品种不同时，应分别计算并分别套用相应定额。

⑥ 多孔砖、空心砖墙：按图示墙厚以 m^3 计算。不扣除砖空心部分体积，应扣除门窗洞口、混凝土圈梁的体积。

⑦ 砖砌围墙：按设计厚度以 m^3 计算，其附墙垛及砖压顶应并入墙身工程量内；墙身带有部分空花砖墙时，其空花部分外形体积应另行计算。墙上有混凝土压顶、混凝土花格，其混凝土压顶和花格应按“混凝土工程”规定另行计算。

⑧ 砖砌台阶：按水平投影面积(不包括梯带)以 m^2 计算。

⑨ 墙基防潮层：

A. 平面防潮层：面积＝墙基顶面宽度×墙长度。有附垛时将其面积并入墙基内。

B. 立面防潮层：面积＝墙基垂直投影面积。

外墙长度按外墙中心线长度计算；内墙长度按内墙基最上一层净长度计算。

⑩ 填充墙按外形体积以 m^3 计算，其实砌部分及填充料已包括在定额内，不另行计算。

⑪ 空花墙：按空花部分的外形体积以 m^3 计算。空花墙外有实砌墙，其实砌部分应按 m^3 另列项目计算。

⑫ 空斗墙：按外形体积以 m^3 计算。

⑬ 加气混凝土、硅酸盐砌块、小型空心砌块墙按图示尺寸以 m^3 计算，砌块本身空心体积不扣除。砌体中设计钢筋砖过梁时，应另行计算并套“小型砌体”定额。

⑭ 墙面、柱、底座、台阶的剁斧以设计展开面积计算。窗台、腰线以长度 m 计算。

4) 钢筋工程

(1) 有关规定要点

① 钢筋工程以钢筋的不同规格、不分品种按现浇构件、现场预制构件、工厂预制构件、预应力构件和点焊网片的钢筋，分别编制定额项目。现浇构件钢筋中又分为普通钢筋、冷轧带肋钢筋和先张法、后张法预应力钢筋；后张法预应力筋中又分为普通预应力筋和钢丝束、钢绞线束预应力筋，使用时应分别套用定额。

② 非预应力钢筋：

A. 钢筋搭接用的电焊条、铅丝、钢筋余头损耗均已包括在定额内，搭接长度按图纸注明或规范要求计入钢筋用量中。

B. 粗钢筋接头分为电渣焊、套管、锥螺纹等，应按设计套相应定额，已计算了接头就不能再计算搭接长度。

③ 预应力钢筋：

A. 先张法预应力构件中的预应力、非预应力筋，应合并套“预应力筋”的相应项目。

B. 后张法预应力构件中的预应力、非预应力筋，应分别计算套各自的相应定额项目。

④ 非预应力钢筋未包括冷加工，如设计时要求冷加工者则应另行计算费用。

⑤ 后张法预应力筋的锚固是按钢筋绑条垫块编制的，如采用其他方法锚固时，应另行计算。

⑥ 基坑护壁孔内安放钢筋按现场预制构件钢筋相应项目执行。基坑护壁上钢筋网片按点焊钢筋相应项目执行。

⑦ 钢筋制作、绑扎需拆分者，按制作占45%、绑扎占55%的比例折算。

⑧ 钢筋、铁件在加工厂制作时，由加工厂至现场的运费应另列项目计算。在现场制作时，不计算钢筋的运费。

(2) 主要计算规则

① 钢筋重量：在编制预算时可暂按构件体积（或水平投影面积、外围面积、延长米）乘钢筋含量计算。竣工结算时可按下列规则计算：

A. 钢筋应区分现浇构件、预制构件、工厂预制构件、预应力构件、点焊网片等及不同规格，分别按设计展开长度乘理论重量以“吨”计算。

B. 计算钢筋重量时，其搭接长度按设计图纸或规范规定计算。

② 钢筋接头数：电渣压力焊、锥螺纹、套管压挤等接头以“个”计算。其中：

A. 梁、底板：按8 m长度一个接头的50%计算。

B. 柱：按自然层每根钢筋1个接头计算。

③ 场外运输：工厂制作的铁件，成型钢筋的场外运输按“吨”计算。

④ 预埋铁件及螺栓制安：按图纸以“吨”计算。

⑤ 桩顶破碎混凝土后主筋与底板钢筋焊接，应分别按灌注桩、预制方桩以桩的根数计算，每根桩端焊接钢筋的根数不调整。

⑥ 混凝土柱中埋设的钢柱，其制作与安装应按相应的钢结构制安定额执行。

⑦ 混凝土基础中多层钢筋的型钢支架、垫铁、撑筋、马櫈应合并用量计算，套用“金属结构”的钢托架制安定额执行。现浇混凝土楼板中设置的撑筋用量应与现浇构件钢筋用量合并计算。

⑧ 预埋铁件、螺栓、预制混凝土柱钢牛腿，均按设计用量以“吨”计算，执行铁件制安定额。

⑨ 后张法钢丝束、钢绞线束预应力筋的工程量：按“(构件孔道长度+操作长度)×钢筋理论重量”计算。其中操作长度按下列规定计算：

A. 采用镦头锚具时：不分一端或两端张拉，均不增加操作长度。

B. 采用锥形锚具时：一端张拉时为1.0 m；两端张拉时为1.6 m。

C. 采用夹片锚具时：一端张拉时为0.9 m；两端张拉时为1.5 m。

⑩ 后张法钢丝束、钢绞线束预应力筋的锚具数量按设计规定所穿钢丝或钢绞线的孔数

计算,波纹管按设计图示长度以 m 计算。

5) 混凝土工程

(1) 有关规定要点

① 混凝土构件分为自拌混凝土构件、商品混凝土泵送构件、商品混凝土非泵送构件,各部分又包括了现浇构件、现场预制构件、加工厂预制构件、构筑物等。

② 混凝土石子粒径按表 5-8 规定取定。

表 5-8 各种构件混凝土的石子粒径取定表

序号	石子粒径	构 件 名 称
1	5～16 mm	预制板类构件、预制小型构件
2	5～31.5 mm	现浇构件:柱(构造柱除外)、单梁、连接梁、框架梁、防水混凝土墙 预制构件:柱、梁、桩
3	5～20 mm	除序号(1)和(2)的构件外均用此粒径
4	5～40 mm	基础垫层、各种基础、道路、挡土墙、地下室墙、大体积混凝土

③ 室内净高 >8 m 的现浇混凝土柱、梁、墙、板的人工工日分别乘以下系数:净高 $\leqslant 12$ m为 1.18;净高 $\leqslant 18$ m 为 1.25。

④ 毛石混凝土中的毛石掺量是按 15%计算的,如设计要求不同时可按比例换算毛石和混凝土数量,其余不变。

⑤ 现场预制构件如在加工厂制作,混凝土配合比按加工厂配合比计算;加工厂构件及商品混凝土改在现场制作,配合比按现场配合比计算。其人工、材料及机械台班均不调整。

⑥ 小型混凝土构件是指单体体积在 0.05 m^3 以内的未列出子目的构件。

(2) 主要计算规则

① 现浇混凝土

除另有规定者外,工程量均按图示尺寸实体积以 m^3 计算。构件内钢筋、支架螺栓、螺栓孔、铁件及墙、板中每个小于等于 0.3 m^2 孔洞等所占体积均不扣除。

A. 基础:不同类型的基础分别按以下规定确定:

a. 有梁带形基础当(梁高/梁宽)小于等于 4∶1 时,按有梁式带形基础计算;当(梁高/梁宽)大于 4∶1 时,则基础底部按无梁式带形基础计算,上部按墙计算。

b. 满堂(板式)基础分有梁式(包括反梁)和无梁式,应分别计算;仅带有边梁者,按无梁式满堂基础套用定额。

c. 独立柱基、桩承台按图示尺寸实体积以 m^3 算至基础扩大顶面。

B. 柱:按图示断面尺寸乘以柱高以 m^3 计算。柱高按以下规定确定:

a. 有梁板柱高应自柱基(或楼板)上表面至上一层楼板上表面之间的高度计算(如是一根柱的部分断面与板相交时,应算至板的上表面,但与板重叠部分应扣除)。

b. 无梁板柱高应自柱基(或楼板)上表面至柱帽下表面之间的高度计算。

c. 框架柱柱高应自柱基上表面至柱顶高度计算。

d. 构造柱柱高按全高计算,应扣除与现浇板、梁相交部分的体积,与砖墙嵌接部分的混凝土体积并入柱身体积内计算。

e. 依附柱上的牛腿并入相应柱身体积内计算。

C. 梁:按图示断面尺寸乘以梁长以 m^3 计算。梁长按下列规定确定:

a. 梁与柱连接时,梁长算至柱侧面。

b. 主梁与次梁连接时,次梁长算至主梁侧面。伸入墙内的梁头、梁垫体积并入梁体积内计算。

c. 过梁、圈梁应分别计算。过梁长度按图示尺寸或按门窗洞口外围宽度加 500 mm 计算。平板与砖墙上混凝土圈梁相交时,圈梁高度应算至板底面。

d. 挑梁按"挑梁"计算,其压入墙身部分按圈梁计算。挑梁与单梁、框架梁连接时,其挑梁应并入相应梁内计算。

e. 花篮梁二次浇捣混凝土部分按圈梁子目。

D. 板:按图示面积乘以板厚以 m^3 计算(梁板交接处不得重复计算)。其中:

a. 有梁板(包括主、次梁)按梁、板体积之和计算。有后浇板带时,后浇板带(包括主、次梁)应扣除。

b. 无梁板按板和柱帽体积之和计算。

c. 平板按板实体积计算;伸入墙内的板头并入板体积内计算。

d. 现浇挑檐、天沟与板(包括屋面板、楼板)连接时,以外墙面为分界线;与圈梁(包括其他梁)连接时,以梁外边线为分界线。外墙边线以外或梁外边线以外为挑檐、天沟。

e. 预制板板缝宽度大于 100 mm 者,现浇板缝按平板计算。

f. 后浇墙、板带(包括主、次梁)按设计图纸以 m^3 计算。

E. 墙:实体积 = 墙长 × 墙高 × 墙厚。其中:

墙长:外墙按图示中心线长度;内墙按净长度。

墙高:墙与梁平行重叠,算至梁顶面;当设计梁宽超过墙宽时,梁和墙应分别按相应项目计算;墙与板相交,算至板底面。

应扣除门、窗洞口及每个大于 0.3 m^2 孔洞体积;单面墙垛并入墙体积内计算,双面墙垛(包括墙)按柱计算;地下室墙有后浇墙带时,后浇墙带应扣除;梯形断面墙按上、下口的平均宽度计算。

F. 现浇混凝土楼梯:按水平投影面积计算。定额内已包含休息平台、平台梁、斜梁及楼梯的连接梁;计算时,不扣除宽度小于等于 200 mm 的楼梯井及不增加伸入墙内部分的面积;楼梯与楼板连接时,楼梯算至楼梯梁的外侧面。

G. 阳台、雨篷按伸出墙外的板底水平投影面积计算,伸出墙外的牛腿不另计算。水平、竖向悬挑板按体积以 m^3 计算。墙内梁按圈梁计算。

H. 阳台和檐廊栏杆的轴线柱、下嵌、扶手:以扶手的长度按延长米计算。混凝土栏板、竖向挑板以 m^3 计算。其中:栏杆、扶手、栏板的斜长按水平长度乘以 1.18 系数。

I. 台阶(包括梯带):按图示水平投影面积以 m^2 计算。平台与台阶的分界线,以最上层台阶的外口减 300 mm 为准,台阶以外部分并入地面工程量计算。

② 现场、工厂预制混凝土

A. 混凝土工程量均按图示尺寸实体积以 m^3 计算。应扣除多孔板内圆孔体积;不扣除构件内钢筋、铁件、预应力筋预留孔及板内每个小于 0.3 m^2 孔洞所占的体积。

B. 预制混凝土桩按桩全长(包括桩尖)乘设计桩断面积(不扣除桩尖虚体积)以 m^3 计算。

C. 漏空混凝土花格窗，花格芯按外形面积以m^2 计算。

D. 天窗架、端壁、桁条、支撑、楼梯、板类及厚度≤50 mm 的薄型构件，均按图示尺寸的体积另加定额规定的场外运输及安装损耗量后以m^3 计算。

6) 金属结构工程

(1) 有关规定要点

① 除注明者外，定额均已包括现场(工厂)内的材料运输、下料、加工、组装及成品堆放等全部工序。但加工点至安装点的构件运输，应另按“构件运输定额”相应项目计算。

② 构件制作定额均按焊接编制，且已包括刷一遍防锈漆工料。

③ 晒衣架、铁窗栅包括制作、安装在内。

(2) 主要计算规则

① 金属构件制作按图示尺寸以“吨”计算，不扣除孔眼、切边、切角的重量，焊条、铆钉、螺栓等重量已包括在定额内，不另计算。

② 计算不规则或多边形钢板重量时，均以其对角线乘最大宽度的矩形面积计算。

③ 晒衣架、铁窗栅项目中，已包括安装费，但未包括场外运输费。

④ 定额中的栏杆是指平台、阳台、走廊和楼梯的单独栏杆。

⑤ 预埋件按设计的形体面积、长度乘理论重量计算。

7) 构件运输及安装工程

(1) 有关规定要点

① 构件运输包括混凝土构件、金属结构构件及门窗的运输，适用于构件堆放或构件厂至施工现场的实际距离运输。

② 构件运输按构件类别和外形尺寸进行分类(混凝土构件分 4 类，金属构件分 3 类)，套用相应定额。

③ 混凝土构件和金属结构构件安装定额，均不包括为安装工作所搭设的脚手架，若发生时应另行计算。

④ 铝合金、塑钢门窗成品单价中，已包括玻璃五金配件在内。

⑤ 门窗玻璃厚度设计与定额不同时，可调整单价，数量不变。

⑥ 工厂预制的构件安装，定额中已考虑运距在 500 m 以内的场内运输费。

⑦ 金属构件安装未包括场内运输费。若单件重量在 0.5 t 以内，运距在 150 m 以内者，每吨构件另加场内运输费 10.97 元；单件重量在 0.5 t 以上的金属构件按定额的相应项目执行。

(2) 主要计算规则

① 混凝土构件运输及安装按图示尺寸实体积以立方米计算；金属构件按图示尺寸重量以吨计算(安装用螺栓、电焊条已包括在定额内)；木门窗按洞口面积以 m^2 计算。

② 门窗安装除注明外，均以洞口面积计算。安装窗玻璃按其洞口面积计算。

③ 加气混凝土板块、硅酸盐块运输每立方米折合混凝土构件体积 0.4 m^3，按Ⅱ类构件运输计算。

④ 小型构件安装包括：沟盖板、通气道、垃圾道、楼梯踏步板、隔断板及每件体积小于等于 0.1 m^3 的构件安装。

⑤ 木门窗运输按门窗洞口的面积(包括框、扇在内)以 100 m^2 计算，带纱扇另增加洞口

面积的40%计算。

⑥ 预制构件安装后接头灌缝工程量均按预制构件实体积计算，柱与柱基的接头灌缝按单根柱的体积计算。

⑦ 构件运输、安装工程量 = 构件制作工程量。但构件在运输、安装过程中易发生损耗，故其工程量按以下规定计算：制作、场外运输工程量 = 设计工程量×1.018；安装工程量 = 设计工程量×1.01。

表5-9 预制钢筋混凝土构件场内、外运输、安装损耗率(%)

构件名称	场外运输	场内运输	安 装
天窗、端壁、桁条、支撑、踏步板、板类、薄型构件	0.8	0.5	0.5

8) 木结构工程

(1) 有关规定要点

① 木构件中的木材断面或厚度均以毛料为准，如设计图纸注明的断面或厚度为净料时，应增加断面刨光损耗：一面刨光加3 mm，两面刨光加5 mm，圆木按直径增加5 mm。

② 木构件中的木材是以自然干燥条件的木材编制的，如实际需烘干时其烘干费用及损耗应另行计算。

(2) 主要计算规则

① 门制作和安装的工程量按门洞口面积计算。无框库房大门、特种门按设计门扇外围面积计算。

② 木楼梯(包括休息平台和靠墙踢脚板)按水平投影面积计算，不扣除宽度小于200 mm的楼梯井，伸入墙内部分的面积也不另行计算。

③ 木柱、木梁制作安装均按设计断面竣工木料以m^3计算，其后备长度及配置损耗已包括在子目内。

9) 屋、平、立面防水及保温隔热工程

(1) 有关规定要点

① 瓦材规格如实际使用与定额取定规格不同时，其数量换算，其他不变。换算公式为：

$$[10\ m^2/(\text{瓦有效长度}\times\text{有效宽度})]\times 1.025(\text{操作损耗})$$

② 油毡卷材屋面包括刷冷底子油一遍，但不包括天沟、泛水、屋脊、檐口等处的附加层在内，其附加层应另行计算。其他卷材屋面均包括附加层在内。

③ 高聚物、高分子防水卷材粘贴，实际使用的粘结剂与定额不同，单价可以换算，其他不变。

④ 刚性防水屋面已包括分格缝和缝内的填缝料在内。屋面基层上仅做细石混凝土找平层不做分格缝者，按“楼地面工程”相应项目执行。

⑤ 平、立面及其他防水是指楼地面及墙面的防水，分为涂刷、砂浆、粘贴卷材三部分。各种卷材的防水层均已包括刷冷底子油一遍和平、立面交界处的附加层工料在内。

⑥ 伸缩缝项目中，除已注明规格者可调整外，其余项目均不调整。

(2) 主要计算规则

① 瓦屋面

A. 脊瓦、蝴蝶瓦的檐口花边、滴水应分别列项目按延长米计算。

B. 瓦屋面按图示尺寸水平投影面积乘以屋面坡度系数以 m^2 计算，不扣除房上烟囱、风帽底座、风道、屋面小气窗、斜沟等所占面积；不增加屋面小气窗出檐部分面积。

② 卷材屋面：按图示尺寸的水平投影面积×坡度系数以 m^2 计算。应扣除通风道所占面积；不扣除房上烟囱、风帽底座面积；应增加伸缩缝、女儿墙（均按弯起高度为 250 mm 计算）、天窗（按弯起 500 mm 计算）等面积；檐沟、天沟按展开面积并入屋面工程量内。

③ 油毡屋面均不包括附加层在内，附加层按设计尺寸和层数另行计算。

④ 伸缩缝、盖缝、止水带按长度以 m 计算。外墙伸缩缝在墙内、外双面填缝者，工程量按双面计算。

⑤ 刚性屋面：按图示尺寸水平投影面积乘以屋面坡度系数以 m^2 计算。不扣除房上烟囱、风帽底座、风道所占面积。

⑥ 涂膜屋面：工程量计算同卷材屋面，油膏嵌缝以延长米计算。

⑦ 平、立面防水：

A. 涂刷油类防水按设计涂刷面积计算。

B. 防水砂浆防水按设计抹灰面积计算，扣除凸出地面的构筑物、管道、设备基础等所占面积。不扣附墙垛、柱、间壁墙、附墙烟囱及每个 0.3 m^2 以内孔洞所占面积。

C. 粘贴卷材、布类：

a. 平面：建筑物地面、地下室防水层按主墙间净面积以 m^2 计算。扣除凸出地面的构筑物、柱、设备基础等所占面积。不扣除附墙垛、间壁墙、附墙烟囱及 0.3 m^2 以内孔洞所占面积。与墙之间的连接处高度小于 500 mm 者，按展开面积计算后并入平面工程量内；大于 500 mm 时，按立面防水层计算。

b. 立面：墙身防水层按图示尺寸扣除立面孔洞所占面积（小于 0.3 m^2 的孔洞不扣）以平方米计算。

⑧ 屋面排水：

A. 铁皮排水：

a. 水落管：按檐口滴水处至设计室外地坪的高度以延长米计算。檐口处伸长部分，勒脚和泄水口的弯起均不增加，但水落管遇到外墙腰线按每条腰线增加长度 25 cm 计算。

b. 檐沟、天沟：均按图示尺寸以延长米计算。

c. 水斗：按个计算。

B. 玻璃钢、PVC、铸铁排水：

a. 水落管、檐沟：按图示尺寸以延长米计算。

b. 水斗、女儿墙弯头：均按只计算。

c. 铸铁落水口：按只计算。

C. 阳台 PVC 水落管：按只计算。每只阳台出水口至水落管中心线斜长按 1 m 计算。

⑨ 保温隔热层：

A. 保温隔热层：按（隔热材料净厚度×实铺面积）以 m^3 计算（不包括胶结材料厚度）。

B. 地墙隔热层：按围护结构墙体内净面积计算，不扣除小于 0.3 m 的孔洞所占面积。

C. 屋面架空隔热板、天棚保温层：按图示尺寸实铺面积计算。

D. 墙体隔热层：按实铺体积以 m^3 计算。其中：

高度、厚度：按图示尺寸计算。

长度：外墙按隔热层中心线长度计算；内墙按净长度计算。

E. 软木、聚苯乙烯泡沫平顶：按图示尺寸的铺贴体积（长×宽×厚）以m^3计算。

10）防腐耐酸工程

（1）有关规定要点

① 整体面层和平面块料面层，适用于楼地面、平台的防腐面层。整体面层厚度、砌块料面层的规格、结合层厚度、灰缝宽度、各种胶泥、砂浆、混凝土的配合比，设计与定额不同应换算，但人工和机械数量不变。

块料贴面结合层厚度和灰缝宽度取定见表5-10。

表5-10　块料贴面结合层厚度和灰缝宽度取定表

序号	块料贴面结合层名称	结合层厚度(mm)	灰缝宽度(mm)
1	树脂胶泥、树脂砂浆结合层	6	3
2	水玻璃胶泥、水玻璃砂浆结合层	6	4
3	硫磺胶泥、硫磺砂浆结合层	6	5
4	花岗岩及其他条石结合层	15	8

② 防腐耐酸工程中如浇灌混凝土的项目需立模板时，按混凝土垫层项目的含模量计算，并套"带形基础"定额执行。

（2）主要计算规则

① 防腐工程项目应区分不同防腐材料种类及厚度，工程量按设计实铺面积以m^2计算。其中：砖垛等突出墙面部分，按展开面积计算后并入墙面防腐工程量内；凸出地面的构筑物、设备基础等所占的面积应予扣除。

② 踢脚板按"实铺长度×高度"以m^2计算，并应扣除门洞所占面积和增加侧壁展开面积。

③ 防腐卷材接缝附加层的工料已计入定额中，不另行计算。

11）厂区道路及排水工程

（1）有关规定要点

① 厂区道路及排水工程适用于一般工业与民用建筑物所在的厂区或住宅小区的道路、广场及排水。停车场、球场、晒场，按道路相应定额执行。

② 管道铺设不分人工或机械，均执行本定额。

（2）主要计算规则

① 整理路床、路肩和道路垫层、面层，均按设计规定以面积m^2计算。路牙（沿）以长度m计算。

② 钢筋混凝土井（池）的底、壁、顶和砖砌井（池）的壁，均不分厚度按实体积以m^3计算。其中：

A. 池壁与排水管连接的壁上孔洞所占的体积——当排水管径≤300 mm时不予扣除，当排水管径＞300 mm时应予扣除。

B. 池壁孔洞上部砌砖碳已包括在定额内，不另行计算。

C. 池底和池壁的抹灰应合并计算。

③ 路面伸缩缝、锯缝、嵌缝均按长度以 m 计算。

④ 混凝土和 PVC 排水管均按不同管径按长度以 m 计算。其长度按两井间的净长度计算。

12）楼地面工程

(1) 有关规定要点

① 各种混凝土、砂浆强度等级、抹灰厚度，如设计要求与定额规定不符时，可以换算。

② 整体、块料面层中的楼地面项目，均不包括踢脚线工料；水泥砂浆、水磨石面层楼梯包括踏步、踢脚板、踢脚线、平台、堵头。楼梯板底抹灰应另按相应定额项目计算。

③ 踢脚板高度是按 150 mm 编制的，如设计高度与定额高度不同时，整体面层不调整，块料面层按比例调整，其他不变。

④ 扶手、栏杆、栏板适用于楼梯、走廊及其他装饰性栏杆、栏板。扶手、栏杆定额项目中包括了弯头的制作、安装。

⑤ 斜坡、散水、明沟，定额内均已包括挖土、填土、垫层、砌筑（或混凝土）、抹面等在内，不另列项目计算。

⑥ 花岗岩、大理石板局部切除并分色镶贴成折线图案者称“简单图案镶贴”，切除分色镶贴成弧线形图案者称“复杂图案镶贴”。这两种图案镶贴应分别套用定额。

⑦ 大理石、花岗岩板镶贴及切割费用已包括在定额内，但石材磨边未包括在内，应另列项计算。

⑧ 楼梯、台阶内未包括防滑条，如设计用防滑条者，应另列项按相应定额执行。

(2) 主要计算规则

① 地面垫层：按主墙间净空面积乘以设计厚度以 m^3 计算。其中：应扣除凸出地面的构筑物、设备基础、室内管道、地沟等所占体积；不扣除柱、垛、间壁墙、附墙烟囱及每个小于等于 0.3 m^2 孔洞所占体积。但门洞、空圈、壁龛开口部分的体积也不增加。

② 基础垫层：按垫层图示尺寸面积乘以设计厚度以 m^3 计算。

③ 整体面层、找平层：按主墙间净空面积以 m^2 计算。其中：应扣除凸出地面构筑物、设备基础、室内管道、地沟等所占面积；不扣除柱、垛、间壁墙、附墙烟囱及每个小于等于0.3 m^2 孔洞所占面积；不增加门洞、空圈、壁龛、暖气包槽的开口部分面积。

④ 地板及块料面层：按图示尺寸实铺面积以 m^2 计算。应扣除柱、垛间壁墙所占面积；增加门洞、空圈、暖气包槽、壁龛等的开口部分面积；不扣除每个 $\leqslant 0.3\ m^2$ 孔洞的面积。

⑤ 楼梯整体面层：按楼梯间水平投影面积以 m^2 计算。其中包括踏步、平台、踢脚板、踢脚线、梯板侧面、堵头、宽度小于等于 200 mm 的楼梯井在内（$>$ 200 mm 者应扣除所占面积）；楼梯间与走廊连接的，算至楼梯梁（或走廊墙）的外侧。

⑥ 台阶面层：整体面层按水平投影面积以 m^2 计算（包括踏步及最上一层踏步口进去 300 mm）；块料面层按展开（包括两侧）实铺面积以平方米计算；地面成品保护按实铺面积计算；楼梯、台阶成品保护按水平投影面积计算。

⑦ 水泥砂浆、水磨石踢脚线：按延长米计算。不扣除洞口、空圈的长度；不增加洞口、空圈、垛、附墙烟囱等侧壁长度。块料面层踢脚线：按图示尺寸以实铺延长米计算，扣除门洞，另加侧壁的面积。

⑧ 散水、斜坡道:按图示尺寸的水平投影面积以 m^2 计算。

⑨ 明沟、地面嵌金属条和楼梯嵌防滑条:按图示尺寸以延长米计算。

⑩ 明沟连散水,明沟按宽 300 mm 计算,其余为散水,明沟和散水应分开计算。散水、明沟应扣除踏步、斜坡、花台等的长度。

⑪ 栏杆、扶手、扶手下托板:均按扶手的延长米计算;楼梯踏步部分的栏杆与扶手应按水平投影长度×1.18 计算。

⑫ 楼梯块料面层:按展开实铺面积以 m^2 计算,其中踏步板、踢脚板、休息平台、踢脚线、堵头等工程量应合并计算。

⑬ 地面整体面层:按展开后的净面积计算(如看台台阶和阶梯教室)。

⑭ 多色简单、复杂图案镶贴花岗岩、大理石,按镶贴图案的矩形面积计算。

⑮ 楼地面铺设木地板、地毯:按实铺面积以 m^2 计算。楼梯地毯压棍安装以套计算。

13) 柱面工程

(1) 有关规定要点

① 定额按中级抹灰考虑、设计砂浆品种、饰面材料、规格,如与设计要求不同时,可按设计规定调整,但人工数量不变。

② 外墙面窗间墙、窗下墙同时抹灰,按外墙抹灰相应子目执行;单独圈梁抹灰(包括门窗洞口顶部)按腰线子目执行;附着在混凝土梁上的混凝土线条抹灰按混凝土装饰线条抹灰子目执行。但窗门墙单独抹灰或镶贴材料面层,按相应人工×1.15。

③ 墙柱面工程内均不包括抹灰脚手架费用,脚手架费用按"脚手架工程"相应子目执行。

④ 圆弧形墙面、柱面抹灰或镶贴块料面层(包括挂贴或干挂大理石、花岗岩),按相应项目人工乘 1.18 系数。

⑤ 墙、柱面抹灰及镶贴块料面层的砂浆品种、厚度,如设计与定额不符均应调整。

⑥ 内、外墙镶贴面砖的规格与定额取定规格不符时,其数量应按下式换算:

$$\text{实际数量} = \frac{10\ \text{m}^2 \times (1 + \text{相应损耗率})}{(\text{砖长} + \text{灰缝宽}) \times (\text{砖宽} + \text{灰缝厚})}$$

⑦ 外墙内表面的抹灰按内墙面抹灰定额执行;砌块墙面的抹灰按混凝土墙面相应抹灰定额执行。

⑧ 高度在 3.6 m 以内的围墙抹灰,均按内墙面相应抹灰子目执行。

⑨ 花岗岩、大理石块料面层均不包括阳角处磨边,设计要求磨边或柱、柱面贴石材装饰线条者,按相应章节(分部)项目执行。

(2) 主要计算规则

① 内墙面抹灰

A. 墙面抹灰:按墙主墙间图示净长乘以室内地(楼)面至天棚底面间净高的墙面垂直投影面积以 m^2 计算。应扣除门窗洞口和空圈所占面积;不扣除踢脚板、挂镜线、每个小于或等于 0.3 m^2 的孔洞、墙与构件接触面的面积(石灰砂浆、混合砂浆抹灰中已包括水泥砂浆抹护角线,不另列项计算)。洞口侧壁和顶面抹灰也不增加;垛的侧面抹灰应按墙面抹灰计算。

B. 柱与单梁的抹灰：按结构展开面积以 m^2 计算。柱与梁或梁与梁接头的面积不予扣除；砖墙中平墙面的混凝土柱、梁等的抹灰（包括侧壁）应并入墙面抹灰工程量中计算；突出墙面的混凝土柱、梁面（包括侧壁）抹灰工程量应单独计算，按相应定额执行。

C. 厕所、浴室隔断抹灰：按单面垂直投影面积×2.3 系数计算。

D. 内墙裙抹灰：按主墙间净长度乘以设计高度以 m^2 计算。

② 外墙面抹灰

A. 墙面抹灰：按墙外边的垂直投影面积以 m^2 计算。应扣除门窗洞口、空圈所占面积；不扣除小于或等于 0.3 m^2 的孔洞面积；增加门窗洞口、空圈的侧壁、顶面及垛等抹灰面积，并按结构展开面积并入墙面抹灰中计算。外墙面不同品种砂浆抹灰，应分别计算，按相应定额执行。

B. 外墙窗间墙与窗下墙均抹灰，按展开面积以 m^2 计算。

C. 挑檐、天沟、腰线、扶手、单独门窗套、窗台线、压顶等，均按结构尺寸展开面积以平方米计算。窗台线与腰线连接时，并入腰线内计算。

D. 外窗台抹灰：按窗台长度×窗台展开宽度以 m^2 计算。窗台抹灰长度，可按窗洞口宽度两边共加 20 cm 计算；窗台展开宽度 1 砖墙按 36 cm 计算，每增加半砖宽则累增12 cm 计算。

单独圈梁抹灰（包括门窗洞口顶部）、附着在混凝土梁上的混凝土装饰线条抹灰，均按展开面积以 m^2 计算。

E. 阳台、雨篷抹灰：按水平投影面积以 m^2 计算。定额中已包括顶面、底面、侧面及牛腿的全部抹灰面积。阳台栏杆、栏板、垂直遮阳板抹灰另列项目计算。栏板按单面垂直投影面积×2.1 系数以 m^2 计算。

F. 水平遮阳板顶面、侧面抹灰按其水平投影面积×1.5，板底面积并入天棚抹灰内计算。

G. 勾缝按墙面垂直投影面积计算。其中：应扣除墙裙、腰线和挑檐的抹灰面积；不扣除门、窗套、零星抹灰和门窗洞口等面积；垛的侧面、门窗洞侧壁和顶面的面积也不增加。

③ 镶贴块料面层及花岗岩板挂贴

A. 内外墙面、柱梁面、零星项目镶贴块料面层：均按块料面层的建筑尺寸（各块料面层粘贴砂浆厚度为 25 mm）面积计算。应扣除门窗洞口面积；侧壁、附垛贴面并入墙面工程量中计算。内墙面腰线花砖按延长米计算。

B. 窗台、腰线、天沟、挑檐、盥洗槽、池脚等块料面层镶贴，均以建筑尺寸（包括砂浆及块料）以展开面积按“零星项目”计算。

C. 花岗岩、大理石板用砂浆粘贴或挂贴，均按面层的建筑尺寸（包括干挂空间、砂浆和板厚度）的展开面积以 m^2 计算。

④ 内墙、柱木装饰及柱包不锈钢镜面

A. 内墙裙、内墙面、柱（梁）面的计算

a. 木装饰龙骨、衬板、面层及粘贴切片板按净面积计算，并扣除门、窗洞口及＞0.3 m^2 的孔洞所占的面积；附墙垛及门窗侧壁并入墙面内计算。

b. 单独门、窗套按相应章节（分部）的相应子目计算。

c. 柱、梁面按展开（宽度×净长）的面积计算。

B. 不锈钢镜面、各种装饰板面的计算

a. 方柱、圆柱、方柱包圆柱的面层，按周长×地(楼)面至天棚底面的高度计算。如地面和天棚有底脚和柱帽时，则地面至天棚底面之高度应从柱脚上表面至柱帽下表面计算。

b. 柱脚、柱帽的工程量按面层的展开面积以 m^2 计算，套相应的柱脚、柱帽子目。

C. 玻璃幕墙计算

玻璃幕墙按框外围面积计算。

a. 幕墙与建筑顶端、两端的封边按图示尺寸以 m^2 计算。

b. 自然层的水平隔离与建筑物的连接按延长米计算。

c. 幕墙上下设计有窗者，计算幕墙面积时，窗面积不扣除，但每 10 m^2 窗面积另增加幕墙框料 25 kg、人工 5 工日(幕墙上铝合金窗不再另外计算)。

石材圆柱面按石材面外围"周长×柱高"(应扣除柱墩、柱帽的高度)以 m^2 面积计算。石材柱墩、柱帽按结构柱直径加 100 mm 后的周长乘其高度以 m^2 计算。圆柱腰线按石材面周长计算。

(3) 内墙、柱面木装饰及柱面包钢板计算规定

① 设计木墙裙的龙骨与定额的间距、规格不同时，应按比例换算。其中：骨架、衬板、基层、面层均应分开计算。

② 木饰面子目的木基层均未含防火材料，设计要求刷防火漆时，要按"油漆工程"中相应子目执行。

③ 装饰面层中均未包括墙裙压顶线、压条、踢脚线、门窗贴脸等装饰线，如设计有要求时，应按相应章节(分部)的子目执行。

④ 铝合金幕墙的龙骨含量、装饰板的品种，如设计要求与定额规定不同时应调整，但人工和机械不变。

⑤ 不锈钢镜面板包柱，其钢板成型加工费未包括在内，应按市场价格另行计算。

14) 天棚工程

(1) 有关规定要点

① 天棚的骨架基层分为简单型和复杂型两种：简单型是指每一间面层在同一标高的平面上；复杂型是指每一间面层不在同一标高的平面上，其高差在 100 mm 或以上者，但必须满足不同标高的少数面积占该间面积的 15%以上。

② 上人天棚吊顶检修道，分为固定和活动两种，应按设计分别套用定额。

③ 天棚面的抹灰是按中级抹灰考虑，所取定的砂浆品种和厚度是按本计价表附录七取定。如设计砂浆品种和厚度与定额取定不符时，均应按比例调整，但人工数量不变。

(2) 主要计算规则

① 天棚：分吊筋(龙骨)和面层，应分别列项目套相应定额。天棚吊筋、龙骨按主墙间的水平投影面积以 m^2 计算；天棚面层按展开净面积以 m^2 计算。不扣除间壁墙、检修孔、附墙烟囱、柱垛、管道所占面积；应扣除独立柱、0.3 m^2 以上灯饰、与天棚相连接的窗帘盒面积。天棚面刷乳胶漆、涂料应另列项目计算。

② 天棚龙骨的面积按主墙间的水平投影面积计算。天棚龙骨的吊筋按每 10 m^2 龙骨面积套相应子目计算。

③ 天棚中假梁、折线、叠线等圆弧形、拱形、特殊艺术形式的天棚饰面，均按展开面积

计算。

④ 圆弧形、拱形的天棚龙骨应按其弧形或拱形部分的水平投影面积计算，套用“复杂型”子目。龙骨用量按设计进行调整，人工和机械按“复杂型”天棚子目×1.8 计算。

⑤ 铝合金扣板雨篷，均按水平投影面积计算。

⑥ 天棚抹灰

A. 平天棚抹灰：按主墙间天棚水平面积以 m^2 计算。不扣除间壁墙、垛、柱、附墙烟囱、检查孔、通风洞、管道所占面积。

B. 密肋梁、井字梁带天棚抹灰：按展开面积计算，并入天棚抹灰工程量内一并计算。

C. 斜天棚抹灰：按斜面积计算。

D. 檐口天棚抹灰：按檐口出墙宽度乘以檐口长度以 m^2 并入相应天棚抹灰内。

E. 楼梯底面抹灰：当底为斜板时，按其水平投影面积（包括休息平台）×1.18 系数；底板为锯齿形时（包括预制踏步板），按其水平投影面积×1.5 系数。其工程量并入相应天棚抹灰内计算。

15）门窗工程

(1) 有关规定要点

① 门窗工程分类

门窗工程分为购入构件成品安装、铝合金门窗制作安装、木门窗框扇制作安装、装饰木门扇及门窗五金配件安装五部分。

② 购入构件成品安装

除地弹簧、门夹、管子、拉手等特殊五金外，玻璃及一般五金已包括在相应的成品单价中，一般五金的安装人工已包括在定额内，特殊五金和安装人工应按“门、窗配件安装”的相应子目执行。

③ 铝合金门窗制作与安装

A. 铝合金门窗制安是按在现场制作编制的，如在构件厂制作也按本定额执行，但构件厂至现场的运费应按当地交通部门规定运费执行。

B. 铝合金门窗制作型材颜色分为古铜和银白两种，应按设计分别套用定额，除银白色以外的其他颜色均按古铜色定额执行。

C. 铝合金门窗的五金应按“门窗五金配件安装”另列项目计算。

D. 门窗框与墙或柱的连接是按镀锌铁脚、膨胀螺栓连接考虑，如设计与定额不同，则定额中的铁脚和螺栓应扣除，其他连接体另外增加。

④ 木门窗制作与安装

A. 定额中的木材断面或厚度均以毛料为准，如设计断面或厚度为净料时，应增加断面刨光损耗：一面刨光加 3 mm，两边刨光加 5 mm，圆木按直径增加 5 mm。

B. 木门窗框、扇定额断面，框以边框断面为准（框裁口如为钉条者加贴条的断面），扇料以立梃断面为准。如设计断面与定额取定断面不同时，应按比例换算。其换算式为：

$$\frac{\text{设计断面积（净料加刨光损耗）}}{\text{定额断面积}} \times \text{相应项目定额材积}$$

或　（设计断面积－定额断面积）×相应项目框、扇每增减 10 cm^2 的材积

C. 门窗制作与安装的五金、铁件配件按“门窗五金配件安装”相应项目执行，安装人工已包括在相应定额内，如设计门窗玻璃品种、厚度与定额不符，应调整单价，但数量不变。

D. “门窗五金配件安装”的子目中，五金规格、品种与设计不符时应调整。

(2) 主要计算规则

① 木门窗制作与安装

木门窗制作与安装的工程量相同，均按门窗洞口面积以 m^2 计算。

A. 门连窗：门和窗的工程量分别计算，套相应的门、窗定额，窗宽算至门框外侧。

B. 普通窗上带有半圆窗：应按普通窗和半圆窗分别计算。其分界线以普通窗和半圆窗之间的横框上边线为分界线。

C. 无框窗扇按扇的外围面积计算。

② 购入成品的各种铝合金门窗安装，按门窗洞口面积以 m^2 计算。购入成品的木门扇安装，按购入门扇的净面积计算。

③ 卷帘、拉栅门按（洞口高度＋600 mm）×卷帘门宽度 。卷帘门上有小门时，其卷帘门工程量应扣除小门面积。卷帘门上小门安装按扇计算，卷帘门上电动提升装置以套计算。手动装置的安装人工、材料已包括在定额内，不另行计算。

④ 无框玻璃门按其洞口面积计算。无框玻璃门中，部分为固定门扇、部分为开启门扇时，工程量应分开计算。无框门上带亮子时，其亮子与固定门扇合并计算。

⑤ 门窗框上包不锈钢板均按不锈钢板的展开面积以 m^2 计算，木门扇上包金属面或软包面均以门扇净面积计算。无框玻璃门上亮子与门扇之间的钢骨架横撑，按横撑包不锈钢板的展开面积计算。

⑥ 现场铝合金门窗扇制作、安装按门窗洞口面积以 m^2 计算。

16）油漆、涂料、裱糊工程

(1) 有关规定要点

① 油漆项目中已包括钉眼、刷防锈漆的工料，并综合了各种油漆的颜色，设计油漆颜色与定额不符时，其工料均不调整。

② 定额中已综合考虑分色及门窗内外分色的因素，如果设计需做美术图案者可按实计算。

③ 定额中规定的喷、涂刷的遍数，如与设计不同时，可按每增减一遍的相应定额子目执行。

④ 抹灰面刷乳胶漆、裱糊壁纸饰面是根据现行工艺编制，定额子目中已包括再次找补腻子在内。

⑤ 涂料定额是按常规品种编制，设计用的品种与定额不符时，可换算单价，其余不变。

⑥ 裱糊织锦缎定额中，已包括宣纸的裱糊工料费在内，不得另行计算。

(2) 主要计算规则

① 天棚、墙、柱、梁面的喷(刷)涂料和抹灰面乳胶漆，工程量按实喷(刷)的面积计算，但不扣除 0.3 m^2 以内的孔洞面积。

② 木材面油漆。

$$木材面油漆工程量 = 构件工程量 \times 相应系数$$

木材面抹灰面、构件面及金属面油漆系数见表 5-11。

③ 踢脚线按 m 计算，如踢脚线与墙裙油漆材料相同，应合并在墙裙工程量中。

④ 橱、台、柜的工程量按展开面积计算。零星木装修及梁、柱饰面，按展开面积计算。

⑤ 抹灰面的油漆、涂料、刷浆的工程量＝相应抹灰的工程量。

表 5-11　抹灰面、木材面、构件面及金属面油漆系数表

序号	项目名称	系数	工程量计算方法
1	单层木门	1.00	按洞口面积计算
2	带上亮木门	0.96	
3	双层(一玻一纱)木门	1.36	
4	单层全玻门	0.83	
5	单层半玻门	0.90	
6	半百叶门	1.25	
7	单层玻璃窗	1.00	
8	双层(一玻一纱)窗	1.36	
9	双层(单裁口)窗	2.00	
10	单层组合窗	0.83	
11	木扶手(不带托板)	1.00	按长度以 m 计算
12	木扶手(带托板)	2.60	
13	窗帘盒(箱)	2.04	
14	窗帘棍	0.35	
15	纤维板、木板、胶合板天棚	1.00	长×宽
16	木方格吊顶天棚	1.20	
17	木间壁木间断	1.90	外围面积（长×宽）
18	零星木装修	1.10	展开面积
19	木墙裙	1.00	长×宽
20	木地板	1.00	
21	有梁板底(含梁底、侧面)	1.30	水平投影面积
22	混凝土板式楼梯底(斜板)	1.18	
23	混凝土板式楼梯底(锯齿形)	1.50	
24	单层钢门窗	1.00	洞口面积
25	单层钢门窗带纱门窗扇	1.10	
26	镀锌铁皮排水、伸缩缝盖板	0.78	展开面积

17) 其他零星工程

(1) 有关规定要点

① 石材装饰线条均以成品安装为准，其线条磨边、磨圆角均已包括在成品单价中，不再另计。

② 成品保护是指对已做好的项目面层上覆盖保护层，其材料不同不得换算，实际施工中未覆盖的不得计算成品保护费。

③ 定额中除铁件、钢骨架已包括刷防锈漆一遍外，其余均未包括油漆、防火漆的工料，如设计涂刷油漆、防火漆按油漆相应定额子目套用。

④ 成品保护是指对已施工的项目面层上覆盖保护层。如保护层的材料与定额不同者，不得换算；如实际施工中未覆盖者，不得计算保护费。

(2) 主要计算规则

① 门窗套：按面层展开面积计算。

② 门窗贴脸：按门窗洞口尺寸外围长度以延长米计算，双面钉贴脸者乘系数 2。

③ 窗帘盒(含窗帘轨)：按图示尺寸以延长米计算。设计如无规定时，按窗口宽度两边共加 300 mm 计算。单独安装窗帘轨(杆)，也按以上规定计算。

④ 窗台板：按图示尺寸面积以 m^2 计算。如图纸未注明窗台长度时，可按窗洞外围另加 100 mm 计算；窗台板宽度按抹灰墙面外另加 30 mm 计算。

⑤ 防潮层按实铺面积以 m^2 计算，成品保护层按相应子目的工程量计算；台阶、楼梯按水平投影面积以 m^2 计算。

⑥ 大理石洗漱台板按面积以 m^2 计算；浴帘杆、浴缸拉手及毛巾架以每副计算；镜面玻璃带框，按框的外围面积计算；不带框的镜面玻璃，按玻璃面积计算。

⑦ 浴帘杆、浴缸拉手及手巾架：按每副计算。

18) 建筑物超高增加费用

(1) 有关规定要点

① 建筑物超高增加费

A. 建筑物室外地面至檐口高度大于 20 m 时(不计女儿墙、屋顶水箱、屋顶电梯间、楼梯间等的高度)，应计算超高费。超高费包干使用，不论实际发生多少均不调整。

B. 超高费按下列规定计算：

a. 檐高超过 20 m 部分的建筑物应按其超过部分的建筑面积计算。

b. 层高超过 3.60 m 时，以每增高 1 m(不足 0.1 m 按 0.1 m 计算)按相应子目的 20% 计算，并随高度变化按比例递增。

c. 建筑物檐高高度超过 20 m，但其最高一层或其中一层楼面未超过 20 m 时，则该楼层在 20 m 以上部分仅能计算每增高 1 m 的层高超高费。

d. 同一建筑物中有 2 个或 2 个以上的不同檐口高度时，应分别按不同高度竖向切面的建筑面积套用定额。

e. 单层建筑物高度超过 20 m，其超过部分除要执行按“构件安装工程”定额规定外，另需再按本章(分部)的相应项目计算每增加 1 m 的超高费。

② 单独装饰工程超高人工降效

A. “高度”和“层高”，只要其中一个指标达到规定，即可套用该项目。

B. 当同一个楼层中的楼面和天棚不在同一计算段内，应按天棚面标高段为准计算。

(2) 主要计算规则

A. 建筑物超高费以超过 20 m 部分的建筑面积(m^2)计算。

B. 单独装饰工程超高部分人工降效以超过 20 m 部分的人工费分段计算。

19) 脚手架

(1) 有关规定要点

① 脚手架工程

A. 脚手架定额适用于檐高在 20 m 以内的建(构)筑物(如前后檐高不同取平均高度);檐高大于 20 m 时,除按本定额计算外,其超高部分尚需增加脚手架加固措施等费用,均按超高脚手架材料增加费子目执行。“檐高”是指室外设计地坪标高至檐口的高度(不包括女儿墙、屋顶水箱、屋顶楼梯间等高度)。

B. 定额按钢管脚手架与竹脚手架综合编制,包括挂安全网和安全笆的费用。如实际施工不同均不换算或调整。如施工需搭设斜道则可另行计算。

C. 凡砌筑高度大于 1.5 m 的砌体均需计算脚手架。砌体高度小于等于 3.60 m 者套用“里脚手”定额,砌体高度大于 3.60 m 者套用“外脚手”定额。同一建筑物高度不同时(山墙按平均高度计算),应按不同高度分别计算,套相应定额。

D. 计算脚手架时,不扣除门窗洞口、空圈、车辆通道、变形缝所占面积。

E. 室内高度小于 3.60 m 的“柱、梁、墙面和天棚抹灰”(包括钉板间壁、钉天棚)用的脚手架费用,套用 3.6 m 以内的抹灰脚手架。如室内净高大于 3.60 m 时,天棚需抹灰应按“满堂脚手架”计算,但其内墙抹灰脚手架不再计算。高度大于 3.60 m 的内墙抹灰,如无满堂脚手架可利用时,可按墙面垂直投影面积计算抹灰脚手架。

F. 室内净高度大于 3.60 m 的“钉板间壁”(净长×高度)可计算一次脚手架(按抹灰脚手架定额执行),“钉天棚楞木与面层”(水平投影面积)计算一次满堂脚手架。

G. 室内天棚面层净高大于 3.60 m 的“钉天棚、间壁”与其“抹灰”的脚手架可合并一次计算“满堂脚手架”。室内天棚净高大于 3.60 m 的“板下勾缝、刷浆、油漆”可另行计算一次脚手架费用,按“满堂脚手架”相应项目×0.1 计算;“墙、柱、梁面刷浆与油漆”的脚手架,按“抹灰脚手架”相应项目×0.10 计算。

H. 室内天棚面层净高 3.6 m 以内的“钉天棚、间壁”与其“抹灰”的脚手架可合并一次计算脚手架,套用 3.6 m 以内的“抹灰脚手架”。“单独天棚抹灰”计算一次脚手架,按“满堂脚手架”相应项目基价×0.1 计算。

I. 天棚面层高度在 3.6 m 以内,吊筋与楼层的联结点高度大于 3.60 m,应按“满堂脚手架”相应项目×0.6 计算。

J. 构件吊装脚手架:按表 5-12 执行计算。

表 5-12 混凝土和钢构件吊装脚手架费用计算表 单位:元

混凝土构件(m^3)				钢构件(t)			
柱	梁	屋架	其他	柱	梁	屋架	其他
1.58	1.65	3.20	2.30	0.70	1.00	1.50	1.00

② 超高脚手架材料增加费

A. 定额中脚手架是按建筑物檐高在 20 m 以内编制的,檐高超过 20 m 时应计算脚手架材料增加费。材料增加费内容包括脚手架加固和周期延长摊销费。脚手架材料增加费包干使用，无论实际发生多少，均按定额执行，不调整。

B. 檐高超过 20 m 脚手架材料增加费按下列规定计算：

a. 檐高超过 20 m 部分的建筑物应按其超高部分的建筑面积计算。

b. 层高超过 3.60 m 每增高 0.1 m 按增高 1 m 的比例换算（不足 0.1 m 按 0.1 m 计算），按相应项目执行。

c. 建筑物檐高超过 20 m，但其最高一层或其中一层楼面未超过 20 m 时，则该楼层在 20 m 以上部分仅能计算每增高 1 m 的增高费。

d. 同一建筑物中有 2 个或 2 个以上的不同檐口高度时，应分别按不同高度竖向切面的建筑面积套用相应子目。

e. 单层建筑物高度超过 20 m，其超过部分除构件安装按“构件运输与安装工程”一章（分部）的规定执行外，另再按本章相应项目计算每增高 1 m 的脚手架材料增加费。

(2) 主要计算规则

① 砌筑脚手架

按墙面(单面)垂直投影面积以平方米计算。

A. 外墙脚手架：面积＝外墙外边线长度×外墙高度。外墙高度，对平屋面为自室外设计地坪至檐口底面（或女儿墙顶面）的高度；对坡屋面为自室外设计地坪至屋面板面（或椽子顶面）墙中心高度。如墙外有挑阳台，则每个阳台计算一个侧面（两户连体阳台也只算一个侧面）宽度，计入外墙面长度内。

B. 内墙脚手架：面积＝内墙净长度×内墙净高度。内墙净高度，山墙按平均净高度；地下室按自地下室室内地坪至墙顶面高度。

C. 山墙脚手架：自设计室外地坪至山尖二分之一处高度大于 3.60 m 时，外山墙按相应外脚手架计算，内山墙按单排外架子定额计算。

D. 独立砖柱脚手架：当柱高度小于等于 3.60 m 时，面积 = 柱结构外围周长×柱高度，套用“里架子”定额。当柱高度大于 3.60 m 时，面积 =（柱结构外围周长＋3.60 m）×柱高度，套用“外架子”（单排）定额。

E. 外墙两面抹灰脚手架：外墙外面抹灰脚手架已包括在砌筑脚手架内，不另行计算。外墙内面抹灰脚手架，应计算“抹灰脚手架”。

F. 砖基础脚手架：自设计室外地坪至垫层（或混凝土基础）上表面的深度大于 1.50 m 时，按相应砌墙脚手架套用定额。

② 现浇混凝土脚手架

A. 当钢筋混凝土基础深度（自设计室外地坪至垫层上表面）大于 1.50 m、带形基础底宽大于 3.0 m、独立柱基或满堂基础及设备基础的底面积大于 16 m^2 时的混凝土浇捣脚手架应按槽、坑土方规定放坡工作面后的底面积计算，套用“满堂脚手架定额”×0.3 计算脚手架费用。

B. 当现浇混凝土单梁、独立柱、墙的高度大于 3.60 m 时应计算浇捣脚手架。套梁、柱、墙混凝土浇捣脚手架。

单梁：面积 = 梁净长度×室内地(楼) 面至梁顶面高度。

柱：面积 =（柱结构外围周长＋3.60 m）×柱高度。

墙：面积 = 墙净长度×室内地(楼) 面至板底高度。

C. 层高超过 3.60 m 的钢筋混凝土框架柱、墙(现浇混凝土楼板、屋面板)所增加的混凝土浇捣脚手架费用,以每 10 m^2 框架轴线水平投影面积按满堂脚手架相应子目 ×0.3;层高超过 3.60 m 的钢筋混凝土框架柱、梁、墙(预制混凝土楼板、屋面板)所增加的混凝土浇捣脚手架费用,以每 10 m^2 框架轴线水平投影面积,按满堂脚手架相应子目 ×0.4 计算。

③ 抹灰脚手架

A. 钢筋混凝土单梁、柱、墙按以下规定计算抹灰脚手架:

单梁:面积 = 梁净长 × 室内地(楼) 面至梁顶高度。

柱:面积 =(柱外周围长 + 3.60 m)× 柱高度。

墙:面积 = 墙净长 × 室内地(楼) 面至板底高度。

B. 墙面抹灰脚手架:

面积:墙净长 × 墙净高。

C. 如有“满堂脚手架”可利用时,不再计算柱、梁、墙面抹灰脚手架。

D. 天棚抹灰脚手架:

当天棚抹灰高度在 3.60 m 以内时,应按天棚抹灰面(不扣除柱、梁所占面积)的面积以 m^2 计算抹灰脚手架。

④ 满堂脚手架

当天棚高度大于 3.60 m 时,按天棚面积=室内净长×净宽。不扣除柱、垛、附墙烟囱所占面积。

A. 基本层:高度在 8 m 以内计算基本层。

B. 增加层:高度超过 8 m,每增加 2 m,计算一层增加层,计算式如下:

$$\text{增加层数} = \frac{\text{室内净高(m)} - 8\ \text{m}}{2\ \text{m}}$$

余数在 0.6 m 以内,不计算增加层;超过 0.6 m,按增加一层计算。

C. 满堂脚手架高度:从室内地(楼)面至天棚面(或屋面板底面)为准(斜天棚或斜屋面板按平均高度计算)。

⑤ 檐高超过 20 m 脚手架材料增加费

建筑物檐高超过 20 m,即可计算脚手架材料增加费,按超过 20 m 部分的建筑面积计算。

⑥ 其他脚手架

A. 斜道、烟囱、电梯井的脚手架:应区别不同高度以“座”计算。

B. 贮水(油)池脚手架:当高度 > 3.60 m 时,其浇捣混凝土脚手架按外壁周长×壁高,按池壁混凝土浇捣脚手架项目执行。若抹灰者则按抹灰脚手架另计。

20) 模板工程

(1) 有关规定要点

① 模板工程中将模板分为现浇构件模板、现场预制构件模板、加工厂预制构件模板和构筑物工程模板四部分,使用时应分别套用。模板的工程量计算分为按设计图纸计算模板接触面积法和按使用混凝土含模量折算模板面积法,两种方法仅能使用其中一种,不得相互混用。如使用含模量者,竣工结算时模板面积不得调整。

② 模板工作内容包括清理、场内运输、安装、刷隔离剂、浇灌混凝土时模板维护、拆模、集中堆放、场外运输；木模板包括制作(预制构件包括刨光，现浇构件不包括刨光)。

③ 现浇钢筋混凝土柱、梁、墙、板的支模高度以净高在 3.60 m 以内为准；当净高超过 3.60 m 的构件，其钢支撑、零星卡具及模板人工应分别乘表 5-13 中的系数，但其脚手架费用应另按“脚手架工程”中的有关规定执行。

表 5-13 钢支撑、零星卡具及模板人工系数表

增加内容	层高			
	5 m 以内	8 m 以内	12 m 以内	12 m 以上
独立柱、梁、板钢支撑及零星卡具	1.10	1.30	1.50	2.00
框架柱(墙)、梁、板钢支撑及零星卡具	1.07	1.15	1.40	1.60
模板人工(不分框架和独立柱梁板)	1.05	1.15	1.30	1.40

钢筋混凝土柱、梁、板、墙的支模净高是指：

A. 柱——无地下室底层是指设计室外地面至上层板底面、楼层板顶面至上层板底面；

B. 梁——无地下室底层是指设计室外地面至上层板底面、楼层板顶面至上层板底面；

C. 板——无地下室底层是指设计室外地面至上层板底面、楼层板顶面至上层板底面；

D. 墙——整板基础板顶面(或反梁顶面)至上层板底面、楼层板顶面至上层板底面。

④ 模板项目中的支撑量已含在周转木材中，模板与支撑按 7∶3 拆分。模板材料中已包含砂浆垫块与钢筋绑扎用的 22# 镀锌铁丝在内。

⑤ 有梁板中的弧形梁模板按弧形梁定额执行(含模量 = 肋形板含模量)，其弧形板部分的模板按板定额执行。砖墙基上带形混凝土防潮层模板按圈梁定额执行。

⑥ 混凝土底板面积在 1 000 m^2 以内时，有梁式满堂基础的反梁或地下室墙侧面的模板如用砖侧模时，其费用应另外增加，但同时应扣除相应的模板面积；底板面积超过 1 000 m^2 时，反梁用砖侧模，则砖侧模及边模的组合钢模应分别另列项目计算。

(2) 主要计算规则

① 模板工程量按以下规定计算：

A. 现浇混凝土模板应区分不同材质，按与混凝土接触面积以 m^2 计算。若按含模量计算模板接触面积者，其工程量 = 构件体积 × 相应项目含模量。

墙、板上每个小于等于 0.30 m^2 的空洞不扣其面积，洞侧壁模板面积不另增加，但凸出墙、板面的模板内、外侧壁应相应增加面积。每个大于 0.30 m^2 的空洞应扣其面积，但洞侧壁模板面积并入墙、板模板面积内计算。

墙上单面附墙柱，并入墙内工程量计算；双面附墙柱，按柱工程量计算。柱与梁、柱与墙、梁与梁等连接的重叠部分及伸入墙内的梁头、板头部分均不计算模板面积。

B. 现浇混凝土框架分别按柱、梁、墙、板有关规定计算。后浇墙、板带的工程量不扣除。

C. 栏杆按扶手的延长米计算。竖向挑板按模板接触面以 m^2 计算。扶手、栏板的斜长按水平投影长度 ×1.18 计算。

D. 预制混凝土板间或边补现浇板缝(缝宽大于 100 mm 者)的模板按平板定额计算。

E. 构造柱外露面均应按图示外露部分计算模板面积(如外露面是锯齿形，则按锯齿形最宽面计算模板宽度)，而构造柱与墙接触面不计算模板面积。

F. 现浇混凝土悬挑板、雨篷、阳台，均按图示挑出墙面以外板底尺寸的水平投影面积计算(挑出墙外的牛腿梁及板边模已包括在内，附在阳台梁上的混凝土线条，不计算水平投影面积)。复式雨篷挑口内侧净高大于 250 mm 时，其超过部分按挑檐定额计算(超过部分的含模量按天沟含模量计算)。

G. 现浇混凝土楼梯，按图示露明尺寸的水平投影面积计算。计算时不扣除宽度小于等于 200 mm 楼梯井所占面积；楼梯踏步、踏步板平台梁等侧面模板亦不另增算。

H. 现浇混凝土雨篷、阳台的竖向挑板按 100 mm 内墙定额执行。

I. 现场预制混凝土构件模板，除另有规定者外均按混凝土接触面积以 m^2 计算。其中：a. 预制桩不扣除桩尖虚体积；b. 漏空花格窗、花格芯按外围面积计算；c. 加工厂预制构件有此项目，而现场预制无此项目，实际在现场预制时模板按加工厂预制模板子目执行，反之亦同。

J. 现场预制混凝土构件模板，若使用含模量计算模板面积者，其工程量 = 构件体积 × 相应项目的含模量(砖地模的费用已包括在定额含量中，不另行计算)。

K. 加工厂预制构件的模板，均按混凝土构件设计图纸尺寸以实体计算(漏空花格窗、花格芯除外)，空腹构件应扣除空腹体积。

L. 加工厂预制的漏空花格窗、花格芯均按外围面积计算。

21) *施工排水、降水、基坑支护*

(1) 有关规定要点

① 人工土方施工排水：是指在人工开挖湿土、淤泥、流砂等施工过程中的地下水排放发生的机械排水台班费用。

② 基坑排水：是指在地下水位以下、基坑底面积超过 20 m^2 的土方开挖以后，基础或地下室施工期间所发生的排水包干费用。

③ 井点降水：是指在地下水位较高的粉砂土、砂质粉土或淤泥质夹薄层砂性土的地层中，降低地下水位时所发生的费用，一般降水深度在 6 m 以内。井点降水材料使用摊销量中已包括井点拆除时的材料消耗量，但井点降水成孔过程中产生的泥水处理及挖沟排水工作应另行处理。若在电源无保证的情况下使用备用电源，则备用电源的费用另计。

④ 基坑钢管支撑为周转性摊销材料，其场内运输、回库保养均已包括在内。支撑处需挖运土方、围檩与基坑护壁的填充混凝土未包括在内，如发生时应另行计算。钢管支撑的场外运输应按“金属Ⅲ类构件”的规定计算。基坑钢筋混凝土支撑应按相应章节规定执行。

(2) 主要计算规则

① 人工土方施工排水不分土壤类别、挖土深度，按挖湿土工程量以 m^3 计算。

② 人工挖淤泥、流砂施工排水，按挖淤泥、流砂的工程量以 m^3 计算。

③ 基坑、地下室排水，按土方基坑的底面积以 m^2 计算。

④ 井点降水以 50 根为一套，累计根数不足一套者按一套计算。井点降水使用定额单位为套天，一天按 24 小时计算。井管的装拆以“根”计算。

⑤ 基坑钢管支撑以坑内的钢立柱、支撑、围檩、活络接头、法兰盘、预埋铁件等的合并重量按“吨”计算。

22）建筑工程垂直运输

(1) 有关规定要点

① 垂直运输定额工作内容包括国家工期定额内完成单位工程全部工程项目所需的垂直运输机械台班，不包括机械场外运输、一次装卸、路基铺垫和轨道铺拆等费用。施工塔吊与电梯基础、施工塔吊和电梯与建筑物连接费用单独计算。

② 定额项目划分是以建筑物“檐高”和“层高”两个指标界定的，只要其中一个指标达到定额规定，即可套用该定额子目。

③ 同一工程中出现两个或两个以上檐高(或层数)，当使用同一台垂直运输机械时，定额不作调整；当使用不同台垂直运输机械时，应依照国家工期定额规定并结合施工合同的工期约定，分别计算。

④ 当檐高为 3.60 m 以内的单层建筑物和围墙或垂直运输高度小于 3.60 m 的一层地下室，均不计算垂直运输机械台班。

⑤ 预制混凝土平板、空心板、小型构件的吊装机械费用已包括在定额内，不再另行计算。

⑥ 定额中现浇框架是指柱、梁、板全部为现浇钢筋混凝土框架结构，如部分现浇和部分预制，则按现浇框架 ×0.96 计算。

⑦ 建筑物高度超过定额取定高度，每增加 20 m 则人工、机械按最上两档之差递增；不足 20 m 者按 20 m 计算。

⑧ 建筑物垂直运输定额规定：若按卷扬机施工，则配合 2 台卷扬机；若按塔式起重机施工，则配合 1 台塔吊和 1 台卷扬机(或施工电梯)。

⑨ 单独地下室工程项目“定额工期”：按不含打桩工程，即自基础挖土开始考虑的。

⑩ 当建筑物的施工工期是以“合同工期”(日历天数)计算时，在同口径条件下则“垂直运输定额”为：

$$1+\frac{\text{国家工期定额日历天数}-\text{合同工期日历天数}}{\text{国家工期定额日历天数}}$$

(2) 主要计算规则

① 建筑物垂直运输机械台班用量，区分不同结构类型、檐口高度(或层数)按国家工期定额以日历天计算。

② 单独装饰工程垂直运输机械台班用量，区分不同施工机械、垂直运输高度、层数，按定额工日分别计算。

③ 施工塔吊、电梯基础、塔吊及电梯与建筑物的连接件，按施工塔吊及电梯的不同型号以“台”计算。

23）场内二次搬运

(1) 有关规定要点

① 场内二次搬运：是指建设单位不能按正常合理的施工组织设计提供材料、构件的堆放场地和临时设施用地的工程而发生的二次搬运费用。对于下列施工工程会出现二次搬运情况：

A. 市区沿街建筑在现场堆放材料会有困难。

B. 汽车不能将材料运入巷内的工程。

C. 材料不能直接运到单位工程周边需再次周转的工程。

② 执行"场内二次搬运"定额时,应以工程所发生的第一次搬运为准。

③ 材料或构件场内二次搬运的水平运距,应以取料中心点为起点和材料堆放中心为终点。超运距增加运距不足整数者,进位取整数计算。

④ 松散材料运输不包括做方,但要求堆放整齐。如需做方者,应另行处理。

⑤ 机动翻斗车最大运距为 600 m,单(双)轮车最大运距为 120 m。如超运距时,应另行处理。

(2) 主要计算规则

① 黄砂、石子、毛石、块石、炉渣、矿渣、石灰膏,均按堆积原方计算。

② 混凝土构件和水泥制品按实体积计算,玻璃按标准箱计算。

5.2.7.2 清单法下的工程量计算规则

本节清单工程量计算规则系按《建设工程工程量清单计价规范》(GB 50500—2008)的有关工程量计算规则内容阐述。

1) 土(石)方工程

(1) 土方工程(010101)

① 平整场地(010101001)

平整场地项目适用于建筑场地厚度在±300 mm 以内的挖、运、填、找平。工程量按设计图示尺寸的建筑物首层面积以 m^2 计算(不包括悬挑阳台的面积)。

项目特征:需描述土壤类别;弃(取)土运距。将土壤划分为 4 类,区别不同土壤类别分别编码列项。

工程内容:包括土方挖填;场地找平;土方运输。

② 挖土方(010101002)

挖土方项目适用于室外(自然)地面标高在－300 mm 以下的挖土或山坡切土,包括指定范围内的土方(弃土或取土)运输。

A. 工程量:按设计图示尺寸的体积以 m^3 计算。

B. 项目特征:需描述土壤类别;挖土平均厚度;弃土运距。

如有施工采用支护结构、施工排水等,应列入清单措施项目费内。

C. 工程内容:包括排地表水;土方开挖;支拆挡土板;土方运输。

③ 挖基础土方(010101003)

挖基础土方项目适用于基础土方开挖(包括带形基础、独立基础、满堂基础、设备基础、人工挖孔桩等的挖方),并包括指定范围内的土方运输。

A. 工程量:按设计图示尺寸的基础垫层底面积乘以挖土深度的体积以 m^3 计算(桩间挖土方不扣除桩所占体积。同时不考虑挖土放坡和操作工作面)。

B. 项目特征:需描述土壤类别;基础类型;垫层底宽、底面积;挖土浓度;弃土运距。

如挖基础土方出现有干土和湿土时,应分别计算编码列项;带形基础应按不同底宽和深度,独立及满堂基础应按不同底面积和深度分别计算编码列项。

C. 工程内容:包括排地表水;土方开挖;挡土板支拆;基础钎探;土方运输;截桩头。

④ 冻土开挖(010101004)

冻土开挖项目适用于挖0℃以下并含有冰的冻结土方。

A. 工程量按设计图示尺寸的开挖面乘以厚度的体积以 m^3 计算。

B. 项目特征:需描述冻土厚度;弃土运距。

C. 工程内容:包括打眼、装药、爆破;开挖;清理;运输。

⑤ 挖淤泥、流砂(010101005)

淤泥是指在静水或缓慢流水环境中沉积并经生化作用形成的糊状黏性土。流砂是指在坑内边挖土、边抽水时,坑底及周边的土会成流动状态,随着地下水一起流动涌进坑内的流动性土。

A. 工程量:按设计图示位置、界限的体积以 m^3 计算。

B. 项目特征:需描述挖掘深度;弃淤泥、流砂距离。

C. 工程内容:包括挖淤泥、流砂;弃淤泥、流砂。

⑥ 管沟土方(010101006)

管沟土方项目适用于埋设管道时沟槽土方开挖、回填及指定运距内的土方运输(由招标人确定)。

A. 工程量:按设计图示的管道中心线长度以m计算。

B. 项目特征:需描述土壤类别;管外径;挖沟平均深度;弃土石平均运距;回填要求。

C. 工程内容:包括排地表水;土方开挖;挡土板支拆;土方运输;土方回填。

(2) 石方工程(010102)

① 预裂爆破(010102001)

预裂爆破是指为降低爆破震波对周围环境的影响,在开挖区爆破前按设计的开挖位置边线钻一排预裂炮眼并装炸药,预先炸裂出一条缝隙,此缝能起阻隔爆震波的作用。

A. 工程量:按设计图示的钻孔总长度以m计算。

B. 项目特征:需描述岩石类别;单孔深度;单孔炸药量;炸药品种、规格;雷管品种、规格。

C. 工程内容:包括打眼、装药、放炮;处理渗水、积水;安全防护、警卫。

② 石方开挖(010102002)

石方开挖项目适用于人工凿石、人工打眼爆破、机械打眼爆破等,并包括指定范围内的石方清除运输。

A. 工程量:按设计图示尺寸的体积以 m^3 计算。

B. 项目特征:需描述岩石类别;开凿深度;弃渣运距;光面爆破要求;基底摊座要求;爆破石块直径要求。

C. 工程内容:包括打眼、装药、放炮;处理渗水、积水;解小;岩石开凿;摊座;清理;运输;安全防护、警卫。

③ 管沟石方(010102003)

管沟石方项目适用于埋设管道工程的石方挖、填。

A. 工程量:按设计图示的管道中心线长度以m计算。

B. 项目特征:需描述岩石类别;管外径;开凿深度;弃渣运距;基底摊座要求;爆破石块直径要求。

C. 工程内容:包括石方开凿、爆破;处理渗水、积水;解小;摊座;清理、运输、回填;安全防护、警卫。

(3) 土石方回填(010103)

土(石)方回填(010103001)。本节仅有此一个清单项目。

土(石)方回填项目适用于场地回填、室内回填和基础回填,并包括指定范围内的运输及取土回填的土方开挖。

A. 工程量:按设计图示尺寸的体积以 m^3 计算(其中:a. 场地回填:回填面积乘以平均回填厚度;b. 室内回填:主墙间净面积乘以回填厚度;c. 基础回填:挖方体积减去设计室外地坪以下埋设的基础体积)。

B. 项目特征:需描述土质要求;密实度要求;粒径要求;夯填(碾压);松填;运输距离。

C. 工程内容:包括挖土(石)方;装卸、运输;回填;分层碾压、夯实。

2) 桩与地基基础工程

(1) 混凝土桩(010201)

① 预制钢筋混凝土桩(010201001)

预制钢筋混凝土桩适用于预制钢筋混凝土方桩、管桩和板桩等。

A. 工程量:按设计图示尺寸的桩长 m(包括桩尖)或根数计算。

B. 项目特征:要描述土壤类别;单根桩长、根数;桩截面;板桩面积;管桩填充材料种类;桩倾斜度;混凝土强度等级;防护材料种类等。

C. 工程内容:包括桩制作、运输;打桩、试验桩、斜桩;送桩;管桩填充材料、刷防护材料;清理、运输。

② 接桩(010201002)

接桩项目适用于预制钢筋混凝土方桩、管桩和板桩的接桩。

A. 工程量:按设计图示规定的接头数量以个(板桩按接头长度以 m)计算。

B. 项目特征:需描述桩截面;接头长度;接桩材料。

C. 工程内容:包括桩制作、运输;接桩、材料运输。

③ 混凝土灌注桩(010201003)

混凝土灌注桩项目适用于钻孔灌注桩、沉管灌注桩、人工挖孔灌注桩、爆扩灌注桩等。当成孔后向孔内灌注混凝土或吊放钢筋笼后再灌注混凝土的桩。

A. 工程量:按设计图示尺寸的桩长(包括桩尖)以 m(或桩的根数以根)计算。

B. 项目特征:需描述土壤类别;单桩长度、根数;桩截面;成孔方法;混凝土强度等级。

C. 工程内容:包括成孔、固壁;混凝土制作、运输、灌注、振捣、养护;泥浆池及沟槽砌筑、拆除;泥浆制作、运输;清理、运输。

(2) 其他桩(010202)

① 砂石灌注桩(010202001)

砂石灌注桩项目适用于各种成孔方法的砂石灌注桩。

A. 工程量:按设计图示尺寸的桩长(包括桩尖)以 m 计算。

B. 项目特征:需描述土壤类别;桩长;桩截面;成孔方法;砂石级配。

C. 工程内容:包括成孔;砂石运输;填充;振实。

② 灰土挤密桩(010202002)

灰土挤密桩项目适用于各种成孔方法的灰土、石灰、水泥粉、粉煤灰、碎石等挤密桩。

A. 工程量:同砂石灌注桩的计算方法。

B. 项目特征:需描述土壤类别;桩长;桩截面;成孔方法;灰土级配。

C. 工程内容:包括成孔;灰土拌和、运输;填充;夯实。

③ 旋喷桩(010202003)

旋喷桩项目适用于水泥浆旋喷桩。

A. 工程量:同砂石灌注桩的计算方法。

B. 项目特征:需描述桩长;柱截面;水泥强度等级。

C. 工程内容:包括成孔;水泥浆制作、运输;水泥浆旋喷。

④ 喷粉桩(010202004)

喷粉桩项目适用于水泥、生石粉等喷粉桩。

A. 工程量:同砂石灌注桩的计算方法。

B. 项目特征:需描述桩长;桩截面;粉体种类;水泥强度等级;石灰粉要求。

C. 工程内容:包括成孔;粉体运输;喷粉固化。

(3) 地基与边坡处理(010203)

① 地下连续墙(010203001)

地下连续墙项目适用于各种导墙施工的复合型地下连续工程(若作为深基础的"支护结构",则应列入清单措施项目内)。

A. 工程量:按设计图示墙中心线长度乘以厚度乘以槽深的体积以 m^3 计算。

B. 项目特征:需描述墙体厚度;成槽深度;混凝土强度等级。

C. 工程内容:包括挖土成槽、余土运输;导墙制作、安装;锁口管吊拔;浇注混凝土连续墙;材料运输。

② 振冲灌注碎石(010203002)

A. 工程量:按设计图示孔深乘以孔截面积的体积以 m^3 计算。

B. 项目特征:需描述振冲深度;成孔直径;碎石级配。

C. 工程内容:包括成孔;碎石运输;灌注、振实。

③ 地基强夯(010203003)

A. 工程量:按设计图示尺寸的面积以 m^2 计算。

B. 项目特征:需描述夯击能量;夯击遍数;地耐力要求;夯填材料种类。

C. 工程内容:包括铺夯填材料;强夯;夯填材料运输。

④ 锚杆支护(010203004)

锚杆支护项目适用于岩石高削坡混凝土支护挡墙和风化岩石混凝土、砂浆护坡。

A. 工程量:按设计图示尺寸的面积以 m^2 计算。

B. 项目特征:需描述锚孔直径;锚孔平均深度;锚固方法、浆液种类;支护厚度、材料种类;混凝土强度等级;砂浆强度等级。

C. 工程内容:包括钻孔;浆液制作、运输、压浆;张拉锚固;混凝土制作、运输、喷射、养护;砂浆制作、运输、喷射、养护。

⑤ 土钉支护(010203005)

土钉支护项目适用于土层锚固。

A. 工程量:按设计图示尺寸的支护面积以 m^2 计算。

B. 项目特征：需描述支护厚度、材料种类；混凝土强度等级；砂浆强度等级。

C. 工程内容：包括钉土钉；挂网；混凝土制作、运输、喷射、养护；砂浆制作、运输、喷射、养护。

3）砌筑工程

(1) 砖基础(010301)

砖基础(010301001)。本节仅有此一个清单项目。

砖基础项目适用于各种类型的砖基础，包括柱、墙、烟囱、水塔、管道等的砖基础。

A. 工程量：按设计图示尺寸的体积以 m^3 计算。其具体计算方法与"计价工程量计算规则"中的计算规则一致。基础与墙身的划分界限，亦与"计价工程量计算规则"中的规定一致。

基础体积：$V=$（外墙中心线长度×外墙基础断面面积＋内墙净长度×内墙基础断面面积）＋（应增加体积）－（应扣除体积）。

应增加体积：附墙垛基础宽出部分体积。

应扣除体积：a. 地(圈)梁、构造柱所占体积；b. 每个面积 $>0.3m^2$ 的孔洞所占面积。

不增不扣体积：a. 基础大放脚T形接头处的重叠部分；b. 嵌入基础内的钢筋、铁件、管道、基础砂浆防潮层；c. 单个面积 $\leqslant 0.3\ m^2$ 的孔洞。

B. 项目特征：需描述垫层材料种类、厚度；砖品种、规格、强度等级；基础类型；基础深度；砂浆强度等级。

C. 工程内容：包括砂浆制作、运输；铺设垫层；砌砖；防潮层铺设；材料运输。

(2) 砖砌体(010302)

① 实心砖墙(010302001)

实心砖墙项目适用于各种类型实心砖墙，可分为外墙、内墙、围墙、双面混水墙、双面清水墙、单面清水墙、直形墙、弧形墙等。

A. 工程量：按设计图示尺寸的体积以 m^3 计算。体积：

$$V = 墙长 \times 墙厚 \times 墙高 + 应增体积 - 应扣体积$$

式中：墙长——外墙按中心线，内墙按净长线计算。

墙厚——按设计图示尺寸计算。

墙高——按下列规定计算。

a. 外墙墙高：斜(坡)屋面无檐口天棚者算至屋面板底；有屋架且室内外均有天棚者算至屋架下弦底另加 200 mm；无屋面天棚者算至屋架下弦底另加 300 mm，出檐宽度超过 600 mm 时按实砌高度计算；平屋面算至钢筋混凝土板底。

b. 内墙墙高：位于屋架下弦者，算至屋架下弦底；无屋架者算至天棚底另加 100 mm；有钢筋混凝土楼板隔层者算至楼板顶；有框架梁时算至梁底。

c. 女儿墙墙高：从屋面板上表面算至女儿墙顶面(如有混凝土压顶时算至压顶下表面)。

d. 内、外山墙高度：按其平均高度计算。

e. 围墙墙高：算至压顶上表面(如有混凝土压顶时算至压顶下表面)，围墙柱并入围墙体积内。

应增加体积：凸出墙面的砖垛、烟道、通风道等。

应扣除体积：门窗洞口、过人洞、空圈；嵌入墙内的混凝土桩、梁、圈梁、过梁、挑梁；凹进墙内壁龛、管槽、暖气槽、消防栓箱等。

不增不扣体积：梁头、板头、檩头、垫木、木楞头、沿椽木、木砖、门窗走头；砖墙内钢筋、木筋、钢管、铁件；每个面积 ≤0.3 m^2 的孔洞；凸出墙面的腰线、挑檐、压顶、窗台线、虎头砖等。

B. 项目特征：需描述砖品种、规格、强度等级；墙体类型、厚度、高度；勾缝要求；砂浆强度等级、配合比。

C. 工程内容：包括砂浆制作、运输；砌砖；勾缝；砖压顶砌筑；材料运输。

② 空斗墙(010302002)

空斗墙项目适用于各种砌法的空斗墙。墙体类型分有内墙、外墙、围墙、双面清水墙、双面混水墙、单面清水墙、直形墙、弧形墙等。

A. 工程量：按设计图示尺寸的空斗墙外形体积以 m^3 计算。其中，包括墙角、内外墙交接处、门窗洞口立边、窗台砖、屋檐处的实砌部分体积。

空斗墙的窗间墙、窗台下、楼板下等的实砌部分，应按“零星砌砖”项目编码列项。

B. 项目特征：需描述砖品种、规格、强度等级；墙体类型、厚度；勾缝要求；砂浆强度等级、配合比。

C. 工程内容：包括砂浆制作、运输；砌砖；装填充料；勾缝；材料运输。

③ 空花墙(010302003)

空花墙项目适用于砖砌花格的空花墙。

A. 工程量：按设计图示尺寸的空花部分外形体积以 m^3 计算，不扣除空洞部分体积。

B. 项目特征：需描述内容同“空斗墙”项目。

C. 工程内容：包括内容同“空斗墙”项目。

④ 填充墙(010302004)

填充墙项目适用于墙中间夹保温层、双层夹心墙、中间有填充物(如填炉渣、泡沫混凝土等)的复合墙。不是指“框架柱”间的填充墙。

A. 工程量：按设计图示尺寸的填充墙外形体积以 m^3 计算。

B. 项目特征：需描述砖品种、规格、强度等级；墙体厚度；填充材料类；勾缝要求；砂浆强度等级。

C. 工程内容：包括内容同“空斗墙”项目。

⑤ 实心砖柱(010302005)

实心砖柱项目适用于各种类型的砖柱，包括矩形柱、异型柱、圆柱、包柱等。

A. 工程量：按设计图示尺寸的体积以 m^3 计算。应扣除混凝土梁垫、梁头、板头所占体积。

B. 项目特征：需描述砖品种、规格、强度等级；柱类型、截面；柱高；勾缝要求；砂浆强度等级、配合比。

C. 工程内容：包括砂浆制作、运输；砌砖；勾缝；材料运输。

⑥ 零星砌砖(010302006)

零星砌砖项目适用于砖台阶、炉灶、小便槽、池槽、地垄墙、蹲台、梯带、池墩脚、花台、花池、楼梯栏板、阳台栏板、砖垫等。

A. 工程量：根据不同类型构件其计算规则各不相同，具体规则如下：

a. 台阶：按水平投影面积以 m^2 计算。

b. 池槽、炉灶：按数量以个计算。

c. 小便槽、地垄墙：按长度以 m 计算。

d. 其他：按设计图示尺寸的体积以 m^3 计算。应扣除混凝土梁垫、梁头、板头等所占体积。

B. 项目特征：需描述砌砖名称、部位；勾缝要求；砂浆强度等级、配合比。

C. 工程内容：包括内容同实心砖柱项目。

(3) 砖砌筑物(010303)

① 砖烟囱、水塔(010303001)

砖烟囱、水塔项目适用于各种类型砖烟囱、水塔。

A. 工程量：按设计图示筒壁平均中心线周长乘以厚度乘以高度的体积以 m^3 计算。应扣除各种孔洞、钢筋混凝土圈梁、过梁等的体积。

砖烟囱以设计室外地面为界，以下为基础，以上为筒身；砖水塔以基础顶部扩大面为界，以下为基础，以上为塔身。烟道内衬及隔热填充料与烟道外壁应分别编码列项。

B. 项目特征：需描述筒身高度；砖品种、规格、强度等级；耐火砖品种、规格；耐火泥品种；隔热材料种类；勾缝要求；砂浆强度等级、配合比。

C. 工程内容：包括砂浆制作、运输；砌砖；涂隔热层；装填充料；砌内衬；勾缝；材料运输。

② 砖烟道(010303002)

砖烟道项目适用于各种类型的砖烟道。

A. 工程量：按设计图示尺寸的体积以 m^3 计算。烟道与炉体的划分以第一道闸门为界。烟道内衬与烟道外壁应分别编码列项。

B. 项目特征：需描述烟道截面形状、长度；砖品种、规格、强度等级；耐火砖品种、规格；耐火泥品种；勾缝要求；砂浆强度等级、配合比。

C. 工程内容：包括内容同砖烟囱、水塔项目。

③ 砖窨井、检查井(010303003)

砖窨井、检查井项目适用于各类砖砌窨井、检查井。

A. 工程量：按设计图示数量以座计算。

B. 项目特征：需描述井截面；垫层材料种类、厚度；底板厚度；勾缝要求；混凝土强度等级；砂浆强度等级、配合比；防潮层材料种类。

C. 工程内容：包括土方挖运；砂浆制作、运输；铺设垫层；底板混凝土制作、运输、浇筑、振捣、养护；砌砖；勾缝；井池底、壁抹灰；抹防潮层；回填；材料运输。

④ 砖水池、化粪池(010303004)

砖水池、化粪池项目适用于各类砖水池、化粪池、沼气池、公厕生化池等。

A. 工程量：按设计图示数量以座计算。

B. 项目特征：需描述池截面；垫层材料种类、厚度；底板厚度；勾缝要求；混凝土强度等级；砂浆强度等级、配合比。

C. 工程内容：包括内容同砖窨井、检查井项目。

(4) 砌块砌体(010304)

① 空心砖墙、砌块墙(010304001)

空心砖墙、砌块墙项目适用于各种规格的空心砖和砌块砌筑的各种类型的墙体。

A. 工程量:按设计图示尺寸的体积以 m^3 计算。有关墙长、墙厚和墙高的计算规定,以及应增、应扣和不增不扣体积的内容,与实心砖墙项目(010302001)的规定一致。其中,嵌入空心砖墙或砌块墙中的实心砖所占体积不扣除。

B. 项目特征:需描述墙体类型、厚度;空心砖、砌块品种、规格、强度等级;勾缝要求;砂浆强度等级、配合比。

C. 工程内容:包括砂浆制作、运输;砌砖、砌块;勾缝;材料运输。

② 空心砖柱、砌块柱(010304002)

空心砖柱、砌块柱项目适用于各种规格的空心砖和砌块砌筑的各种类型的柱。

A. 工程量:按设计图示尺寸的体积以 m^3 计算。扣除混凝土及钢筋混凝土梁垫、梁头、板头所占体积。

B. 项目特征:需描述柱高度;柱截面;空心砖、砌块品种、规格、强度等级;勾缝要求;砂浆强度等级、配合比。

C. 工程内容:包括内容同空心砖墙、砌块墙项目。

(5) 石砌体(010305)

① 石基础(010305001)

石基础项目适用于各种石材、各种规格和各种类型的基础。基础与勒脚应以设计室外地坪为界。

A. 工程量:按设计图示尺寸的体积以 m^3 计算。基础长度:外墙按中心线,内墙按净长计算。

应增体积:附墙垛基础宽出部分体积。

不扣体积:基础砂浆防潮层;每个面积 $\leqslant 0.3\ m^2$ 的孔洞。

不增体积:靠墙暖气沟的挑檐体积。

B. 项目特征:需描述垫层材料种类、厚度;石料种类、规格;基础类型、深度;砂浆强度等级、配合比。

C. 工程内容:包括砂浆制作、运输;铺设垫层;砌石;铺设防潮层;材料运输。

② 石勒脚(010305002)

石勒脚项目适用于各种材质、各种规格和各种类型的勒脚。

A. 工程量:按设计图示尺寸的体积以 m^3 计算。应扣除每个面积 $> 0.3\ m^2$ 孔洞所占的体积。石勒脚的高度自设计室外地面至设计室内地面之间的距离。

B. 项目特征:需描述石料种类、规格;石表面加工要求;勾缝要求;砂浆强度等级、配合比。

C. 工程内容:包括砂浆制作、运输;砌石;石表面加工;勾缝;材料运输。

③ 石墙(010305003)

石墙项目适用于各种材质、各种规格和各种类型的墙体。

A. 工程量:按设计图示尺寸的体积以 m^3 计算。石墙的工程量计算规则同实心砖墙(010302001)的计算规则。

B. 项目特征：需描述石料种类、规格；墙厚；石表面加工要求；勾缝要求；砂浆强度等级、配合比。

C. 工程内容：包括砂浆制作、运输；砌石；石表面加工；勾缝；材料运输。

④ 石挡土墙(010305004)

石挡土墙项目适用于各种材质、各种规格和各种类型的挡土墙。其中，石梯膀应按石挡土墙项目编码列项。石梯的两个侧面所形成的两个直角三角形称为"石梯膀"。

A. 工程量：按设计图示尺寸的体积以 m^3 计算。其中，石梯膀按其直角三角形面积乘以砌石宽度的体积以 m^3 计算。

B. 项目特征：需描述石料种类、规格；墙厚；石表面加工要求；勾缝要求；砂浆强度等级、配合比。

C. 工程内容：包括砂浆制作、运输；砌石；压顶抹灰；勾缝；材料运输。

⑤ 石柱(010305005)、石栏杆(010305006)

石柱项目适用于各种石质、规格和类型的石柱。石栏杆项目适用于无雕饰的一般石栏杆。

A. 工程量：石柱按设计图示尺寸的体积以 m^3 计算。石栏杆按设计图示的长度以 m 计算。

B. 项目特征：需描述石料种类、规格；勾缝要求；柱截面；石表面加工要求；砂浆强度等级、配合比。

C. 工程内容：砂浆制作、运输；砌石；石表面加工；勾缝；材料运输。

⑥ 石护坡(010305007)

石护坡项目适用于各种石质、石料的护坡。

A. 工程量：按设计图示尺寸的体积以 m^3 计算。

B. 项目特征：需描述垫层材料种类、厚度；石料种类、规格；护坡厚度、高度；石表面加工要求；勾缝要求；砂浆强度等级、配合比。

C. 工程内容：同石柱、石栏杆项目内容。

⑦ 石台阶(010305008)

石台阶项目包括石梯带，不包括石梯膀。石梯膀按石挡土墙项目编码列项。

A. 工程量：按设计图示尺寸的体积以 m^3 计算。

B. 项目特征：需描述特征同石护坡项目。

C. 工程内容：包括铺设垫层；石料加工；砂浆制作、运输；砌石；石表面加工；勾缝；材料运输。

⑧ 石坡道(010305009)

石坡道项目适用于各种石质、石料的坡道。

A. 工程量：按设计图示尺寸的水平投影面积以 m^2 计算。

B. 项目特征：需描述的特征同石坡项目。

C. 工程内容：包括内容同石台阶项目。

⑨ 石地沟、石明沟(010305010)

A. 工程量：按设计图示尺寸的中心线长度以 m 计算。

B. 项目特征：需描述沟截面尺寸；垫层种类、厚度；石料种类、规格；石表面加工要求；砂浆强度等级、配合比。

C. 工程内容：包括土石挖运；砂浆制作、运输；铺设垫层；砌石；石表面加工；勾缝；回填；材料运输。

(6) 砖散水、地坪、地沟(010306)

① 砖散水、地坪(010306001)

A. 工程量：按设计图示尺寸的面积以 m^2 计算。

B. 项目特征：需描述垫层材料种类、厚度；散水、地坪厚度；面层种类、厚度；砂浆强度等级、配合比。

C. 工程内容：包括地基找平、夯实；铺设垫层；砌砖散水、地坪；抹砂浆面层。

② 砖地沟、明沟(010306002)

A. 工程量：按设计图示中心线长度以 m 计算。

B. 项目特征：需描述沟截面尺寸；垫层材料种类、厚度；混凝土强度等级、配合比。

C. 工程内容：包括挖运土石；铺设垫层；底板混凝土制作、运输、浇筑、振捣、养护；勾缝、抹灰；材料运输。

注：砌体内加筋(制作、安装)应另按“钢筋工程”项目编码列项。

4) 混凝土及钢筋混凝土工程

(1) 现浇混凝土基础(010401)

现浇混凝土基础包括带形基础(010401001)、独立基础(010401002)、满堂基础(010401003)、设备基础(010401004)、桩承台基础(010401005)和垫层(010401006)6个项目。

A. 工程量：按设计图示尺寸的体积以 m^3 计算。不扣除构件内钢筋、预埋铁件和伸入承台基础的桩头所占体积(说明：混凝土垫层已包括在基础项目内；有肋带形基础和无肋带形基础应分别编码列项)。

B. 项目特征：需描述混凝土强度等级；混凝土拌和料要求；砂浆强度等级。

C. 工程内容：包括混凝土制作、运输、灌筑、振捣、养护；地脚螺栓二次灌浆。

(2) 现浇混凝土柱(010402)

现浇混凝土柱包括矩形柱(010402001)和异形柱(010402002)两个项目。柱断面为矩形的采用矩形柱项目编码列项；柱断面为圆形、多边形的采用异形柱项目编码列项。构造柱应按矩形柱项目编码列项。

A. 工程量：按设计图示尺寸的体积以 m^3 计算。不扣除构件内钢筋、预埋铁件所占体积。

柱高规定：同“计价”工程量计算规则的规定。

B. 项目特征：需描述柱高度；柱截面尺寸；混凝土强度等级；混凝土拌和料要求。

C. 工程内容：包括混凝土制作、运输、浇筑、振捣、养护。

(3) 现浇混凝土梁(010403)

现浇混凝土梁包括基础梁(010403001)，矩形梁(010403002)，异形梁(010403003)，圈梁(010403004)，过梁(010403005)，弧形和拱形梁(010403006)6个项目。

A. 工程量：按设计图示尺寸的体积以 m^3 计算。不扣除构件内钢筋、预埋铁件所占体积，伸入墙内的梁头、梁垫并入梁体积内。其中：

梁长：a. 梁与柱连接时——梁长算至柱侧面。

b. 主梁与次梁连接时——次梁长算至主梁侧面。

c. 圈梁与构造柱连接时——圈梁长算至构造柱侧面。

d. 圈梁与过梁连接时——过梁长按门窗洞口宽度＋两端各 250 mm 计算，其余为圈梁长度。

梁高、梁宽：按设计图示尺寸。若梁与板整体现浇时，梁高算至板底。

B. 项目特征：需描述梁底标高；梁截面；混凝土强度等级；混凝土拌和料要求。

C. 工程内容：包括混凝土制作、运输、浇筑、振捣、养护。

(4) 现浇混凝土墙(010404)

现浇混凝土墙包括直形墙(010404001)、弧形墙(010404002)2 个项目。

A. 工程量：按设计图示尺寸的体积以 m^3 计算。不扣除构件内钢筋、预埋铁件所占体积；扣除门窗洞口及每个面积 > 0.3 m^2 洞孔所占体积；墙垛及突出墙面部分并入墙体体积内计算。其中：

墙长——外墙按中心线长，内墙按净长计算。

墙高——墙与梁平行重叠时，墙高算至梁顶，梁宽超过墙厚时，墙高算至梁底；墙与板相交时，墙高算至板底。

B. 项目特征：需描述墙类型、厚度；混凝土强度等级；混凝土拌和料要求。

C. 工程内容：包括混凝土制作、运输、浇筑、振捣、养护。

(5) 现浇混凝土板(010405)

现浇混凝土板包括有梁板(010405001)，无梁板(010405002)，平板(010405003)，拱板(010405004)，薄壳板(010405005)，栏板(010405006)，天沟、挑檐板(010405007)，雨篷、阳台板(010405008)，其他板(010405009)9 个项目。

A. 工程量：

a. 有梁板、无梁板、平板、拱板、薄壳板、栏板——工程量按设计图示尺寸的体积以 m^3 计算。不扣除构件内钢筋、预埋铁件及每个面积 ≤ 0.3 m^2 孔洞所占体积。有梁板(包括主、次梁与板)按梁板体积之和计算；无梁板按板和柱帽之和计算；各类板伸入墙内的板头并入板体积内计算；薄壳板的肋、基梁并入薄壳体积内计算。

b. 雨篷、挑檐板——工程量按设计图示尺寸的体积以 m^3 计算。当现浇挑檐、天沟板与板连接时，以外墙外边线为界；当现浇挑檐、天沟板与圈梁连接时，以梁外边线为界。

c. 其他板——工程量按设计图示尺寸的体积以 m^3 计算。

B. 项目特征：需描述混凝土强度等级；混凝土拌和料要求。

C. 工程内容：包括混凝土制作、运输、浇筑、捣实、养护。

(6) 现浇混凝土楼梯(010406)

现浇混凝土楼梯包括直形楼梯(010406001)和弧形楼梯(010406002)2 个项目。

A. 工程量：按设计图示尺寸的水平投影面积以 m^2 计算。不扣除宽度小于 500 mm 的楼梯井，伸入墙内部分不计算。

B. 项目特征：需描述混凝土强度等级；混凝土拌和料要求。

C. 工程内容：包括混凝土制作、运输、浇筑、捣实、养护。

(7) 现浇混凝土其他构件(010407)

① 其他构件(010407001)

现浇混凝土其他构件是指小型池槽、压顶、扶手、垫块、台阶、门框等。

A. 工程量:其他构件项目按设计图示尺寸的体积以 m^3 计算,不扣除构件内钢筋、预埋铁件所占体积;压顶、扶手按设计图示尺寸的长度以 m 计算;台阶按设计图示尺寸的水平投影面积以 m^2 计算,但台阶与平台的分界线以最上一级踏步外延加 300 mm 计算。

B. 项目特征:需描述构件类型、规格;混凝土强度等级;混凝土拌和料要求。

C. 工程内容:包括混凝土制作、运输、浇筑、振捣、养护。

② 散水、坡道(010407002)

A. 工程量:按设计图示尺寸的面积以 m^2 计算。

B. 项目特征:需描述垫层材料种类、厚度;面层厚度;混凝土强度等级;混凝土拌和料要求;填塞材料种类。

C. 工程内容:包括地基夯实;铺设垫层;混凝土制作、运输、捣实、养护;变形缝填塞。

③ 电缆沟、地沟(010407003)

A. 工程量:按设计图示尺寸的中心线长度以 m 计算。

B. 项目特征:需描述沟截面;垫层材料种类、厚度;混凝土强度等级;混凝土拌和料要求;防护材料种类。

C. 工程内容:包括挖运土石;铺设垫层;混凝土制作、运输、浇筑、浇捣、养护;刷防护材料。

(8) 后浇带(010408)

后浇带(010408001)项目适用于基础(满堂)、梁、墙、板的后浇带。

A. 工程量:按设计图示尺寸的体积以 m^3 计算。

B. 项目特征:需描述部位;混凝土强度等级、混凝土拌和料要求。

C. 工程内容:包括混凝土制作、运输、浇捣、养护。

(9) 预制混凝土柱(010409)

预制混凝土柱包括矩形柱(010409001)和异形柱(010409002)2 个项目。

A. 工程量:按设计图示尺寸的体积以 m^3 计算。不扣除构件内钢筋、预埋铁件所占体积。

如有相同截面和长度的柱,其工程量也可按根数计算。

B. 项目特征:需描述柱类型;单件体积;安装高度;混凝土强度等级;砂浆强度等级。

C. 工程内容:包括混凝土制作、运输、浇捣,养护;构件制作、运输、安装;砂浆制作、运输;接头灌浆、养护。

(10) 预制混凝土梁(010410)

预制混凝土梁包括矩形梁(010410001)、异形梁(010410002)、过梁(010410003)、拱形梁(010410004)、鱼腹式吊车梁(010410005)、风道梁(010410006)6 个项目。

A. 工程量:按设计图示尺寸的体积以 m^3 计算。不扣除构件内钢筋、预埋铁件所占体积。如有相同截面和长度时,其工程量可按根数计算。

B. 项目特征:需描述单件体积;安装高度;混凝土强度等级;砂浆强度等级。

C. 工程内容:包括混凝土制作、运输、浇捣、养护;构件制作、运输、安装;砂浆制作、运输;接头灌浆、养护。

(11) 预制混凝土屋架(010411)

预制混凝土屋架包括折线型屋架(010411001)、组合屋架(010411002)、薄腹屋架(010411003)、门式刚架屋架(010411004)、天窗架屋架(010411005)5 个项目。

A. 工程量:同预制混凝土梁项目的计算规则。

B. 项目特征:基本同预制混凝土梁的描述内容。

C. 工程内容:包括内容同预制混凝土梁项目。

(12) 预制混凝土板(010412)

预制混凝土板包括平板(010412001)、空心板(010412002)、槽形板(010412003)、网架板(010412004)、折线板(010412005)、带肋板(010412006)、大型板(010412007)和沟盖板、井盖板、井圈(010412008)8 个项目。

A. 工程量:a. 平板、空心板、槽形板、网架板、折线板、带肋板、大型板等按设计图示尺寸的体积以 m^3 计算。不扣除构件内钢筋、预埋铁件及每个尺寸≤300 mm×300 mm 的孔洞,所占体积应扣除空心板孔洞体积。若同类型相同构件尺寸的预制混凝土板,其工程量可按块计算。b. 沟盖板、井盖板、井圈按设计图示尺寸的体积以 m^3 计算,不扣除构件内钢筋、预埋铁件所占体积。若同型相同构件尺寸的预制混凝土沟盖板的工程量可按块数计算,预制混凝土井盖板与井圈的工程量可按套数计算。

B. 项目特征:需描述内容同平板项目。

C. 工程内容:包括内容基本同平板项目。

(13) 预制混凝土楼梯(010413)

预制混凝土楼梯(010413001)仅一个项目。

A. 工程量:按设计图示尺寸的体积以 m^3 计算。不扣除构件内钢筋、预埋铁件所占体积,扣除空心踏步板空洞体积。

B. 项目特征:需描述楼梯类型;单件体积;混凝土强度等级;砂浆强度等级。

C. 工程内容:包括混凝土制作、运输、浇捣、养护;构件制作、运输、安装;砂浆制作、运输;接头灌浆、养护。

(14) 其他预制构件(010414)

其他预制构件包括烟道、垃圾道、通风道(010414001),其他构件(010414002),水磨石构件(010414003)3 个项目。

其他构件项目指预制钢筋混凝土小型池槽、压顶、扶手、垫块、隔热板、花格等。

A. 工程量:按设计图示尺寸的体积以 m^3 计算。不扣除构件内钢筋、预埋铁件及每个尺寸≤300 mm×300 mm 的孔洞所占体积,扣除烟道、垃圾道、通风道的孔洞所占体积。

B. 项目特征:a. 烟道、垃圾道、通风道需描述构件类型;单件体积;安装高度;混凝土及砂浆强度等级。b. 其他构件、水磨石构件需描述构件类型、单体体积;水磨石面层厚度;安装高度;混凝土强度等级;水泥石子浆配合比;石子品种、规格、颜色;酸洗、打蜡要求。

C. 工程内容:包括混凝土制作、运输、浇捣、养护;构件制作、运输、安装;砂浆制作、运输;接头灌缝、养护;酸洗、打蜡。

(15) 混凝土构筑物(010415)

混凝土构筑物包括贮水(油)池(010415001)、贮仓(010415002)、水塔(010415003)、烟囱(010415004)4 个项目。

A. 工程量:按设计图示尺寸的体积以 m^3 计算。不扣除构件内钢筋、预埋铁件及每个面积≤0.3 m^2 的孔洞所占体积。

B. 项目特征:a. 贮水(油)池需描述池类型、规格;混凝土强度等级;混凝土拌和料要求。b. 贮仓需描述类型、高度;混凝土强度等级;混凝土拌和料要求。c. 水塔需描述类型;支筒高度、水箱容积;倒圆锥形罐壳厚度、直径;混凝土强度等级;混凝土拌和料要求;砂浆强度等级。d. 烟囱需描述高度;混凝土强度等级;混凝土拌和料要求。

C. 工程内容:a. 贮水(油)池、贮仓、烟囱包括混凝土制作、运输、浇捣、养护;b. 水塔包括混凝土制作、运输、浇捣、养护;预制倒圆锥形罐壳、组装、提升、就位;砂浆制作、运输;接头灌缝、养护。

(16) 钢筋工程(010416)

钢筋工程包括现浇混凝土钢筋(010416001)、预制构件钢筋(010416002)、钢筋网片(010416003)、钢筋笼(010416004)、先张法预应力钢筋(010416005)、后张法预应力钢筋(010416006)、预应力钢丝(010416007)、预应力钢绞线(010416008)8 个项目。

A. 工程量:a. 现浇混凝土钢筋、预制构件钢筋、钢筋网片、钢筋笼按设计图示钢筋(网)长度(面积)乘以单位理论质量的质(重)量以"吨"计算。b. 先张法预应力钢筋按设计图示钢筋长度乘以单位理论质量的质(重)量以"吨"计算。c. 后张法预应力钢筋、预应力钢丝、预应力钢绞线按设计图示钢筋(丝束、绞线)长度乘以单位理论质量的质(重)量以"吨"计算。当低合金钢筋一端采用镦头插片,另一端采用螺杆锚具时,钢筋长度按孔道长度计算,螺杆另行计算;当低合金钢筋两端均采用螺杆锚具时,钢筋长度按孔道长度减 0.35 m 计算,螺杆另行计算;当低合金钢筋一端采用镦头插片,另一端采用帮条锚具时,钢筋增加 0.15 m 计算;两端均采用帮条锚具时,钢筋长度按孔道长度增加 0.30 m 计算;当低合金钢筋采用后张混凝土自锚时,钢筋长度按孔道长度增加 0.35 m 计算;当低合金钢筋(钢绞线)采用 JM、XM、QM 型锚具,孔道长度 ≤ 20 m,钢筋长度按增加 1 m 计算;孔道长度 > 20 m 时,钢筋(钢绞线)长度按孔道长度增加 1.8 m 计算;当碳素钢丝采用锥形锚具,孔道长度 ≤ 20 m 时,钢丝束长度增加 1 m 计算;孔道长度 > 20 m 时,钢丝束长度按孔道长度增加 1.8 m 计算;当碳素钢丝采用镦头锚具时,钢丝束长度按孔道长度增加 0.35 m 计算。

B. 项目特征:a. 现浇混凝土钢筋、预制构件钢筋、钢筋网片、钢筋笼项目需描述钢筋种类、规格;b. 先张法预应力钢筋项目需描述钢筋种类、规格,锚具种类;c. 后张法预应力钢筋、预应力钢丝、预应力钢绞线项目需描述钢筋种类、规格,钢丝束种类、规格,钢绞线种类、规格,锚具种类,砂浆强度等级。

C. 工程内容:a. 现浇混凝土钢筋、预制构件钢筋、钢筋网片、钢筋笼项目包括钢筋(网、笼)制作、运输、安装;b. 先张法预应力钢筋项目包括钢筋制作、运输、张拉;c. 后张法预应力钢筋、预应力钢丝、预应力钢绞线项目包括钢筋、钢丝束、钢绞线制作、运输、安装,预埋管孔道铺设,锚具安装,砂浆制作、运输,孔道压浆、养护。

(17) 螺栓、铁件(010417)

螺栓、铁件包括螺栓(010417001)和预埋铁件(010417002)2 个项目。

A. 工程量:按设计图示尺寸的质量以"吨"计算。

B. 项目特征:需描述钢材种类、规格;螺栓长度;铁件尺寸。

C. 工程内容:包括螺栓(铁件)制作、运输、安装。

5) 厂库房大门、特种门、木结构工程

(1) 厂库房大门、特种门(010501)

厂库房大门、特种门包括木板大门(010501001)、钢木大门(010501002)、全钢板大门(010501003)、特种门(010501004)、围墙铁丝门(010501005)5 个项目。

A. 工程量:按设计图示数量以“樘”计算。

B. 项目特征:需描述开启方式;有框、无框;含门扇数;材料品种、规格;五金种类、规格;防护材料种类;油漆品种、刷漆遍数。

C. 工程内容:包括门(骨架)制作、运输;门、五金配件安装;刷防护材料、油漆。

(2) 木屋架(010502)

木屋架项目包括木屋架(010502001)、钢木屋架(010502002)2 个项目。

木屋架项目适用于各种方木、圆木屋架。钢木屋架适用于各种方木、圆木的钢木组合屋架。

A. 工程量:按设计图示数量以“榀”计算。

B. 项目特征:需描述跨度;安装高度;材料品种、规格;刨光要求;防护材料要求;油漆品种、刷漆遍数。

C. 工程内容:包括制作、运输、安装;刷防护材料、油漆。

(3) 木构件(010503)

木构件包括木柱(010503001)、木梁(010503002)、木楼梯(010503003)、其他木构件(010503004)4 个项目。

木柱、木梁项目适用于建筑物各部位的柱、梁;木楼梯项目适用于楼梯、爬梯;其他木构件项目适用于斜撑、封檐板、博风板等构件。

A. 工程量:a. 木柱、木梁工程量按设计图示尺寸的体积以 m^3 计算;b. 木楼梯工程量按设计图示尺寸的水平投影面积以 m^2 计算,不扣除宽度 $\leqslant$ 300 mm 的楼梯,伸入墙内部分不计算;c. 其他木构件工程量按设计图示尺寸的体积以 m^3 或长度 m 计算。

B. 项目特征:a. 木柱、木梁需描述构件高度、长度;构件截面;木材种类;刨光要求;防护材料种类;油漆品种、刷油漆遍数。b. 木楼梯需描述木材种类;刨光要求;防护材料种类;油漆品种、刷油漆遍数。c. 其他木构件需描述构件名称、截面;木材种类;刨光要求;防护材料种类;油漆品种、刷油漆遍数。

C. 工程内容:包括制作;运输;安装;刷防护材料、油漆。

6) 金属结构工程

(1) 钢屋架、钢网架(010601)

本节包括钢屋架(010601001)、钢网架(010601002)2 个项目。钢屋架项目适用于一般钢屋架、轻钢屋架及冷弯薄壁型钢屋架;钢网架项目适用于一般钢网架、不锈钢网架。

A. 工程量:按设计图示尺寸的质量以“吨”或数量“樘”计算。不扣除孔眼、切边、切肢的质量,焊条、铆钉、螺栓等不另增加质量,不规则或多边形钢板以其外接矩形面积乘以厚度乘以单位理论质量计算。

B. 项目特征:需描述钢材品种、规格;单榀屋架的重量或网架节点形式、连接方式;屋(网)架跨度、安装高度;探伤要求;油漆品种、刷漆遍数。

C. 工程内容:包括制作、运输、安装;拼装、探伤、刷油漆。

(2) 钢托架、钢桁架(010602)

本节包括钢托架(010602001)和钢桁架(010602002)2 个项目。

钢托架项目适用于一般钢托架、轻钢托架及冷弯薄壁型钢托架;钢桁架项目适用于一般钢桁架、轻钢桁架及冷弯薄壁型钢桁架。

A. 工程量:按设计图示尺寸的质量以“吨”计算。不扣除孔眼、切边、切肢的质量,焊条、铆钉、螺栓等不另增加质量,不规则或多边形钢板,以其外接矩形面积乘以厚度乘以单位理论质量计算。

B. 项目特征:需描述钢材品种、规格;单榀重量;安装高度;探伤要求;油漆品种、刷漆遍数。

C. 工程内容:包括制作、运输、拼装、安装、探伤、刷漆。

(3) 钢柱(010603)

钢柱包括实腹柱(010603001)、空腹柱(010603002)及钢管柱(010603003)3 个项目。

A. 工程量:按设计图示尺寸的质量以“吨”计算。不扣除孔眼、切边、切肢的质量,焊条、铆钉、螺栓条不另增加质量,不规则或多边形钢板,以其外接矩形面积乘以厚度乘以单位理论质量计算。依附在钢管柱上的节点板、加强环、内衬管、牛腿等并入钢管柱工程量内;依附在钢柱上的牛腿及悬臂梁等并入钢柱工程量内。

B. 项目特征:需描述钢材品种、规格;单根柱重量;探伤要求;油漆种类、刷漆遍数。

C. 工程内容:包括制作、运输、拼装、安装、探伤、刷油漆。

(4) 钢梁(010604)

钢梁包括钢梁(010604001)和钢吊车梁(010604002)2 个项目。

A. 工程量:按设计图示尺寸的质量以“吨”计算。不扣除孔眼、切边、切肢的质量,焊条、铆钉、螺栓等不另增加质量,不规则或多边形钢板,以其外接矩形面积乘以厚度乘以单位理论质量计算,制动梁、制动板、制动桁架、车挡并入钢吊车梁工程量内。

B. 项目特征:需描述钢材品种、规格;单根重量;安装高度;探伤要求;油漆品种、刷漆遍数。

C. 工程内容:包括制作、运输、安装、探伤要求、刷漆。

(5) 压型钢板楼板、墙板(010605)

本节包括压型钢板楼板(010605001)和压型钢板墙板(010605002)2 个项目。

A. 工程量:a. 压型钢板楼板的工程量按设计图示尺寸的铺设水平投影面积以 m^2 计算,不扣除柱、垛及每个面积≤0.3 m^2 的孔洞所占面积;b. 压型钢板墙板的工程量按设计图示尺寸的铺挂面积以 m^2 计算,不扣除每个面积≤0.3 m^2 孔洞所占面积,包角、包边、窗台泛水等不另增加面积。

B. 项目特征:a. 压型钢板楼板项目需描述钢材品种、规格;压型钢板厚度;油漆品种、刷漆遍数;b. 压型钢板墙板项目需描述钢材品种、规格;压型钢板厚度、复合板厚度;复合板夹芯材料种类、层数、型号、规格。

C. 工程内容:包括制作、运输、安装、刷漆。

(6) 钢构件(010606)

本节包括钢支撑(010606001)、钢檩条(010606002)、钢天窗架(010606003)、钢挡风架(010606004)、钢墙架(010606005)、钢平台(010606006)、钢走道(010606007)、钢梯

(010606008)、钢栏杆(010606009)、钢漏斗(010606010)、钢支架(010606011)、零星钢构件(010606012)12个项目。

A. 工程量:按设计图示尺寸的质量以"吨"计算。不扣除孔眼、切边、切肢的质量,焊条、铆钉、螺栓等不另增加质量,不规则或多边形钢板以其外接矩形面积乘以厚度乘以单位理论质量计算(依附漏斗的型钢并入漏斗工程量内)。

B. 项目特征:各构件除需描述钢材品种、规格及油漆品、刷漆遍数之外,其中钢支撑、钢天窗架、钢漏斗等尚需描述安装高度和探伤要求。

C. 工程内容:包括制作、运输、安装、探伤、刷漆。

(7) 金属网(010607)

本节仅金属网(010607001)1个项目。

A. 工程量:按设计图示尺寸的面积以 m^2 计算。

B. 项目特征:需描述材料品种、规格;边框及立柱型钢品种、规格;油漆品种、刷漆遍数。

C. 工程内容:包括制作、运输、安装、刷漆。

7) 屋面及防水工程

(1) 瓦、型材屋面(010701)

本节包括瓦屋面(010701001)、型材屋面(010701002)、膜结构屋面(010701003)3个项目。

A. 工程量:a. 瓦屋面、型材屋面按设计图示尺寸的斜面积以 m^2 计算。不扣除房上烟囱、风帽底座、风道、小气窗、斜沟等所占面积,小气窗的出檐部分不增加面积。b. 膜结构屋面按设计图示尺寸需要覆盖的水平面积以 m^2 计算。

B. 项目特征:a. 瓦屋面需描述瓦品种、规格、品牌、颜色;防水材料种类;基层材料种类;檩条种类、截面;防护材料种类。b. 型材屋面需描述型材品种、规格、品牌、颜色;骨架材料品种、规格;接缝、嵌缝材料种类。c. 膜结构屋面需描述膜布品种、规格、颜色;支柱(网架)钢材品种、规格;钢丝绳品种、规格;油漆品种、刷漆遍数。

C. 工程内容:a. 瓦屋面包括檩条、椽子安装;基层铺设;铺防水层;安顺水条和挂瓦条;安瓦;刷防护材料。b. 型材屋面包括骨架制作、运输、安装;屋面型材安装;接缝、嵌缝。c. 膜结构屋面包括膜布热压胶接;支柱(网架)制作、安装;膜布安装;穿钢丝绳、锚头锚固;刷漆。

(2) 屋面防水(010702)

屋面防水包括屋面卷材防水(010702001)、屋面涂膜防水(010702002)、屋面刚性防水(010702003)、屋面排水管(010702004)、屋面天沟和沿沟(010702005)5个项目。

A. 工程量:a. 屋面卷材防水、涂膜防水按设计图示尺寸的面积以 m^2 计算。斜屋顶(包括平屋顶找坡)按斜面积计算,平屋顶按水平投影面积计算。不扣除房上烟囱、风帽底座、风道、屋面小气窗和斜沟所占面积;屋面女儿墙、伸缩缝和天窗等处的弯起部分并入屋面工程量内。b. 刚性屋面防水按设计图示尺寸的面积以 m^2 计算。不扣除房上烟囱、风帽底座、风道等所占面积。c. 屋面排水管按设计图示尺寸的长度以 m 计算。如设计未标注尺寸,以檐口至设计室外散水上表面垂直距离计算。d. 屋面天沟、檐沟按设计图示尺寸的面积以 m^2 计算。铁皮和卷材天沟按展开面积计算。

B. 项目特征:a. 屋面卷材防水需描述卷材品种、规格;防水层做法;嵌缝材料种类;防护材料种类。b. 屋面涂膜防水需描述防水膜品种;涂膜厚度、遍数、增强材料种类;嵌缝材料种类；防护材料种类。c. 屋面刚性防水需描述防水层厚度；嵌缝材料种类；混凝土强度等级。d. 屋面排水管需描述排水管品种、规格、品牌、颜色；接缝、嵌缝材料种类；油漆品种、刷漆遍数。e. 屋面天沟、沿沟需描述材料品种；砂浆配合比；宽度、坡度；接缝、嵌缝材料种类；防护材料种类。

C. 工程内容：a. 屋面卷材防水包括基层处理；抹找平层；刷底油；铺油毡卷材、接缝、嵌缝；铺保护层。b. 屋面涂膜防水包括基层处理；抹找平层；涂防水膜；铺保护层。c. 屋面刚性防水包括基层处理；混凝土制作、运输、铺筑、养护。d. 屋面排水管包括排水管及配件安装、固定；雨水斗、雨水箅子安装；接缝、嵌缝。e. 屋面天沟、沿沟包括砂浆制作、运输、找坡、养护；天沟材料铺设、配件安装；接缝、嵌缝；刷防护材料。

(3) 墙、地面防水防潮(010703)

本节包括卷材防水(010703001)、涂膜防水(010703002)、砂浆防(潮)水(010703003)、变形缝(010703004)4 个项目。

A. 工程量：a. 卷材防水、涂膜防水、砂浆防水(潮)按设计图示尺寸的面积以 m^2 计算。其中：地面防水按主墙间净空面积计算，扣除凸出地面的构筑物、设备基础等所占面积，不扣除间壁墙及每个面积 $\leqslant 0.3\ m^2$ 的孔洞、烟囱、柱、垛等所占的面积。墙基防水，外墙按中心线，内墙按净长乘以宽度计算。b. 变形缝按设计图示的长度以 m 计算。

B. 项目特征：a. 卷材防水、涂膜防水需描述卷材、涂膜品种；涂膜厚度、遍数、增强材料种类；防水部位、做法；接缝、嵌缝材料种类；防护材料种类。b. 砂浆防水(潮)需描述防水(潮)部位；防水(潮)厚度、层数；砂浆配合比；外加剂材料种类。c. 变形缝需描述变形缝部位、嵌缝材料种类；止水带材料种类；盖板材料；防护材料种类。

C. 工程内容：a. 卷材防水包括基层处理，抹找平层，刷黏结剂，铺防水卷材，铺保护层，接缝、嵌缝。b. 涂膜防水包括基层处理、抹找平层、刷基层处理剂、铺涂膜防水层、铺保护层。c. 砂浆防水(潮)包括基层处理，挂钢丝网片，设置分格缝，砂浆制作、运输、摊铺、养护。d. 变形缝包括清缝、填塞防水材料、止水带安装、盖板制作、刷防护材料。

8) 防腐、隔热、保温工程

(1) 防腐面层(010801)

本节包括防腐混凝土面层(010801001)、防腐砂浆面层(010801002)、防腐胶泥面层(010801003)、玻璃钢防腐面层(010801004)、聚氯乙烯板面层(010801005)、块料防腐面层(010801006)6 个项目。

A. 工程量：a. 防腐混凝土面层、防腐砂浆面层、防腐胶泥面层、玻璃钢防腐面层按设计图示尺寸的面积以 m^2 计算。其中：平面防腐应扣除凸出地面的构筑物、设备基础等所占面积；立面防腐对砖垛等突出部分应按展开面积并入墙面积内。b. 聚氯乙烯板面层、块料防腐面层按设计图示尺寸的面积以 m^2 计算。其中：平面防腐应扣除凸出地面的构筑物、设备基础等所占面积；立面防腐对砖垛等突出部分应按展开面积并入墙面积内；踢脚板防腐应扣除门洞所占面积，并相应增加门洞侧壁面积。

B. 项目特征：a. 防腐混凝土面层、防腐砂浆面层、防腐胶泥面层需描述防腐部位；面层厚度；砂浆、混凝土、胶泥种类。b. 玻璃钢防腐面层需描述防腐部位；玻璃钢种类；贴布层数；面层材料品种。c. 聚氯乙烯板面层需描述防腐部位；面层材料品种；黏结材料种类。d. 块料防腐面层需描述防腐部位；块料品种、规格；黏结材料种类；勾缝材料种类。

C. 工程内容:a. 防腐混凝土及砂浆包括基层清理,基层刷稀胶泥,砂浆制作、运输、摊铺、养护,混凝土制作、运输、摊铺、养护。b. 防腐胶泥面层包括基层清理,胶泥调制、摊铺。c. 玻璃铺防腐面层包括基层清理,刷底漆、刮腻子,胶泥配制、涂刷,粘布、涂刷面层。d. 聚氯乙烯板面层包括基层清理,配料、涂胶,聚氯乙烯板铺设,铺贴踢脚板。e. 块料防腐面层包括基层清理,砌块料,胶泥调制、勾缝。

(2) 其他防腐(010802)

本节包括隔离层(010802001)、砌筑沥青浸渍砖(010802002)、防腐材料(010802003)3个项目。

A. 工程量:a. 隔离层、防腐涂料按设计图示尺寸的面积以 m^2 计算。其中:平面防腐应扣除凸出地面的构筑物、设备基础等所占面积;立面防腐对砖垛等突出部分应按展开面积并入墙面积内。b. 砌筑沥青浸渍砖按设计图示尺寸的体积以 m^3 计算。

B. 项目特征:a. 隔离层项目需描述隔离层部位、材料品种、做法;粘贴材料种类。b. 砌筑沥青浸渍砖项目需描述砌筑部位;浸渍砖规格、砌法(平砌、立砌)。c. 防腐涂料项目需描述涂刷部位;基层材料类型;涂料品种、刷涂遍数。

C. 工程内容:a. 隔离层包括基层清理、煮沥青、胶泥调制、隔离层铺设。b. 砌筑沥青浸渍砖包括基层清理、胶泥调制、浸渍砖铺砌。c. 防腐涂料包括基层清理、刷涂料。

(3) 隔热、保温(010803)

本节包括保温隔热屋面(010803001)、保温隔热天棚(010803002)、保温隔热墙(010803003)、保温柱(010803004)、隔热楼地面(010803005)5个项目。

A. 工程量:a. 保温隔热屋面、保温隔热天棚、隔热楼地面按设计图示尺寸的面积以 m^2 计算,不扣除柱、垛所占面积。b. 保温隔热墙按设计图示尺寸的面积以 m^2 计算,扣除门窗洞口所占面积。c. 保温柱按设计图示以保温层中心线展开长度乘以保温层高度计算。

B. 项目特征:需描述保温隔热部位、方式、面层材料(品种、规格、性能)、隔热材料(品种、规格);踢脚线、勒脚线保温做法;隔气层厚度;粘结材料种类;防护材料种类。

C. 工程内容:a. 保温隔热屋面、保温隔热天棚、隔热楼地面包括基层清理、铺贴保温层、刷防腐材料。b. 保温隔热墙、保温柱包括基层清理、底层抹灰、粘贴龙骨、填贴保温材料、粘贴面层、嵌缝、刷防护材料。

9) 楼地面工程

(1) 整体面层(020101)

整体面层包括水泥砂浆楼地面(020101001)、现浇水磨石楼地面(020101002)、细石混凝土楼地面(020101003)、菱苦土楼地面(020101004)4个项目。

A. 工程量:按设计图示尺寸的面积以 m^2 计算。扣除凸出地面的构筑物、设备基础、室内铁道、地沟等所占面积,不扣除间壁墙和小于等于 0.3 m^2 的孔洞、柱、垛、附墙烟囱等所占的面积。门洞、空圈、暖气包槽、壁龛的开口部分不增加面积。

B. 项目特征:a. 水泥砂浆楼地面、细石混凝土楼地面、菱苦土楼地面需描述垫层材料种类;找平层厚度、砂浆配合比;防水层厚度、材料种类;面层厚度、砂浆配合比(混凝土强度等级或打蜡要求)。b. 现浇水磨石楼地面需描述垫层材料种类、厚度;找平层厚度、砂浆配合比;防水层厚度、材料种类;面层厚度、水泥石子浆配合比;嵌条材料种类、规格;石子种类、规格、颜色;图案要求;磨光、酸洗、打蜡要求。

C. 工程内容:a. 水泥砂浆楼地面、细石混凝土楼地面、菱苦土楼地面项目包括基层清理、垫层铺设、抹找平层、防水层铺设、抹面层、材料运输(或打蜡)。b. 现浇水磨石楼地面项目包括垫层清理,垫层铺设,抹找平层,防水层铺设,面层铺设,嵌缝条安装,磨光、酸洗、打蜡,材料运输。

(2) 块料面层(020102)

块料面层包括石材楼地面(020102001)、块料楼地面(020102002)两个项目。

A. 工程量:按设计图示尺寸的面积以 m^2 计算。扣除凸出地面的构筑物、设备基础、室内铁道、地沟等所占面积,不扣除间壁墙、每个面积小于等于 0.3 m^2 的孔洞、柱、垛、附墙烟囱等所占的面积。门洞、空圈、暖气包槽、壁龛的开口部分不增加面积。

B. 项目特征:需描述垫层材料种类、厚度;找平层厚度、砂浆配合比;防水层材料种类;填充材料种类、厚度;结合层厚度、砂浆配合比;面层材料品种、规格、品牌、颜色;嵌缝材料种类;防护层材料种类;酸洗、打蜡要求。

C. 工程内容:包括基层清理、铺设垫层、抹找平层;防水层铺设、填充层;面层铺设;嵌缝;刷防护材料;酸洗、打蜡;材料运输。

(3) 橡塑面层(020103)

橡塑面层包括橡胶板楼地面(020103001)、橡胶卷材楼地面(020103002)、塑料板楼地面(020103003)、塑料卷材楼地面(020103004)4 个项目。

A. 工程量:按设计图示尺寸的面积以 m^2 计算。门洞、空圈、暖气包槽、壁龛的开口部分的面积,并入相应的工程量内。

B. 项目特征:需描述找平层厚度、砂浆配合比;填充材料种类、厚度;黏结层厚度、材料种类;面层材料品种、规格、品牌、颜色;压线条种类。

C. 工程内容:包括基层清理、抹找平层;铺设填充层;面层铺贴;压缝条装订;材料运输。

(4) 其他材料面层(020104)

其他材料面层包括楼地面地毯(020104001)、竹木地板(020104002)、防静电活动地板(020104003)、金属复合地板(020104004)4 个项目。

A. 工程量:按设计图示尺寸的面积以 m^2 计算。门洞、空圈、暖气包槽、壁龛的开口部分并入相应的工程量内。

B. 项目特征:a. 楼地面地毯需描述找平层厚度、砂浆配合比;填充材料种类、厚度;面层材料品种、颜色、规格、品种;防护材料种类;黏结材料种类;压线条种类。b. 竹木地板、金属复合地板需描述找平层厚度、砂浆配合比;填充材料种类、厚度、找平层厚度、砂浆配合比;龙骨材料种类、规格、铺设间距;基层材料种类、规格;面层材料品种、规格、品牌、颜色(黏结材料种类);防护材料种类;油漆品种(刷漆遍数)。

C. 工程内容:a. 楼地面地毯项目包括基层清理、抹找平层;铺设填充层;铺贴面层;刷防护材料;装钉压条;材料运输。b. 竹木地板、金属复合地板项目包括基层清理、抹找平层;铺设填充层;龙骨铺设;铺设基层;面层铺贴;刷防护材料;材料运输。

(5) 踢脚线(020105)

踢脚线包括水泥砂浆踢脚线(020105001)、石材踢脚线(020105002)、块料踢脚线(020105003)、现浇水磨石踢脚线(020105004)、塑料板踢脚线(020105005)、木质踢脚线(020105006)、金属踢脚线(020105007)、防静电踢脚线(020105008)8 个项目。

A. 工程量:按设计图示长度乘以高度的面积以 m^2 计算。

B. 项目特征:a. 水泥砂浆踢脚线、现浇水磨石踢脚线需描述踢脚线高度;底层厚度、砂浆配合比；面层厚度、砂浆配合比(石子种类、规格、颜色；颜料种类、颜色；磨光、酸洗、打蜡要求)。b. 石材踢脚线、块料踢脚线需描述踢脚线高度；底层厚度、砂浆配合比；黏结层厚度、材料种类；面层材料品种、规格、品牌、颜色；勾缝材料种类；防护材料种类。c. 塑料板踢脚线需描述踢脚线高度；底层厚度、砂浆配合比；黏结层厚度、材料种类；面层材料种类、颜色、规格、品牌。d. 木质、金属、防静电踢脚线需描述踢脚线高度；底层高度、砂浆配合比；基层材料种类、规格；面层材料品种、规格、品牌、颜色；防护材料种类、油漆品种、刷漆遍数。

C. 工程内容：a. 水泥砂浆、石材、块料、现浇水磨石、塑料板等踢脚线包括基层清理；底层抹灰；面层铺贴；勾缝；磨光、酸洗、打蜡；刷防护材料；材料运输。b. 木质、金属、防静电踢脚线包括基层清理；底层抹灰；基层铺贴；面层铺贴；刷防护材料；刷漆；材料运输。

(6) 楼梯装饰(020106)

楼梯装饰包括石材楼梯面层(020106001)、块料楼梯面层(020106002)、水泥砂浆楼梯面层(020106003)、现浇水磨石楼梯面层(020106004)、地毯楼梯面层(020106005)、木板楼梯面层(020106006)6 个项目。

A. 工程量：按设计图示尺寸的水平投影面积以 m^2 计算(包括踏步、休息平台、宽度 $\leqslant$ 500 mm 楼梯井)。楼梯与楼地面相连时，算至梯口梁内侧边沿；无梯口梁者，算至最上一层踏步边沿加 300 mm。

B. 项目特征：a. 石材、块料楼梯面层需描述找平层厚度、砂浆配合比；粘贴层厚度、材料种类；面层材料品种、规格、品牌、颜色；防滑条材料种类、规格；勾缝材料种类；防护材料种类；酸洗、打蜡要求。b. 水泥砂浆楼梯面需描述找平层厚度、砂浆配合比；面层厚度、砂浆配合比；防滑条材料种类、规格。c. 现浇水磨石楼梯面需描述找平层厚度、砂浆配合比；防滑条材料种类、规格；石子种类、规格、颜色；颜料种类、颜色；磨光、酸洗、打蜡要求。d. 地毯楼梯面需描述基层种类；找平层厚度、砂浆配合比；面层材料品种、规格、品牌、颜色；防护材料种类；粘结材料种类；固定配件材料种类、规格。e. 木板楼梯面需描述找平层厚度、砂浆配合比；基层材料种类、规格；面层材料品种、规格、品牌、颜色；粘结材料种类；油漆品种、刷漆遍数。

C. 工程内容：a. 石材、块料、现浇水磨石楼梯面层项目包括基层清理；抹找平层；面层铺贴；贴嵌防滑条；(勾缝)；刷防护材料；酸洗、打蜡；材料运输。b. 水泥砂浆楼梯面项目包括基层清理；抹找平层；抹面层；抹防滑条；材料运输。c. 地毯、木板楼梯面项目包括基层清理；抹找平层；(基层铺贴)；面层铺贴；(固定配件安装)；刷防护材料；(油漆)；材料运输。

(7) 扶手、栏杆、栏板装饰(020107)

本节包括金属扶手带栏杆、栏板(020107001)，硬木扶手带栏杆、栏板(020107002)，塑料扶手带栏杆、栏板(020107003)，金属靠墙扶手(020107004)，硬木靠墙扶手(020107005)，塑料靠墙扶手(020107006)6 个项目。

A. 工程量：按设计图示尺寸的扶手中心线长度(包括弯头长度)以 m 计算。

B. 项目特征：a. 金属、硬木、塑料扶手带栏杆、栏板需描述扶手材料种类、规格、品牌、颜色；栏杆及栏板材料种类、规格、品牌、颜色；固定配件种类；防护材料种类；油漆品种、刷漆遍数。b. 金属、硬木、塑料靠墙扶手需描述扶手材料种类、规格、品牌、颜色；固定配件种类；防护材料种类；油漆品种、刷漆遍数。

C. 工程内容：包括制作；运输；安装；刷防护材料；刷油漆。

(8) 台阶装饰(020108)

本节包括石材台阶面(020108001)、块料台阶面(020108002)、水泥砂浆台阶面(020108003)、现浇水磨石台阶面(020108004)、剁假石台阶面(020108005)5 个项目。

A. 工程量:按设计图示尺寸的台阶(包括最上层踏步边沿加 300 mm)水平投影面积以 m^2 计算。

B. 项目特征:a. 石材、块料台阶面需描述垫层材料种类、厚度;找平层厚度、砂浆配合比;粘结层材料种类;面层材料品种、规格、品牌、颜色;勾缝材料种类;防滑条材料种类、规格;防护材料种类。b. 水泥砂浆、剁假石台阶面需描述垫层材料种类、厚度;找平层厚度、砂浆配合比;面层厚度、砂浆配合比;磨光、酸洗、打蜡(剁假石)要求。c. 现浇水磨石台阶面需描述垫层材料种类、厚度;找平层厚度、砂浆配合比;面层厚度、水泥石子浆配合比;防滑条材料种类、规格;石子种类、规格、颜色;磨光、酸洗、打蜡要求。

C. 工程内容:a. 石材、块料台阶面项目包括基层清理;铺设垫层;抹找平层;面层铺贴;贴嵌防滑条;勾缝;刷防腐材料;材料运输。b. 水泥砂浆、剁假石台阶面项目包括清理基层;铺设垫层;抹找平层;抹面层;抹防滑条(剁假石);材料运输。c. 现浇水磨石台阶面项目包括清理基层;铺设垫层;抹找平层;抹面层;贴嵌防滑条;打磨、酸洗、打蜡;材料运输。

(9) 零星装饰项目(020109)

零星装饰项目包括石材零星项目(020109001)、碎拼石材零星项目(020109002)、块料零星项目(020109003)、水泥砂浆零星项目(020109004)4 个项目。

A. 工程量:按设计图示尺寸的面积以 m^2 计算。

B. 项目特征:a. 石材、碎拼石材、块料零星项目需描述工程部位;找平层厚度、砂浆配合比;贴结合层厚度、材料种类;面层材料品种、规格、品牌、颜色;勾缝材料种类;防护材料种类;酸洗、打蜡要求。b. 水泥砂浆零星项目需描述工程部位;找平层厚度、砂浆配合比;面层厚度、砂浆厚度。

C. 工程内容:a. 石材、碎拼石材零星项目包括清理基层;抹找平层;面层铺贴;勾缝;刷防护材料;酸洗、打蜡;材料运输。b. 水泥砂浆零星项目包括清理基层;抹找平层;抹面层;材料运输。

10) 墙、柱面工程

(1) 墙面抹灰(020201)

墙面抹灰包括墙面一般抹灰(020201001)、墙面装饰抹灰(020201002)、墙面勾缝(020201003)3 个项目。

A. 工程量:按设计图示尺寸的面积以 m^2 计算。扣除墙裙、门窗洞口及每个面积 $\leq 0.3\ m^2$ 的孔洞所占面积。不扣除踢脚线、挂镜线和墙与构件交接处的面积。门窗洞口和孔洞的侧壁及顶面不增加面积。附墙的柱、梁、垛、烟囱侧壁并入相应的墙面面积内。其中:a. 外墙抹灰面积按外墙垂直投影面积计算。b. 外墙裙抹灰面积按其长度乘以高度计算。c. 内墙抹灰面积按主墙间的净长乘以高度计算,其高度为:无墙裙的按室内楼地面至天棚底面计算;有墙裙的按墙裙顶至天棚底面计算。d. 内墙裙抹灰面按内墙净长乘以高度计算。

B. 项目特征:a. 墙面一般抹灰、墙面装饰抹灰需描述墙体类型;底层厚度、砂浆配合比;面层厚度、砂浆配合比;装饰面材料种类;分格缝宽度、材料种类。b. 墙面勾缝需描述墙体类型;勾缝类型;勾缝材料种类。

C. 工程内容:a. 墙面一般抹灰、墙面装饰抹灰项目包括基层清理;砂浆制作、运输;底层抹灰;抹面层;抹装饰面;勾分格缝。b. 墙面勾缝项目包括基层清理;砂浆制作、运输;勾缝。

(2) 柱面抹灰(020202)

柱面抹灰包括柱面一般抹灰(020202001)、柱面装饰抹灰(020202002)、柱面勾缝(020202003)3 个项目。

A. 工程量:按设计图示柱断面周长乘以高度的面积以 m^2 计算。

B. 工程内容:a. 柱面一般抹灰、柱面装饰抹灰项目包括基层清理;砂浆制作、运输;底层抹灰;抹面层;抹装饰面;勾分格缝。b. 柱面勾缝项目包括基层清理;砂浆制作、运输;勾缝。

C. 项目特征:a. 柱面一般抹灰、柱面装饰抹灰需描述柱体类型;底层厚度、砂浆配合比;面层厚度、砂浆配合比;装饰面材料种类;分格缝宽度、材料种类。b. 柱面勾缝需描述柱体类型;勾缝类型;勾缝材料种类。

(3) 零星抹灰(020203)

零星抹灰包括零星项目一般抹灰(020203001)、零星项目装饰抹灰(020203002)2 个项目。

A. 工程量:按设计图示尺寸的面积以 m^2 计算。

B. 项目特征:需描述墙体类型;底层厚度、砂浆配合比;面层厚度、砂浆配合比;装饰面材料种类;分格缝宽度、材料种类。

C. 工程内容:包括基层清理;砂浆制作;底层抹灰;抹面层;抹装饰面;勾分格缝。

(4) 墙面镶贴块料(020204)

本节包括石材墙面(020204001)、碎拼石材墙面(020204002)、块料墙面(020204003)、干挂石材钢骨架(020204004)4 个项目。

A. 工程量:按设计图示尺寸的面积以 m^2 计算。

B. 项目特征:a. 石材、碎拼石材、块料墙面需描述墙体类型;底层厚度、砂浆配合比;贴结层厚度、材料种类;挂贴方式;干挂方式;面层材料品种、规格、品牌、颜色;缝宽、嵌缝材料种类;防护材料种类;磨光、酸洗、打蜡要求。b. 干挂石材钢骨架需描述骨架种类、规格;油漆品种、刷油漆遍数。

C. 工程内容:a. 石材、碎拼石材、块料墙面项目包括基层清理;砂浆制作、运输;底层抹灰;结合层铺贴;面层铺贴;面层挂贴;面层干挂;嵌缝;刷防护材料;磨光、酸洗、打蜡。b. 干挂石材钢骨架项目包括骨架制作、运输、安装;骨架油漆。

(5) 柱面镶贴块料(020205)

本节包括石材柱面(020205001)、拼碎石柱面(020205002)、块料柱面(020205003)、石材梁面(020205004)、块料梁面(020205005)5 个项目。

A. 工程量:按设计图示尺寸的面积以 m^2 计算。

B. 项目特征:a. 石材、碎拼石材、块料柱面需描述柱体材料;柱截面尺寸、类型;底层厚度、砂浆配合比;粘结层厚度、材料种类;挂贴方式;干贴方式;面层材料品种、规格、品牌、颜色;缝宽、嵌缝材料种类;防护材料种类;磨光、酸洗、打蜡要求。b. 石材、块料梁面需描述底层厚度、砂浆配合比;粘结层厚度、材料种类;面层材料品种、规格、品牌、颜色;缝宽、嵌缝材料种类;防护材料种类;磨光、酸洗、打蜡要求。

C. 工程内容:包括基层清理;砂浆制作、运输;底层抹灰;结合层铺贴;面层铺贴;面层挂贴或干挂；嵌缝；刷防护材料；磨光、酸洗、打蜡。

(6) 零星镶贴材料(020206)

本节包括石材零星项目(020206001)、拼碎石材零星项目(020206002)、块料零星项目(020206003)3 个项目。

A. 工程量：按设计图示尺寸的面积以 m^2 计算。

B. 项目特征：需描述柱、墙体类型；底层厚度、砂浆配合比；粘结层厚度、材料种类；挂贴方式；干挂方式；面层材料品种、规格、品牌、颜色；缝宽、嵌缝材料种类；防护材料种类；磨光、酸洗、打蜡要求。

C. 工程内容：包括基层清理；砂浆制作、运输；底层抹灰；结合层铺贴；面层铺贴；面层挂贴；面层干挂；嵌缝；刷防护材料；磨光、酸洗、打蜡。

(7) 墙饰面(020207)

墙饰面仅装饰板墙面(020207001)一个项目。

A. 工程量：按设计图示墙净长乘以净高的面积以 m^2 计算。扣除门窗洞口及每个面积 $>0.30\ m^2$ 的孔洞所占面积。

B. 项目特征：需描述墙体类型；底层厚度、砂浆配合比；龙骨材料种类、规格、中距；基层材料种类、规格；面层材料品种、规格、品牌、颜色；压条材料种类、规格；防护材料种类；油漆种类、刷漆遍数。

C. 工程内容：包括基层清理；砂浆制作、运输；底层抹灰；龙骨制作、运输、安装；钉隔离层；基层铺钉；面层铺钉；刷防护材料、油漆。

(8) 柱(梁)饰面(020208)

柱(梁)饰面仅柱(梁)面装饰(020208001)一个项目。

A. 工程量：按设计图示饰面外围尺寸的面积以 m^2 计算。柱帽、柱墩并入相应柱饰面工程量内。

B. 项目特征：需描述柱(梁)体类型；底层厚度、砂浆配合比；龙骨材料种类、规格、中距；隔离层材料种类；基层材料种类、规格；面层材料品种、规格、品牌、颜色；压条材料种类、规格；防护材料种类；油漆品种、刷漆遍数。

C. 工程内容：包括清理基层；砂浆制作、运输；底层抹灰；龙骨制作、运输、安装；钉隔离层；基层铺钉；面层铺贴；刷防护材料、油漆。

(9) 隔断(020209)

本节仅隔断(020209001)一个项目。

A. 工程量：按设计图示框外围尺寸的面积以 m^2 计算。扣除每个面积 $>0.3\ m^2$ 的孔洞所占面积；浴厕门的材质与隔断相同时，门的面积并入隔断面积内。

B. 项目特征：需描述骨架、边框材料种类、规格；隔板材料品种、规格、品牌、颜色；嵌缝、塞口材料品种；压条材料种类；防护材料种类；油漆品种、刷油漆遍数。

C. 工程内容：包括骨架及边框制作、运输、安装；隔板制作、运输、安装；嵌缝、塞口；装钉压条；刷防护材料、油漆。

(10) 幕墙(0202010)

幕墙包括带骨架幕墙(0202010001)和全玻幕墙(0202010002)2 个项目。

A. 工程量：a. 带骨架幕墙按设计图示框外围尺寸的面积以 m^2 计算，与幕墙同种材质的窗所占面积不扣除。b. 全玻幕墙按设计图示尺寸的面积以 m^2 计算，带肋全玻幕墙按展开面积计算。

B. 项目特征：a. 带骨架幕墙需描述骨架材料种类、规格、中距；面层材料品种、规格、品牌、颜色；面层固定方式；嵌缝、塞口材料种类。b. 全玻幕墙需描述玻璃品种、规格、品牌、颜色；粘结塞口材料种类；固定方式。

C. 工程内容：a. 带骨架幕墙项目包括骨架制作、运输、安装；面层安装；嵌缝、塞口；清洗。b. 全玻幕墙项目包括幕墙安装；嵌缝、塞口；清洗。

11）天棚工程

（1）天棚抹灰（020301）

本节仅天棚抹灰（020301001）1 个项目。

A. 工程量：按设计图示尺寸的水平投影面积以 m^2 计算。不扣除间壁墙、垛、柱、附墙烟囱、检查口和管道所占的面积，带梁天棚、梁两侧抹灰面积并入天棚面积内，板式楼梯底面抹灰按斜面积计算，锯齿形楼梯底面（板）抹灰按展开面积计算。

B. 项目特征：需描述基层类型；抹灰厚度、材料种类；装饰线条道数；砂浆配合比。

C. 工程内容：包括基层清理；底层抹灰；抹面层；抹装饰线条。

（2）天棚吊顶（020302）

本节包括天棚吊顶（020302001）、格栅吊顶（020302002）、吊筒吊顶（020302003）、藤条造型吊顶（020302004）、织物软雕吊顶（020302005）、网架（装饰）吊顶（020302006）6 个项目。

A. 工程量：a. 天棚吊顶按图示尺寸的水平投影面积以 m^2 计算。天棚面中的灯槽及跌级、锯齿形、吊挂式、藻井式天棚面积不展开计算。不扣除间壁墙、检查口、附墙烟囱、柱、垛和管道所占面积。扣除每个面积大于 0.3 m^2 的孔洞、独立柱及与天棚相连的窗帘盒所占的面积。b. 格栅吊顶等其他吊顶按设计图示尺寸的水平投影面积以 m^2 计算。

B. 项目特征：a. 天棚吊顶、格栅吊顶需描述（吊顶形式）；龙骨类型、材料种类、规格、中距；基层材料种类、规格；面层材料品种、规格、品牌、颜色；（压条材料种类、规格）；（嵌缝材料种类）；防护材料种类；油漆品种、刷漆遍数。b. 吊筒吊顶、网架（装饰）吊顶需描述底层厚度、砂浆配合比；吊筒形状、规格、颜色、材料品种（或面层材料品种、规格、颜色）；防护材料品种；油漆品种、刷漆遍数。

C. 工程内容：a. 天棚吊顶、格栅吊顶项目包括基层清理；龙骨安装（或底层抹灰）；基层板铺贴；面层铺贴；（嵌缝）；刷防护材料、油漆。b. 吊筒吊顶、网架（装饰）吊顶项目包括基层清理；底层抹灰；吊筒安装（或面层安装）；刷防护材料、油漆。

（3）天棚其他装饰（020303）

本节包括灯带（020303001）以及送风口、回风口（020303002）2 个项目。

A. 工程量：a. 灯带按设计图示尺寸的框外围面积以 m^2 计算。b. 送风口、回风口按设计图示的数量以个计算。

B. 项目特征：a. 灯带需描述灯带形式、尺寸；格栅片材料品种、规格、品牌、颜色；安装固定方式。b. 送风口、回风口需描述风口材料品种、规格、品牌、颜色；安装固定方式；防护材料种类。

C. 工程内容：安装、固定；（刷防护材料）。

12) 门窗工程

(1) 木门(020401)

木门包括镶板木门(020401001)、企口木板门(020401002)、实木装饰门(020401003)、胶合板门(020401004)、夹板装饰门(020401005)、木质防火门(020401006)、木纱门(020401007)、连窗门(020401008)8个项目。

A. 工程量:按设计图示的数量以樘计算。

B. 项目特征:a. 镶板木门、企口木板门、实木装饰门、连窗门、胶合板门需描述门(窗)类型;框截面尺寸、单扇面积;骨架材料种类;面层材料品种、规格、品牌、颜色;玻璃品种、厚度、五金材料、品种、规格;防护材料种类;油漆品种、刷漆遍数。b. 夹板装饰门、木质防火门、木纱门需描述门类型;框截面尺寸、单扇面积;骨架材料种类;防火材料种类;门纱材料品种、规格;面层材料品种、规格、品牌、颜色;玻璃品种、厚度,五金材料、品种、规格;防护材料种类;油漆品种、刷漆遍数。

C. 工程内容:包括门制作、运输、安装;五金、玻璃安装;刷防护材料、油漆。

(2) 金属门(020402)

金属门包括金属平开门(020402001)、金属推拉门(020402002)、金属地弹门(020402003)、彩板门(020402004)、塑钢门(020402005)、防盗门(020402006)、钢质防火门(020402007)7个项目。

A. 工程量:按设计图示的数量以樘计算。

B. 项目特征:需描述门类型;框材质、外围尺寸;扇材质、外围尺寸;玻璃品种、厚度,五金材料、品种、规格;防护材料种类;油漆品种、刷漆遍数。

C. 工程内容:包括门制作、运输、安装;五金、玻璃安装;刷防护材料、油漆。

(3) 金属卷帘门(020403)

金属卷帘门包括金属卷闸门(020403001)、金属格栅门(020403002)、防火卷帘门(020403003)3个项目。

A. 工程量:按设计图示的数量以樘计算。

B. 项目特征:需描述门材质、框外围尺寸;启动装置品种、规格、品牌;五金材料、品种、规格;刷防护材料种类;油漆品种、刷漆遍数。

C. 工程内容:包括门制作、运输、安装;启动装置、五金安装;刷防护材料、油漆。

(4) 其他门(020404)

其他门包括电子感应门(020404001)、转门(020404002)、电子对讲门(020404003)、电动伸缩门(020404004)、全玻门(带扇框)(020404005)、全玻自由门(无扇框)(020404006)、半玻门(带扇框)(020404007)、镜面不锈钢饰面门(020404008)8个项目。

A. 工程量:按设计图示的数量以樘计算。

B. 项目特征:a. 电子感应门、转门、电子对讲门、电动伸缩门需描述门材质、品牌、外围尺寸;玻璃品种、厚度,五金材料、品种、规格;电子配件品种、规格、品牌;防护材料种类;油漆品种、刷漆遍数。b. 全玻门、全玻自由门、半玻门、镜面不锈钢饰面门需描述门类型;框材质、外围尺寸;扇材质、外围尺寸;玻璃品种、厚度,五金材料、品种、规格;防护材料种类;油漆品种、刷油漆遍数。

C. 工程内容:a. 电子感应门、转门、电子对讲门、电动伸缩门、全玻门、全玻自由门、半玻门包括门制作、运输、安装；五金、（电子配件）安装；刷防护材料、油漆。b. 镜面不锈钢饰面门包括门扇骨架及基层制作、运输、安装；包面层；五金安装；刷防护材料。

（5）木窗（020405）

木窗包括木质平开窗（020405001）、木质推拉窗（020405002）、矩形木百叶窗（020405003）、异形木百叶窗（020405004）、木组合窗（020405005）、木天窗（020405006）、矩形木固定窗（020405007）、异形木固定窗（020405008）、装饰空花木窗（020405009）9个项目。

A. 工程量：按设计图示的数量以樘计算。

B. 项目特征：需描述窗类型；框材质、外围尺寸；扇材质、外围尺寸；玻璃品种、厚度，五金材料、品种、规格；防护材料种类；油漆品种、刷漆遍数。

C. 工程内容：包括窗制作、运输、安装；五金、玻璃安装；刷防护材料、油漆。

（6）金属窗（020406）

金属窗包括金属推拉窗（020406001）、金属平开窗（020406002）、金属固定窗（020406003）、金属百叶窗（020406004）、金属组合窗（020406005）、彩板窗（020406006）、塑钢窗（020406007）、金属防盗窗（020406008）、金属格栅窗（020406009）、特殊五金（020406010）10个项目。

A. 工程量：按设计图示的数量以樘（或个、套）计算。

B. 项目特征：a. 各种金属窗、彩板窗、塑钢窗需描述窗类型；框材质、外围尺寸；扇材质、外围尺寸；玻璃品种、厚度，五金材料、品种、规格；防护材料种类；油漆品种、刷漆遍数。b. 特殊五金需描述五金名称、用途；五金材料、品种、规格。

C. 工程内容：包括（窗制作、安装、运输）；五金（玻璃）安装；刷防护材料、油漆。

（7）门窗套（020407）

门窗套包括木门窗套（020407001）、金属门窗套（020407002）、石材门窗套（020407003）、门窗木贴脸（020407004）、硬木筒子板（020407005）、饰面夹板筒子板（020407006）6个项目。

A. 工程量：按设计图示尺寸的展开面积以 m^2 计算。

B. 项目特征：需描述底层厚度、砂浆配合比；立筋材料种类、规格；基层材料种类；面层材料品种、规格、品牌、颜色；防护材料种类；油漆品种、刷漆遍数。

C. 工程内容：包括清理基层；底层抹灰；立筋制作、安装；基层板安装；面层铺贴；刷防护材料、油漆。

（8）窗帘盒、窗帘轨（020408）

本节包括木窗帘盒（020408001），饰面夹板、塑料窗帘盒（020408002），铝合金窗帘盒（020408003），窗帘轨（020408004）4个项目。

A. 工程量：按设计图示尺寸的长度以m计算。

B. 项目特征：需描述窗帘盒材质、规格、颜色；窗帘轨材质、规格；防护材料种类；油漆种类、刷漆遍数。

C. 工程内容：包括制作、运输、安装；刷防护材料、油漆。

（9）窗台板（020409）

窗台板包括木窗台板（020409001）、铝塑窗台板（020409002）、石材窗台板（020409003）、金属窗台板（020409004）4个项目。

A. 工程量：按设计图示尺寸的长度以m计算。

B. 项目特征:需描述找平层厚度、砂浆配合比;窗台板材质、规格、颜色;防护材料种类、刷漆遍数。

C. 工程内容:包括基层清理;抹找平层;窗台板制作、安装;刷防护材料、油漆。

13) 油漆、涂料、裱糊工程

(1) 门、窗油漆(020501、020502)

本节包括门油漆(020501001)、窗油漆(020502001)2 个项目。

A. 工程量:按设计图示的数量以樘计算。

B. 项目特征:需描述门、窗类型;腻子种类;刮腻子要求;防护材料种类;油漆品种、刷漆遍数。

C. 工程内容:包括基层清理;刮腻子;刷防护材料、油漆。

(2) 木扶手及其他板条线条油漆(020503)

本节包括木扶手油漆(020503001),窗帘盒油漆(020503002),封檐板、顺水板油漆(020503003),挂衣板、黑板框油漆(020503004),挂镜线、窗帘棍、单独木线油漆(020503005)5 个项目。

A. 工程量:按设计图示尺寸的长度以 m 计算。

B. 项目特征:需描述腻子种类;刮腻子要求;油漆体单位展开面积;油漆体长度;防护材料种类;油漆品种、刷漆遍数。

C. 工程内容:包括基层清理;刮腻子;刷防护材料、油漆。

(3) 木材面油漆(020504)

本节包括木板、纤维板、胶合板油漆(020504001),木护墙、木墙裙油漆(020504002),窗台板、筒子板、盖板、门窗套、踢脚线油漆(020504003),清水板条天棚、檐口油漆(020504004),木方格吊顶天棚油漆(020504005),吸音板墙面、天棚面油漆(020504006),暖气罩油漆(020504007),木间壁、木隔断油漆(020504008),玻璃隔断露明墙筋油漆(020504009),木栅栏、木栏杆(带扶手)油漆(020504010),衣柜、壁柜油漆(020504011),梁柱饰面油漆(020504012),零星木装修油漆(020504013),木地板油漆(020504014),木地板烫硬蜡面(020504015)15 个项目。

A. 工程量:a. 木板、纤维板、胶合板油漆,木护墙、木墙裙油漆,窗台板、筒子板、盖板、门窗套、踢脚线油漆,清水板条天棚、檐口油漆,木方格吊顶天棚油漆,吸音板墙面、天棚面油漆,暖气罩油漆等,按设计图示尺寸的面积以 m^2 计算。b. 木间壁、木隔断油漆,玻璃隔壁露明墙筋油漆,木栅栏、木栏杆油漆,按设计图示尺寸的单面外围面积以 m^2 计算。c. 衣柜、壁柜油漆,梁柱饰面油漆,零星木装修油漆,按设计图示的油漆部分展开面积以 m^2 计算。d. 木地板油漆、木地板烫硬蜡面按设计图示尺寸的面积以 m^2 计算。空洞、空圈、暖气包槽、壁龛的开口部分并入相应的工程量内。

B. 项目特征:a. 木地板烫硬蜡面需描述硬蜡品种;面层处理要求。b. 其他项目需描述腻子种类;刮腻子要求;防护材料种类;油漆品种、刷漆遍数。

C. 工程内容:a. 木地板烫硬蜡面项目包括基层清理;烫蜡。b. 其他项目包括基层清理;刮腻子;刷防护材料、油漆。

(4) 金属面油漆(020505)

本节仅金属面油漆(020505001)1 个项目。

A. 工程量:按设计图示尺寸的质量以吨计算。

B. 项目特征:需描述腻子种类;刮腻子要求;防护材料种类;油漆品种、刷漆遍数。

C. 工程内容:包括基层清理;刮腻子;刷防护材料、油漆。

(5) 抹灰面油漆(020506)

本节包括抹灰面油漆(020506001)、抹灰线条油漆(020506002)2 个项目。

A. 工程量:a. 抹灰面油漆按设计图示尺寸的面积以 m^2 计算。b. 抹灰线条油漆按设计图示尺寸的长度以 m 计算。

B. 项目特征:需描述基层类型;线条宽度、道数;腻子种类;刮腻子要求;防护材料种类;油漆品种、刷漆遍数。

C. 工程内容:包括基层清理;刮腻子;刷防护材料、油漆。

(6) 喷刷涂料(020507)

本节仅喷刷涂料(020507001)1 个项目。

A. 工程量:按设计图示尺寸的面积以 m^2 计算。

B. 项目特征:需描述基层类型;腻子种类;刮腻子要求;涂料品种、刷喷遍数。

C. 工程内容:包括基层清理、刮腻子;刷喷涂料。

(7) 花饰、线条刷涂料(020508)

本节包括空花格、栏杆刷涂料(020508001),线条刷涂料(020508002)2 个项目。

A. 工程量:a. 空花格、栏杆刷涂料按设计图示尺寸的单面外围面积以 m^2 计算。b. 线条刷涂料按设计图示的长度以 m 计算。

B. 项目特征:需描述腻子种类;线条宽度;刮腻子要求;涂料品种、刷喷遍数。

C. 工程内容:包括基层清理;刮腻子;刷喷涂料。

(8) 裱糊(020509)

本节包括墙纸裱糊(020509001)、织锦缎裱糊(020509002)2 个项目。

A. 工程量:按设计图示尺寸的面积以 m^2 计算。

B. 项目特征:需描述基层类型;裱糊构件部位;腻子种类;刮腻子要求;粘结材料种类;面层材料品种、规格、品牌、颜色。

C. 工程内容:包括基层清理;刮腻子;面层铺贴;刷防护材料。

6 建设项目投资估算

投资估算是指在整个投资决策过程中,依据现有的资料和一定方法,对建设项目的投资数额进行的估计。不同的投资决策阶段所具备的条件和掌握的资料不同,投资估算的准确程度不同,投资估算所起的作用也不同。因此,准确、全面地估算建设项目的工程造价,是项目可行性研究乃至整个建设项目投资决策阶段造价管理的重要任务。

6.1 建设项目投资估算概述

6.1.1 投资估算的内容和作用

1) 投资估算的内容

根据国家规定,从满足建设项目投资设计和投资规模的角度,建设项目投资的估算内容包括建设投资、建设期利息和流动资金估算。

按照费用的性质划分,包括建筑工程费、安装工程费、设备及工器具购置费、工程建设其他费用、基本预备费、涨价预备费。其中,建筑工程费、设备及工器具购置费、安装工程费直接形成实体固定资产,被称为工程费用;工程建设其他费用可分别形成固定资产、无形资产及其他资产。基本预备费、涨价预备费,在可行性研究阶段为简化计算,一并计入固定资产。

建设期利息是债务资金在建设期内发生并应计入固定资产原值的利息,包括借款(或债券)利息及手续费、承诺费、管理费等。建设期利息单独估算,以便对建设项目进行融资前和融资后财务分析。

流动资金是指生产经营性项目投产后,用于购买原材料、燃料、支付工资及其他经营费用等所需的周转资金。它是伴随着建设投资而发生的长期占用的流动资产投资,流动资金=流动资产－流动负债。其中,流动资产主要考虑现金、应收账款、预付账款和存货;流动负债主要考虑应付账款和预收账款。因此,流动资金的概念,实际上就是财务中的营运资金。

2) 投资估算的作用

投资估算的准确与否不仅影响到建设前期的投资决策,而且也直接关系到设计概算施工图预算的编制及项目建设期的造价管理和控制,在社会主义市场经济条件下,建设项目投资决策的准确性不但关系到企业的生存和发展,而且决定了建设项目的目标能否在规划的资金限度内实现。

投资估算的作用有如下几点:

(1) 项目建议书阶段的投资估算,是项目主管部门审批项目建议书的依据之一,并对项目的规划、规模起参考作用。

(2) 项目可行性研究阶段的投资估算,是项目投资决策的重要依据,也是分析、计算项目投资经济效果的重要条件。

(3) 项目投资估算对工程设计概算起控制作用,设计概算不得突破投资估算额,应控制在投资估算额以内。

(4) 项目投资估算可作为项目资金筹措及制定建设贷款计划的依据。

(5) 项目投资估算是核算建设项目固定资产投资需要额和编制固定资产投资计划的重要依据。

6.1.2 投资估算的阶段划分与精度要求

1) 国外项目投资估算的阶段划分与精度要求

在国外,如英、美等国,对一个建设项目从开发设想直至施工图设计,这期间各个阶段的项目投资的预计额均称为估算,只是各阶段设计深度不同,技术条件不同,对投资估算的准确度要求不同。英、美等国把建设项目投资估算分为5个阶段。

(1) 项目投资设想时期。此时在无工艺流程图、平面布置图,未进行设备分析的情况下,根据假想条件比照同类型已投产项目的投资额,并考虑涨价因素编制项目所需投资额,估算精度要求为允许误差大于±30%。

(2) 项目投资机会研究时期。此时有初步工艺流程图、主要生产设备生产能力及项目建设的地理位置条件,可套用相近规模厂的单位生产能力建设费用来估算拟建项目所需的投资额,估算精度要求为误差控制在±30%以内。

(3) 项目初步可行性研究时期。此时已具有设备规格表、主要设备生产能力、项目总平面布置图、各建筑物的大致尺寸、公用设施的初步位置等条件,估算精度要求为误差控制在±20%以内。据此可决定拟建项目可行与否,或据以列入投资计划。

(4) 项目详细可行性研究时期。此时项目细节已清楚,且进行了建筑材料、设备的询价,设计和施工的咨询,但工程图纸和技术说明不完备;估算精度要求为误差控制在±10%以内。可根据此投资估算额进行筹款。

(5) 项目工程设计阶段。此时具有工程的全部设计图纸、详细的技术说明、材料清单和工程现场勘察资料等,可根据单价逐项计算并汇总出项目所需的投资额,并可据此投资估算额控制项目的实际建设;估算精度要求为误差控制在±5%以内。

以上内容总结见表6-1所示。

表6-1 国外项目投资估算的阶段划分与精度要求

阶段划分		备 注	允许误差
第一阶段	投资设想时期	又称为毛估阶段或比照估算	大于±30%
第二阶段	投资机会研究时期	又称为粗估阶段或因素估算	控制在±30%以内
第三阶段	初步可行性研究时期	又可称为初步估算阶段或认可估算	控制在±20%以内
第四阶段	详细可行性研究时期	又可称为确定估算或控制估算	控制在±10%以内
第五阶段	工程设计阶段	又称为详细估算或投标估算	控制在±5%以内

2）我国的建设项目投资估算的阶段划分与精度要求

在我国，项目投资估算是指在进行初步设计之前，根据需要可邀请设计单位参加编制项目规划和项目建议书，并可委托设计单位承担项目的预可行性研究、可行性研究及设计任务书的编制工作，同时应根据项目已明确的技术经济条件，编制和估算出精确度不同的投资估算额。我国的项目建设投资估算分为以下4个阶段。

(1) 项目规划阶段。建设项目规划阶段是指有关部门根据国民经济发展规划、地区发展规划和行业发展规划的要求，编制一个建设项目的建设规划。此阶段按项目规划的要求和内容，粗略地估算建设项目所需要的投资额，其精度要求为允许误差大于±30%。

(2) 项目建议书阶段。项目建议书阶段是按项目建议书中的产品方案、建设规模、产品主要生产工艺、企业车间组成、初选建厂地点，估算建设项目所需的投资额，它对投资估算精度要求为误差控制在±30%以内。

(3) 预可行性研究阶段。预可行性研究阶段是在掌握了更详细、更深入的资料前提下，估算建设项目所需的投资额，对投资估算的精度要求为误差控制在±20%以内。

(4) 可行性研究阶段。可行性研究阶段是在投资估算经审查批准之后，工程设计任务书中规定的项目投资限额，并据此列入项目年度基本建设计划阶段，所以其精度要求为误差控制在±10%以内。

以上内容总结见表6-2所示。

表6-2　我国项目投资估算的阶段划分与精度要求

阶段划分	精度要求
项目规划阶段	允许误差大于±30%
项目建议书阶段	误差要求控制在±30%以内
预可行性研究阶段	误差要求控制在±20%以内
可行性研究阶段	误差要求控制在±10%以内

6.2　建设项目投资估算的编制

6.2.1　投资估算的编制依据

建设项目投资估算编制依据是指在编制投资估算时需要计量、价格确定及工程造价有关参数、率值确定的基础资料。主要包括以下方面：

(1) 项目建议书、可行性研究报告（或设计任务书）、方案设计（包括设计招标或城市建筑方案设计竞选中的方案设计，其中包括文字说明和图纸）。

(2) 工程勘察和设计文件，图示计量或有关专业提供的主要工程量和主要设备清单。

(3) 专门机构发布的建设工程造价费用构成、估算指标、计算方法，以及其他有关计算工程造价的文件。

(4) 专门机构发布的工程建设其他费用计算办法和费用标准，以及政府部门发布的价格指数、利率、税率等。

(5) 工程所在地同期的人工、材料、机械市场价格，建筑、工艺及附属设备的市场价格和有关费用。

(6) 类似工程的各种技术经济指标和参数。

(7) 与建设项目相关的工程地质资料、设计文件、图纸等。

(8) 当地历年、历季调价系数及材料差价计算办法等。

(9) 现场情况，如地理位置、地质条件、交通、供水、供电条件等。

(10) 其他经验参考数据，如材料、设备运杂费率，设备安装费率，零星工程及辅材的比率等。

以上资料越具体、越完备，编制投资估算就越正确。

6.2.2 投资估算的编制步骤

投资估算是根据项目建议书或可行性研究报告中建设项目总体构思和描述报告，利用以往积累的工程造价资料和各种经济信息，凭借工程造价专业人员的智慧、技能和经验编制而成的。其编制的内容和步骤如下：

1) 估算建筑工程费用

根据总体构思和描述报告中的建筑方案和结构方案构思、建设面积分配计划和单项工程描述，列出各单项工程的用途、结构和建筑面积；利用工程计价的技术经济指标和市场经济信息，估算出建设项目中的建筑工程费用。

2) 估算设备、工器具购置费用以及需安装设备的安装工程费用

根据报告中机电设备构思和设备购置及安装工程描述，列出设备购置清单；参照设备安装工程估算指标及市场经济信息，估算出设备、工器具购置费用以及需安装设备的安装工程费用。

3) 估算其他费用

根据建设中可能涉及的其他费用构思和前期工作设想，按照国家、地方有关法规和政策，编制其他费用估算(包括预备费用和贷款利息)。

4) 估算流动资金

根据产品方案，参照类似项目流动资金占用率，估算流动资金。

5) 汇总出总投资

将建筑安装工程费用，设备、工器具购置费用，其他费用和流动资金汇总，估算出建设项目总投资。

6.2.3 投资估算的编制方法

1) 建设投资静态投资部分估算

建设投资的估算采用何种方法应取决于要求达到的精确度，而精确度又由项目前期研究阶段的不同以及资料数据的可靠性决定。因此，在投资项目的不同前期研究阶段，允许采

用详简不同、深度不同的估算方法。常用的估算方法有：生产能力指数法、单位生产能力估算法、系数估算法、比例估算法、指标估算法。

(1) 单位生产能力估算法

依据调查的统计资料，利用相近规模的单位生产能力投资乘以建设规模，即得拟建项目静态投资。计算公式如下：

$$C_2 = (C_1/Q_1) \times Q_2 \times f \tag{6-1}$$

式中：C_1——已建类似项目的静态投资额；

C_2——拟建项目静态投资额；

Q_1——已建类似项目的生产能力；

Q_2——拟建项目的生产能力；

f——不同时期、不同地点的定额、单价、费用变更等的综合调整系数。

单位生产能力估算法估算误差较大，可达±30%。此法只能是粗略地快速估算，主要用于新建项目或装置的估算。由于误差大，应用该估算法时应注意以下几点：

① 地方性。建设地点不同，地方性差异主要表现为：两地经济情况不同；土壤、地质、水文情况不同；气候、自然条件的差异；材料、设备的来源、运输状况不同等。

② 配套性。一个工程项目或装置，均有许多配套装置和设施，也可能产生差异，如公用工程、辅助工程、厂外工程和生活福利工程等，这些工程随地方差异和工程规模的变化均各不相同，它们并不与主体工程的变化呈线性关系。

③ 时间性。工程建设项目的兴建，不一定是在同一时间建设，时间差异或多或少存在，在这段时间内可能在技术、标准、价格等方面发生变化。

(2) 生产能力指数法

生产能力指数法又称指数估算法，是指根据已建成的、性质类似的建设项目的投资额和生产能力与拟建项目的生产能力估算拟建项目的投资额的方法，是对单位生产能力估算法的改进。其计算公式如下：

$$C_2 = C_1 \times (Q_2 / Q_1)^x \times f \tag{6-2}$$

式中：x——生产能力指数。

其他符号意义同前。

上式表明造价与规模(或容量)呈非线性关系，且单位造价随工程规模(或容量)的增大而减小。在正常情况下，$0 \leqslant x \leqslant 1$。不同生产率水平的国家和不同性质的项目中，$x$ 的取值是不相同的。若已建类似项目的生产规模与拟建项目生产规模相差不大，Q_1 与 Q_2 的比值在 0.5～2，则指数 x 的取值近似为 1；若已建类似项目的生产规模与拟建项目生产规模相差不大于 50 倍，且拟建项目生产规模的扩大仅靠增大设备规模来达到时，则 x 的取值在 0.6～0.7；若已建类似项目的生产规模与拟建项目生产规模相差不大于 50 倍，若是靠增加相同规格设备的数量达到时，n 的取值在 0.8～0.9。

生产能力指数法主要应用于拟建装置或项目与用来参考的已知装置或项目的规模不同的场合。此法与单位生产能力估算法相比精确度略高，其误差可控制在±20%以内，尽管估价误差仍较大，但这种估价方法不需要详细的工程设计资料，只知道工艺流程及规模就可以了；其次，对于总承包工程而言，可作为估价的旁证，在总承包工程报价时，承包商大都采用这种方法估价。

(3) 比例估算法

根据统计资料，先求出已有同类企业主要设备投资占项目静态投资的比例，然后再估算出拟建项目的主要设备投资，即可按比例求出拟建项目的建设投资。其计算公式如下：

$$I = 1/K \times \sum Q_i P_i \qquad (i = 1 - n) \tag{6-3}$$

式中：I——拟建项目的建设投资；

K——主要设备投资占拟建项目投资的比例；

n——设备种类数；

Q_i——第 i 种设备的数量；

P_i——第 i 种设备的单价(到厂价格)。

此法适用于设备投资占比例较大的项目。

(4) 系数估算法

系数估算法也称为因子估算法，它是以拟建项目的主体工程费或主要设备费为基数，以其他工程费占主体工程费的百分比为系数估算项目静态投资的方法。这种方法简单易行，但是精度较低，一般用于项目建议书阶段。系数估算法的种类很多，我国常用的方法有设备系数法和主体专业系数法。

① 设备系数法

以拟建项目的设备费为基数，根据已建成的同类项目的建筑安装费和其他工程费等占设备价值的百分比，求出拟建项目建筑安装工程费和其他工程费，进而求出建设项目静态投资。其计算公式如下：

$$C = E(1 + f_1 P_1 + f_2 P_2 + f_3 P_3 + \cdots) + I \tag{6-4}$$

式中：C——拟建项目投资额；

E——拟建项目设备费；

P_1、P_2、P_3——已建项目中建筑安装费及其他工程费等占设备费的比重；

f_1、f_2、f_3——由于时间因素引起的定额、价格、费用标准等变化的综合调整系数；

I——拟建项目的其他费用。

② 主体专业系数法

以拟建项目中投资比重较大，并与生产能力直接相关的工艺设备投资为基数，根据已建同类项目的有关统计资料，计算出拟建项目各专业工程(总图、土建、采暖、给排水、管道、电气、自控等)占工艺设备投资的百分比，据以求出拟建项目各专业投资，然后汇总，即为项目静态投资。其计算公式为：

$$C = E(1 + f_1 P'_1 + f_2 P'_2 + f_3 P'_3 + \cdots) + I \tag{6-5}$$

式中：P'_1、P'_2、P'_3——已建项目中各专业工程费用占设备费的比重。

其他符号意义同前。

(5) 指标估算法

指标估算法是把建设项目划分为建筑工程、设备安装工程、设备购置费及其他基本建设费等费用项目或单位工程，再根据各种具体的投资估算指标，进行各项费用项目或单位工程投资的估算，在此基础上，可汇总成每一单项工程的投资。另外，再估算工程建设其他费用及基本预备费，即求得建设项目静态投资。

① 建筑工程费用估算

建筑工程费是指为建造永久性建筑物和构筑物所需要的费用。一般采用单位建筑工程投资估算法、单位实物工程量投资估算法和概算指标投资估算法。

A. 单位建筑工程投资估算法。是以单位建筑工程量投资乘以建筑工程总量来估算。一般工业与民用建筑以单位建筑面积(m^2)的投资，工业窑炉砌筑以单位容积(m^3)投资，水库以水坝单位长度(m)投资，铁路路基以单位长度(km)投资，矿山掘进以单位长度(m)投资，乘以相应的建筑工程总量计算建筑工程费。

B. 单位实物工程量投资估算法。是以单位实物工程量投资乘以实物工程量总量来估算。土石方工程按每立方米投资，矿井巷道衬砌工程按每延长米投资，路面铺设工程按每平方米投资，乘以相应的实物工程量总量计算建筑工程费。

C. 概算指标投资估算法。在估算建筑工程费时，对于没有上述估算指标，或者建筑工程费占建设投资比例较大的项目，可采用概算指标估算法。采用概算指标投资估算法，需要占有较为详细的工程资料、建筑材料价格和工程费用指标。

② 设备及工器具购置费估算

分别估算各单项工程的设备和工器具购置费，需要主要设备的数量、出厂价格和相关运杂费资料，一般运杂费可按设备价格的百分比估算。进口设备要注意按照有关规定和项目实际情况估算进口环节的有关税费，并注明需要的外汇额。主要设备以外的零星设备费可按占主要设备费的比例估算，工器具购置费一般也按占主要设备费的比例估算。

③ 安装工程费估算

安装工程费通常是根据行业或专门机构发布的安装工程定额、取费标准进行估算。具体计算可按安装费率、每吨设备安装费或单位安装实物工程量的费用进行估算。计算公式为：

$$安装工程费 = 设备原价 \times 安装费率 \tag{6-6a}$$

$$安装工程费 = 设备吨位 \times 每吨设备安装费 \tag{6-6b}$$

$$安装工程费 = 安装工程实物量 \times 安装费用指标 \tag{6-6c}$$

④ 工程建设其他费用估算

工程建设其他费用估算是指建设投资中除建筑工程费、设备购置费、安装工程费以外的，为保证工程建设顺利完成和交付使用后能够正常发挥效用而发生的各项费用。其计算应结合拟建项目的具体情况，有合同或协议明确的费用按照合同或协议列入。合同或协议中没有明确的费用，根据国家和各行业部门、工程所在地政府的有关工程建设其他费用定额和计算方法来估算。

⑤ 基本预备费估算

基本预备费以工程费用和工程建设其他费用之和为基数，按部门或行业主管部门规定的基本预备费费率估算。预备费率的取值一般按行业规定，并结合估算深度确定。

估算指标是一种比概算指标更为扩大的单位工程指标或单项工程指标。投资估算指标分为建设工程项目综合指标、单项工程指标和单位工程指标。使用指标估算法应根据不同地区、不同年代进行调整。因为地区、年代不同，设备与材料的价格均有差异，调整方法可以按主要材料消耗量或工程量为计算依据；也可以按不同的工程项目的万元工料消耗定额确定不同的系数。如果有关部门已颁布了有关定额或材料价差系数（物价指数），也可以据其调整。

使用估算指标法进行投资估算决不能生搬硬套，必须对工艺流程、定额、价格及费用标准进行分析，经过实事求是的调整与换算后，才能提高其精确度。

2）建设投资动态投资部分估算

建设投资动态部分主要包括价格变动可能增加的投资额，如果是涉外项目，还应该计算汇率的影响。动态部分的估算应以基准年静态投资的资金使用计划为基础来计算，而不是以编制的年静态投资为基础计算。

(1) 涨价预备费估算

一般以年工程费用为基数，分别估算各年的涨价预备费，再行加和，求得总的涨价预备费。

(2) 汇率变化影响涉外建设项目动态投资的计算

汇率变化对建设项目投资的影响，是通过预测汇率在项目建设期内的变动程度，以估算年份的投资额为基数，计算求得。

7 建筑工程设计概算

设计概算工作是项目经过决策，进入初步设计阶段工程造价的确定与控制。设计概算在工程建设程序或工程造价管理与实施中，相对于投资估算与施工图预算而言，起着承上启下的作用，它既可作为可行性研究阶段投资估算的依据，又可作为控制施工图预算编制和设计标准的依据，因而要求有较高的准确性与可靠度，不得有较大的遗漏或高估冒算。

7.1 设计概算概述

设计概算是设计文件的重要组成部分，是在投资估算的控制下由设计单位根据初步设计或扩大初步设计的图纸及说明，利用概算指标、概算定额或综合指标预算定额、设备、材料预算价格等资料，按照设计要求概略地计算建筑物或构筑物造价的文件。

7.1.1 设计概算的作用

(1) 设计概算是编制建设项目投资计划、确定和控制建设项目投资的依据。经批准的建设项目设计概算的投资额，是该工程建设的最高限额。

(2) 设计概算是控制施工图设计和施工图预算的依据。

(3) 设计概算是衡量设计方案经济合理性和选择最佳设计方案的依据。

(4) 设计概算是工程造价管理及编制招标标底和投标报价的依据。

(5) 设计概算是考核建设项目投资效果的依据。

7.1.2 设计概算的编制依据

(1) 国家发布的有关法律、法规、规章、规程等。

(2) 批准的可行性研究报告及投资估算、设计图纸等有关资料。

(3) 有关部门颁布的现行概算定额、概算指标、费用定额等和建设项目设计概算编制办法。

(4) 有关部门发布的人工、设备材料价格、造价指数等。

(5) 建设地区的自然、技术、经济条件等资料。

(6) 有关合同、协议等。

(7) 资金筹措方式。

(8) 类似工程的概预算及技术经济指标。

(9) 建设单位提供的有关工程造价的其他资料。

(10) 其他有关资料。

7.2 单位工程设计概算的编制方法

7.2.1 应用概算定额编制设计概算

建筑工程概算定额也叫扩大结构定额，是指按一定计量单位的扩大分部分项工程或扩大结构构件所需的人工、材料及台班消耗量的标准和综合价格。概算定额是在预算定额的基础上，按常用主体结构工程列项，以主要工程内容为主，适当合并相关预算定额的分项内容进行综合扩大而编制的。

概算定额法又叫扩大单价法或扩大结构定额法。它是采用概算定额编制建筑工程概算的方法，类似用预算定额编制建筑工程预算。是根据初步设计图纸资料和概算定额的项目划分计算出工程量，然后套用概算定额单价，计算汇总后，再计取有关费用，便可得出单位工程概算造价。

概算定额法要求初步设计达到一定深度，建筑结构比较明确，能按照初步设计的平面、立面、剖面图纸计算出楼地面、墙身、门窗和屋面等扩大分项工程(或扩大结构构件)项目的工程量时，才可采用。

概算定额法编制概算的步骤如下：

(1) 按照概算定额分部分项顺序，列出各分项工程的名称。工程量计算应按照概算定额中规定的工程量计算规则进行，并将计算所得各分项工程量按概算定额编号顺序，填入工程概算表内。

(2) 确定各分部分项工程项目的概算定额单价。工程量计算完毕后，逐项套用相应概算定额单价和人工、材料消耗指标，然后分别将其填入工程概算表和工料分析表中。如遇设计图中的分项工程项目名称、内容与采用的概算定额手册中相应的项目有某些不相符时，则按规定对定额进行换算后方可套用。

(3) 计算单位工程直接工程费和直接费。将已算出的各分部分项工程项目的工程量分别乘以概算定额单价、单位人工、材料消耗指标，即可得出各项工程的直接工程费和人工、材料消耗量。再汇总各分项工程的直接工程费及人工、材料消耗量，即可得到该单位工程的直接工程费和工料总消耗量。最后，再汇总措施费即可得到该单位工程的直接费。如果规定由地区人工、材料价差调整指标，计算直接工程费时，按规定的调整系数或其他调整方法进行调整计算。

(4) 结合其他各项取费标准，分别计算间接费、利润和税金。

(5) 计算单位工程概算造价。其计算公式为：

$$单位工程概算造价 = 直接费 + 间接费 + 利润 + 税金 \tag{7-1}$$

7.2.2 应用概算指标编制设计概算

概算指标法是采用直接工程费指标，是用拟建的厂房、住宅的建筑面积(或体积)乘以技术条件相同或基本相同工程的概算指标，得出直接工程费，然后按规定计算出措施费、间接费、利润和税金等，编制出单位工程概算的方法。

概算指标法的适用范围是当初步设计深度不够，不能准确地计算出工程量，但工程设计技术比较成熟而又有类似工程概算指标可以利用时，可采用此法。概算指标法计算精度较低，但由于其编制速度快，因此对一般附属、辅助和服务工程等项目，以及住宅和文化福利工程项目或者投资比较小、比较简单的工程项目投资概算有一定实用价值。

由于拟建工程(设计对象)往往与类似工程的概算指标的技术条件不尽相同，而且概算指标编制年份的设备、材料、人工等价格与拟建工程当时当地的价格也不会一样，因此，必须对其进行调整。调整方法是：

1）设计对象的结构特征与概算指标有局部差异时的调整

$$\text{结构变化修正概算指标(元/m}^2) = J + Q_1P_1 - Q_2P_2 \tag{7-2}$$

式中：J——原概算指标；

Q_1——换入新结构的数量；

Q_2——换出旧结构的数量；

P_1——换入新结构的单价；

P_2——换出旧结构的单价。

或：

结构变化修正概算指标的人工、材料、机械数量＝

原概算指标的人工、材料、机械数量＋换入结构件工程量×相应定额人工、材料、机械消耗量－换出结构件工程量×相应定额人工、材料、机械消耗量　(7-3)

以上两种方法，前者是直接修正结构件指标单价，后者是修正结构件指标人工、材料、机械数量。

2）设备、人工、材料、机械台班费用的调整

设备、人工、材料、机械修正概算费用＝

原概算指标的设备、人工、材料、机械费用＋$\sum$(换入设备、人工、材料、机械数量×拟建地区相应单价)－$\sum$(换出设备、人工、材料、机械数量×原概算指标设备、人工、材料、机械单价)　(7-4)

7.2.3 类似施工图预算编制设计概算

类似工程预算法是利用技术条件与设计对象相类似的已完工程或在建工程的工程造价资料来编制拟建工程设计概算的方法。

类似工程预算法在拟建工程初步设计与已完工程或在建工程的设计相类似却没有可用的概算指标时采用，但必须对建筑结构差异和价差进行调整。建筑结构差异的调整方法与概算指标法的调整方法相同。类似工程造价的价差调整常用的两种方法如下：

1）类似工程造价资料有具体的人工、材料、机械台班的用量

按类似工程预算造价资料中的主要材料用量、工日数量、机械台班用量乘以拟建工程所在地的主要材料预算价格、人工单价、机械台班单价，计算出直接费，再乘以当地的综合费率，即可得出所需的造价指标。

2）类似工程造价资料只有人工、材料、机械台班费用和措施费、现场经费、间接费

按公式调整：

$$D = AK \tag{7-5}$$

$$K = a\%K_1 + b\%K_2 + c\%K_3 + d\%K_4 + e\%K_5 + f\%K_6 \tag{7-6}$$

式中：D——拟建工程单方概算造价。

A——类似工程单方预算造价。

K——综合调整系数。

$a\%$、$b\%$、$c\%$、$d\%$、$e\%$、$f\%$——类似工程预算的人工费、材料费、机械台班费、其他直接费、现场经费、间接费占预算造价的比重。如：$a\%$ = 类似工程人工费（或工资标准）/ 类似工程预算造价 × 100%；$b\%$、$c\%$、$d\%$、$e\%$、$f\%$ 类同。

K_1、K_2、K_3、K_4、K_5、K_6——拟建工程地区与类似工程预算造价在人工费、材料费、机械台班费、其他直接费、现场经费和间接费之间的差异系数。如：K_1 = 拟建工程概算的人工费（或工资标准）/ 类似工程预算人工费（或地区工资标准）；K_2、K_3、K_4、K_5、K_6 类同。

7.3 单位工程设计概算的审查

审查设计概算，有利于合理分配投资资金、加强投资计划管理，合理确定和有效控制工程造价；审查设计概算，有利于促进概算编制单位严格执行国家有关概算的编制规定和费用标准，从而提高概算的编制质量；审查设计概算，有利于促进设计的技术先进性与经济合理性；审查设计概算，有利于核定建设项目的投资规模，可以使建设项目总投资力求做到准确、完整，防止任意扩大投资规模或出现漏项，从而减少投资缺口，缩小概算与预算之间的差距，为建设项目投资的落实提供可靠的依据。

7.3.1 审查内容

1）审查设计概算的编制依据

（1）审查编制依据的合法性。采用的各种编制依据必须经过国家和授权机关的批准，符合国家的编制规定，未经批准的不能采用。不能强调情况特殊而擅自提高概算定额、指标或费用标准。

（2）审查编制依据的时效性。各种依据，如定额、指标、价格、取费标准等，都应根据国

家有关部门的现行规定进行，注意有无调整和新的规定，如有，应按新的调整办法和规定执行。

(3) 审查编制依据的适用范围。各种编制依据都有规定的适用范围，如各主管部门规定的各种专业定额及其取费标准，只适用于该部门的专业工程；各地区规定的各种定额及其取费标准，只适用于该地区范围内，特别是地区的材料预算价格区域性更强。

2) 审查概算编制深度

(1) 审查编制说明。审查编制说明可以检查概算的编制方法、深度和编制依据等重大原则问题，若编制说明有差错，具体概算必有差错。

(2) 审查概算的编制深度。一般大中型项目的设计概算，应有完整的编制说明和"三级概算"(即总概算表、单项工程综合概算表、单位工程概算表)，并按有关规定的深度进行编制。审查是否有符合规定的"三级概算"，各级概算的编制、核对、审核是否按规定签署，有无随意简化，有无把"三级概算"简化为"二级概算"，甚至"一级概算"。

(3) 审查概算的编制范围。审查概算编制范围及具体内容是否与主管部门批准的建设项目范围及具体工程内容一致；审查分期建设项目的建筑范围及具体工程内容有无重复交叉，是否重复计算或漏算；审查其他费用应列的项目是否符合规定，静态投资、动态投资和经营性项目铺底流动资金是否分别列出等。

3) 审查设计概算的内容

(1) 审查概算的编制是否符合国家的方针、政策，是否根据工程所在地的自然条件编制。

(2) 审查建设规模、建设标准、配套工程、设计定员等是否符合原批准的可行性研究报告或立项批文的标准。

(3) 审查编制方法、计价依据和程序是否符合现行规定。

(4) 审查工程量是否正确。

(5) 审查材料用量和价格。

(6) 审查设备规格、数量和配置是否符合设计要求，是否与设备清单相一致，设备预算价格是否真实，设备原价和运杂费的计算是否正确，非标准设备原价的计价方法是否符合规定，进口设备的各项费用的组成及其计算程序、方法是否符合国家主管部门的规定。

(7) 审查建筑安装工程各项费用的计取是否符合国家或地方有关部门的现行规定，计算程序和取费标准是否正确。

(8) 审查综合概算、总概算的编制内容、方法是否符合现行规定和设计文件的要求。

(9) 审查总概算文件的组成内容是否完整地包括了建设项目从筹建到竣工投产为止的全部费用组成。

(10) 审查工程建设其他费用项目。

(11) 审查技术经济指标。

(12) 审查投资经济效果。

7.3.2 审查方法

采用适当方法审查设计概算，是确保审查质量、提高审查效率的关键。常用方法有：

1）对比分析法

对比分析法主要是通过建设规模、标准与立项批文对比；工程数量与设计图纸对比；综合范围、内容与编制方法、规定对比；各项取费与规定标准对比；材料、人工单价与统一信息对比；引进设备、技术投资与报价要求对比；技术经济指标与同类工程对比等等。通过以上对比，容易发现设计概算存在的主要问题和偏差。

2）查询核实法

查询核实法是对一些关键设备和设施、重要装置、引进工程图纸不全、难以核算的较大投资进行多方查询核对，逐项落实的方法。主要设备的市场价向设备供应部门或招标公司查询核实；重要生产装置、设施向同类企业（工程）查询了解；引进设备价格及有关费税向进出口公司调查落实；复杂的建筑安装工程向同类工程的建设、承包、施工单位征求意见；深度不够或不清楚的问题直接向原概算编制人员、设计者询问清楚。

3）联合会审法

联合会审前，可先采取多种形式分头审查，包括设计单位自审，主管、建设、承包单位初审，工程造价咨询公司评审，邀请同行专家预审，审批部门复审等，经层层审查把关后，由有关单位和专家进行联合会审。在会审大会上，由设计单位介绍概算编制情况及有关问题，各有关单位、专家汇报初审、预审意见。然后进行认真的分析、讨论，结合对各专业技术方案的审查意见所产生的投资增减，逐一核实原概算出现的问题。经过充分协商，认真听取设计单位意见后，实事求是地处理和调整。

8 建筑工程施工图预算

8.1 施工图预算概述

施工图预算是在施工图设计完成后，根据施工图、现行预算定额、费用定额以及地区设备、材料、人工、施工机械台班等预算价格编制和确定的建筑安装工程造价的技术和经济文件。

建筑工程预算又可分为一般土建工程预算、给排水工程预算、暖通工程预算、电气照明工程预算、构筑物工程预算及工业管道、电力、电信工程预算。本章只介绍一般土建工程施工图预算的编制。

8.1.1 施工图预算及其作用

一般土建工程施工图预算是在施工图设计完成后，工程开工前，根据已批准的施工图纸，在施工方案或施工组织设计已确定的前提下，按照国家或省市颁发的现行建筑与装饰计价表、费用定额、材料信息发布价等有关规定，所确定的单位工程造价或单项工程造价的技术经济文件。

施工图预算的作用主要体现在以下几个方面：

(1) 施工图预算是进行招投标的基础。

(2) 施工图预算是施工单位组织材料、机具、设备及劳动力供应的依据；是施工企业编制进度计划、进行经济核算的依据；也是施工单位拟定降低成本措施和按照工程量计算结果编制施工预算的依据。

(3) 施工图预算是甲乙双方统计完成工作量、办理工程结算和拨付工程款的依据。

(4) 施工图预算是工程造价管理部门监督、检查执行定额标准，合理确定工程造价，测算造价指数及审定招标工程标底的依据。

8.1.2 施工图预算的编制依据及内容

1) 施工图预算的编制依据

(1) 施工图纸及说明书和标准图集。是指经过会审的施工图，包括所附的文字说明、有关的通用图集和标准图集及施工图纸会审记录。它们规定了工程的具体内容、技术特征、建筑结构尺寸及装修做法等，因而是编制施工图预算的重要依据之一。

(2) 现行预算定额或地区计价表。现行的预算定额是编制预算的基础资料。编制工程预算，从分部分项工程项目的划分到工程量的计算，都必须以现行的预算定额为依据。

地区计价表是根据现行预算定额、地区工人工资标准、施工机械台班使用定额和材料预算价格、利润、管理费等进行编制的。本书参照江苏省建筑与装饰工程计价表(2004)。

(3) 经过批准的施工组织设计或施工方案。施工组织设计或施工方案是建筑施工中的重要文件，它对工程施工方法、材料、构件的加工和堆放地点都有明确规定。这些资料直接影响工程量的计算和预算单价的套用。

(4) 费用定额及各项取费标准。按当地规定的费率及有关文件进行计算，本书参照江苏省建筑工程费用定额(2009)。

(5) 工程的承包合同(或协议书)、招标文件。

(6) 最新市场材料价格，它是进行价差调整的重要依据。

(7) 预算工作手册和建材五金手册。预算工作手册是将常用的数据、计算公式和系数等资料汇编成手册以便查用，可以加快工程量的计算速度。

(8) 有关部门批准的拟建工程概算文件。

2) 施工图预算编制的内容

施工图预算有单位工程预算、单项工程预算和建设项目总预算。单位工程预算是根据施工图设计文件、现行预算定额、费用定额以及人工、材料、设备、机械台班等预算价格资料，以一定方法，编制单位工程的施工图预算；然后汇总所有各单位工程施工图预算，成为单项工程施工图预算；再汇总各所有单项工程施工图预算，便是一个建设项目建筑安装工程的总预算。一般汇总到单项工程施工图预算即可。

单位工程施工图预算的编制内容，由封面、编制说明、造价计算程序表、分部分项工程费用表、措施项目费用表、其他项目费用表、分部分项工程费用综合单价分析表、主要材料及设备价格表组成。

8.2 施工图预算的编制

8.2.1 施工图预算的编制方法和步骤

1) 施工图预算的编制方法

现行常用的施工图预算编制方法有单价法和实物量法。单价法又分为工料单价法和综合单价法，综合单价法又分为计价表计价法和工程量清单计价法。

(1) 单价法

① 工料单价法

工料单价法编制施工图预算，就是根据各地区、各部门编制的建筑安装工程单位估价表或预算定额基价，根据施工图计算出的各分项工程量，分别乘以相应单价或预算定额基价并求和，得到定额直接工程费，再加上措施费，即为该工程的直接费；再以工程直接费或人工费为计算基础，按国家建设部、财政部于 2003 年 10 月 15 日颁布的建标〔2003〕206 号文《建筑安装工程费用项目组成》和《建筑安装工程计价程序》,计算出该工程的间接费、差价(包括人工、机械、材料)、利润及税金等费用;最后将上述各项费用汇总即为单位工程施工图预算。

② 综合单价法

综合单价法,是工程量清单计价模式出现后的一个新概念。它是根据建筑安装工程施工图和《建筑工程工程量清单计价规范》的规定,按分部分项工程的顺序,先计算出单位工程的各分项工程量,然后再乘以对应的综合单价,求出各分项工程的综合费用。

所谓"综合单价",就是说完成一个规定计量单位的分部分项工程量项目或措施项目的费用不仅仅包括所需的人工费、材料费、施工机械使用费,还包括企业管理费、利润,以及一定的风险费用。"综合单价法"就是根据施工图计算出的各分部分项工程量,分别乘以相应综合单价并求和,这样就会形成分部分项工程费,再加上措施项目费、其他项目费、规费和税金,就得出工程总造价的计价方法。

采用工程量清单招标的工程,其各分项工程量不需要另行计算,应该直接采用工程量清单中的工程量。单位工程施工图预算的综合单价,目前仍然是以预算定额(或计价表)为基础,经过一定的组合与计算形成的。

(2) 实物量法

实物量法是依据施工图纸先计算出分项工程的工程量,然后套用预算定额(或计价表)的消耗量首先计算出各类人工、材料、施工机械台班的实物消耗量,然后再根据预算编制期的人工、材料、机械的市场(或信息)价格分别计算由人工费、材料费和机械费组成的定额直接费,其后取费方法与单价法是一样的。

与单价法相比,用实物量法编制施工图预算,优点是工料消耗比较清晰,其人工、材料、机械价格更能体现市场价格;缺点是分项工程单价不直观,计算、统计和价格采集工作量较大。所以,目前全国使用的行业或地方均较少。

2) 施工图预算的编制步骤

(1) 收集基础资料,做好准备

主要收集编制施工图预算的编制依据。包括施工图纸、有关的通用标准图、图纸会审记录、设计变更通知、施工组织设计、预算定额或计价表、取费定额及市场材料价格等资料。

(2) 熟悉施工图、计价表等基础资料

编制施工图预算前,应熟悉并检查施工图纸是否齐全、尺寸是否清楚,了解设计意图,掌握工程全貌。另外,针对要编制预算的工程内容收集有关资料,包括熟悉并掌握计价表的使用范围、工程内容及工程量计算规则等。

(3) 了解施工组织设计和施工现场情况

编制施工图预算前,应了解施工组织设计中影响工程造价的有关内容。例如,各分部分项工程的施工方法,土方工程中余土外运使用的工具、运距,施工平面图对建筑材料、构件等堆放点到施工操作地点的距离等等,以便能正确计算工程量和正确套用或确定某些分项工程的基价。这对于正确计算工程造价,提高施工图预算质量,有着重要意义。

(4) 计算工程量

工程量计算应严格按照图纸尺寸和计价表规定的工程量计算规则,遵循一定的顺序逐项计算分项子目的工程量。计算各分部分项工程量前,最好先列项。也就是按照分部工程中各分项子目的顺序，先列出单位工程中所有分项子目的名称，然后再逐个计算其工程量。这样可以避免工程量计算中出现盲目、零乱的状况，使工程量计算工作有条不紊地进行，也可以避免漏项和重项。

(5) 汇总工程量，套计价表综合单价

各分项工程量计算完毕并经复核无误后，按计价表规定的分部分项工程顺序逐项汇总，然后将汇总后的工程量填入工程预算表内，在表格中逐项填写分部分项工程项目名称、工程量、计量单位、定额编号及综合单价等。

(6) 计算出分部分项工程费用

计算各分部分项工程费用并汇总，即为一般土建工程分部分项工程费用、按工程量计算的措施费。

(7) 计取各项费用

按取费标准计算出以费率计算的措施费、规费、税金等费用，求和得出工程预算价格，并填入预算费用汇总表中。同时计算技术经济指标，即单方造价。

(8) 进行工料分析

计算出该单位工程所需要的各种材料用量和人工工日总数及机械台班数量，并填入材料汇总表中，进行材料价差的调整。

(9) 编制说明，填写封面，装订成册

编制说明一般包括以下几项内容：

① 编制预算时所采用的施工图名称、工程编号、标准图集以及设计变更情况。

② 采用的计价表及名称。

③ 取费定额或地区发布的动态调价文件等资料。

④ 钢筋、铁件是否已经过调整；材料调价依据等资料。

⑤ 其他有关说明。通常是指在施工图预算中无法表示，需要用文字补充说明的。例如，分项工程定额中需要的材料无货，用其他材料代替，其价格待结算时另行调整，就需用文字补充说明。

施工图预算封面通常需填写的内容有：工程编号及名称、建筑结构形式、建筑面积、层数、工程造价、技术经济指标、编制单位及日期等。

最后，把封面、编制说明、预算费用汇总表、工程预算分析表、材料汇总表，按以上顺序编排并装订成册，编制人员签字盖章，请有关单位审阅、签字并加盖单位公章后，单位工程施工图预算的编制工作就完成了。

8.2.2 施工图预算的编制程序

施工图预算的编制程序为：

收集各种编制依据资料→熟悉施工图纸和计价表→计算工程量→套用计价表综合单价→编制工料分析表→计算其他各项费用汇总造价→复核→编制说明、填写封面

8.3 施工图预算工料分析

8.3.1 工料分析的意义

工料分析即对单位工程所需用的人工和各种材料需要量进行分析计算。

工料分析的意义是编制单位工程劳动计划和材料供应计划、签发班组施工任务书、开展班组经济核算的依据，是承包商进行成本分析、制定降低成本措施的依据。

8.3.2 工料分析的方法

首先按定额编号从预算手册或计价表中查出各分项工程各工料的定额消耗量，然后分别乘以相应的各分项工程的工程量，并以此计算出分项工程所需的人工、材料消耗量，最后汇总计算出该单位工程所需各工种人工、各种不同规格的材料的总消耗量。

$$\text{人工需要量(工日)} = \sum \text{分项工程量} \times \text{工时消耗定额} \quad (8\text{-}1)$$

$$\text{材料需要量} = \sum \text{分项工程量} \times \text{相应材料消耗定额} \quad (8\text{-}2)$$

8.3.3 工料分析应注意的事项

(1) 对于材料、成品、半成品的场内运输和操作损耗，场外运输和保管损耗，均已在定额和材料预算价格内考虑，不得另行计算。

(2) 预算定额中的“其他材料”，工料分析时不计算其用量。

(3) 如果定额给出的是每立方砂浆或混凝土体积，就必须根据定额附录中的配合比表进行“二次分析”，才能得出砂、石、水泥、石灰膏的重量。

(4) 对主要材料应按品种、规格及预算计价的不同分别进行计算。

(5) 对换算的定额子目在工料分析时要注意含量的变化，以求量的准确完整。

9 建筑工程竣工结算与建设项目竣工决算

9.1 建筑工程竣工结算

9.1.1 竣工结算概述

1) 工程价款结算的概念

工程价款结算，是指施工单位将已完成的部分工程，经有关单位验收后，按照国家规定向建设单位办理工程价款清算的一项日常性工作。其中包括预收工程备料款，中间结算和竣工结算，在实际工作中称为工程结算。其目的是用以补偿施工过程中的资金和物资的耗用，保证工程施工的顺利进行。

由于建筑工程施工周期长，如果等工程竣工后再结算价款，显然会使施工单位的资金发生困难。施工单位在工程施工过程中消耗的生产资料和支付的工人工资所需要的周转资金，必须要通过向建设单位预收备料款和结算工程款的形式，定期予以补充和补偿。

2) 工程价款结算的依据

工程竣工后进行工程价款结算时，主要的依据有：

(1) 工程竣工报告和工程竣工验收单。

(2) 建设工程施工合同。

(3) 施工图预算、施工图纸、设计变更、施工变更和索赔资料。

(4) 现行建筑安装工程预算定额或计价表、预算价格、费用定额、其他取费标准及调价规定。

(5) 有关施工技术资料等。

3) 工程价款结算的方式

按照财政部、建设部印发的《建设工程价款结算暂行办法》(财建〔2004〕369 号)的规定，工程价款结算与支付的方式有以下两种：

(1) 分段结算与支付

分段结算是指按照工程形象进度，划分不同阶段进行结算。分段结算可以按月预支工程款。

为了简化手续，可将房屋建筑物划分为几个形象部位，例如划分为±0.00 以下基础工程、±0.00 以上主体工程、装修工程、室外工程及收尾工程等形象部位，确定各部位完成后支付施工合同价一定百分比的工程款。这样的结算不受月度限制，各形象部位达到完工标准，就可以进行该部位的工程结算。中小型工程常采用这种办法。可参照的结算比例如下：

工程开工后，按合同价款拨付 10%～20%；

±0.00 以下基础工程完成，经验收合格后，拨付 20%；

主体工程完成，经验收合格后，拨付 35%～55%；

工程竣工验收合格后，拨付 5%～10%。

总价合同通常按形象进度付款。总价合同结算管理的重点是：一要注意工程变更；二要注意付款条件。

(2) 按月结算与支付

按月结算是指实行每月结算一次工程款、竣工后清算的办法。即根据工程形象进度，按照已完分部分项工程的工程量，按月结算(或预支)工程价款，合同工期在两个年度以上的工程，在年终进行工程盘点，办理年度结算。

单价合同通常按月付款。单价合同结算管理的重点是计量支付。

实行按月结算的优点是：

① 能准确地计算已完分部分项工程量，加强施工过程的质量管理，“干多少活，给多少钱”。

② 有利于发包人对已完工程进行验收和承包人考核月度成本情况。

③ 承包人的工程价款收入符合其完工进度，使生产耗费得到及时合理的补偿，有利于承包人的资金周转。

④ 有利于发包人对建设资金实行控制，根据进度控制分期付款。施工过程中如发生设计变更，承包人须根据施工合同规定，及时提出变更工程价款要求，办理有关手续，并在当月工程进度款中同期结算。

通常，发包人只办理承包人(总包人)的付款事项。分包人的工程款由分包人根据总分包合同规定向承包人(总包人)提出分包付款数额，由承包人(总包人)审查后列入“工程价款结算账单”统一向发包人办理收款手续，然后结转给分包人。分包工程属于专业安装工程和其他特殊工程，经承包人(总包人)的书面委托、发包人同意，分包人亦可直接与发包人办理有关结算。

9.1.2 预付备料款支付与扣还

1) 工程合同价款的约定

(1) 工程合同价款约定的要求

实行招投标的工程合同价款应在中标通知书发出之日起 30 天内，由发、承包双方依据招标文件和中标人的投标文件在书面合同中约定。不实行招投标的工程合同价款，在发、承包双方认可的工程价款基础上，由发、承包双方在合同中约定。

实行招标的工程，合同约定不得违背招、投标文件中关于工期、造价、质量等方面的实质性内容。招标文件与中标人投标文件不一致的地方，以投标文件为准。采用工程量清单计价的工程宜采用单价合同。

(2) 工程合同价款约定的内容

发、承包双方应在合同条款中对下列事项进行约定；合同中没有约定或约定不明的，由双方协商确定；协商不能达成一致的，按清单计价规范执行。

① 预付工程款的数额、支付时限及抵扣方式。

② 工程进度款的支付方式、数额及时限。

③ 工程施工中发生变更时，工程价款的调整方法、索赔方式、时限要求及金额支付方式。

④ 发生工程价款纠纷的解决方法。

⑤ 约定承担风险的范围与幅度以及超出约定范围和幅度的调整办法。

⑥ 工程竣工价款的结算与支付方式、数额及时限。

⑦ 工程质量保证(保修)金的数额、预扣方式及时限。

⑧ 安全措施和意外伤害保险费用。

⑨工期及工期提前或延后的奖惩办法。

⑩ 与履行合同、支付价款相关的担保事项。

2) 工程计量与价款支付

施工企业承包工程，一般都实行包工包料，这就需要有一定数量的备料周转金。在工程承包合同条款中，一般要明文规定发包人在开工前拨付给承包人一定限额的工程预付款。预付款是发包人为解决承包人在施工的准备阶段资金周转问题提供的协助。此预付款构成施工企业为该承包工程项目储备主要材料、结构构件所需的流动资金。

支付预付款是公平合理的，因为承包人早期使用的金额相当大。预付款相当于发包人给承包人的无息贷款。

工程预付款亦是国际工程承发包的一种通行做法。国际上的工程预付款不仅有材料、设备预付款，还有为施工人员组织、完成临时设施工程等准备工作之用的动员预付款。根据国际土木工程施工合同规定，预付款一般为合同总价的10%～15%。世界银行贷款的工程项目，预付款较高，但不会超过20%。近几年来，国际上减少工程预付款额度的做法有扩展的趋势，一些国家纷纷压低预付款的额度。但无论如何，工程预付款仍是支付工程价款的前提。

预付款的有关事项，如数量、支付时间和方式、支付条件、偿(扣)还方式等，应在施工合同中明确规定。《建筑工程施工发包与承包计价管理办法》规定：建筑工程的发、承包双方应当根据建设行政主管部门的规定，结合工程款、建设工期和包工包料情况在合同中约定预付工程款的具体事宜。凡是没有签订施工合同和不具备施工条件的工程，发包人不得预付备料款，不准以备料款为名转移资金；承包人收取备料款后两个月仍不开工或发包人无故不按施工合同规定付给备料款的，可以根据施工合同的约定分别要求收回或付出备料款。

(1) 工程预付款的支付时间

按照《建设工程价款结算暂行办法》的规定，在具备施工条件的前提下，发包人应在双方签订合同后的1个月内或不迟于约定的开工日期前的7天内预付工程款，发包人不按约定预付，承包人应在预付时间到期后10天内向发包人发出要求预付的通知，发包人收到通知后仍不按要求预付，承包人可在发出通知14天后停止施工，发包人应从约定应付之日起向承包人支付应付款的利息(利率按同期银行贷款利率计)，并承担违约责任。

工程预付款仅用于承包人支付施工开始时与本工程有关的动员费用。如承包人滥用此款，发包人有权立即收回。除专用合同条款另有约定外，承包人应在收到预付款的同时向发包人提交预付款保函，预付款保函的担保金额与预付款金额相同，在发包人全部扣回预付款之前，该银行保函将一直有效。当预付款被发包人扣回时，银行保函金额相应递减。

(2) 工程预付款的数额

包工包料的工程原则上预付比例不低于合同金额(扣除暂列金额)的10%,不高于合同金额(扣除暂列金额)的30%;对重大工程项目,按年度工程计划逐年预付。实行工程量清单计价的工程,实体性消耗和非实体性消耗部分应在合同中分别约定预付款比例(或金额)。

在实际工作中,工程预付款的数额,要根据各工程类型、合同工期、承包方式和供应体制等不同条件而定。例如,工业项目中钢结构和管道安装占比重较大的工程,其主要材料所占比重比一般安装工程要高,因而工程预付款数额也要相应提高;工期短的工程比工期长的要高,材料由承包人自购的比由发包人提供材料的要高。对于只包工不包料的工程项目,则可以不预付备料款。

按施工合同规定由发包人供应材料的,按招标文件提供的"发包人供应材料价格表"所示的暂定价或定额取定材料预算价或材料指导价,由发包人将材料转给承包人。材料价款在结算工程款时陆续抵扣。这部分材料,承包人不应收取备料款。

预付备料款的计算公式为:

$$预付备料款 = 施工合同价或年度建安工作量 \times 预付备料款额度(\%) \tag{9-1}$$

预付备料款的额度,执行地方规定或由合同双方商定。原则是要保证施工所需材料和构件的正常储备。数额太少,备料不足,可能造成施工生产停工待料;数额太多,影响投资的有效使用。施工招标时在合同条件中应约定工程预付款的百分比。

备料款的数额可以根据施工工期、建安工作量、主要材料和构件费用占建安工作量的比例以及材料储备周期等因素经测算确定。对于施工企业常年应备的备料款数额,可按下式计算:

$$预付备料款数额 = \frac{全年建安工作量 \times 主材比重}{年度施工日历天数} \times 材料储备天数 \tag{9-2}$$

$$预付备料款额度 = \frac{预付备料款数额}{年度建安工作量} \times 100\% \tag{9-3}$$

式中,年度施工天数按365天日历天计算;材料储备天数由当地材料供应的在途天数、加工天数、整理天数、供应间隔天数、保险天数等因素决定。

3) 工程预付款的扣还

(1) 预付备料款的扣回办法

建设单位拨付给施工单位的备料款,属于预付性质款项。因此,随着施工工程进展情况,应以抵充工程价款的方式陆续扣回。预付备料款扣回常有以下两种办法:

① 采用固定的比例(分次)扣回备料款。如有的地区规定,当工程施工进度达60%以后,即开始抵扣备料款。扣回的比例,是按每次完成10%进度后,即扣预付备料款总额的25%。

② 采用工程竣工前一次抵扣备料款。工程施工前一次性拨付备料款,而在施工过程中不分次抵扣。当已付工程进度款与预付备料款之和达到施工合同总价的95%时,便停付工程进度款,待工程竣工验收后一并结算。

(2) 备料款的起扣点和扣还数额的确定

① 工程备料款起扣点的方式

工程备料款开始扣还时的工程进度状态称为工程备料款的起扣点。确定备料款起扣点的原则是:未完施工工程所需主要材料和构件的费用=工程备料款数额。

工程备料款起扣点有以下两种方式:

A. 累计工作量起扣点法。是用累计完成建筑安装工作量的数额表示的方式。

B. 工作量百分比起扣点法。是用累计完成建筑安装工作量与年度建筑安装工作量百分比表示的方式。

② 工程备料款扣还时起扣点的确定

A. 累计工作量起扣点法。

当累计完成建安工作量达到起扣点数额时,就可开始扣还备料款。其计算公式为:

$$Q = P - M/N \tag{9-4}$$

式中:Q——起扣点,即备料款开始扣回时的累计完成工作量金额;

M——预付工程备料款数额;

P——年度建筑安装工作量;

N——材料比例。

B. 工作量百分比起扣点法。

当累计完成建安工作量占年度建安工作量的百分比达起扣点的百分比时,就可扣还备料款。其计算公式为:

$$d = Q/P = 1 - M/(P \times N) \tag{9-5}$$

式中:d——工作量百分比起扣点。

其他符号意义同前。

C. 预付备料款扣还数额计算

a. 分次扣还备料款法

第一次扣还备料款数额计算公式为:

$$A_1 = (F - Q) \times N \tag{9-6}$$

第二次及其以后各次扣还备料款数额计算公式为:

$$A_i = F_i \times N \tag{9-7}$$

b. 一次扣还备料款法。

当未完建安工作量等于预付备料款时,用其全部未完工程价款一次抵扣工程备料款,施工企业停止向建设单位收取工程价款。采用该法需计算出停止收取工程价款的起点,其计算公式为:

$$K = P(1-5\%) - M \tag{9-8}$$

式中:A_1——第一次扣还工程备料款数额;

A_i——第 i 次扣还工程备料款数额;

F——累计完成建筑安装工作量;

F_i——第 i 次扣还工程备料款时,当次结算完成的建筑安装工作量;

K——停止收取工程价款的起点;

5%——扣留工程价款比例，一般取5%～10%，其目的是为了加快收尾工程的进度，扣留的工程价款在竣工结算时结清。

其他符号意义同前。

【例9-1】 某工程合同价款为300万元，主材和结构构件费用为工程价款的62.5%，施工合同规定预付备料款为合同价款的25%，留尾款5%。每月实际完成工作量和合同价款调增额见表9-1。求每月结算工程款、竣工结算工程款各为多少？（为解题方便，合同价款调整额列入竣工结算时处理）

表9-1 每月实际完成工作量和合同价款调增额 单位：万元

月份	1月	2月	3月	4月	5月	6月	调增额
完成工作量	20	50	70	75	60	25	30

【解】 预付备料款 = 300 × 25% = 75 万元

起扣点 = 300 − 75/62.5% = 180 万元

1月应结算工程款20万元，累计结算额为20万元；

2月应结算工程款50万元，累计结算额为70万元；

3月应结算工程款70万元，累计结算额为140万元；

4月完成工作量75万元，因140 + 75 = 215万元 > 180万元，且215 − 180 = 35万元，应从中扣还预付款，故应结算工程款为：(75−35) + 35 × (1 − 62.5%) = 53.125万元，累计结算额为193.125万元；

5月应结算工程款为60 × (1 − 62.5%) = 22.5万元，累计结算额为215.625万元；

6月应结算工程款为25 × (1 − 62.5%) = 9.375万元，累计结算额为225万元。

至此，预付及已结算进度款共300万元，因合同价款增加30万元，故竣工结算价款为330万元。合同规定留尾款5%，应留款330 × 5% = 16.5万元，故6月最终付款为9.375 + 30 − 16.5 = 22.875万元。

9.1.3 工程价款中间结算

施工企业在施工过程中，按逐月（或形象进度）完成的工程数量计算各项费用，向发包人办理工程进度款的支付（即中间结算）。

1）已完工程量的计量

根据工程量清单计价规范形成的合同价中包含综合单价和总价包干两种不同形式，应采取不同的计量方法。除专用合同条款另有约定外，综合单价子目已完成工程量按月计算，总价包干子目的计量周期按批准的支付分解报告确定。

(1) 综合单价子目的计量。已标价工程量清单中的单价子目工程量为估算工程量。若发现工程量清单中出现漏项、工程量计算偏差，以及工程量变更引起的工程量增减，应在工程进度款支付即中间结算时调整，结算工程量是承包人在履行合同义务过程中实际完成，并按合同约定的计量方法进行计量的工程量。

(2) 总价包干子目的计量。总价包干子目的计量和支付应以总价为基础，不因物价波动引起的价格调整的因素而进行调整。承包人实际完成的工程量，是进行工程目标管理和控制进度支付的依据。承包人在合同约定的每个计量周期内，对已完成的工程进行计量，并提交专用条款约定的合同总价支付分解表所表示的阶段性或分项计量的支持性资料，以及所达到工程形象目标或分阶段需完成的工程量和有关计量资料。总价包干子目的支付分解表形成一般有以下 3 种方式：

① 对于工期较短的项目，将总价包干子目的价格按合同约定的计量周期平均。

② 对于合同价值不大的项目，按照总价包干子目的价格占签约合同价的百分比，以及各个支付周期内所完成的总价值，以固定百分比方式均摊支付。

③ 根据有合同约束力的进度计划、预先确定的里程碑形象进度节点（或者支付周期）、组成总价子目的价格要素的性质（与时间、方法和（或）当期完成合同价值等的关联性）。将组成总价包干子目的价格分解到各个形象进度节点（或者支付周期中），汇总形成支付分解表。实际支付时，经检查核实其实际形象进度，达到支付分解表的要求后，即可支付经批准的每阶段总价包干子目的支付金额。

2）已完工程量复核

承包人应按照合同约定，向发包人递交已完工程量报告。发包人应在接到报告后按合同约定进行核对。

当发、承包双方在合同中未对工程量的计量时间、程序、方法和要求作约定时，按以下规定办理：

（1）承包人应在每个月末或合同约定的工程段完成后向发包人递交上月或上一工程段已完工程量报告。

（2）发包人应在接到报告后 7 天内按施工图纸（含设计变更）核对已完工程量，并应在计量前 24 小时内通知承包人。承包人应提供条件并按时参加。

（3）计量结果：

① 如发、承包双方均同意计量结果，则双方应签字确认。

② 如承包人收到通知后不参加计量核对，则由发包人核实的计量应认为是对工程量的正确计量。

③ 如发包人未在规定的核对时间内进行计量核对，承包人提交的工程计量视为发包人已经认可。

④ 如发包人未在规定的核对时间内通知承包人，致使承包人未能参加计量核对的，则由发包人所作的计量核实结果无效。

⑤ 对于承包人超出施工图纸范围或因承包人原因造成返工的工程量，发包人不予计量。

⑥ 如承包人不同意发包人核实的计量结果，承包人应在收到上述结果后 7 天内向发包人提出，申明承包人认为不正确的详细情况。发包人收到后，应在 2 天内重新核对有关工程量的计量，或予以确认，或将其修改。

发、承包双方认可的核对后的计量结果，应作为支付工程进度款的依据。

3）承包人提交进度款支付申请

在工程量经复核认可后，承包人应在每个付款周期末，向发包人递交进度款支付申请，并附相应的证明文件。除合同另有约定外，进度款支付申请应包括下列内容：

（1）本期已实施工程的价款。

(2) 累计已完成的工程价款。

(3) 累计已支付的工程价款。

(4) 本周期已完成计日工金额。

(5) 应增加和扣减的变更金额。

(6) 应增加和扣减的索赔金额。

(7) 应抵扣的工程预付款。

(8) 应扣减的质量保证金。

(9) 根据合同应增加和扣减的其他金额。

(10) 本付款周期实际应支付的工程价款。

4) 进度款支付时间

发包人应按合同约定的时间核对承包人的支付申请,并应按合同约定的时间和比例向承包人支付工程进度款。当发、承包双方在合同中未对工程进度款支付申请的核对时间以及工程进度款支付时间、支付比例作约定时,根据财政部、建设部印发的《建设工程价款结算暂行办法》的相关规定办理:

(1) 发包人应在收到承包人的工程进度款支付申请后 14 天内核对完毕。否则,从第 15 天起承包人递交的工程进度款支付申请视为被批准。

(2) 发包人应在批准工程进度款支付申请的 14 天内,向承包人按不低于计量工程价款的 60%,不高于计量工程价款的 90%,向承包人支付工程进度款。

(3) 发包人在支付工程进度款时,应按合同约定的时间、比例(或金额)扣回工程预付款。

发包人未在合同约定时间内支付工程进度款,承包人应及时向发包人发出要求付款的通知,发包人收到承包人通知后仍不按要求付款,可与承包人协商签订延期付款协议,经承包人同意后延期支付。协议应明确延期支付的时间和从付款申请生效后按同期银行贷款利率计算应付款的利息。

发包人不按合同约定支付工程进度款,双方又未达成延期付款协议,导致施工无法进行时,承包人可停止施工,由发包人承担违约责任。

5) 质量保证金

建设工程质量保证金(以下简称保证金)是指发包人与承包人在建设工程承包合同中约定,从应付的工程款中预留,用以保证承包人在缺陷责任期内对建设工程出现的缺陷进行维修的资金。质量保证金的计算额度不包括预付款的支付、扣回以及价格调整的金额。

(1) 保证金的预留和返还

① 承发包双方的约定。发包人应当在招标文件中明确保证金预留、返还等内容,并与承包人在合同条款中对涉及保证金的下列事项进行约定:

A. 保证金预留、返还方式。

B. 保证金预留比例、期限。

C. 保证金是否计付利息,如计付利息,利息的计算方式。

D. 缺陷责任期的期限及计算方式。

E. 保证金预留、返还及工程维修质量、费用等争议的处理程序。

F. 缺陷责任期内出现缺陷的索赔方式。

② 保证金的预留。从第一个付款周期开始，在发包人的进度付款中，按约定比例扣留质量保证金，直至扣留的质量保证金总额达到专用条款约定的金额或比例为止。全部或者部分使用政府投资的建设项目，按工程价款结算总额5%左右的比例预留保证金。社会投资项目采用预留保证金方式的，预留保证金的比例可参照执行。

③ 保证金的返还。缺陷责任期内，承包人认真履行合同约定的责任。约定的缺陷责任期满，承包人向发包人申请返还保证金。发包人在接到承包人返还保证金申请后，应于14日内会同承包人按照合同约定的内容进行核实。如无异议，发包人应当在核实后14日内将保证金返还给承包人，逾期支付的，从逾期之日起，按照同期银行贷款利率计付利息，并承担违约责任。发包人在接到承包人返还保证金申请后14日内不予答复，经催告后14日内仍不予答复，视同认可承包人的返还保证金申请。

缺陷责任期满时，承包人没有完成缺陷责任的，发包人有权扣留与未履行责任剩余工作所需金额相应的质量保证金余额，并有权根据约定要求延长缺陷责任期，直至完成剩余工作为止。

(2) 保证金的管理及缺陷修复

① 保证金的管理。缺陷责任期内，实行国库集中支付的政府投资项目，保证金的管理应按国库集中支付的有关规定执行。其他的政府投资项目，保证金可以预留在财政部门或发包方。缺陷责任期内，如发包人被撤销，保证金随交付使用资产一并移交使用单位管理，由使用单位代行发包人职责。社会投资项目采用预留保证金方式的，发、承包双方可以约定将保证金交由金融机构托管；采用工程质量保证担保、工程质量保险等其他保证方式的，发包人不得再预留保证金，并按照有关规定执行。

② 缺陷责任期内缺陷责任的承担。缺陷责任期内，由承包人原因造成的缺陷，承包人应负责维修，并承担鉴定及维修费用。如承包人不维修也不承担费用，发包人可按合同约定扣除保证金，并由承包人承担违约责任。承包人维修并承担相应费用后，不免除对工程的一般损失赔偿责任。由他人原因造成的缺陷，发包人负责组织维修，承包人不承担费用，且发包人不得从保证金中扣除费用。

9.1.4 工程变更价款结算

1) 工程变更的概念

工程变更指在施工过程中，按照施工合同约定的程序对部分或全部工程在材料、工艺、功能、构造、尺寸、技术指标、工程数量及施工方法等方面做出的改变。发包人、设计人、承包人、监理人各方均有权提出工程变更。

(1) 工程变更的内容

工程变更主要有以下内容：

① 施工条件变更。通常的情况是：招标文件与现场情况不符；招标文件中表达不清(包括设计图纸和说明书互相矛盾以及发现设计文件出现遗漏或错误)；施工现场的地质、水文等情况使施工受到限制；招标文件指出的自然或人为的施工条件与实际情况不符；在招标文件中明确指出的设计施工条件，但却发生了未预料到的实际情况。

② 工程设计变更。通常是承包人根据发包人的要求提出修改、设计变更的工程内容。

③ 延长工期。由于天气等客观条件的影响而使工程被迫暂时停工，必须向发包人提出延长工期的要求。

④ 缩短工期。因发包人根据某些特殊理由必须缩短工期，要求加快施工进度。

⑤ 因投资和物价的变动而改变承包金额。在施工过程中，由于工资或物价发生较大变动，引起承包金额不当时，向发包人提出改变承包金额。

⑥ 天灾及其他不可抗拒力引起的问题。如暴风、大雨、洪水、海潮、地震、滑坡、沉陷、火灾等自然或人为事件，对已完工程部分、临时设施、已运进现场的施工材料、施工机械和工具等造成的重大损失。

(2) 工程设计变更

① 施工中发生工程设计变更，承包人按照经发包人认可的变更设计文件，进行变更施工。其中，政府投资项目重大变更，需按基本建设程序报批后方可施工。

现行建设工程施工合同(示范文本)约定：施工中发包人需对原工程设计进行变更，应提前14天以书面形式向承包人发出变更通知。

承包人在双方确定变更后14天内不向工程师提出变更工程价款报告时，视为该项变更不涉及合同价款的变更。

② 确认增(减)的工程变更价款作为追加(减)合同价款与工程进度款同期支付。

③ 因变更导致合同价款的增减及造成的承包人损失，由发包人承担，延误的工期相应顺延。

(3) 施工条件变更

施工条件变更是指未能预见的现场条件或不利的自然条件，即在施工中实际遇到的现场条件同招标文件中描述的现场条件有本质的差异，使承包人向发包人提出工程单价和施工时间的变更要求，或由此而引起索赔。

2)《建设工程施工合同(示范文本)》约定的工程变更价款的确定方法

(1) 合同中已有适用于变更工程的价格，按合同已有的价格变更合同价款。

当变更项目和内容直接适用合同中已有项目时，由于合同中的工程量单价和价格由承包人投标时提供，用于变更工程，容易被发包人、承包人及工程师所接受，从合同意义上讲也是比较公平的。

(2) 合同中只有类似于变更工程的价格，可以参照类似价格变更合同价款。

当变更项目和内容类似合同中已有项目时，可以将合同中已有项目的工程量清单的单价和价格拿来间接套用，即依据工程量清单，通过换算后采用；或者是部分套用，即依据工程量清单，取其价格中的某一部分使用。

(3) 合同中没有适用或类似于变更工程的价格，由承包人提出适当的变更价格，经工程师确认后执行。

合同中没有适用或类似于变更工程的价格，很自然地应当需要协商单价和价格。在承包人或发包人提出适当的变更价格后，经有授权的工程师确认后执行。

如双方不能达成一致的，双方可提请工程所在地工程造价管理机构进行咨询或按合同约定的争议解决程序办理。

为了合理减少承包人的风险，遵照“谁引起的风险谁承担责任”的原则，《建设工程工程量计价规范》规定：无论是由于工程量清单有误或者漏项，还是由于设计变更引起新的工程量清单项目或工程量的增减，均应按实调整合同价款。这种调整要求，由承包人提出，经发包人确认后作为结算的依据。具体规定是：

① 工程量清单漏项或设计变更引起新的工程量清单项目，其相应综合单价由承包人提出，经发包人确认后作为结算的依据。

② 由于工程量清单的工程数量有误或设计变更引起工程量的增减，属合同约定幅度以内的，应执行原有的综合单价；属合同约定幅度以外的，其增加部分的工程量或减少后剩余部分的工程量的综合单价由承包人提出，经发包人确认后，作为结算的依据。

【例 9-2】 某合同钻孔桩的工程情况是，直径为 1.0 m 的共计长 1 501 m，直径为 1.2 m 的共计长 8 178 m，直径为 1.3 m 的共计长 2 017 m。原合同规定选择直径为 1.0 m 的钻孔桩做静载破坏试验。显然，如果选择直径为 1.2 m 的钻孔桩做静载破坏试验对工程更具有代表性和指导意义，因此工程师决定变更。但在原工程量清单中仅有直径为 1.0 m 的钻孔桩静载破坏试验的价格，没有直接或其他可套用的价格供参考。经过认真分析，工程师认为，钻孔桩做静载破坏试验的费用主要由两部分构成：一部分为试验费用；另一部分为桩本身的费用，而试验方法及设备并未因试验桩直径的改变而发生变化。因此，可认为试验费用没有增减，费用的增减主要是由钻孔桩直径的变化而引起的桩本身费用的变化。直径为 1.2 m 的普通钻孔桩的单价在工程量清单中就可以找到，且地理位置和施工条件相近。因此，采用直径为 1.2 m 的钻孔桩做静载破坏试验的费用 = 直径为 1.0 m 的钻孔桩静载破坏试验费＋直径为 1.2 m 的钻孔桩的清单价格－直径为 1.0 m 的钻孔桩的清单价格。

【例 9-3】 某合同路堤土方工程完成后，发现原设计在排水方面考虑不周，为此业主同意在适当位置增设排水管涵。在工程量清单上有 100 多道类似管涵，但承包商却拒绝直接从中选择合适的作为参考依据。理由是变更设计提出时间较晚，其土方已经完成并准备开始路面施工，新增工程不但打乱了其进度计划，而且二次开挖土方难度较大，特别是重新开挖用石灰土处理过的路堤，与开挖天然表土不能等同。工程师认为承包商的意见可以接受，不宜直接套用清单中的管涵价格。经与承包商协商，决定采用工程量清单上的几何尺寸、地理位置等条件相近的管涵价格作为新增工程的基本单价，但对其中的"土方开挖"一项在原报价基础上按某个系数予以适当提高，提高的费用叠加在基本单价上，构成新增工程价格。

9.1.5 工程索赔价款结算

发包人、承包人未能按施工合同约定履行自己的各项义务或发生错误，给另一方造成经济损失的，由受损方按合同约定提出索赔，索赔金额按施工合同约定支付。

1）工程索赔的概念

工程索赔是在工程承包合同履行中，当事人一方由于另一方未履行合同所规定的义务或者出现了应当由对方承担的风险而遭受损失时，向另一方提出赔偿要求的行为。建设工程施工中的索赔是发、承包双方行使正当权利的行为，承包人可向发包人索赔，发包人也可向承包人索赔。但在工程实践中，发包人索赔数量较小，而且处理方便。可以通过冲账、扣拨工程款、扣保证金等实现对承包人的索赔；而承包人对发包人的索赔则比较困难一些。通常情况下，索赔是指承包人（施工单位）在合同实施过程中，对非自身原因造成的工程延期、费用增加而要求发包人给予补偿损失的一种权利要求。

索赔有较广泛的含义,可以概括为如下3个方面:

(1) 一方违约使另一方蒙受损失,受损方向对方提出赔偿损失的要求。

(2) 发生应由发包人承担责任的特殊风险或遇到不利自然条件等情况,使承包人蒙受较大损失而向发包人提出补偿损失要求。

(3) 承包人本应当获得的正当利益,由于没能及时得到监理人的确认和发包人应给予的支付,而以正式函件向发包人索赔。

任何索赔事件的确立,其前提条件是必须有正当的索赔理由。对正当索赔理由的说明必须具有证据,因为进行索赔主要是靠证据说话。没有证据或证据不足,索赔是难以成功的。这正如本规范中所规定的,当合同一方向另一方提出索赔时,要有正当的索赔理由,且有索赔事件发生时的有效证据,并应在本合同约定的时限内提出。

2) 工程索赔产生的原因

(1) 当事人违约

当事人违约常常表现为没有按照合同约定履行自己的义务。发包人违约常常表现为没有为承包人提供合同约定的施下条件、未按照合同约定的期限和数额付款等。监理人未能按照合同约定完成工作,如未能及时发出图纸、指令等也视为发包人违约。承包人违约的情况则主要是没有按照合同约定的质量、期限完成施工,或者由于不当行为给发包人造成其他损害。

(2) 不可抗力或不利的物质条件

不可抗力又可以分为自然事件和社会事件。自然事件主要是工程施工过程中不可避免发生并不能克服的自然灾害,包括地震、海啸、瘟疫、水灾等;社会事件则包括国家政策、法律、法令的变更,战争、罢工等。不利的物质条件通常是指承包人在施工现场遇到的不可预见的自然物质条件、非自然的物质障碍和污染物,包括地下和水文条件。

(3) 合同缺陷

合同缺陷表现为合同文件规定不严谨甚至矛盾、合同中的遗漏或错误。在这种情况下,工程师应当给予解释,如果这种解释将导致成本增加或工期延长,发包人应当给予补偿。

(4) 合同变更

合同变更表现为设计变更、施工方法变更、追加或者取消某些工作、合同规定的其他变更等。

(5) 监理人指令

监理人指令有时也会产生索赔,如监理人指令承包人加速施工、进行某项工作、更换某些材料、采取某些措施等,并且这些指令不是由于承包人的原因造成的。

(6) 其他第三方原因

其他第三方原因常常表现为与工程有关的第三方的问题而引起的对本工程的不利影响。

3) 工程索赔的分类

工程索赔依据不同的标准可以进行不同的分类。

(1) 按索赔的合同依据分类

按索赔的合同依据可以将工程索赔分为合同中明示的索赔和合同中默示的索赔。

① 合同中明示的索赔。合同中明示的索赔是指承包人所提出的索赔要求,在该工程项

目的合同文件中有文字依据，承包人可以据此提出索赔要求，并取得经济补偿。这些在合同文件中有文字规定的合同条款，称为明示条款。

② 合同中默示的索赔。合同中默示的索赔，即承包人的该项索赔要求，虽然在工程项目的合同条款中没有专门的文字叙述，但可以根据该合同的某些条款的含义，推论出承包人有索赔权。这种索赔要求，同样有法律效力，有权得到相应的经济补偿。这种有经济补偿含义的条款，在合同管理工作中被称为“默示条款”或称为“隐含条款”。默示条款是一个广泛的合同概念，它包含合同明示条款中没有写入但符合双方签订合同时设想的愿望和当时环境条件的一切条款。这些默示条款，或者从明示条款所表述的设想愿望中引申出来，或者从合同双方在法律上的合同关系引申出来，经合同双方协商一致，或被法律和法规所指明，都成为合同文件的有效条款，要求合同双方遵照执行。

(2) 按索赔目的分类

按索赔目的可以将工程索赔分为工期索赔和费用索赔。

① 工期索赔。由于非承包人责任的原因而导致施工进程延误，要求批准顺延合同工期的索赔，称为工期索赔。工期索赔形式上是对权利的要求，以避免在原定合同竣工日不能完工时，被发包人追究拖期违约责任。一旦获得批准合同工期顺延后，承包人不仅免除了承担拖期违约赔偿费的严重风险，而且可能提前工期得到奖励，最终仍反映在经济收益上。

② 费用索赔。费用索赔的目的是要求经济补偿。当施工的客观条件改变导致承包人增加开支，要求对超出计划成本的附加开支给予补偿，以挽回不应由他承担的经济损失。

(3) 按索赔事件的性质分类

按索赔事件的性质可以将工程索赔分为工程延误索赔、工程变更索赔、合同被迫终止索赔、工程加速索赔、意外风险和不可预见因素索赔以及其他索赔。

① 工程延误索赔。因发包人未按合同要求提供施工条件，如未及时交付设计图纸、施工现场、道路等，或因发包人指令工程暂停或不可抗力事件等原因造成工期拖延的，承包人对此提出索赔。这是工程中常见的一类索赔。

② 工程变更索赔。由于发包人或监理人指令增加或减少工程量或增加附加工程、修改设计、变更工程顺序等，造成工期延长和费用增加，承包人对此提出索赔。

③ 合同被迫终止索赔。由于发包人或承包人违约以及不可抗力事件等原因造成合同非正常终止，无责任的受害方因其蒙受经济损失而向对方提出索赔。

④ 工程加速索赔。由于发包人或监理人指令承包人加快施工速度，缩短工期，引起承包人的人、财、物的额外开支而提出的索赔。

⑤ 意外风险和不可预见因素索赔。在工程实施过程中，因人力不可抗拒的自然灾害、特殊风险以及一个有经验的承包人通常不能合理预见的不利施工条件或外界障碍，如地下水、地质断层、溶洞、地下障碍物等引起的索赔。

⑥ 其他索赔。如因货币贬值、汇率变化、物价上涨、政策法令变化等原因引起的索赔。

4) 施工索赔的程序

(1) 索赔的证据

一方向另一方提出索赔，必须要有正当理由，且有索赔事件发生时的有效证据。

① 对索赔证据的要求

A. 真实性。索赔证据必须是在实施合同过程中确定存在和发生的，必须完全反映实际情况，能经得住推敲。

B. 全面性。所提供的证据应能说明事件的全过程。索赔报告中涉及的索赔理由、事件过程、影响、索赔数额等都应有相应证据，不能零乱和支离破碎。

C. 关联性。索赔的证据应当能够互相说明，相互具有关联性，不能互相矛盾。

D. 及时性。索赔证据的取得及提出应当及时，符合合同约定。

E. 具有法律证明效力。一般要求证据必须是书面文件，有关记录、协议、纪要必须是双方签署的；工程中重大事件、特殊情况的记录、统计必须由合同约定的发包人现场代表或监理工程师签证认可。

② 索赔证据的种类

- 招标文件、工程合同、发包人认可的施工组织设计、工程图纸、技术规范等。
- 工程各项有关的设计交底记录、变更图纸、变更施工指令等。
- 工程各项经发包人或合同中约定的发包人现场代表或监理工程师签认的签证。
- 工程各项往来信件、指令、信函、通知、答复等。
- 工程各项会议纪要。
- 施工计划及现场实施情况记录。
- 施工日报及工长工作日志、备忘录。
- 工程送电、送水、道路开通、封闭的日期及数量记录。
- 工程停电、停水和干扰事件影响的日期及恢复施工的日期记录。
- 工程预付款、进度款拨付的数额及日期记录。
- 工程图纸、图纸变更、交底记录的送达份数及日期记录。
- 工程有关施工部位的照片及录像等。
- 工程现场气候记录，如有关天气的温度、风力、雨雪等。
- 工程验收报告及各项技术鉴定报告等。
- 工程材料采购、订货、运输、进场、验收、使用等方面的凭据。
- 国家和省级或行业建设主管部门有关影响工程造价、工期的文件、规定等。

(2) 承包人的索赔

若承包人认为是由于非承包人的原因发生的事件造成了承包人的经济损失，承包人应在确认该事件发生后，按合同约定向发包人发出索赔通知。

发包人在收到最终索赔报告后并在合同约定时间内，未向承包人做出答复，视为该项索赔已经认可。

当发、承包双方在合同中对此通知未作具体约定时，按以下规定办理：

① 承包人应在确认引起索赔的事件发生后 28 天内向发包人发出索赔通知，否则，承包人无权获得追加付款，竣工时间不得延长。

② 承包人应在现场或发包人认可的其他地点，保持证明索赔可能需要的记录。发包人收到承包人的索赔通知后，未承认发包人责任前，可检查记录保持情况，并可指示承包人保持进一步的同期记录。

③ 在承包人确认引起索赔的事件后 42 天内，承包人应向发包人递交一份详细的索赔报告，包括索赔的依据、要求追加付款的全部资料。

④ 发包人在收到索赔报告后 28 天内，应做出回应，表示批准或不批准并附具体意见。

还可以要求承包人提供进一步的资料，但仍要在上述期限内对索赔做出回应。

⑤ 发包人在收到最终索赔报告后的 28 天内，未向承包人做出答复，视为该项索赔报告已经认可。

(3) 发包人的索赔

承包人未能按合同约定履行自己的各项义务或发生错误，给发包人造成经济损失，发包人可按上述时限向承包人提出索赔。

(4) 承包人索赔的程序

承包人索赔按下列程序处理：

① 承包人在合同约定的时间内向发包人递交费用索赔意向通知书。

② 发包人指定专人收集与索赔有关的资料。

③ 承包人在合同约定的时间内向发包人递交费用索赔申请表。

④ 发包人指定的专人初步审查费用索赔申请表，符合《建设工程工程量清单计价规范》(GB 50500—2008)第 4.6.1 条规定的条件时予以受理。

⑤ 发包人指定的专人进行费用索赔核对，经造价工程师复核索赔金额后，与承包人协商确定并由发包人批准。

⑥ 发包人指定的专人应在合同约定的时间内签署费用索赔审批表，或发出要求承包人提交有关索赔的进一步详细资料的通知，待收到承包人提交的详细资料后，按本条第 4、5 款的程序进行。

若承包人的费用索赔与工程延期索赔要求相关联时，发包人在做出费用索赔的批准决定时，应结合工程延期的批准，综合做出费用索赔和工程延期的决定。

(5) 发包人索赔的程序

若发包人认为由于承包人的原因造成额外损失，发包人应在确认引起索赔的事件后，按合同约定向承包人发出索赔通知。

承包人在收到发包人索赔通知后并在合同约定时间内，未向发包人做出答复，视为该项索赔已经认可。

当合同中对此未作具体约定时，按以下规定办理：

① 发包人应在确认引起索赔的事件发生后 28 天内向承包人发出索赔通知，否则，承包人免除该索赔的全部责任。

② 承包人在收到发包人索赔报告后的 28 天内应做出回应，表示同意或不同意并附具体意见。如在收到索赔报告后的 28 天内，未向发包人做出答复，视为该项索赔报告已经认可。

5) 索赔费用的计算

(1) 人工费索赔

人工费索赔包括完成合同范围之外的额外工作所花费的人工费用，由于发包人责任的工效降低所增加的人工费用，由于发包人责任导致的人员窝工费，法定的人工费增长等。

(2) 材料费索赔

材料费索赔包括完成合同范围之外的额外工作所增加的材料费，由于发包人责任的材料实际用量超过计划用量而增加的材料费，由于发包人责任的工程延误所导致的材料价格上涨和材料超期储存费用，有经验的承包人不能预料的材料价格大幅度上涨等。

(3) 施工机械使用费索赔

施工机械使用费索赔包括完成合同范围之外的额外工作所增加的机械使用费,由于发包人责任的工效降低所增加的机械使用费,由于发包人责任导致机械停工的窝工费等。机械窝工费的计算,如系租赁施工机械,一般按实际租金计算(应扣除运行使用费用);如系承包人自有施工机械,一般按机械折旧费加人工费(司机工资)计算。

(4) 管理费索赔

按国际惯例,管理费包括现场管理费和公司管理费。由于我国工程造价没有区别现场管理费和公司管理费,因此有关管理费的索赔需综合考虑。

① 现场管理费索赔包括完成合同范围之外的额外工作所增加的现场管理费,由于发包人责任的工程延误期间的现场管理费等。对部分工人窝工损失索赔时,如果有其他工程仍然进行(非关键线路上的工序),一般不予计算现场管理费索赔。

② 公司管理费索赔主要指工程延误期间所增加的公司管理费。

国际惯例中,管理费的索赔有以下分摊计算方法:

A. 日费率分摊法。计算公式为:

$$\text{日管理费} = \frac{\text{合同价款中所包含的管理费}}{\text{合同工期}} \tag{9-9}$$

$$\text{管理费索赔额} = \text{日管理费} \times \text{合同延误天数} \tag{9-10}$$

B. 直接费分摊法。计算公式为:

$$\text{单位直接费的管理费率} = \frac{\text{管理费总额}}{\text{总直接费}} \times 100\% \tag{9-11}$$

$$\text{管理费索赔额} = \text{索赔直接费} \times \text{单位工程直接费的管理费率} \tag{9-12}$$

(5) 利润

工程范围变更引起的索赔,承包人是可以列入利润的。而对于工程延误的索赔,由于延误工期并未影响或削减某些项目的实施,未导致利润减少,因此一般很难在延误的费用索赔中加进利润损失。当工程顺利完成,承包人通过工程结算实现了分摊在工程单价中的全部期望利润,但如果因发包人的原因工程终止,承包人可以对合同利润未实现部分提出索赔要求。

索赔利润的款额计算与原报价的利润率保持一致,即在工程成本的基础上,乘以原报价利润率,作为该项索赔款的利润。

【例 9-4】 某房地产开发公司在建一幢 48.6 m 高 16 层的商品住宅,建筑面积 12 800 m^2,各层层高及平面相同。该工程招标采用工程量清单计价,承包人包工包全部材料,以 1 152 万元包死造价施工,工期 14 个月。该工程现已施工至 8 层。开发公司经批准同意加建 2 层,设计单位经复核亦同意以原标准层图纸施工,其他无变更。承包人愿意接受这一加层任务,并就工期顺延、合同其他条件不变等事项与开发公司协商一致。现要求确定加层部分的造价。承包人提出按 1 152 万元÷16 层×2 层=144 万元造价签订补充协议。开发公司能否同意承包人的提法?

【解】 不能同意。应按变更工程价款的合同三原则执行。本工程采用工程量清单计价，在已标价的工程量清单中，都包括标准层做法的分部分项工程单价。

【例 9-5】 某工程施工过程中，由于发包人委托的另一承包人进行场区道路施工，影响了本承包人正常的混凝土浇筑运输作业。工程师已审批了原预算和降效增加的工日及机械台班的数量，资料如下：受影响部分的工程原预算用工 2 200 工日，预算支出 40 元/工日，原预算机械台班 360 台班，综合台班单价为 180 元/台班，受施工干扰后完成该部分工程实际用工 2 800 工日，实际支出 45 元/工日，实际用机械台班 410 台班，实际支出 200 元/台班。

如果承包人提出降效支付要求，人工费和机械使用费各应补偿多少？

【解】 另一承包人影响承包人正常的混凝土浇筑运输作业的降效，这是发包人应当予以补偿的。

人工费补偿为：(2 800—2 200) × 40 = 24 000 元

机械台班费补偿为：(410 − 360) × 180 = 9 000 元

6) 现场签证

(1) 现场签证的概念

现场签证主要是指施工企业就施工图纸、设计变更所确定的工程内容以外，施工图预算或预算定额取费中未包含而施工过程中又实际发生费用的施工内容所办理的签证。它是施工过程中所遇到的某些特殊情况实施的书面依据，由此发生的价款也成为工程造价的组成部分。由于现代工程规模和投资都较大，技术含量高，建设周期长，设备材料价格变化快，工程合同不可能对整个施工期可能出现的情况做出准确的预见和约定，工程预算也不可能对整个施工期所发生的费用做出详尽的预测。而且在实际施工中，主客观条件的变化又会给施工过程带来许多不确定的因素。因此，在项目实施整个过程中发生的最终以价款形式体现在工程结算中的现场签证成为控制工程造价的重要环节。它是计算预算外费用的原始依据，是建设工程施工阶段造价管理的主要组成部分。现场签证的正确与否，直接影响到工程造价。

(2) 现场签证的范围

建设工程的施工特点是：工期长，涉及面广。环节多，受影响的因素多而复杂，时刻都可能冒出这样或那样的签证，如图纸变更签证、材料代用及其他签证等。

(3) 签证的特性

① 时间性、准确性差。时间是签证的基本要求之一，也是签证准确度的基础。施工现场签证的含义就是在施工中现场发生合同以外的工程费用，双方代表当时就在工程现场根据实际发生进行测定、描述、办理签证手续，作为工程结算的计费依据。所以要求现场签证必须及时。但是有的负责签证人员不负责任，当时不办理，口头答应，事后回忆补办，甚至在办理过程中还在办签证手续。这样只能导致现场发生的具体情况回忆不清，补写的签证单与实际发生的条件不符，数据不准，结算或审计过程中双方代表经常互相争吵扯皮。

② 合法性、合理性差。负责签证的双方代表，必须是双方法人授权的，而且具有一定范围。但有时由于当事人责任心不强，没有当时实际记录，事后追记。所以签证单中的条件与客观实际不符，往往会产生不合理签证。还有一些虽然内容完整，条理清楚，但双方代表签字盖章不全，手续不完整，亦属于合法性不足的签证。

③ 操作性差。操作性差是指签证单中的资料记载不详，含糊不清，模棱两可，计算费用的依据条件不足，无法计算应发生的费用。俗称无法操作或操作性差。归纳起来有以下

几种：

A. 计费依据条件不足。如挖运土石方 50 m^3，是土方、石方还是土方、石方各占多少，人挖还是机械挖，挖出的土石方如何处理，运距是多少，均没有说清楚。

B. 用语不确切。例如抽水费用 500 元，其水泵规格、数量、用了多少台班没有说清楚。

(4) 现场签证的方式及注意要点

现场签证的方式如下：

① 工程技术签证。它是业主与承包商对某一施工环节技术要求或具体施工方法进行联系确定的一种方式，包括技术联系单，是施工组织设计方案的具体化和有效补充，因其有时涉及的价款数额较大，故不可忽视。对一些重大施工组织设计方案、技术措施的临时修改，应征求设计人员的意见，必要时应组织论证，使之尽可能的安全适用和经济。

② 工程经济签证。是指在工程施工期间由于场地变化、业主要求、环境变化等可能造成工程实际造价与合同造价产生差额的各类签证，主要包括业主违约、非承包商引起的工程变更及工程环境变化、合同缺陷等。由于其涉及面广，项目繁多复杂，因此要切实把握好有关定额、文件规定，尤其要严格控制签证范围和内容。现举例如下：

A. 设计变更或施工图有错误，而承包商已经开工、下料或购料。此类签证只需签变更项目或修正项目，原图纸不变的不要重复签证，已下料或购料的，要签写清楚材料的名称、半成品或成品、规格、数量、变更日期、是否运到施工现场、有无回收或代用价值等。

B. 停工损失，包括由非承包商责任造成的停工或停水、停电超过间接费规定的范围。如停工造成的工人、机械、模板、脚手架等停滞的损失；临时停水、停电超过定额规定的时间；由于业主资金不到位，长时间中断停工，大型机械不能撤离而造成的损失。当发生停工时，双方应尽快以书面形式，签认停工的起始日期，现场实际停工工人的数量，现场停滞机械的型号、数量、规格，已购材料的名称、规格、数量、单价等。对于间接费定额已明确规定的，不要再另行签证。对于定额没有规定的，如停工模板、支撑、脚手架等停滞损失如何界定和补偿，是一个比较棘手的问题，应根据不同的工程实际情况来做出补偿。双方均应实事求是地根据工程的具体实际情况，参考有关定额和规定，尽可能合理地办理签证。

C. 建筑材料单价的签证。建筑材料的价格是影响工程造价的重要因素之一，在工程结算造价中占有相当大的比例。随着建设事业的发展和市场经济体系的建立，建筑材料价格也因市场产、供、销变化和国家政策影响而不断升降，从而直接影响工程造价的升降。因此，建筑材料单价的签证价款控制尤其重要。在办理建筑材料单价的签证时，应注意弄清哪些材料需要办理签证以及如何办好，因为并不是所有的建筑材料都要办理签证。对于所签证的建筑材料单价，如已包含采保运杂费的应注明，避免结算时重复计算。不要把建筑工程主要材料的单价签证列入直接费，应只作调价差处理。对于需办签证的材料单价，最好双方一起做市场调查，如实签明材料的名称、规格、厂家、单价、时间以及是否已包含采保运杂费等。还要注意不要把材料的损耗计入单价内，因在结算套定额时就已包含了材料的损耗。

③ 工程工期(进度)签证。是指在工程实施过程中因主要分部分项工程的实际施工进度、工程主要材料、设备进退场时间及业主原因造成的延期开工、暂停开工、工期延误的签证；在建筑工程结算中，同一工程在不同时期完成的工作量，其材料价差和人工费的调整等不同。不少工程没有办理工程进度签证或没有如实办理而在结算时发生双方扯皮的情况。

④ 工程隐蔽签证。是指施工完成后将被覆盖的工程签证。此类签证资料一旦缺失将

难以完成结算，其中应特别注意的有：基坑开挖验槽记录；基础换土材质、深度、宽度记录；桩灌入深度及有关出槽量记录；钢筋验收记录。签证必须真实和及时，不要过后补签。

现场签证注意要点：

A. 现场签证必须具备业主驻工地代表（至少2人以上）和承包商驻工地代表双方签字，对于签证价款较大或大宗材料单价，应加盖公章。双方工地代表均为合同委派或书面委派。

B. 凡预算定额或间接费定额、有关文件有规定的项目，不得另行签证。若把握不了，可向工程造价中介机构咨询，或委托其参与解决。

C. 现场签证内容、数量、项目、原因、部位、日期等要明确，价款的结算方式、单价的确定应明确商定。

D. 现场签证要及时签办，不应拖延过后补签。对于一些重大的现场变化，还应及时拍照或录像，以保存第一手原始资料。

E. 现场签证要一式几份，各方至少保存1份原件（最好按档案要求的份数），避免自行修改，结算时无对证。

F. 现场签证应编号归档。在送审时，统一由送审单位加盖送审资料章，以证明此签证单是由送审单位提交给审核单位的，避免在审核过程中，各方根据自己的需要自行补交签证单。

9.1.6 工程竣工结算

工程竣工结算是指承包人按照合同规定的内容全部完成所承包的工程，经验收质量合格并符合合同要求之后，向发包人进行的最终工程价款结算。工程竣工结算分为单位工程竣工结算、单项工程竣工结算和建设项目竣工总结算，其中单位工程竣工结算和单项工程竣工结算也可看做是分阶段结算。单项工程竣工结算或建设项目竣工总结算经发、承包人签字盖章后有效。

1）工程竣工结算的编制

工程竣工结算由承包人或受其委托具有相应资质的工程造价咨询人编制，由发包人或受其委托具有相应资质的工程造价咨询人核对。

（1）工程竣工结算编制的主要依据

①《建设工程工程量清单计价规范》(GB 50500—2008)。

② 施工合同。

③ 工程竣工图纸及资料。

④ 双方确认的工程量。

⑤ 双方确认追加(减)的工程价款。

⑥ 双方确认的索赔、现场签证事项及价款。

⑦ 招投标文件。

（2）工程竣工结算的编制内容

① 分部分项工程费。应依据双方确认的工程量、合同约定的综合单价计算；如发生调整的，以发、承包双方确认调整的综合单价计算。

② 措施项目费。应遵循以下原则：

A. 采用综合单价计价的措施项目,应依据发、承包双方确认的工程量和综合单价计算。

B. 明确采用"项"计价的措施项目,应依据合同约定的措施项目和金额或发、承包双方确认调整后的措施项目费金额计算。

C. 措施项目费中的安全文明施工费应按照国家或省级、行业建设主管部门的规定计算。施工过程中,国家或省级、行业建设主管部门对安全文明施工费进行了调整的,措施项目费中的安全文明施工费应作相应调整。

③ 其他项目费。应按以下规定计算:

A. 计日工的费用应按发包人实际签证确认的数量和合同约定的相应项目综合单价计算。

B. 暂估价中的材料单价应按发、承包双方最终确认价在综合单价中调整;专业工程暂估价应按中标价或发包人、承包人与分包人最终确认价计算。

C. 总承包服务费应依据合同约定金额计算,如发生调整的,以发、承包双方确认调整的金额计算。

D. 索赔费用应依据发、承包双方确认的索赔事项和金额计算。

E. 现场签证费用应依据发、承包双方签证资料确认的金额计算。

F. 暂列金额应减去工程价款调整与索赔、现场签证金额计算,如有余额归发包人。

④ 规费和税金。应按照国家或省级、行业建设主管部门对规费和税金的计取标准计算。

2) 工程竣工结算审核

竣工结算审核是指对工程项目造价最终计算报告和财务划拨款额进行的审查核定。

(1) 竣工结算的审核程序

① 承包人递交竣工结算书。承包人应在合同约定时间内编制完成竣工结算书,并在提交竣工验收报告的同时递交给发包人。

承包人未在合同约定时间内递交竣工结算书,经发包人催促后仍未提供或没有明确答复的,发包人可以根据已有资料办理结算。

② 发包人进行核对。发包人在收到承包人递交的竣工结算书后,应按合同约定时间核对。

同一工程竣工结算核对完成,发、承包双方签字确认后,禁止发包人又要求承包人与另一个或多个工程造价咨询人重复核对竣工结算。

竣工结算的核对时间:按发、承包双方合同约定的时间完成。

合同约定或本规范规定的结算核对时间含发包人委托工程造价咨询人核对的时间。

③ 发、承包双方签字确认后,表示工程竣工结算完成。

发包人或受其委托的工程造价咨询人收到承包人递交的竣工结算书后,在合同约定时间内,不核对竣工结算或未提出核对意见的,视为承包人递交的竣工结算书已经认可,发包人应向承包人支付工程结算价款。

承包人在接到发包人提出的核对意见后,在合同约定时间内,不确认也未提出异议的,视为发包人提出的核对意见已经认可,竣工结算办理完毕。

发包人应对承包人递交的竣工结算书签收,拒不签收的,承包人可以不交付竣工工程。

承包人未在合同约定时间内递交竣工结算书的，发包人要求交付竣工工程，承包人应当交付。

竣工结算办理完毕，发包人应将竣工结算书报送工程所在地工程造价管理机构备案。竣工结算书作为工程竣工验收备案、交付使用的必备文件。

④ 工程竣工结算价款的支付。

竣工结算办理完毕，发包人应根据确认的竣工结算书在合同约定时间内向承包人支付工程竣工结算价款。

发包人未在合同约定时间内向承包人支付工程结算价款的，承包人可催告发包人支付结算价款。如达成延期支付协议的，发包人应按同期银行同类贷款利率支付拖欠工程价款的利息。如未达成延期支付协议，承包人可以与发包人协商将该工程折价，或申请人民法院将该工程依法拍卖，承包人就该工程折价或者拍卖的价款优先受偿。

(2) 竣工结算的审核内容

竣工结算审核必须严格遵守国家有关规章制度、严格依法办事、科学合理、不偏不倚，应对审核质量负责，不得营私舞弊或敷衍了事、以权谋私。

单位工程竣工结算审核是在经审定的施工图预算造价或者合同价款基础上进行的，审核的内容主要包括审核施工合同、审核设计变更、审核施工进度。

① 审核施工合同

施工合同是明确发包人和承包人双方责任、权利与义务的法律文件之一。合同的签订方式直接影响竣工结算的编制与审核。竣工结算审核时，首先必须了解施工合同有关工程造价确定的具体内容和要求，确定竣工结算审核的重点。

A. 对招标承包的工程，竣工结算审核。不能实施全过程审核，其中通过招标投标确定下来的合同价部分，只审核其中是否有违反合同法及施工实际的不合理费用项目，尤其是总价合同，不再进行从工程量到工程单价的具体项目审核，以维护合同与招标投标过程的严肃性。审核重点主要是设计变更审核与价差审核。对于单价合同，则需要复核按图施工的工程量。

B. 对未经过招投标程序的一般包工包料工程，竣工结算审核。重点应落实在竣工结算全部内容上，即从工程量审核入手，定额套用审核，直至进行对设计变更、价差等有关项目审核。审核过程同施工图预算(定额计价法)审查。

② 审核设计变更

A. 审核设计变更手续是否合理、合规。设计变更应当有变更通知单，并具备发包人、承包人的签字盖章。对于影响较大的结构变更，例如改变柱梁个数、体积、配筋量等，还必须具有设计单位的签字。

B. 审核设计变更是否真实性，即工程实体与设计变更通知要求应相吻合。为此，需要经过实地勘察或了解施工验收记录，对于隐蔽工程部位尤其要注意，如工程实际部位符合设计变更要求，属真实变更，予以认可。

C. 审核设计变更数量的真实性。要审核设计变更部位的工程量增减是否正确；变更部位的单价选用或者定额套用是否合理，设计变更部位的增减变化是否得到了如实反映；设计变更计算过程是否规范。

③ 审核施工进度

施工进度直接影响竣工结算造价。这部分的审核内容主要是：

A. 审核工程进度计划的落实情况。如发生因发包人原因造成的停工、返工现象，应根据签证，考虑人工费增加。

B. 审核工程施工进度是否与工程量数量相对应，不同施工阶段的工程量数量比例是费用计算的主要依据。

C. 审核施工过程中有关人工、机械台班和材料价格与取费文件变化情况，选择合适的计算标准，使竣工结算与工程施工过程相吻合。

上述审核过程完结后，汇总审核后的竣工结算造价，达成由发包人（审核单位）、承包人双方认可的审定数额，做出审核结论（审核报告）。审定的竣工结算数额是发包人支付承包人工程价款的最终标准。

3）工程竣工结算的争议处理

发包人以对工程质量有异议，拒绝办理工程竣工结算的，已竣工验收或已竣工未验收但实际投入使用的工程，其质量争议按该工程保修合同执行，竣工结算按合同约定办理；已竣工未验收且未实际投入使用的工程以及停工、停建工程的质量争议，双方应就有争议的部分委托有资质的检测鉴定机构进行检测，根据检测结果确定解决方案，或按工程质量监督机构的处理决定执行后办理竣工结算，无争议部分的竣工结算按合同约定办理。

9.2 建设项目竣工决算

9.2.1 竣工决算概述

1）竣工决算的概念

竣工决算是以实物数量和货币指标为计量单位，综合反映竣工项目从筹建开始到项目竣工交付使用为止的全部建设费用、投资效果和财务情况的总结性文件，是竣工验收报告的重要组成部分。竣工决算是正确核定新增固定资产价值，考核分析投资效果，建立健全经济责任制的依据，是反映建设项目实际造价和投资效果的文件。通过竣工决算，既能够正确反映建设工程的实际造价和投资结果；又可以通过竣工决算与概算、预算的对比分析，考核投资控制的工作成效，为工程建设提供重要的技术经济方面的基础资料，提高未来工程建设的投资效益。

2）竣工决算的作用

（1）建设项目竣工决算是综合、全面地反映竣工项目建设成果及财务情况的总结性文件，它采用货币指标、实物数量、建设工期和各种技术经济指标综合、全面地反映建设项目自开始建设到竣工为止全部建设成果和财务状况。

（2）建设项目竣工决算是办理交付使用资产的依据，也是竣工验收报告的重要组成部分。建设单位与使用单位在办理交付资产的验收交接手续时，通过竣工决算反映了交付使用资产的全部价值，包括固定资产、流动资产、无形资产和其他资产的价值。及时编制竣工决算可以正确核定固定资产价值并及时办理交付使用,可缩短工程建设周期,节约建设项目投资,准确考核和分析投资效果。

(3) 建设项目竣工决算是分析和检查设计概算的执行情况,考核建设项目管理水平和投资效果的依据。竣工决算反映了竣工项目计划、实际的建设规模、建设工期以及设计和实际的生产能力,反映了概算总投资和实际的建设成本,同时还反映了所达到的主要技术经济指标。通过对这些指标计划数、概算数与实际数进行对比分析,不仅可以全面掌握建设项目计划和概算执行情况,而且可以考核建设项目投资效果,为今后制订建设项目计划,降低建设成本,提高投资效果提供必要的参考资料。

9.2.2 竣工决算内容及要求

项目建设单位应在项目竣工后3个月内完成竣工财务决算的编制工作,并报主管部门审核。主管部门收到竣工财务决算报告后,对于按规定由主管部门审批的项目,应及时审核批复,并报财政部备案;对于按规定报财政部审批的项目,一般应在收到决算报告后1个月内完成审核工作,并将经其审核后的决算报告报财政部审批。以前年度已竣工尚未编报竣工财务决算的基建项目,主管部门应督促项目建设单位抓紧编报。

另外,主管部门应对项目建设单位报送的项目竣工财务决算认真审核,严格把关。审核的重点内容:项目是否按规定程序和权限进行立项、可行性研究和初步设计报批工作;项目建设超标准、超规模、超概算投资等问题审核;项目竣工财务决算金额的正确性审核;项目竣工财务决算资料的完整性审核;项目建设过程中存在主要问题的整改情况审核等。

1) 竣工决算的内容

建设项目竣工决算应包括从筹集到竣工投产全过程的全部实际费用,即包括建筑工程费、安装工程费、设备工器具购置费及预备费等费用。按照财政部、国家发展改革委及住房和城乡建设部的有关文件规定,竣工决算是由竣工财务决算说明书、竣工财务决算报表、工程竣工图和工程竣工造价对比分析四部分组成。其中,竣工财务决算说明书和竣工财务决算报表两部分又称建设项目竣工财务决算,是竣工决算的核心内容。

(1) 竣工财务决算说明书

竣工财务决算说明书主要反映竣工工程建设成果和经验,是对竣工决算报表进行分析和补充说明的文件,是全面考核分析工程投资与造价的书面总结,是竣工决算报告的重要组成部分。其内容主要包括:

① 建设项目概况。对工程总的评价,一般从进度、质量、安全和造价方面进行分析说明。进度方面主要说明开工和竣工时间,对照合理工期和要求工期分析是提前还是延期;质量方面主要根据竣工验收委员会或相当一级质量监督部门的验收评定等级、合格率和优良品率;安全方面主要根据劳动工资和施工部门的记录,对有无设备和人身事故进行说明;造价方面主要对照概算造价,说明节约或超支的情况,用金额和百分率进行分析说明。

② 资金来源及运用等财务分析。主要包括工程价款结算、会计账务的处理、财产物资情况及债权债务的清偿情况。

③ 基本建设收入、投资包干结余、竣工结余资金的上交分配情况。通过对基本建设投资包干情况的分析,说明投资包干数、实际支用数和节约额、投资包干节余的有机构成和包干节余的分配情况。

④ 各项经济技术指标的分析。概算执行情况分析,根据实际投资完成额与概算进行对比分析;新增生产能力的效益分析,说明支付使用财产占总投资额的比例、占支付使用财产的比例,不增加固定资产的造价占投资总额的比例,分析有机构成和成果。

⑤ 工程建设的经验及项目管理和财务管理工作以及竣工财务决算中有待解决的问题。

⑥ 需要说明的其他事项。

(2) 竣工财务决算报表

建设项目竣工财务决算报表根据大、中型建设项目和小型建设项目分别制定。大、中型建设项目竣工决算报表包括:建设项目竣工财务决算审批表;大、中型建设项目概况表;大、中型建设项目竣工财务决算表;大、中型建设项目交付使用资产总表;建设项目交付使用资产明细表。小型建设项目竣工财务决算报表包括建设项目竣工财务决算审批表、竣工财务决算总表、建设项目交付使用资产明细表等。

① 建设项目竣工财务决算审批表(表 9-2)。该表作为竣工决算上报有关部门审批时使用,其格式是按照中央级小型项目审批要求设计的,地方级项目可按审批要求作适当修改,大、中、小型项目均要按照下列要求填报此表。

表 9-2 建设项目竣工财务决算审批表

建设项目法人(建设单位)		建设性质	
建设项目名称		主管部门	
开户银行意见: (盖章) 年 月 日			
专员办审批意见: (盖章) 年 月 日			
主管部门或地方财政部门审批意见: (盖章) 年 月 日			

A. 表中“建设性质”按照新建、改建、扩建、迁建和恢复建设项目等分类填列。

B. 表中“主管部门”是指建设单位的主管部门。

② 大、中型建设项目概况表(表 9-3)。该表综合反映大中型项目的基本概况,内容包

括该项目总投资、建设起止时间、新增生产能力、主要材料消耗、建设成本、完成主要工程量和主要技术经济指标，为全面考核和分析投资效果提供依据，可按下列要求填写：

表 9-3　大、中型建设项目概况表

<table>
<tr><td>建设项目(单项工程)名称</td><td colspan="2"></td><td>建设地址</td><td colspan="2"></td><td rowspan="9">基本建设支出</td><td>项　目</td><td>概算(元)</td><td>实际(元)</td><td>备注</td></tr>
<tr><td rowspan="2">主要设计单位</td><td colspan="2" rowspan="2"></td><td rowspan="2">主要施工企业</td><td colspan="2" rowspan="2"></td><td>建筑安装工程投资</td><td></td><td></td><td></td></tr>
<tr><td>设备、工具、器具</td><td></td><td></td><td></td></tr>
<tr><td rowspan="2">占地面积</td><td>设计</td><td>实际</td><td rowspan="2">总投资(万元)</td><td>设计</td><td>实际</td><td>待摊投资</td><td></td><td></td><td></td></tr>
<tr><td></td><td></td><td></td><td></td><td>其中：建设单位管理费</td><td></td><td></td><td></td></tr>
<tr><td rowspan="2">新增生产能力</td><td colspan="3">能力(效益)名称</td><td>设计</td><td>实际</td><td>其他投资</td><td></td><td></td><td></td></tr>
<tr><td colspan="3"></td><td></td><td></td><td>待核销基建支出</td><td></td><td></td><td></td></tr>
<tr><td rowspan="2">建设起止时间</td><td>设计</td><td colspan="4">从　年　月开工至　年　月竣工</td><td>非经营项目转出投资</td><td></td><td></td><td></td></tr>
<tr><td>实际</td><td colspan="4">从　年　月开工至　年　月竣工</td><td>合计</td><td></td><td></td><td></td></tr>
<tr><td>初步设计和概算批准文号</td><td colspan="10"></td></tr>
</table>

<table>
<tr><td rowspan="3">完成主要工程量</td><td colspan="2">建设规模</td><td colspan="2">设备(台、套、吨)</td></tr>
<tr><td>设计</td><td>实际</td><td>设计</td><td>实际</td></tr>
<tr><td></td><td></td><td></td><td></td></tr>
<tr><td rowspan="2">收尾工程</td><td>工程项目、内容</td><td>已完成投资额</td><td>尚需投资额</td><td>完成时间</td></tr>
<tr><td></td><td></td><td></td><td></td></tr>
</table>

A. 建设项目名称、建设地址、主要设计单位和主要承包人，要按全称填列。

B. 表中各项目的设计、概算、计划等指标，根据批准的设计文件和概算、计划等确定的数字填列。

C. 表中所列新增生产能力、完成主要工程量的实际数据，根据建设单位统计资料和承包人提供的有关成本核算资料填列。

D. 表中基建支出是指建设项目从开工起至竣工为止发生的全部基本建设支出，包括形成资产价值的交付使用资产，如固定资产、流动资产、无形资产、其他资产支出，还包括不形成资产价值按照规定应核销的非经营项目的待核销基建支出和转出投资。上述支出，应根据财政部门历年批准的“基建投资表”中的有关数据填列。

E. 表中“初步设计和概算批准文号”，按最后经批准的日期和文件号填列。

F. 表中收尾工程是指全部工程项目验收后尚遗留的少量收尾工程，在表中应明确填写收尾工程内容、完成时间、这部分工程的实际成本，可根据实际情况进行估算并加以说明，完工后不再编制竣工决算。

③ 大、中型建设项目竣工财务决算表(表 9-4)。竣工财务决算表是竣工财务决算报表的一种,大、中型建设项目竣工财务决算表是用来反映建设项目的全部资金来源和资金占用情况,是考核和分析投资效果的依据。该表反映竣工的大、中型建设项目从开工到竣工为止全部资金来源和资金运用的情况。它是考核和分析投资效果,落实结余资金,并作为报告上级核销基本建设支出和基本建设拨款的依据。在编制该表前,应先编制出项目竣工年度财务决算,根据编制出的竣工年度财务决算和历年财务决算编制项目的竣工财务决算。此表采用平衡表形式,即资金来源合计等于资金支出合计。具体编制方法是:

表 9-4 大、中型建设项目竣工财务决赛表　　单位:元

资金来源	金额	资金占用	金额	补充资料
一、基建拨款		一、基本建设支出		
1. 预算拨款		1. 交付使用资产		
2. 基建基金拨款		2. 在建工程		1. 基建投资借款期末余额
其中:国债专项资金拨款		3. 待核销基建支出		
3. 专项建设基金拨款		4. 非经营性项目转出投资		
4. 进口设备转账拨款		二、应收生产单位投资借款		
5. 器材转账拨款		三、拨付所属投资借款		
6. 煤代油专用基金拨款		四、器材		2. 应收生产单位投资借款期末数
7. 自筹资金拨款		其中:待处理器材损失		
8. 其他拨款		五、货币资金		
二、项目资本金		六、预付及应收款		
1. 国家资本		七、有价证券		3. 基建结余资金
2. 法人资本		八、固定资产		
3. 个人资本		固定资产原价		
三、项目资本公积金		减:累计折旧		
四、基建借款		固定资产净值		
其中:国债转贷		固定资产清理		
五、上级拨入投资借款		待处理固定资产损失		
六、企业债券资金				

续表 9-4

资金来源	金额	资金占用	金额	补充资料
七、待冲基建支出				
八、应付款				
九、未交款				
1. 未交税金				
2. 其他未交款				
十、上级拨入资金				
十一、留成收入				
合　计		合　计		

A. 资金来源包括基建拨款、项目资本金、项目资本公积金、基建借款、上级拨入投资借款、企业债券资金、待冲基建支出、应付款和未交款以及上级拨入资金和企业留成收入等。

a. 项目资本金是指经营性项目投资者按国家有关项目资本金的规定，筹集并投入项目的非负债资金，在项目竣工后，相应转为生产经营企业的国家资本金、法人资本金、个人资本金和外商资本金。

b. 项目资本公积金是指经营性项目投资者实际缴付的出资额超过其资金的差额（包括发行股票的溢价净收入）、资产评估确认价值或者合同协议约定价值与原账面净值的差额、接受捐赠的财产、资本汇率折算差额，在项目建设期间作为资本公积金、项目建成交付使用并办理竣工决算后，转为生产经营企业的资本公积金。

c. 基建收入是基建过程中形成的各项工程建设副产品变价净收入、负荷试车的试运行收入以及其他收入，在表中基建收入以实际销售收入扣除销售过程中所发生的费用和税后的实际纯收入填写。

B. 表中"交付使用资产"、"预算拨款"、"自筹资金拨款"、"其他拨款"、"项目资本金"、"基建投资借款"、"其他借款"等项目，是指自开工建设至竣工的累计数，上述有关指标应根据历年批复的年度基本建设财务决算和竣工年度的基本建设财务决算中资金平衡表相应项目的数字进行汇总填写。

④ 大、中型建设项目交付使用资产总表（表 9-5）。该表反映建设项目建成后新增固定资产、流动资产、无形资产和其他资产价值的情况和价值，作为财产交接、检查投资计划完成情况和分析投资效果的依据。小型项目不编制"交付使用资产总表"，直接编制"交付使用资产明细表"，大中型项目在编制"交付使用资产总表"的同时，还需编制"交付使用资产明细表"。

表 9-5　大、中型建设项目交付使用资产总表　　单位:元

序号	单项工程项目名称	总计	固定资产				流动资产	无形资产	其他资产
			合计	建安工程	设备	其他			

交付单位:　　负责人:　　接受单位:　　负责人:
盖　章　　年　月　日　　盖　章　　年　月　日

A. 表中各栏目数据根据“交付使用明细表”的固定资产、流动资产、无形资产、其他资产各相应项目的汇总数分别填写,表中“总计”栏的总计数应与竣工财务决算表中的交付使用资产的金额一致。

B. 表中第 3 栏,第 4 栏,第 8、9、10 栏的合计数,应分别与竣工财务决算表交付使用的固定资产、流动资产、无形资产、其他资产的数据相符。

⑤ 建设项目交付使用资产明细表(表 9-6)。该表反映交付使用的固定资产、流动资产、无形资产和其他资产及其价值的明细情况,是办理资产交接和接收单位登记资产账目的依据,是使用单位建立资产明细账和登记新增资产价值的依据。大、中型和小型建设项目均需编制此表。

表 9-6　建设项目交付使用资产明细表

单项工程名称	固定资产									流动资产		无形资产		其他资产	
	建筑工程			设备、工具、器具、家具											
	结构	面积(m^2)	价值(元)	名称	规格型号	单位	数量	价值(元)	设备安装费(元)	名称	价值(元)	名称	价值(元)	名称	价值(元)

A. 表中“建筑工程”项目应按单项工程名称填列其结构、面积和价值。其中“结构”按钢结构、钢筋混凝土结构、混合结构等结构形式填写;面积则按各项目实际完成面积填列;价值按交付使用资产的实际价值填写。

B. 表中“固定资产”部分要在逐项盘点后，根据盘点实际情况填写，工具、器具和家具等低值易耗品可分类填写。

C. 表中“流动资产”、“无形资产”、“其他资产”项目应根据建设单位实际交付的名称和价值分别填列。

⑥ 小型建设项目竣工财务决算总表。由于小型建设项目内容比较简单，因此可将工程概况与财务情况合并编制一张“竣工财务决算总表”，该表主要反映小型建设项目的全部工程和财务情况。具体编制时可参照大、中型建设项目概况表指标和大、中型建设项目竣工财务决算表相应指标内容填写。

(3) 建设工程竣工图

建设工程竣工图是真实地记录各种地上、地下建筑物、构筑物等情况的技术文件，是工程进行交工验收、维护、改建和扩建的依据，是国家的重要技术档案。全国各建设、设计、施工单位和各主管部门都要认真做好竣工图的编制工作。国家规定：各项新建、扩建、改建的基本建设工程，特别是基础、地下建筑、管线、结构、井巷、桥梁、隧道、港口、水坝以及设备安装等隐蔽部位，都要编制竣工图。为确保竣工图质量，必须在施工过程中(不能在竣工后)及时做好隐蔽工程检查记录，整理好设计变更文件。编制竣工图的形式和深度，应根据不同情况区别对待，其具体要求包括：

① 凡按图竣工没有变动的，由承包人(包括总包和分包承包人，下同)在原施工图上加盖“竣工图”标志后，即作为竣工图。

② 凡在施工过程中，虽有一般性设计变更，但能将原施工图加以修改补充作为竣工图的，可不重新绘制，由承包人负责在原施工图(必须是新蓝图)上注明修改的部分，并附以设计变更通知单和施工说明，加盖“竣工图”标志后，作为竣工图。

③ 凡结构形式、施工工艺、平面布置、项目改变以及有其他重大改变，不宜再在原施工图上修改、补充时，应重新绘制改变后的竣工图。由原设计原因造成的，由设计单位负责重新绘制；由施工原因造成的，由承包人负责重新绘图；由其他原因造成的，由建设单位自行绘制或委托设计单位绘制。承包人负责在新图上加盖“竣工图”标志，并附以有关记录和说明，作为竣工图。

④ 为了满足竣工验收和竣工决算需要，还应绘制反映竣工工程全部内容的工程设计平面示意图。

⑤ 重大的改建、扩建工程项目涉及原有的工程项目变更时，应将相关项目的竣工图资料统一整理归档，并在原图案卷内增补必要的说明。

(4) 工程造价对比分析

对控制工程造价所采取的措施、效果及其动态的变化需要进行认真的对比，总结经验教训。批准的概算是考核建设工程造价的依据。在分析时，可先对比整个项目的总概算，然后将建筑安装工程费、设备工器具费和其他工程费用逐一与竣工决算表中所提供的实际数据和相关资料及批准的概算、预算指标，实际的工程造价进行对比分析，以确定竣工项目总造价是节约还是超支，并在对比的基础上，总结先进经验，找出节约和超支的内容和原因，提出改进措施。在实际工作中，应主要分析以下内容：

① 主要实物工程量。对于实物工程量出入比较大的情况，必须查明原因。

② 主要材料消耗量。考核主要材料消耗量，要按照竣工决算表中所列明的三大材料实际超概算的消耗量，查明是在工程的哪个环节超出量最大，再进一步查明超耗的原因。

③ 考核建设单位管理费、措施费和间接费的取费标准。建设单位管理费、措施费和间接费的取费标准要按照国家和各地的有关规定，根据竣工决算报表中所列的建设单位管理费与概预算所列的建设单位管理费数额进行比较，依据规定查明多列或少列的费用项目，确定其节约超支的数额，并查明原因。

2）竣工决算的要求

（1）竣工决算的编制时限

建设单位及主管部门应加强对基本建设项目竣工财务决算的组织领导，组织专门人员，及时编制竣工财务决算。设计、施工、监理等单位应积极配合建设单位做好竣工财务决算编制工作。建设单位应在项目竣工后3个月内完成竣工财务决算的编制工作。在竣工财务决算未经批复之前，原机构不得撤销，项目负责人及财务主管人员不得调离。

已具备竣工验收条件的项目，3个月内不办理竣工验收和固定资产移交手续的，视同项目已正式投产，逾期发生的费用不得从基建投资中支付，所实现的收入作为生产经营收入，不再作为基建收入管理。

建设项目按批准的设计文件所规定的内容建成，工业项目经负荷试车考核或试运行期间能够正常生产合格产品，非工业项目符合设计要求，能够正常使用时，应及时组织验收，移交生产或使用。凡已超过批准的试运行期，并已符合验收条件但未及时办理竣工验收手续的建设项目，视同项目已正式投产，逾期发生的费用不得从基建投资中支付，所实现的收入作为生产经营收入，不再作为基建收入。试运行期一经确定，建设单位应严格按规定执行，不得擅自缩短或延长。试运行期按照以下规定确定：引进国外设备项目按合同约定的试运行期执行；国内一般性建设项目试运行期原则上按照批准的设计文件所规定期限执行。个别行业的建设项目试运行期需要超过规定试运行期的，应报项目设计文件审批机关批准。

（2）竣工决算的审批程序

财务部对中央级大中型项目、国家确定的重点小型项目的竣工财务决算的审批，实行“先审核、后审批”的办法，即先委托投资评审机构或工程造价咨询企业对建设项目单位编制的竣工财务决算进行审核，再按规定批复。对审核中核减的概算内投资，经财务部审核确认后，按投资来源比例归还投资方。

9.2.3 竣工决算编制依据及步骤

（1）竣工决算的编制依据

① 经批准的可行性研究报告、投资估算书，初步设计或扩大初步设计，修正总概算及其批复文件。

② 经批准的施工图设计及其施工图预算书。

③ 设计交底或图纸会审会议纪要。

④ 设计变更记录、施工记录或施工签证单及其他施工发生的费用记录。

⑤ 招标控制价，承包合同、工程结算等有关资料。

⑥ 历年基建计划、历年财务决算及批复文件。

⑦ 设备、材料调价文件和调价记录。

⑧ 有关财务核算制度、办法和其他有关资料。

(2) 竣工决算的编制要求

为了严格执行建设项目竣工验收制度，正确核定新增固定资产价值，考核分析投资效果，建立健全经济责任制，所有新建、扩建和改建等建设项目竣工后，都应及时、完整、正确的编制好竣工决算。建设单位要做好以下工作：

① 按照规定组织竣工验收，保证竣工决算的及时性。竣工结算是对建设工程的全面考核。所有的建设项目(或单项工程)按照批准的设计文件所规定的内容建成后，具备了投产和使用条件的，都要及时组织验收。对于竣工验收中发现的问题，应及时查明原因，采取措施加以解决，以保证建设项目按时交付使用和及时编制竣工决算。

② 积累、整理竣工项目资料，保证竣工决算的完整性。积累、整理竣工项目资料是编制竣工决算的基础工作，它关系到竣工决算的完整性和质量的好坏。因此，在建设过程中，建设单位必须随时收集项目建设的各种资料，并在竣工验收前，对各种资料进行系统整理，分类立卷，为编制竣工决算提供完整的数据资料，为投产后加强固定资产管理提供依据。在工程竣工时，建设单位应将各种基础资料与竣工决算一起移交给生产单位或使用单位。

③ 清理、核对各项账目，保证竣工决算的正确性。工程竣工后，建设单位要认真核实各项交付使用资产的建设成本；做好各项账务、物资以及债权的清理结余工作，应偿还的及时偿还，该收回的应及时收回，对各种结余的材料、设备、施工机械工具等，要逐项清点核实，妥善保管，按照国家有关规定进行处理，不得任意侵占；对竣工后的结余资金，要按规定上交财政部门或上级主管部门。在完成上述工作，核实了各项数字的基础上，正确编制从年初起到竣工月份止的竣工年度财务决算，以便根据历年的财务决算和竣工年度财务决算进行整理汇总，编制建设项目决算。

按照规定，竣工决算应在竣工项目办理验收交付手续后 1 个月内编好，并上报主管部门，有关财务成本部分，还应送经办行审查签证。主管部门和财政部门对报送的竣工决算审批后，建设单位即可办理决算调整和结束有关工作。

(3) 竣工决算的编制步骤

① 收集、整理和分析有关依据资料。在编制竣工决算文件之前，应系统地整理所有的技术资料、工料结算的经济文件、施工图纸和各种变更与签证资料，并分析它们的准确性。完整、齐全的资料，是准确而迅速地编制竣工决算的必要条件。

② 清理各项财务、债务和结余物资。在收集、整理和分析有关资料中，要特别注意建设工程从筹建到竣工投产或使用的全部费用的各项账务，债权和债务的清理，做到工程完毕账目清晰，既要核对账目，又要查点库存实物的数量，做到账与物相等，账与账相符，对结余的各种材料、工器具和设备要逐项清点核实，妥善管理，并按规定及时处理，收回资金。对各种往来款项要及时进行全面清理，为编制竣工决算提供准确的数据和结果。

③ 核实工程变动情况。重新核实各单位工程、单项工程造价，将竣工资料与原设计图纸进行查对、核实，必要时可实地测量，确认实际变更情况；根据经审定的承包人竣工结算等原始资料，按照有关规定对原概、预算进行增减调整，重新核定工程造价。

④ 编制建设工程竣工决算说明。按照建设工程竣工决算说明的内容要求，根据编制依据材料填写在报表中的结果，编写文字说明。

⑤ 填写竣工决算报表。按照建设工程决算表格中的内容，根据编制依据中的有关资料进行统计或计算各个项目和数量，并将其结果填到相应表格的栏目内，完成所有报表的填写。

⑥ 做好工程造价对比分析。

⑦ 清理、装订好竣工图。

⑧ 上报主管部门审查存档。

将上述编写的文字说明和填写的表格经核对无误后装订成册，即为建设工程竣工决算文件。将其上报主管部门审查，并把其中的财务成本部分送交开户银行签证。竣工决算在上报主管部门的同时，抄送有关设计单位。大、中型建设项目的竣工决算还应抄送财政部、建设银行总行和省、自治区、直辖市的财政局和建设银行分行各一份。建设工程竣工决算的文件，由建设单位负责组织人员编写，在竣工建设项目办理验收使用一个月之内完成。

【例 9-6】 某一大中型建设项目 2006 年开工建设，2008 年年底有关财务核算资料如下：

(1) 已经完成部分单项工程，经验收合格后，已经交付使用的资产包括：

① 固定资产价值 75 540 万元。

② 为生产准备的使用期限在 1 年以内的备品备件、工具、器具等流动资产价值 30 000 万元，期限在 1 年以上，单位价值在 1 500 元以上的工具 60 万元。

③ 建造期间购置的专利权、非专利技术等无形资产 2 000 万元，摊销期 5 年。

(2) 基本建设支出的未完成项目包括：

① 建筑安装工程支出 16 000 万元。

② 设备工器具投资 44 000 万元。

③ 建设单位管理费、勘察设计费等待摊投资 2 400 万元。

④ 通过出让方式购置的土地使用权形成的其他投资 110 万元。

(3) 非经营项目发生待核销基建支出 50 万元。

(4) 应收生产单位投资借款 1 400 万元。

(5) 购置需要安装的器材 50 万元，其中待处理器材 16 万元。

(6) 货币资金 470 万元。

(7) 预付工程款及应收有偿调出器材款 18 万元。

(8) 建设单位自用的固定资产原值 60 550 万元，累计折旧 10 022 万元。

(9) 反映在《资金平衡表》上的各类资金来源的期末余额是：

① 预算拨款 52 000 万元。

② 自筹资金拨款 58 000 万元。

③ 其他拨款 450 万元。

④ 建设单位向商业银行借入的借款 110 000 万元。

⑤ 建设单位当年完成交付生产单位使用的资产价值中，200 万元属于利用投资借款形成的待冲基建支出。

⑥ 应付器材销售商 40 万元贷款和尚未支付的应付工程款 1 916 万元。

⑦ 未交税金 30 万元。

根据上述有关资料编制该项目竣工财务决算表(见表 9-7)。

表 9-7 大、中型建设项目竣工财务决算表

建设项目名称:××建设项目　　　　单位:万元

资金来源	金额	资金占用	金额	补充资料
一、基建拨款	110 450	一、基本建设支出	170 160	1. 基建投资借款期末余额
1. 预算拨款	52 000	1. 交付使用资产	107 600	
2. 基建基金拨款		2. 在建工程	62 510	
其中:国债专项资金拨款		3. 待核销基建支出	50	
3. 专项建设基金拨款		4. 非经营性项目转出投资		
4. 进口设备转账拨款		二、应收生产单位投资借款	1 400	2. 应收生产单位投资借款期末数
5. 器材转账拨款		三、拨付所属投资借款		
6. 煤代油专用基金拨款		四、器材	50	
7. 自筹资金拨款	58 000	其中:待处理器材损失	16	3. 基建结余资金
8. 其他拨款	440	五、货币资金	470	
二、项目资本金		六、预付及应收款	18	
1. 国家资本		七、有价证券		
2. 法人资本		八、固定资产	50 528	
3. 个人资本		固定资产原值	60 550	
三、项目资本公积		减:累计折旧	10 022	
四、基建借款		固定资产净值	50 528	
其中:国债转贷	110 000	固定资产清理		
五、上级拨入投资借款		待处理固定资产损失		
六、企业债券资金				
七、待冲基建支出	200			
八、应付款	1 956			
九、未交款	30			
1. 未交税金	30			
2. 其他未交款				
十、上级拨入资金				
十一、留成收入				
合　计	222 626	合　计	222 626	

10　工程量清单与清单计价

为规范工程造价计价行为，统一建设工程工程量清单的编制和计价方法，根据《中华人民共和国建筑法》、《中华人民共和国合同法》、《中华人民共和国招标投标法》等法律法规，制定了《建设工程工程量清单计价规范》。《建设工程工程量清单计价规范》的推行，将提高工程量清单计价改革的整体效力，更加有利于工程量清单计价的全面推行，更加有利于规范工程建设参与各方的计价行为，对建立公开、公平、公正的市场竞争秩序，推进和完善市场形成工程造价机制的建设必将发挥重要作用，进一步推动我国工程造价改革迈上新的台阶。

10.1　工程量清单概述

10.1.1　工程量清单含义及特点

工程量清单是指建设工程的分部分项工程项目、措施项目、其他项目、规费项目和税金项目的名称和相应数量等的明细清单，是由具有编制能力的招标人或受其委托，具有相应资质的工程造价咨询人进行编制。适用于建设工程工程量清单计价活动，包括：建筑工程、装饰装修工程、安装工程、市政工程、园林绿化工程和矿山工程。

工程量清单具有以下特点：

(1) 工程量清单体现了招标人要求投标人完成的全部工程项目及相应的工程数量，全面反映了投标报价要求，是投标人进行报价的依据。工程量清单必须作为招标文件的组成部分，其准确性和完整性由招标人负责。

(2) 工程量清单是工程量清单计价的基础，是编制招标控制价、投标报价、计算工程量、支付工程款、调整合同价款、办理竣工结算以及工程索赔等的依据之一。

(3) 工程量清单的编制与核对应由具有编制能力的招标人或受其委托，具有相应资质的工程造价咨询人编制。

(4)《建设工程工程量清单计价规范》附录A、附录B、附录C、附录D、附录E、附录F应作为编制工程量清单的依据。

10.1.2　工程量清单的作用

工程量清单作为招标文件的组成部分，一个最基本的功能是作为信息的载体，为潜在的投标者提供必要的信息。除此之外，还具有以下作用：

(1) 为投标者提供了一个公开、公平、公正的竞争环境。工程量清单由招标人统一提供，统一的工程量避免了由于计算不准确、项目不一致等人为因素造成的不公正影响，使投标者站在同一起跑线上，创造了一个公平的竞争环境。

(2) 是计价和评标的基础。工程量清单由招标人提供，无论是招标控制价还是企业投标报价的编制，都必须在清单的基础上进行，同样也为今后的评标奠定了基础。当然，如果发现清单有计算错误或是漏项，也可按招标文件的有关要求在中标后进行修正。

(3) 为施工过程中支付工程进度款提供依据。与合同结合，工程量清单为施工过程中的进度款支付提供依据。

(4) 为办理工程结算、竣工结算及工程索赔提供了重要依据。

10.2 《建设工程工程量清单计价规范》(GB 50500—2008)简介

10.2.1 《建设工程工程量计价规范》的主要内容

《建设工程工程量清单计价规范》(GB 50500—2008)正文条文共136条，附录6个。涉及工程量清单计价模式下编制工程量清单和招标控制价、投标报价、合同价款的约定，以及工程计量与价款支付、工程价款调整、索赔、竣工结算、工程计价争议处理等内容。主要内容如下：

1. 总则
2. 术语
3. 工程量清单编制
3.1 一般规定
3.2 分部分项工程量清单
3.3 措施项目清单
3.4 其他项目清单
3.5 规费清单
3.6 税金项目清单
4. 工程量清单计价
4.1 一般规定
4.2 招标控制价
4.3 投标价
4.4 工程合同价款的约定
4.5 工程计量与价款支付
4.6 索赔与现场签证
4.7 工程价款调整
4.8 竣工结算
4.9 工程计价争议处理
5. 工程量清单计价表格
5.1 计价表格组成
5.2 计价表格使用规定
6 附录

其中：附录A为建筑工程工程量清单项目及计算规则，适用于工业与民用建筑物和构筑物工程；附录B为装饰装修工程工程量清单项目及计算规则，适用于工业与民用建筑物和构筑物的装饰装修工程；附录C为安装工程工程量清单项目及计算规则，适用于工业与民用安装工程；附录D为市政工程工程量清单项目及计算规则，适用于城市市政建设工程；附录E为园林绿化工程工程量清单项目及计算规则，适用于园林绿化工程；附录F为矿山工程工程量清单项目及计算规则，适用于矿山工程。

10.2.2 《建设工程工程量计价规范》的特点

《建设工程工程量清单计价规范》(GB 50500—2008)的主要特点：

1) 内容更加全面

2008 规范的内容涵盖了工程施工阶段从招投标开始到施工竣工结算办理的全过程。包括工程量清单的编制，招标控制价和投标报价的编制，工程合同签订时对合同价款的约定，施工过程中工程量的计量与价款支付，索赔与现场签证，工程价款的调整，工程竣工后结算的办理以及工程计价争议的处理等内容。

2) 增加了强制性条文

全部使用国有资金投资或国有资金投资为主的工程建设项目，必须采用工程量清单计价。除此之外，强制性条文基本上涵盖了工程施工阶段的全过程，使工程施工过程中每个计价阶段都有"规"可依、有"章"可循，对全面规范工程造价计价行为具有重要的意义。

3) 体现了工程造价计价各阶段的要求，使工程造价计价行为形成有机整体

工程建设的特点使得工程造价计价具有阶段性。工程建设的每个阶段计价都有其固有的特性，但各个阶段之间有时是相互关联的。2008 规范各条文之间按照工程施工建设的顺序是承前启后、相互沟通的，使整个条文形成一个规范工程造价计价行为的有机整体。

4) 体现了国情

2008 规范充分考虑到我国建设市场的实际情况，在安全文明施工费、规费等计取上规定了不允许竞价；在应对物价波动对工程造价的影响上，较为公平地提出了发、承包双方共担风险的规定。避免了招标人凭借工程发包中的有利地位无限制地转嫁风险的情况，同时遏制了施工企业以牺牲职工切身利益为代价作为市场竞争中降价的利益驱动。

5) 条文规定更具操作性

2008 规范充分注意了工程建设计价的难点，从工程造价计价的实际需要出发，增加和修订了相关的工程造价计价的具体操作条款，并完善了工程量清单计价表格，使 2008 规范更贴近实际计价需要。同时，从我国工程造价管理的实际出发，既考虑全国工程造价计价管理的统一性，又考虑各地方和行业计价管理的特点，允许地方和行业根据本地区、本行业工程造价计价特点，对规范中的计价表格进行补充，使 2008 规范更加贴近工程造价管理的需要。

10.3 工程量清单的编制

工程量清单的编制专业性强，内容复杂，对编制人的业务技术水平要求高。能否编制出完整、严谨的工程量清单，直接影响招标的质量，也是招标成败的关键。

10.3.1 工程量清单格式及清单编制的规定

工程量清单应由分部分项工程量清单、措施项目清单、其他项目清单、规费项目清单、税金项目清单组成。

1）工程量清单的格式

（1）工程量清单封面

________________工程

工 程 量 清 单

招标人：________________ 工程造价咨询人：________________

（单位盖章） （单位资质盖章）

法定代表人或其授权人：________________ 法定代表人或其授权人：________________

（签字或盖章） （签字或盖章）

编 制 人：________________ 复 核 人：________________

（签字盖专用章） （签字盖专用章）

编制时间： 年 月 日 复核时间： 年 月 日

（2）总说明

表 10-1 总 说 明

工程名称： 第 页共 页

（3）分部分项工程量清单与计价表

表 10-2 分部分项工程量清单与计价表

工程名称：　　　　　　　　　　标段：　　　　　　　　　　第　页共　页

序号	项目编码	项目名称	项目特征描述	计量单位	工程量	金额(元)		
						综合单价	合价	其中：暂估价
本页小计								
合　计								

(4) 措施项目清单与计价表

表 10-3 措施项目清单与计价表(一)

工程名称：　　　　　　　　　　标段：　　　　　　　　　　第　页共　页

序号	项目名称	计算基础	费率(%)	金额(元)
1	安全文明施工费			
2	夜间施工费			
3	二次搬运费			
4	冬雨季施工			
5	大型机械设备进出场及安拆费			
6	施工排水			
7	施工降水			
8	地上、地下设施，建筑物的临时保护设施			
9	已完工程及设备保护			
10	各专业工程的措施项目			
11				
合　计				

注：本表适用于以“项”计价的措施项目。

表 10-4　措施项目清单与计价表(二)

工程名称：　　　　　　　　　　　　　　标段：　　　　　　　　　　第　页共　页

序号	项目编码	项目名称	项目特征描述	计量单位	工程量	金额(元)	
						综合单价	合价
本页小计							
合计							

注：本表适用于以综合单价形式计价的措施项目。

(5) 其他项目清单与计价汇总表

表 10-5　其他项目清单与计价汇总表

工程名称：　　　　　　　　　　　　　　标段：　　　　　　　　　　第　页共　页

序号	项目名称	计量单位	金额(元)	备注
1	暂列金额			
2	暂估价			
2.1	材料暂估价			
2.2	专业工程暂估价			
3	计日工			
4	总承包服务费			
5				
合计				

注：材料暂估单价进入清单项目综合单价，此处不汇总。

表 10-6　暂列金额明细表

工程名称：　　　　　　　　　　　　　　标段：　　　　　　　　　　第　页共　页

序号	项目名称	计量单位	暂定金额(元)	备注
1				
2				
3				
4				
5				
合计				

注：此表由招标人填写，如不能详列，也可只列暂定金额总额，投标人应将上述暂列金额计入投标总价中。

表 10-7 材料暂估单价表

工程名称： 标段： 第 页 共 页

序号	材料名称、规格、型号	计量单位	单价(元)	备 注

注：此表由招标人填写，并在备注栏说明暂估价的材料拟用在哪些清单项目上，投标人应将上述材料暂估单价计入工程量清单综合单价报价中。材料包括原材料、燃料、构配件以及按规定应计入建筑安装工程造价的设备。

表 10-8 专业工程暂估价表

工程名称： 标段： 第 页 共 页

序号	工程名称	工程内容	金额(元)	备 注
合 计				

注：此表由招标人填写，投标人应将上述专业工程暂估价计入投标总价中。

表 10-9 计日工表

工程名称： 标段： 第 页 共 页

编号	项目名称	单 位	暂定数量	综合单价	合 价
一	人 工				
1					
2					
人工小计					
二	材 料				
1					
2					
材料小计					
三	施工机械				
1					
2					
施工机械小计					
总 计					

注：此表项目名称、数量由招标人填写，编制招标控制价时，单价由招标人按有关计价规定确定；投标时，单价由投标人自主报价，计入投标总价中。

表 10-10　总承包服务费计价表

工程名称：　　　　　　　　　　　　　　标段：　　　　　　　　　　　第　页共　页

序号	项目名称	项目价值(元)	服务内容	费率(%)	金额(元)
1	发包人发包专业工程				
2	发包人供应材料				
合　计					

(6) 规费、税金项目清单与计价表

表 10-11　规费、税金项目清单与计价表

工程名称：　　　　　　　　　　　　　　标段：　　　　　　　　　　　第　页共　页

序号	项目名称	计算基础	费率(%)	金额(元)
1	规　费			
1.1	工程排污费			
1.2	社会保障费			
(1)	养老保险费			
(2)	失业保险费			
(3)	医疗保险费			
1.3	住房公积金			
1.4	危险作业意外伤害保险			
1.5	工程定额测定费			
2	税　金	分部分项工程费＋措施项目费＋其他项目费＋规费		
合　计				

注：根据建设部、财政部发布的《建筑安装工程费用组成》(建标〔2003〕206 号)的规定，“计算基础”可为“直接费”、“人工费”或“人工费＋机械费”。

2) 工程量清单编制的规定

(1) 工程量清单是招标人要求投标人完成的工程项目及相应工程数量，全面反映了投标报价要求，是投标人进行报价的依据，工程量清单应是招标文件不可分割的一部分，必须由具有编制招标文件能力的招标人或受其委托具有相应资质的中介机构编制。

(2) 工程量清单反映拟建工程的全部工程内容，由分部分项工程量清单、措施项目清单、其他项目清单组成。

(3) 编制分部分项工程量清单时，项目编码、项目名称、项目特征、计量单位和工程量计算规则等严格按照国家制定的计价规范中的附录做到统一，不能任意修改和变更。其中项目编码的第十至十二位可由招标人自行设置。

(4) 措施项目清单及其他项目清单应根据拟建工程具体情况确定。

10.3.2　工程量清单封面及总说明的内容

1）工程量清单封面的内容

工程量清单封面应包括:工程名称、招标人及法定代表人或其授权人、工程造价咨询人及法定代表人或其授权人、编制人、复核人等信息。

招标人自行编制工程量清单时,由招标人单位注册的造价人员编制。招标人盖单位公章,法定代表人或其授权人签字或盖章;编制人是造价工程师的,由其签字盖执业专用章;编制人是造价员的,在编制人栏签字盖专用章,应由造价工程师复核,并在复核人栏签字盖执业专用章。

招标人委托工程造价咨询人编制工程量清单时,由工程造价咨询人单位注册的造价人员编制。工程造价咨询人盖单位资质专用章,法定代表人或其授权人签字或盖章;编制人是造价工程师的,由其签字盖执业专用章;编制人是造价员的,在编制人栏签字盖专用章,应由造价工程师复核,并在复核人栏签字盖执业专用章。

2）总说明的内容

总说明的内容应包括:

(1) 工程概况,如建设地址、建设规模、工程特征、交通状况、环保要求等。

(2) 工程发包、分包范围。

(3) 工程量清单编制依据,如采用的标准、施工图纸、标准图集等。

(4) 使用材料设备、施工的特殊要求等。

(5) 其他需要说明的问题。

10.3.3　工程量清单编制依据和编制程序

1）工程量清单编制依据

工程量清单的内容体现了招标人要求投标人完成的工程项目、工程内容及相应的工程数量。编制工程量清单应依据:

(1) 建设工程工程量清单计价规范。

(2) 国家或省级、行业建设主管部门颁发的计价依据和办法。

(3) 建设工程设计文件。

(4) 与建设工程项目有关的标准、规范、技术资料。

(5) 招标文件及其补充通知、答疑纪要。

(6) 施工现场情况、工程特点及常规施工方案。

(7) 其他相关资料。

2）工程量清单编制程序

工程量清单编制的程序如下:

(1) 熟悉图纸和招标文件。

(2) 了解施工现场的有关情况。

(3) 划分项目、确定分部分项清单项目名称、编码(主体项目)。

(4) 确定分部分项清单项目的项目特征。

(5) 计算分部分项清单主体项目工程量。

(6) 编制清单(分部分项工程量清单、措施项目清单、其他项目清单)。

(7) 复核、编写总说明。

(8) 装订。

10.3.4 分部分项工程量清单的编制

分部分项工程量清单应包括项目编码、项目名称、项目特征、计量单位和工程量。分部分项工程量清单应根据附录规定的项目编码、项目名称、项目特征、计量单位和工程量计算规则进行编制。

1) 项目编码

分部分项工程量清单的项目编码,应采用12位阿拉伯数字表示。1～9位应按附录的规定设置,10～12位应根据拟建工程的工程量清单项目名称设置。同一招标工程的项目编码不得有重码。各级编码代表的含义如下:

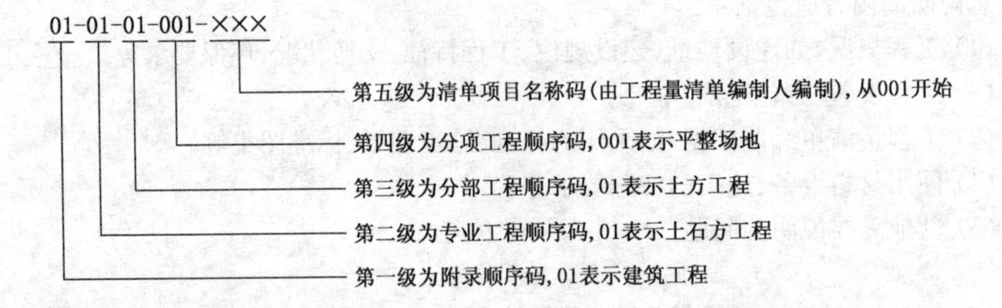

2) 项目名称

分部分项工程量清单的项目名称应按附录的项目名称结合拟建工程的实际确定。

项目名称应以工程实体命名。这里所指的工程实体,有些是可用适当的计量单位计算的简单完整的施工过程的分部分项工程,也有些是分部分项工程的组合。

3) 工程量

分部分项工程量清单中所列工程量应按附录中规定的工程量计算规则计算。

工程数量的计算主要通过工程量计算规则计算得到。工程量计算规则是指对清单项目工程量的计算规定。除另有说明外,所有清单项目的工程量应以实体工程量为准,并以完成后的净值计算;投标人投标报价时,应在单价中考虑施工中的各种损耗和需要增加的工程量。工程量的计算规则按主要专业划分,包括建筑工程、装饰装修工程、安装工程、市政工程和园林绿化工程5个专业部分。

(1) 建筑工程包括土石方工程,地基与桩基础工程,砌筑工程,混凝土及钢筋混凝土工程,厂库房大门、特种门、木结构工程,金属结构工程,屋面及防水工程,防腐、隔热、保温工程。

(2) 装饰装修工程包括楼地面工程,墙柱面工程,天棚工程,门窗工程,油漆、涂料、裱糊工程,其他装饰工程。

4）计量单位

分部分项工程量清单的计量单位应按附录中规定的计量单位确定。工程数量应遵守下列规定：

（1）以“吨”、“公里”为单位，应保留小数点后3位数字，第四位四舍五入。

（2）以“立方米”、“平方米”、“米”为单位，应保留小数点后两位数字，第三位四舍五入。

（3）以“个”、“项”、“付”、“套”等为单位，应取整数。

当计量单位有两个或两个以上时，应根据所编工程量清单项目的特征要求，选择最适宜表现该项目特征并方便计量的单位。如门窗工程的计量单位为“樘/m^2”两个计量单位，实际工作中，应选择最适宜、最方便计量的单位来表示。

5）项目特征

项目特征是指构成分部分项工程量清单项目、措施项目自身价值的本质特征。项目特征的表述按拟建工程的实际要求，以能满足确定综合单价的需要为前提。在编制工程量清单时应根据计价规范附录中有关项目特征的要求，结合技术规范、标准图集、施工图纸，按照工程结构、使用材质及规格或安装位置等予以详细而准确的表述和说明。在进行项目特征描述时，可掌握以下要点：

（1）必须描述的内容

涉及正确计量的内容必须描述；涉及结构要求的内容必须描述；涉及材质要求的内容必须描述；涉及安装方式的内容必须描述。

（2）可不描述的内容

对计量计价没有实质影响的内容可以不描述；应由投标人根据施工方案确定的可以不描述；应由投标人根据当地材料和施工要求确定的可以不描述；应由施工措施解决的可以不描述。

（3）可不详细描述的内容

无法准确描述的可不详细描述，如土壤类别注明由投标人根据地勘资料自行确定土壤类别，决定报价。施工图纸、标准图集标注明确的，可不再详细描述，对这些项目可描述为见××图集××页号及节点大样等。还有一些项目可不详细描述，如土方工程中的“取土运距”、“弃土运距”等，但应注明由投标人自定。

6）补充项目

随着科学技术日新月异的发展，工程建设中新材料、新技术、新工艺不断涌现，本规范附录所列的工程量清单项目不可能包罗万象，更不可能包含随科技发展而出现的新项目。在实际编制工程量清单时，当出现本规范附录中未包括的清单项目时，编制人应作补充。

补充项目的编码由附录的顺序码与B和3位阿拉伯数字组成，并应从×B001起顺序编制，同一招标工程的项目不得重码。工程量清单中需附有补充项目的名称、项目特征、计量单位、工程量计算规则、工程内容。

编制补充项目时应注意以下3个方面：

（1）补充项目的编码必须按本规范的规定进行。即由附录的顺序码（A、B、C、D、E、F）与B和3位阿拉伯数字组成。

（2）在工程量清单中应附补充项目的项目名称、项目特征、计量单位、工程量计算规则和工作内容。

(3) 将编制的补充项目报省级或行业工程造价管理机构备案。

表 10-12　补充工程量清单项目及计算规则(示例)

项目编码	项目名称	项目特征	计量单位	工程量计算规则	工程内容
AB001	现浇钢筋混凝土平板模板及支架	(1) 构件形状 (2) 支模高度	m^2	按与混凝土的接触面积计算,不扣除面积≤0.1 m^2 孔洞所占面积	(1) 模板安装、拆除 (2) 清理模板粘接物及模内杂物、刷隔离剂 (3) 整理堆放及场内、外运输

10.3.5　措施项目清单的编制

措施项目是指为完成工程项目施工,发生于该工程施工准备和施工过程中的技术、生活、安全、环境保护等方面的非工程实体项目。措施项目清单应根据拟建工程的实际情况列项。"通用措施项目"是指各专业工程的"措施项目清单"中均可列的措施项目,可按表 10-13 选择列项。

表 10-13　通用措施项目一览表

序号	项 目 名 称
1	安全文明施工(含环境保护、文明施工、安全施工、临时设施)
2	夜间施工
3	二次搬运
4	冬雨季施工
5	大型机械设备进出场及安拆
6	施工排水
7	施工降水
8	地上、地下设施,建筑物的临时保护设施
9	已完工程及设备保护

各专业工程的专用措施项目应按附录中各专业工程中的措施项目并根据工程实际进行选择列项。如混凝土、钢筋混凝土模板及支架与脚手架分别列于附录 A 等专业工程中。同时,当出现本规范未列的措施项目时,可根据工程实际情况进行补充。

一般来说,措施项目费用的发生和金额的大小与使用时间、施工方法或者两个以上工序相关,与实际完成的实体工程量的多少关系不大,典型的是大中型施工机械进、出场及安、拆费,文明施工和安全防护、临时设施等。以"项"为计量单位进行编制。但有的措施项目,典型的是混凝土浇筑的模板工程,与完成的工程实体具有直接关系,并且是可以精确计量的项目,宜采用分部分项工程量清单的方式进行编制,列出项目编码、项目名称、项目特征、计量单位和工程量计算规则。

对投标人来讲,措施项目清单的编制依据有拟建工程的施工组织设计、拟建工程的施工技术方案、与拟建工程相关的工程施工规范及工程验收规范、招标文件、设计文件。在设置措施项目清单时，首先，要参考拟建工程的施工组织设计，以确定环境保护、文明安全施工、材料的二次搬运等项目。其次，要参阅拟建工程的施工技术方案，以确定大型机具进出场及安拆、混凝土模板与支架、脚手架、施工排水降水、垂直运输机械等项目。第三，要参阅相关的施工规范与工程验收规范，以确定施工技术方案没有表述的但为实现施工规范与工程验收规范要求而必须发生的技术措施、招标文件中提出的某些必须通过一定的技术措施才能实现的要求、设计文件中一些不足以写进技术方案但是要通过一定的技术措施才能实现的内容。

措施项目清单计价应根据拟建工程的施工组织设计，可以计算工程量的措施项目，应按分部分项工程量清单的方式采用综合单价计价；其余的措施项目可以"项"为单位的方式计价，应包括除规费、税金外的全部费用。措施项目清单中的安全文明施工费应按照国家或省级、行业建设主管部门的规定计价，不得作为竞争性费用。

10.3.6 其他项目清单的编制

其他项目清单是指分部分项清单项目和措施项目以外，该工程项目施工中可能发生的其他费用项目和相应数量的清单。其他项目清单宜按照暂列金额、暂估价（包括材料暂估价、专业工程暂估价）、计日工、总承包服务费 4 项内容来列项。由于工程建设标准的高低、工程的复杂程度、工程的工期长短、工程的组成内容、发包人对工程管理要求等都直接影响其他项目清单的具体内容，以上内容作为列项参考，其不足部分，编制人可根据工程的具体情况进行补充。

1）暂列金额

暂列金额是指招标人在工程量清单中暂定并包括在合同价款中的一笔款项。用于施工合同签订时尚未确定或者不可预见的所需材料、设备、服务的采购，施工中可能发生的工程变更、合同约定调整因素出现时的工程价款调整以及发生的索赔、现场签证确认等的费用。

暂列金额作为暂定一笔款项，只有按照合同约定程序实际发生后，才能成为中标人的应得金额，纳入合同结算价款中。但是，扣除实际发生金额后的暂列金额余额仍属于招标人所有。设立暂列金额并不能保证合同结算价格就不会再出现超过合同价格的情况，是否超出合同价格完全取决于工程量清单编制人对暂列金额预测的准确性，以及工程建设过程是否出现了其他事先未预测到的事件。

2）暂估价

暂估价是指招标人在工程量清单中提供的用于支付必然发生但暂时不能确定价格的材料的单价以及专业工程的金额。

暂估价是在招标阶段预见肯定要发生，只是因为标准不明确或者需要由专业承包人完成，暂时无法确定其价格或金额。

一般而言，为方便合同管理和投标人组价，材料暂估价需要纳入分部分项工程量清单项目综合单价中。专业工程暂估价一般应是综合暂估价，应当包括除规费、税金以外的管理费、利润等。

3）计日工

计日工是指在施工过程中，完成发包人提出的施工图纸以外的零星项目或工作，按合同中约定的综合单价计价。计日工是为了解决现场发生的零星工作,以完成零星工作所消耗的人工工时、材料数量、机械台班进行计量,并按照计日工表中填报的适用项目的单价进行计价支付。计日工适用的所谓零星工作一般是指合同约定之外的或者因变更而产生的、工程量清单中没有相应项目的额外工作,尤其是那些时间不允许事先商定价格的额外工作。

计日工表中一定要给出暂定数量,并且需要根据经验,尽可能估算一个比较贴近实际的数量。同时,尽可能把项目列全。

4) 总承包服务费

总承包服务费是指总承包人为配合协调发包人进行的工程分包自行采购的设备、材料等进行管理、服务以及施工现场管理、竣工资料汇总整理等服务所需的费用。总承包服务费是为了解决招标人在法律、法规允许的条件下进行专业工程发包以及自行采购供应材料、设备时,要求总承包人对发包的专业工程提供协调和配合服务(如分包人使用总包人的脚手架、水电接剥等);对供应的材料、设备提供收、发和保管服务以及对施工现场进行统一管理;对竣工资料进行统一汇总整理等发生并向总承包人支付的费用。

招标人应当预计该项费用并按投标人的投标报价向投标人支付该项费用。

10.3.7 规费项目清单的编制

规费是指根据省级政府或省级有关权力部门规定必须缴纳的,应计入建筑安装工程造价的费用。规费项目清单应按照工程排污费、工程定额测定费、社会保障费(包括养老保险费、失业保险费、医疗保险费)、住房公积金、危险作业意外伤害保险等内容列项。若出现上述未列的项目,应根据省级政府或省级有关权力部门的规定列项。

规费作为政府和有关权力部门规定必须缴纳的费用,政府和有关权力部门可根据形势发展的需要,对规费项目进行调整。因此,对《建筑安装工程费用项目组成》未包括的规费项目,在计算规费时应根据省级政府和省级有关权力部门的规定进行补充。

10.3.8 税金项目清单的编制

税金是指国家税法规定的应计入建筑安装工程造价内的营业税、城市维护建设税及教育费附加等。税金项目清单应包括营业税、城市维护建设税、教育费附加 3 项内容。如国家税法发生变化或地方政府及税务部门依据职权对税种进行了调整,应对税金项目清单进行相应调整。

规费和税金应按国家或省级、行业建设主管部门的规定计算,不得作为竞争性费用。

10.4 工程量计价的编制

工程量清单计价方式,是在建设工程招投标中,招标人自行或委托具有资质的中介机构编制反映工程实体消耗和措施性消耗的工程量清单,并作为招标文件的一部分提供给投标人,由投标人依据工程量清单自主报价的计价方式。在工程招标中采用工程量清单计价是国际上较为通行的做法。

10.4.1 工程量清单计价的含义及特点

工程量清单计价是指投标人完成由招标人提供的工程量清单所需的全部费用,包括分部分项工程费、措施项目费、其他项目费、规费和税金。采用工程量清单计价,建设工程造价由分部分项工程费、措施项目费、其他项目费、规费和税金组成(见图 10-1),体现了建筑安装工程在工程交易和工程实施阶段工程造价的组价要求,包括索赔等,内容更全面、更具体。

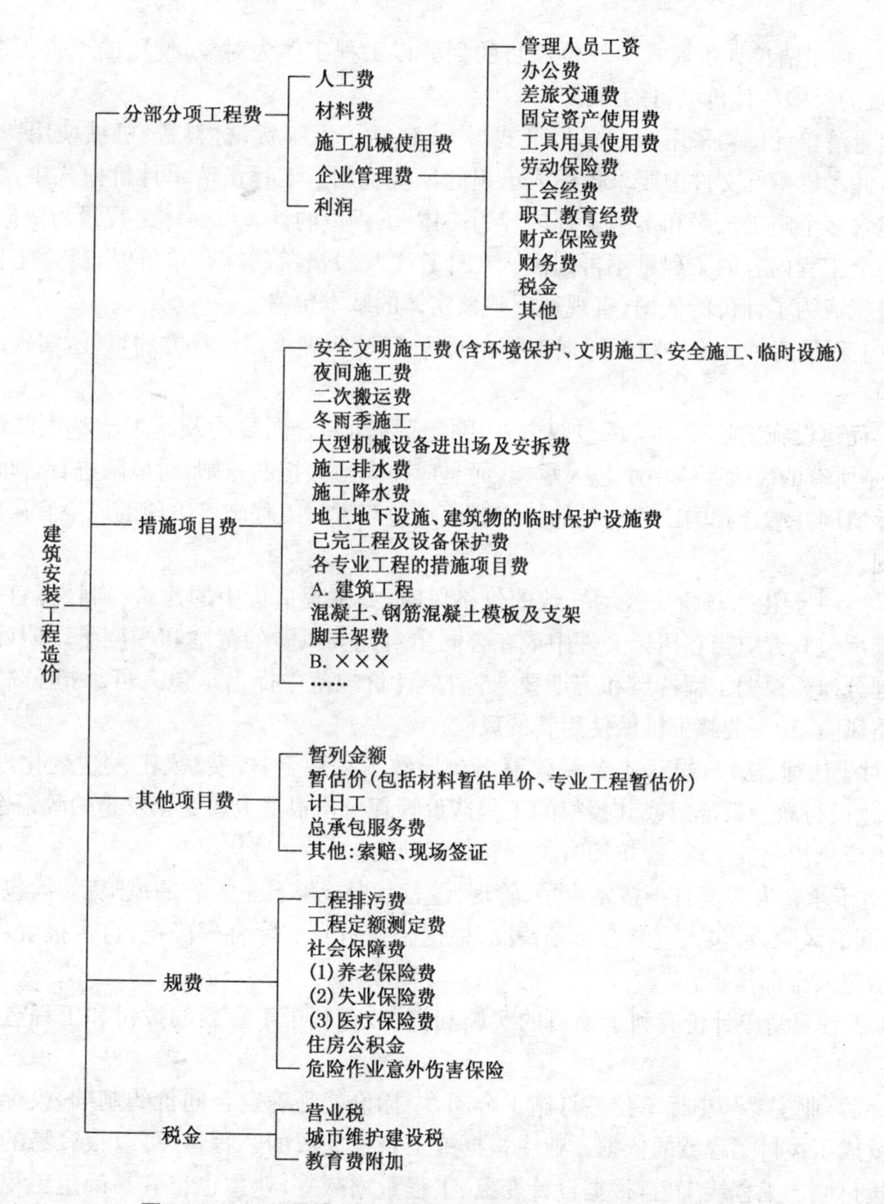

图 10-1 工程量清单计价的建筑安装工程造价组成示意图

工程量清单计价的特点：

(1) 工程量清单计价推动计价依据的改革发展，推动企业编制自己的企业定额，提高自己的工程技术水平和经营管理能力。

工程量清单计价规则规定，由业主(招标人)通过工程量清单提供组成拟建工程价格的工程数量，承包商(投标人)根据市场行情及自身实力自主组价报价，这就要求投标人在对拟建工程实际情况、市场实际情况、企业实际情况有充分认识、理解和把握的基础之上，注重工程单价的分析，在报价中反映出本投标单位的实际能力，从而能在招投标工作中体现公平竞争的原则，选择最优秀的承包商，同时，也有利于督促企业编制企业定额，提高企业内部的管理水平。

(2) 工程量清单计价模式中计价项目的划分以工程实体为对象，使用的单价为综合单价，能直观的反映各计价项目的价格。

工程量清单计价均采用综合单价形式，构成包括了人工费、材料费、机械使用费、管理费、利润，并考虑招标文件中要求投标人承担的风险费用。工程量清单计价模式中，各个计价项目包含多个施工工序和多项工程内容为一体，工程量的计算以实体工程量为依据，项目中所含多个工程内容的工程量不再列出。在计算工程量清单的综合单价时，所含工程内容的工程量就成为了计价的依据，直观地反映该实体的基本价格。

(3) 工程量清单计价有利于加强工程合同的管理，明确承发包双方的责任，实现风险的合理分担。

在工程建设施工阶段，发、承包双方在招投标活动和合同履约及施工中都面临许多风险，但不是所有的风险都应由承包人承担，而是应按风险共担的原则，对风险进行合理分摊。根据国际惯例并结合我国工程建设的特点，发、承包双方对工程施工阶段的风险宜采用如下分摊原则：

① 对于主要由市场价格波动导致的价格风险，如工程造价中的建筑材料、燃料等价格风险，发、承包双方应当在招标文件中或在合同中对此类风险的范围和幅度予以明确约定，进行合理分摊。根据工程特点和工期要求，清单计价规范中提出承包人可承担5%以内的材料价格风险，10%的施工机械使用费的风险。

② 对于法律、法规、规章或有关政策出台导致工程税金、规费、人工发生变化，并由省级、行业建设行政主管部门或其授权的工程造价管理机构根据上述变化发布的政策性调整，承包人不应承担此类风险，应按照有关调整规定执行。

③ 对于承包人根据自身技术水平、管理、经营状况能够自主控制的风险，如承包人的管理费、利润的风险，承包人应结合市场情况，根据企业自身实际合理确定、自主报价，该部分风险由承包人全部承担。

(4) 工程量清单计价有利于项目的实施和控制，有利于工程款的拨付和工程造价的最终确定。

中标后，业主要与中标单位签订施工合同，中标价就是确定合同价的基础，投标清单上的单价就成了拨付工程款的依据。业主根据施工企业完成的工程量，可以很容易的确定进度款的拨付额。工程竣工后，根据设计变更、工程量增减等，业主也很容易确定工程的最终造价，可在某种程度上减少业主与施工单位之间的纠纷。同时，对因设计变更、工程量的增减所引起的工程造价变化一目了然，在欲进行设计变更时，能马上知道它对工程造价的影响，业主就能根据投资情况来决定是否变更或进行方案比较，以确定最恰当的处理方法。这样可以避免工程结算时的互相扯皮，使工程顺利结算。

10.4.2　工程量清单计价格式及清单计价编制的规定

工程量清单计价表格由封面、总说明、投标报价汇总表、分部分项工程量清单与计价表、工程量清单综合单价分析表、措施项目清单与计价表、其他项目清单与计价汇总表、规费、税金项目清单与计价表组成。

1）工程量清单计价的格式

（1）投标总价封面

投标总价封面内容应包括：招标人、工程名称、投标总价、投标人及法定代表人或其授权人、编制人、编制时间等信息。投标人要加盖公章，法定代表人或其授权人和编制人要签字并盖章。封面样式如下：

投　标　总　价

招 标 人：________________

工 程 名 称：________________

投 标 总 价(小写)：________________

(大写)：________________

投　标　人：________________

(单位盖章)

法定代表人
或其授权人：________________

(签字或盖章)

编　制　人：________________

(造价人员签字盖专用章)

编 制 时 间：　年　月　日

（2）总说明

投标报价总说明的内容应包括：

① 采用的计价依据。

② 采用的施工组织设计。

③ 综合单价中包含的风险因素和风险范围（幅度）。

④ 措施项目的依据。

⑤ 其他有关内容的说明等。

表 10-14　总说明(样表)

工程名称：　　　　　　　　　　　　　　　　　　　　　　　　　　　　第　页共　页

1. 工程概况：本工程为砖混结构，混凝土灌注桩基，建筑层数为 6 层，建筑面积为 10 940 m^2，招标计划工期为 300 日历天，投标工期为 280 日历天。

2. 投标报价包括范围：为本次招标的住宅工程施工图范围内的建筑工程和安装工程。

3. 投标报价编制依据：

(1) 招标文件及其所提供的工程量清单和有关报价的要求，招标文件的补充通知和答疑纪要。

(2) 住宅楼施工图及投标施工组织设计。

(3) 有关的技术标准、规范和安全管理规定等。

(4) 省建设主管部门颁发的计价定额和计价管理办法及相关计价文件。

(5) 材料价格根据本公司掌握的价格情况并参照工程所在地工程造价管理机构××××年×月工程造价信息发布的价格。

(3) 投标报价汇总表

投标报价汇总表包括工程项目投标报价汇总表、单项工程投标报价汇总表、单位工程投标报价汇总表。

表 10-15　工程项目投标报价汇总表

工程名称：　　　　　　　　　　　　　　　　　　　　　　　　　　　　第　页共　页

序号	单项工程名称	金额(元)	其中		
			暂估价(元)	安全文明施工费(元)	规费(元)
合计					

注：本表适用于工程项目投标报价的汇总。

表 10-16　单项工程投标报价汇总表

工程名称：　　　　　　　　　　　　　　　　　　　　　　　　　　　　第　页共　页

序号	单项工程名称	金额(元)	其中		
			暂估价(元)	安全文明施工费(元)	规费(元)
合计					

注：本表适用于单项工程投标报价的汇总。暂估价包括分部分项工程中的暂估价和专业工程暂估价。

表 10-17　单位工程投标报价汇总表

工程名称：　　　　　　　　　　　　标段：　　　　　　　　　　　第　页共　页

序号	汇总内容	金额(元)	其中：暂估价(元)
1	分部分项工程		
1.1			
1.2			
2	措施项目		
2.1	安全文明施工费		
3	其他项目		
3.1	暂列金额		
3.2	专业工程暂估价		
3.3	计日工		
3.4	总承包服务费		
4	规费		
5	税金		
投标报价合计=1+2+3+4+5			

注：本表适用于单位工程投标报价的汇总，如无单位工程划分，单项工程也使用本表汇总。

(4) 分部分项工程量清单与计价表

分部分项工程量清单与计价表样式见表 10-18。

表 10-18　分部分项工程量清单与计价表

工程名称：　　　　　　　　　　　　标段：　　　　　　　　　　　第　页共　页

序号	项目编码	项目名称	项目特征描述	计量单位	工程量	金额(元)		
						综合单价	合价	其中：暂估价
本页小计								
合　计								

注：根据建设部、财政部发布的《建筑安装工程费用组成》(建标〔2003〕206 号)的规定，为计取规费等的使用，可在表中增设直接费、人工费或“人工费+机械费”。

(5) 工程量清单综合单价分析表

工程量清单综合单价分析表样式如表 10-19 所示。

表 10-19　工程量清单综合单价分析表

工程名称：　　　　　　　　　　　　　　标段：　　　　　　　　　　　　第　　页共　　页

<table>
<tr><td colspan="2">项目编码</td><td colspan="3"></td><td colspan="2">项目名称</td><td colspan="2"></td><td colspan="2">计量单位</td><td></td></tr>
<tr><td colspan="12">清单综合单价组成明细</td></tr>
<tr><td rowspan="2">定额编号</td><td rowspan="2">定额名称</td><td rowspan="2">定额单位</td><td rowspan="2">数量</td><td colspan="4">单　价</td><td colspan="4">合　价</td></tr>
<tr><td>人工费</td><td>材料费</td><td>机械费</td><td>管理费和利润</td><td>人工费</td><td>材料费</td><td>机械费</td><td>管理费和利润</td></tr>
<tr><td></td><td></td><td></td><td></td><td></td><td></td><td></td><td></td><td></td><td></td><td></td><td></td></tr>
<tr><td></td><td></td><td></td><td></td><td></td><td></td><td></td><td></td><td></td><td></td><td></td><td></td></tr>
<tr><td></td><td></td><td></td><td></td><td></td><td></td><td></td><td></td><td></td><td></td><td></td><td></td></tr>
<tr><td colspan="2">人工单价</td><td colspan="6">小　计</td><td></td><td></td><td></td><td></td></tr>
<tr><td colspan="2">元/工日</td><td colspan="6">未计价材料费</td><td colspan="4"></td></tr>
<tr><td colspan="8">清单项目综合单价</td><td colspan="4"></td></tr>
<tr><td rowspan="6">材料费明细</td><td colspan="5">主要材料名称、规格、型号</td><td>单位</td><td>数量</td><td>单价（元）</td><td>合价（元）</td><td>暂估单价（元）</td><td>暂估合价（元）</td></tr>
<tr><td colspan="5"></td><td></td><td></td><td></td><td></td><td></td><td></td></tr>
<tr><td colspan="5"></td><td></td><td></td><td></td><td></td><td></td><td></td></tr>
<tr><td colspan="5"></td><td></td><td></td><td></td><td></td><td></td><td></td></tr>
<tr><td colspan="7">其他材料费</td><td>—</td><td></td><td>—</td><td></td></tr>
<tr><td colspan="7">材料费小计</td><td>—</td><td></td><td>—</td><td></td></tr>
</table>

注：如不使用省级或行业建设主管部门发布的计价依据，可不填定额项目、编号等。

（6）措施项目清单与计价表

措施项目清单与计价表样式如表 10-20、表 10-21 所示。

表 10-20　措施项目清单与计价表（一）

工程名称：　　　　　　　　　　　　　　标段：　　　　　　　　　　　　第　　页共　　页

序号	项目名称	计算基础	费率（%）	金额（元）
1	安全文明施工费			
2	夜间施工费			
3	二次搬运费			
4	冬雨季施工			
5	大型机械设备进出场及安拆费			
6	施工排水			
7	施工降水			

续表 10-20

序号	项目名称	计算基础	费率(%)	金额(元)
8	地上、地下设施，建筑物的临时保护设施			
9	已完工程及设备保护			
10	各专业工程的措施项目			
11				
12				
合　计				

注:本表适用于以“项”计价的措施项目。

表 10-21　措施项目清单与计价表(二)

工程名称：　　　　　　　　　　标段：　　　　　　　　　　第　页共　页

序号	项目编码	项目名称	项目特征描述	计量单位	工程量	金额(元)	
						综合单价	合　价
本页小计							
合　计							

注:本表适用于以综合单价形式计价的措施项目。

(7) 其他项目清单与计价汇总表

表 10-22　其他项目清单与计价汇总表(样表)

工程名称：　　　　　　　　　　标段：　　　　　　　　　　第　页共　页

序号	项目名称	计量单位	金额(元)	备　注
1	暂列金额	项	300 000	明细详见下表
2	暂估价		100 000	
2.1	材料暂估价		—	明细详见下表
2.2	专业工程暂估价	项	100 000	明细详见下表
3	计日工		14 140	明细详见下表
4	总承包服务费		15 000	明细详见下表
5				
6				
合　计				

注:材料暂估单价进入清单项目综合单价,此处不汇总。

表 10-23　暂列金额明细表

工程名称：　　　　　　　　　　　　　　标段：　　　　　　　　　　　　第　页共　页

序号	项目名称	计量单位	暂定金额(元)	备　注
1	工程量清单中工程量偏差和设计变更	项	100 000	
2	政策性调整和材料价格风险	项	100 000	
3	其他	项	100 000	
4				
5				
合　计				

注：此表由招标人填写，如不能详列，也可只列暂定金额总额，投标人应将上述暂列金额计入投标总价中。

表 10-24　材料暂估单价表

工程名称：　　　　　　　　　　　　　　标段：　　　　　　　　　　　　第　页共　页

序号	材料名称、规格、型号	计量单位	单价(元)	备　注
1	钢筋(规格、型号综合)	t	5 000	用于所有现浇混凝土钢筋清单项目

注：此表由招标人填写，并在备注栏说明暂估价的材料拟用在哪些清单项目上，投标人应将上述材料暂估单价计入工程量清单综合单价报价中。材料包括原材料、燃料、构配件以及按规定应计入建筑安装工程造价的设备。

表 10-25　专业工程暂估价表

工程名称：　　　　　　　　　　　　　　标段：　　　　　　　　　　　　第　页共　页

序号	工程名称	工程内容	金额(元)	备　注
1	入户防盗门	安装	100 000	
合　计				

注：此表由招标人填写，投标人应将上述专业工程暂估价计入投标总价中。

表 10-26　计日工表

工程名称：　　　　　　　　　　　　　　标段：　　　　　　　　　　　　第　页共　页

编号	项目名称	单位	暂定数量	综合单价	合价
一	人　工				
1	普工	工日	200	35	7 000
2	技工(综合)	工日	50	50	2 500
人工小计					9 500
二	材　料				
1	水泥 42.5	t	2	571	1 142

续表 10-26

编号	项目名称	单位	暂定数量	综合单价	合价
2	中砂	m^3	10	83	830
材 料 小 计					1 972
三	施工机械				
1	自升式塔式起重机（起重力矩 1 250 kN·m）	台班	5	526.20	2 631
2	灰浆搅拌机（400 L）	台班	2	18.38	37
施工机械小计					2 668
总 计					14 140

注：此表项目名称、数量由招标人填写，编制招标控制价时，单价由招标人按有关计价规定确定；投标时，单价由投标人自主报价，计入投标总价中。

表 10-27 总承包服务费计价表

工程名称： 标段： 第 页共 页

序号	项目名称	项目价值（元）	服务内容	费率（%）	金额（元）
1	发包人发包专业工程	100 000	（1）按专业工程承包人的要求提供施工工作面并对施工现场进行统一管理，对竣工资料进行统一整理汇总；（2）为专业工程承包人提供垂直运输机械和焊接电源接入点，并承担垂直运输费和电费	5	5 000
2	发包人供应材料	1 000 000	对发包人供应的材料进行验收及保管和使用发放	1	10 000
合 计					15 000

（8）规费、税金项目清单与计价表

规费、税金项目清单与计价表样式如表 10-28 所示。

表 10-28 规费、税金项目清单与计价表

工程名称： 标段： 第 页共 页

序号	项目名称	计算基础	费率（%）	金额（元）
1	规费			
1.1	工程排污费			
1.2	社会保障费			
（1）	养老保险费			
（2）	失业保险费			
（3）	医疗保险费			

续表 10-28

序号	项目名称	计算基础	费率(%)	金额(元)
1.3	住房公积金			
1.4	危险作业意外伤害保险			
1.5	工程定额测定费			
2	税　金	分部分项工程费＋措施项目费＋其他项目费＋规费		
		合　计		

2) 清单计价编制的规定

实行工程量清单招标,投标人的投标总价应当与组成工程量清单的分部分项工程费、措施项目费、其他项目费和规费、税金的合计金额相一致,即投标人在进行工程量清单招标的投标报价时,不能进行投标总价优惠(或降价、让利),投标人对投标报价的任何优惠(或降价、让利)均应反映在相应清单项目的综合单价中。

投标价应由投标人或受其委托具有相应资质的工程造价咨询人编制,由投标人自主确定,但不得低于成本。在招标文件或合同中明确风险内容及其范围(幅度),不得采用无限风险、所有风险或类似语句规定风险内容及其范围(幅度)。

10.4.3　工程量清单计价的编制依据

工程量清单计价的编制依据为:

(1) 建设工程工程量清单计价规范。

(2) 国家或省级、行业建设主管部门颁发的计价办法。

(3) 企业定额,国家或省级、行业建设主管部门颁发的计价定额。

(4) 招标文件、工程量清单及其补充通知、答疑纪要。

(5) 建设工程设计文件及相关资料。

(6) 施工现场情况、工程特点及拟定的投标施工组织设计或施工方案。

(7) 与建设项目相关的标准、规范等技术资料。

(8) 市场价格信息或工程造价管理机构发布的工程造价信息。

(9) 其他的相关资料。

10.4.4　工程量清单计价的编制程序

1) 根据招标人提供的工程量清单,复核工程量

投标人依据工程量清单进行组价时,把施工方案及施工工艺造成的工程量增减以价格的形式包含在综合单价中,选择施工方法、安排人力和机械、准备材料必须考虑工程量的多少。因此一定要复核工程量。

2) 确定分部分项工程费

分部分项工程费的确定是通过分部分项工程量乘以清单项目综合单价确定的。综合单

价确定的主要依据是项目特征，投标人要根据招标文件中工程量清单的项目特征描述确定清单项目综合单价。

3）确定措施项目费

由于各投标人拥有的施工装备、技术水平和采用的施工方法有所差异，招标人提出的措施项目清单是根据一般情况确定的，没有考虑不同投标人的"个性"，投标人投标时应根据自身编制的施工组织设计(或施工方案)确定措施项目，并对招标人提供的措施项目进行调整。措施项目费应根据招标文件中的措施项目清单及投标时拟定的施工组织设计或施工方案自主确定。投标人根据投标施工组织设计(或施工方案)调整和确定的措施项目应通过评标委员会的评审。

4）确定其他项目费

其他项目费应按下列规定报价：

(1) 暂列金额应按照其他项目清单中列出的金额填写，不得变动。

(2) 暂估价不得变动和更改。暂估价中的材料必须按照暂估单价计入综合单价；专业工程暂估价必须按照其他项目清单中列出的金额填写。

(3) 计日工应按照其他项目清单列出的项目和估算的数量，自主确定各项综合单价并计算费用。

(4) 总承包服务费应依据招标人在招标文件中列出的分包专业工程内容和供应材料、设备情况，按照招标人提出的协调、配合与服务要求和施工现场管理需要自主确定。

5）确定规费和税金

规费和税金的计取标准是依据有关法律、法规和政策规定制定的，具有强制性。投标人是法律、法规和政策的执行者，不能改变，更不能制定，而必须按照法律、法规、政策的有关规定执行。因此，投标人在投标报价时必须按照国家或省级、行业建设主管部门的有关规定计算规费和税金。

6）确定分包工程费

分包工程费是投标价格的重要组成部分，在编制投标报价时，需熟悉分包工程的范围，确定分包工程费用。

7）确定投标报价

分部分项工程费、措施项目费、其他项目费和规费、税金汇总后就可以得到工程的总价，但并不意味着这个价格就可以作为投标报价，需要结合市场情况、企业的投标策略对总价做调整，最后确定投标报价。

10.4.5 分部分项工程量清单计价的编制方法及步骤

1）分部分项工程量清单计价的编制方法

实行工程量清单招标，招标人在招标文件中提供工程量清单，其目的是使各投标人在投标报价中具有共同的竞争平台。因此，投标人在投标报价中填写的工程量清单的项目编码、项目名称、项目特征、计量单位、工程数量必须与招标人招标文件中提供的一致。为避免出现差错，投标人最好按招标人提供的分部分项工程量清单与计价表直接填写综合单价。

投标人投标报价时应依据招标文件中分部分项工程量清单项目的特征描述来确定综合

单价，当出现招标文件中分部分项工程量清单特征描述与设计图纸不符时，投标人应以分部分项工程量清单的项目特征描述为准。招标文件中要求投标人承担的风险费用，投标人应考虑进入综合单价。招标文件中提供了暂估单价的材料，按暂估的单价计入综合单价，填入表内“暂估单价”栏及“暂估合价”栏。

2) 分部分项工程量清单计价的编制步骤

分部分项工程费应按招标文件中分部分项工程量清单项目的特征描述，确定综合单价进行计算。

(1) 编制施工组织设计，计算实际施工的工程量

招标人提供的清单工程量是按施工图图示尺寸计算得到的工程量净量。在确定综合单价时，必须考虑施工方案等各种影响因素，重新计算施工工程量。因此，施工组织设计或施工方案是施工工程量计算的必要条件，投标人可根据工程条件选择能发挥自身技术优势的施工方案，力求降低工程造价，确立在投标中的竞争优势。计算实际施工的工程量时要考虑施工方法或工艺的要求，如增加工作面。再者，工程量清单计算规则是针对清单项目的主项的计算方法及计量单位进行确定，对主项以外的工程内容的计算方法及计量单位不作规定，由投标人根据施工图及投标人的经验自行确定，最后综合处理形成分部分项工程量清单综合单价。如清单项目“挖基础土方”包括排地表水、挖土方、支拆挡土板、基底钎探、截桩头、运输等子目，工程量的计算不考虑放坡等施工方法，但施工工程量计算时，挖土方量要考虑放坡，考虑施工工作面的宽度。同时，对该项目的排地表水、挖土方、挡土板支拆、基底钎探、截桩头、土方运输也要计算。

(2) 确定消耗量

投标人应依据反映企业自身水平的企业定额，或者参照国家或省级、行业建设主管部门颁发的计价定额确定人工、材料、机械台班等的耗用量。

(3) 市场调查和询价

询价的目的是获得准确的价格信息和供应情况，以便在报价过程中对劳务、工程材料(设备)、机械使用费、分包等正确地定价。根据工程项目的具体情况和市场价格信息，考虑市场资源的供求状况，采用市场价格作为参考，考虑一定的调价系数，或者参考工程造价管理机构发布的工程造价信息，确定人工工日价格、材料价格和施工机械台班单价等。

(4) 计算清单项目分部分项工程的直接工程费

按确定的分项工程人工、材料和机械的消耗量及询价获得的人工工日价格、材料价格和施工机械台班单价，计算出对应分部分项工程单位数量的人工费、材料费和施工机械使用费。

(5) 计算综合单价

综合单价由清单项目所对应的主项和各个子项的直接工程费、企业管理费与利润，以及一定范围内的风险费用组成。管理费和利润根据企业自身情况及市场竞争情况确定，也可以根据各地区规定的费率得出。

(6) 计算分部分项工程费

分部分项工程费按分部分项工程量清单的工程量和相应的综合单价进行计算，计算式如下所示：

$$分部分项工程费 = \sum 分部分项工程量 \times 分部分项工程综合单价 \quad (10\text{-}1)$$

【例 10-1】 某土方工程，土质为三类土，基础为 C25 混凝土带形基础，垫层为 C15 混凝土，垫层底宽度为 1 400 mm，挖土深度为 1 800 mm，基础总长为 220 m。室外设计地坪以下基础的体积为 227 m³，垫层体积为 31 m³。根据施工组织设计要求，人工挖土需在垫层底面增加工作面，每边 0.25 m。并且从垫层底面放坡，放坡系数 0.3。回填土采用沟边堆土，余土采用装载机装，自卸汽车运，运距 4 km。该承包商使用的消耗量定额如下：挖 1 m³ 土方，用工 0.5 工日，装运 1 m³ 土方，用工 0.2 工日，用水 0.009 m³，装载机 0.002 台班，自卸汽车 0.03 台班，洒水车 0.000 4 台班，已知当地人工单价为 30 元/工日，水价 2.8 元/m³，装载机台班单价 300 元/台班，自卸汽车台班单价 560 元/台班，洒水车台班单价 300 元/台班，管理费按人工加机械的 15%计，利润按人工的 30%计。试计算挖基础土方的综合单价。

【解】 (1) 根据清单计价规范确定的清单工程量

$$基础挖方量 = 1.4 \times 1.8 \times 220 = 554.4\ m^3$$

(2) 投标人根据施工组织设计计算的实际施工工程量

① 挖基础土方量

根据施工组织设计工作面为每边 0.25 m，放坡系数为 0.3，则

$$基础挖方量 = (1.4 + 2 \times 0.25 + 0.3 \times 1.8) \times 1.8 \times 220 = 966.24\ m^3$$

② 余土外运

$$227 + 31 = 258\ m^3$$

(3) 人工挖土直接工程费

$$人工费 = 0.5 \times 966.24 \times 30 = 14\,493.6\ 元$$

(4) 装载机装，自卸汽车运土直接工程

人工费 $= 0.2 \times 258 \times 30 = 1\,548$ 元

材料费 $= 0.009 \times 2.8 \times 258 = 6.50$ 元

机械费 $= 0.002 \times 300 \times 258 + 0.03 \times 560 \times 258 + 0.000\,4 \times 300 \times 258$
$= 4\,520.16$ 元

直接工程费 6 074.66 元

(5) 综合单价计算

① 直接工程费合计

$$14\,493.6 + 6\,074.66 = 20\,568.26\ 元$$

② 管理费

$$(14\,493.6 + 1\,548 + 4\,520.16) \times 15\% = 3\,084.26\ 元$$

③ 利润

$$(14\,493.6 + 1\,548) \times 30\% = 4\,812.48\ 元$$

④ 总计

$$20\,568.26+3\,084.26+4\,812.48=28\,465\ 元$$

⑤综合单价

$$28\,465/554.4=51.34\ 元/m^3$$

(6) 综合单价分析

① 人工挖基础土方

将施工工程量折算至清单工程量每个单位的含量,即:

单位清单工程量含量 $=966.24/554.4=1.742\,9$

人工费 $=0.5\times30=15$ 元 $/m^3$

管理费 $=15\times15\%=2.25$ 元 $/m^3$

利润 $=15\times30\%=4.50$ 元 $/m^3$

管理费和利润 $=6.75$ 元 $/m^3$

② 装载机装,自卸汽车运土

将施工工程量折算至清单工程量每个单位的含量,即:

单位清单工程量含量 $=258/554.4=0.465\,4$

人工费 $=0.2\times30=6$ 元 $/m^3$

材料费 $=0.009\times2.8=0.03$ 元 $/m^3$

机械费 $=0.002\times300+0.03\times560+0.000\,4\times300=17.52$ 元 $/m^3$

管理费 $=(6+17.52)\times15\%=3.53$ 元 $/m^3$

利润 $=6\times30\%=1.80$ 元 $/m^3$

管理费和利润 $=5.33$ 元 $/m^3$

材料费明细中的材料消耗数量 $=0.009\times0.465\,4=0.004\ m^3$

分部分项工程量清单与计价表、工程量清单综合单价分析表分别如表 10-29、表 10-30 所示。

表 10-29　分部分项工程量清单与计价表

工程名称：　　　　　　　　　　标段：　　　　　　　　　　第　页共　页

序号	项目编码	项目名称	项目特征描述	计量单位	工程量	金额(元)		
						综合单价	合价	其中：暂估价
1	010101003001	挖基础土方	土壤类别:三类土 基础类型:混凝土带形基础 垫层宽度:1 400 m 挖土深度:1.8 m 弃土运距:4 km	m³	554.4	51.34	28 465.00	
本页小计								
合　计								

表 10-30 工程量清单综合单价分析表

工程名称： 标段： 第 页共 页

项目编码	010101003001			项目名称		挖基础土方			计量单位		m³
清单综合单价组成明细											
定额编号	定额名称	定额单位	数量	单价				合价			
				人工费	材料费	机械费	管理费和利润	人工费	材料费	机械费	管理费和利润
	人工挖地槽	m³	1.742 9	15.00			6.75	26.14	0	0	11.76
	装载机装自卸汽车运土	m³	0.465 4	6.00	0.03	17.52	5.33	2.79	0.01	8.15	2.48
人工单价	小计							28.93	0.01	8.15	14.24
30 元/工日	未计价材料费										
清单项目综合单价								51.33			

	主要材料名称、规格、型号	单位	数量	单价(元)	合价(元)	暂估单价(元)	暂估合价(元)
材料费明细	水	m³	0.004	2.8	0.01		
	其他材料费			—		—	
	材料费小计			—	0.01	—	

投标人在投标报价时，需要对每一个清单项目进行组价。为了使组价工作具有可追溯性(回复评标质疑时尤其需要)，需要表明每一个数据的来源。工程量清单单价分析表实际上是投标人投标组价工作的一个阶段性成果文件，该分析表集中反映了构成每一个清单项目综合单价的各个价格要素的价格及主要的“工、料、机”消耗量，是评标委员会评审和判别综合单价组成和价格完整性、合理性的主要基础，对因工程变更调整综合单价也是必不可少的基础价格数据来源。

10.4.6 工程量清单计价与定额计价的两种模式异同的比较

定额计价是我们使用了几十年的一种计价模式，无论是工程招标编制标底还是投标报价均以此为唯一的依据，承、发包双方共用一本定额和费用标准确定标底价和投标报价，定额价反映的是社会平均价格，是建立在以政府定价为主导的计划经济管理基础上的价格管理模式，它所体现的是政府对工程价格的直接管理和调控。工程量清单计价是属于全面成本管理的范畴，其思路是“统一计算规则，有效控制消耗量，彻底放开价格，正确引导企业自主报价、市场有序竞争形成价格”。是依靠市场和企业的实力通过竞争形成价格，使业主通过企业报价可直观的了解项目造价。

1）工程量清单计价与定额计价的联系

（1）适用范围有交集

工程量清单计价是与现行定额计价方式共存于招投标活动中的一种计价方式，只是在使用范围有所不同。《建设工程工程量清单计价规范》（GB 50500—2008）规定采用国有资金或国有资金为主的建设项目必须实行工程量清单计价，而规范中未明确的项目两种计价方式均可使用。

（2）计价活动均应符合国家现行法规

无论工程项目采用何种计价方式，工程项目计价活动均应符合国家有关法律、法规及标准规范的要求。在目前建筑市场中，两种计价方式均为国家或地方主管部门对工程造价规范性要求，同时由于工程计价是政策性、经济性、技术性很强的一项工作，涉及国家的法律法规和标准规范比较广泛，在实施过程中要严格遵守《建筑法》、《合同法》、《招投标法》和建设管理部门颁发的有关法规。

（3）定额和清单报价可以互为补充

工程量清单计价提供的是计价规则、计价办法以及定额消耗量，虽摆脱了定额标准价格的概念，真正实现了量价分离、企业自主报价、市场有序竞争形成价格。但企业对工程量清单项组价时可参考定额量、价等基础数据，由企业根据自身情况报出综合单价，价格高低完全由企业自己确定，充分体现了企业的实力，同时也真正体现出公开、公平、公正。

2）工程量清单计价与定额计价的区别

（1）对编制报价的工程师要求不同

清单计价要求编制报价的工程师，必须是既懂技术又懂经济，既懂施工工艺又懂施工管理的复合型人才，否则，作为建设单位很难编制出高质量的招标控制价，作为投标企业很难编制出既符合企业实际又具有竞争力还能盈利的报价。定额计价只要求报价工程师看懂图纸，掌握预算定额，适当了解施工工艺。

（2）承担的风险不同

在建设工程招标中，招标人按照国家统一的计算规则计算工程量，提供项目特征，由投标人根据工程量清单自主报价，招标人编制工程量清单计算工程量数量不准确，会被投标人发现并利用，招标人要承担差量的风险。投标人报价应考虑多种因素，由于单价通常不调整，故投标人要承担组成价格的全部因素风险。定额计价是投标人根据招标单位提供的图纸、现场查看实地情况、招标答疑，计算工程量，套用当地相应定额，计算出定额工料机直接费，再根据工程类别和企业类别，计取规定的各种费用、根据材差文件计取材差及定编费、税金，做出工程报价后，考虑工程实际情况、工程成本、市场竞争对手和企业实力，报出具有竞争力的投标报价。风险基本由投标人承担。

（3）定价原则不同

清单计价按照清单的要求，企业自主报价，反映的是市场决定价格。定额计价是按工程造价管理机构发布的有关规定及定额中的基价计价。

(4) 造价构成不同

清单计价的造价是指完成招标文件规定的工程量清单项目所需的全部费用。包括:分部分项工程费、措施项目费、其他项目费、规费和税金;完成每分项工程所含全部工程内容的费用;完成每项工程内容所需的全部费用(规费、税金除外);工程量清单中没有体现的,施工中又必须发生的工程内容所需的费用;考虑风险因素而增加的费用。这种计价将实体消耗费用和措施费用分离,充分反映施工企业在投标中的技术水平和管理水平。定额计价的造价是由预算定额和取费标准计算得来的总价,预算人、材、机消耗量是国家根据有关规范、标准以及社会平均水平来确定,费用标准是根据不同地区平均测算的。

(5) 计价过程不同

清单计价招标方必须设置清单项目并计算清单工程量,同时在清单中对清单项目的特征和包括的工程内容必须清晰完整地告诉投标人,以便报价。清单计价模式由两个阶段组成,即招标方编制工程量清单和投标方根据工程量清单报价。定额计价是招标方只负责编写招标文件,不设置工程项目内容,也不计算工程量。工程计价的子目和相应的工程量由投标方根据招标文件和设计文件及招标答疑确定。项目设置、工程量计算、工程计价等工作在一个阶段内完成。

(6) 人工、材料、机械消耗量不同

清单计价的人工、材料、机械消耗量由投标人根据企业自身情况或企业定额自定。它真正反映企业的自身水平,即工程的个别成本。定额计价的人工、材料、机械消耗量按综合定额标准计算,综合定额标准是按社会平均水平编制的,反映的是社会平均水平。

(7) 计价方法不同

清单计价按一个综合实体计价,即子项目随主体项目计价。由于主体项目与组合项目是不同的施工工序,所以往往要计算多个子项才能完成一个清单项目的分部分项工程综合单价,每一个项目是组合计价。定额计价是根据施工工序计价,即将相同施工工序的工程量相加汇总,选套定额,计算出一个子项的定额分部分项工程费,每一个项目独立计价。

(8) 工程量计算规则不同

清单计价的项目划分一般是以一个综合实体考虑的,包括多项工作内容,比如挖土包括挖土、运土,还包括放坡、工作面。按清单工程量计算规则计算,工程量不一定是实际量。定额计价按定额工程量计算规则计算,工程量是实际量。

(9) 价格表现形式不同

清单计价主要为分部分项工程综合单价,包含直接工程费用、企业管理费、利润、约定范围的风险等因素,企业完全可以自主定价,也可以参考各类工程定额调整组价。能够直观和全面反映企业完成分部、分项及单位工程的实际价格,是投标、评标、结算的依据,单价一般不调整。定额计价一般采用国家颁布的工程定额组成工料单价,管理费和利润另计,也没有考虑风险因素,既不能直观、全面地反映企业完成分部、分项和单位工程的实际价格,工程合同价格计算核定、调整又比较复杂,难以界定合理性,容易引起各方理解争议。

(10) 计量单位不同

清单计价使用单位均采用基本单位计量,编制清单或报价时,一定要严格遵守。定额计量单位经常使用扩大计量单位,如1 000 m^3、10 m^3、100 m^2等。

工程量清单投标报价,可以充分发挥企业的能动性,企业利用自身的特点,使企业在投标中处于优势地位。同时,工程量清单报价体现了企业技术管理水平等综合实力,也促进企业在施工中加强管理,鼓励创新,从技术中要效率,从管理中要利润,在激烈的市场竞争中不断发展和壮大,企业的经营管理水平高,可以降低管理费,自有的机械设备齐全,可减少报价中的机械租赁费用,对未来要素价格发展趋势预测准确,就可以减少承包风险,增强竞争力,其结果是促进了优质企业做大做强,使无资金、无技术、无管理的小企业、包工头退出市场,实现了优胜劣汰,从而形成管理规范、竞争有序的建设市场秩序。

11 建筑工程招标标底与投标报价

11.1 工程招标与投标概述

11.1.1 工程施工招标与投标的含义

工程招标与投标是工程承包方和发包方之间的一种商业行为，通过招投标途径来进行。它是商品经济发展到一定时期的必然产物，也是市场经济条件下的一种择优方式。

工程投标是以工程设计、施工、监理或以工程所需的物资、设备、材料等为对象的若干个投标人之间，通过竞争获得设计、施工、监理项目的承包方式。工程招标则是以通过若干个设计、施工、监理单位等的投标人之间的竞争，来选择确定其招标人的发包形式。

1）工程施工招标

工程施工招标是指招标人（建设单位、工程业主、发包方）在发包建设项目之前，将拟建工程的建设规模、建设地点、工程内容、质量标准及工期要求等拟成招标文件，通过招标公告发布或向投标人发出邀请通知的公开形式。以这种法定方式吸引投标单位参加投标竞争，招标人则从中选择条件优越者承包工程建设任务，直至签订工程发包合同，这一全过程的法律称为“招标”。

2）工程施工投标

工程施工投标是指投标人（施工单位、承包商）在获得工程招标信息（招标文件）后，向招标人提出申请参与投标，并经投标资格审查获准。此时，投标人则根据工程业主（招标人）提供的招标文件的各项条件和要求，并结合自身的承包能力，提出自己愿意承包该工程的条件和工程造价，供业主（招标人）选择，直至签订工程承包合同，这一全过程的法律行为称为“投标”。

11.1.2 工程实行招标与投标的意义

工程实行招投标的意义在于具有以下的优越性：

（1）克服依赖性，调动双方积极性。

（2）打破企业施工垄断，有利于投标竞争。

（3）促使企业管理制度改革，有利于企业提高素质。

（4）确保工程质量，缩短建设工期。

（5）提高经济效益，降低工程造价。

（6）简化工程结算手续。

11.2 工程施工招标

11.2.1 工程施工招标的必备条件

凡实行招标的建设工程,按国家规定,必须具备下列条件方可批准招标:

(1) 建设工程已列入国家或省、市、自治区的年度建设计划。

(2) 有经批准的设计施工图和设计概算。

(3) 已征建设用地,障碍物全部拆除,现场水、电、路及通讯条件已落实。

(4) 建设资金、三材和设备配套条件均已落实,能保证工程供应,使工程在预定建设期内连续施工。

(5) 已发有当地建设行政主管部门的"建设许可证"。

(6) 工程施工招标标底已经审定。

11.2.2 工程施工招标方式

根据《中华人民共和国招标投标法》规定,招标方式分为公开招标和邀请招标两类。只有不属于法规规定必须招标的工程项目,才可以采用直接委托方式,如涉及国家机密、国家安全、抢险救灾、利用扶贫资金以工代账、需要使用农民工的特殊情况,以及低于国家规定必须招标标准的小型工程或标底较小的改建工程。

1) 公开招标

公开招标是指招标人通过报刊、广播、电视等发布招标公告,凡具备相应资质、符合招标条件的法人或其他合法组织,不受地域和行业限制,均可申请投标,它是一种无限竞争方式的招标。这种招标方式的优点是,招标人可以在较大的范围内,通过报价、工期等方面的比较,决定选择中标人,投标竞争激烈,有利于打破垄断,实行公开竞争。但由于申请投标人较多,招标单位的评标工作量较大,所需招标时间长,招标费用多。

2) 邀请招标

邀请招标是指招标人向预先选择(邀请)的若干家(不应少于3家)具备承担招标项目承包能力、经济厚实、技术先进、信誉良好的特定法人或其他合法组织发出投标邀请书,要求他们参加投标竞争,它是一种有限竞争方式。这种招标方式的优点是,招标人对投标人的情况比较了解,因而一般都有能力保证工程的进度和质量。同时,不需要发布招标公告,投标单位又少,评标工作量也小,可以节省时间,节约招标费用。但公开性、竞争性相对较差,而且易产生暗箱操作和内幕交易。

11.2.3 工程施工招标程序

工程施工招标是招标人选择中标人并与其签订承包合同的过程,招标人必须遵循招标投标法律法规的规定，进行招标活动。

图 11-1 示出了公开招标的程序，邀请招标也可参照实行。公开招标的程序(框图)如下：

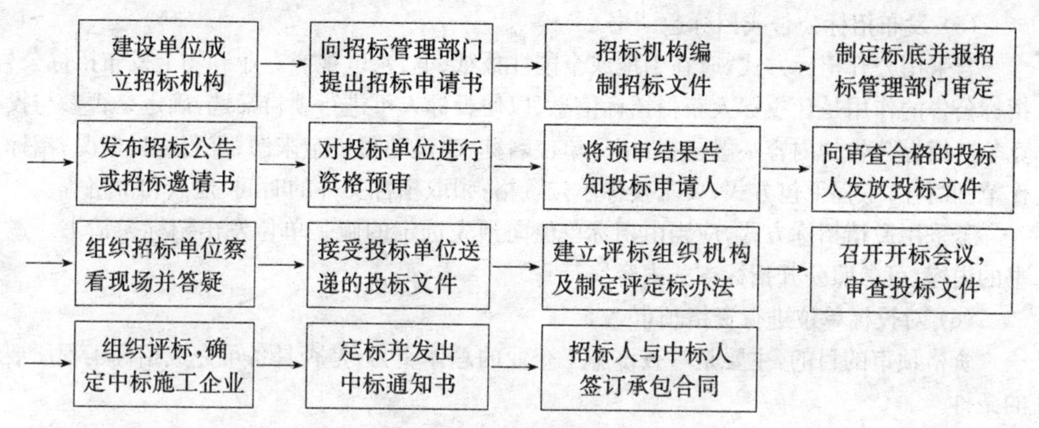

图 11-1 招标程序图

现将招标程序图(图 11-1)中的有关过程简述如下：

(1) 建设单位成立招标机构

招标机构应具备如下条件：

① 必须是法人或依法成立的组织。

② 有适应招标的经济、技术、管理人员。

③ 有编制招标文件的能力。

④ 有审查投标单位资质的能力。

⑤ 有组织开标、评标、定标的能力。

(2) 向招标管理部门提出招标申请书

招标申请书包括招标工作范围、招标单位资质、招标方式、计划工期、对投标单位资质要求、招标工程具备的条件等。

(3) 建设单位的招标机构编制招标文件

招标文件应包括如下内容：

① 招标工程综合说明。应说明工程名称、建设地点、招标项目、建筑面积、占地范围、现场条件、技术要求、质量标准、招标方式、开竣工日期、对投标单位资质要求等。

② 投标须知。

③ 招标工程的技术要求和设计文件。

④ 提供工程量清单。清单中应按单位工程列出分项工程名称和工程数量。

⑤ 建设资金落实证明(应由建设银行开出)。

⑥ 工程款支付方式及预付款的百分比。

⑦ 主材及设备的供应方式及价差处理方法。

⑧ 投标文件的编制要求及评标、定标的原则。

⑨ 投标、开标、评标和定标的日程安排。

⑩ 要求交纳的投标保证金额度。

⑪ 拟签订施工合同的主要条款。

(4) 制定标底并报招标管理部门审定

标底由建设单位的招标机构编制，或委托经建设行政主管部门认定具有编制标底能力的咨询单位编制。标底必须报当地招标主管部门审定并备案。

(5) 发布招标公告或招标邀请书

若采用公开招标方式，应在当地或全国性报纸、电台、电视或专业刊物上发布招标公告。招标公告的作用是让投标人获得招标信息，以便投标人可进行项目筛选，确定是否参与投标竞争。招标公告的内容一般包括：招标单位名称；建设项目资金来源；工程项目概况；招标工作范围简介；工程承包方式；要求投标单位资格；领取招标文件的时间、地点和价格等。

若采用邀请招标方式，应当由招标单位向预先选定的施工单位发出招标邀请书。邀请书的内容，可参照公开招标方式内容实行。

(6) 对投标单位进行资格预审

资格预审的目的，主要是考查该施工企业的总体实力，是否具备可完成招标工程所要求的条件。

资格预审时，投标单位要填写报送“申请表”，其内容如下：

① 企业的名称、地址、所有制类别。

② 企业营业执照复印件。

③ 企业审定的技术等级。

④ 企业简历(成立时间、承担过的工程、施工质量达到等级、有否发生过重大质量或安全事故)。

⑤ 技术力量(技术人员人数、技术工人数及平均等级)。

⑥ 施工技术装备(主要施工机械名称、性能和台数)。

(7) 将预审结果告知投标申请人

招标单位将预审结果报当地建设行政主管部门备案后，再将预审结果通知各申请投标的施工单位。

(8) 向审查合格的投标单位发放招标文件和设计图纸

招标文件一般只发给通过资格预审，获得投标资格的施工单位(投标人)。招标单位将招标文件一经发出，就不得擅自变更其内容或增加附加条件。如果需要进行必要的澄清或修改的，应当在招标文件要求提交投标文件截止日期至少 15 天之前，以书面形式通知所有招标文件收受人，并报当地建设行政主管部门备案。

(9) 组织投标单位察看现场并答疑

招标人在“投标须知”中规定的时间，组织各投标人到现场进行察看。现场察看的目的：一是让投标人了解招标工程项目的现场情况、自然状况、施工条件及周围环境等，以便于投标人获得必要的信息；二是让投标人通过自己的亲身实地考察，可以确定投标的原则和策略，避免合同履行过程中以不了解现场情况为理由，推卸应承担的合同责任。

察看现场前，招标人应先向各投标人介绍现场情况，随后带领投标人察看现场。投标人对介绍和察看如有疑问，应在投标预备会议上以书面形式向招标人提出。招标人则要相应作出答复，同样也是以书面形式将要答复问题的内容发给各投标单位，并作为招标文件的补充和组成。

(10) 接受投标单位送递的投标文件

自发出招标文件之日起至投标截止日期止，在不得少于 20 天的时间内，投标人应向招标单位回寄密封的投标文件。同时，招标人要求投标人提交投标担保，其投标保证金一般不超过投标报价的 2%，且最高不超过 80 万元。

(11) 建立评标组织机构及制定评标定标办法

评标组织是组建评标委员会或评标小组，由招标人负责组建。评标委员会由招标人或其委托的招标代理机构，熟悉相关业务的代表，以及有关技术、经济等方面的专家组成，成员人数为 5 人以上的单数，其中技术、经济方面的专家不得少于成员总数的三分之二。

评委会成员名单一般应于开标前确定，且该名单在中标结果确定前应当保密，任何单位和个人都不得非法干预、影响评标过程和评标结果。

评标方法分为经评审的最低投标价法和综合评估法两类。经评审的最低投标价法是指能够满足招标文件的实质性要求，且经评审的最低投标价的投标，应当推荐为中标候选人，同时还要以合理最低标价作为中标的主要条件。综合评估法是指能够满足招标文件中规定的各项综合评价标准的投标，应当推荐为中标候选人。

定标方法是以在上述两种评标方法之一的原则和基础上，确定投标的中标人。

(12) 召开开标会议，审查投标文件

开标会议简称开标，是指招标单位召集所有参加投标的施工单位代表的会议。

工程招标均应举行开标会议，以体现招标的公开、公正和公平的原则。开标会由招标人主持，所有投标人均参加，并邀请项目有关主管部门、公证人员、经办银行等代表出席，招标管理机构派员监督开标活动。

开标日期应当在招标文件中确定的提交投标文件截止日期的同一时间，开标应当在招标文件中预先确定的地点进行。开标会议宣布开始后，先由各投标单位代表确认其投标文件的密封完整性。当确认无误后，由公证人员当众拆封投标文件袋，并宣读(称“唱标”)投标人名称、投标价格和投标文件的其他内容。开标后，任何投标人都不允许更改投标书中的内容和报价，也不允许再增加优惠条件。

在开标时，应先审查投标文件。投标文件若出现下列情况之一者，应当视为“废标”，不得进入评标。

① 投标文件没有授权人签字或单位盖章。

② 投标文件送达时间超过招标文件规定期限。

③ 投标文件未按要求予以密封。

④ 投标文件的关键内容字迹模糊，无法辨认。

⑤ 投标人未按要求提供投标保函或投标保证金。

(13) 组织评标，确定中标施工企业

评标也称“审标”，是指招标单位在开标以后，对所有投标人提交的合格投标文件进行审查评定。评标应遵循公平、公正、科学、择优的原则，保证评标在严格保密的情况下进行。评标由评委会负责评标活动，通过对各投标书进行优劣比较，最终确定中标人。

在评标过程中，若发现投标人有以下情况之一者，应作为废标处理或重新招标。

① 以他人名义投标、串通投标、以行贿手段谋取中标者。

② 投标人报价明显低于其他投标报价，或明显低于标底者。

③ 投标文件内容有招标人不能接受的条件者。

④ 投标人少于 3 个或所有投标均被否决者。

⑤ 投标人报价低于工程成本价者。

(14) 定标并发出中标通知书

定标也称“决标”，是指招标单位对投标单位所报送的投标文件，进行全面的审查、评比、分析，最后选定中标单位的过程。

招标人应根据评委会推荐的中标候选人确定中标人，也可以授权评委会直接确定中标人。推荐的中标候选人，应当限定在 1～3 个，并标明排列顺序。

中标人确定后，招标人向中标人发出中标通知书。同时，将中标结果通知所有未中标的投标人，并退还他们的投标保证金或保函。若招标人改变中标结果，或中标人拒绝签订施工合同，均应承担相应的法律责任。

(15) 招标人与中标人签订承包合同

中标通知书发出后 30 天内，招标人与中标人应按照招标文件和投标文件的内容，订立书面施工合同，并不得对招投标文件内容作实质性修改。同时，招标人不得向中标人提出任何不合理的要求，作为订立施工合同的条件；双方也不得私下订立背离合同实质性内容的协议。

11.2.4 招标标底的编制

1) 标底的含义

标底是指工程“发包造价”，即招标项目所需的全部费用，是招标人对建设工程的“期望价格”。它是审核报价及评价和定标的标准。

2) 标底的作用

(1) 标底是进行招标和定标工作的主要依据。

(2) 标底是衡量投标报价和核实工程项目准确投资的标准。

(3) 标底是国家对建筑产品价格监督的具体方法。

(4) 标底是保证建设工程质量的经济基础。

3) 标底的编制原则

(1) 应依据设计图纸、技术标准、招标文件、计价规范以及市场价格等，确定工程量和标底价格。

(2) 标底的计价内容、计价依据应与招标文件的规定相一致。

(3) 标底作为建设单位的期望价格，应力求与市场的实际变化相吻合，要有利于竞争和保证质量。

(4) 标底应由成本、利润和税金三部分组成，一般应控制在批准的总概算限额内。

(5) 标底除考虑人工、材料和机械台班费用等的变化因素外，还应包括不可预见费、施工措施费以及其他风险因素等的费用。

(6) 一项建设工程只能编制一个标底。

4) 标底的编制依据

(1) 设计图纸及设计交底。

(2) 施工组织设计或施工方案。

(3) 国家工期定额。

(4) 施工区域的地形、地质、水文和气象资料。

(5) 计价规范及工程量计算规则。

(6) 地区规定费用名称、取费标准及调价文件。

5) 标底的编制要求

(1) 编制标底要实事求是,不弄虚作假

标底的价格应根据设计图纸、计价规范、工程量计算规则、市场价格以及考虑风险因素等来编制,决不可以随意糊弄,也不得任意抬价或压价。

(2) 编制的标底要保证合理性、准确性和公正性

合理性是指低于标底的浮动投标价,不论哪一个投标人中标,都可以取得合理性收入。

准确性是指按工程预算造价,再加上各种不可预见费用和考虑风险因素后,得出的标底价格,应不错算和不漏算。

公正性是指标底的确定应符合法定程序,对任何投标人都应一视同仁。

(3) 标底的价格不宜过低或过高

标底价格的确定,既要考虑建设单位的利益,又要保护施工企业的利益,要调动双方的积极性。同时,还应使施工企业有利可图,取得经济效益,但又必须要通过努力才能获得利益。

(4) 标底要保密,不得泄漏

标底不得泄漏,所有接触过标底的人员均负有保密的责任。

6) 标底文件的主要内容

(1) 标底编制的综合说明。

(2) 工程量清单、施工措施、现场条件、风险因素测算表,以及标底价格计算书。

(3) 主要人工、材料、机械设备用量表。

(4) 标底编制的有关表格。

7) 标底价格编制的程序

在实施工程量清单招标条件下,标底价格的编制程序如下:

(1) 收集审阅编制依据。

(2) 确定计价要素消耗量指标。

(3) 取定市场要素价格。

(4) 察看施工现场情况。

(5) 按招标文件中工程量清单表述的工程项目特征描述及工程内容,进行分项工程量清单计价计算。

(6) 进行措施项目清单计价、其他项目清单计价、规费和税金的计算,再考虑不可预见费和风险系数后,汇总费用即得出标底价格。

8) 标底的审查

(1) 审查目的

标底由招标单位在发布招标公告之前提出,报建设行政主管部门和建设银行复核备案。

审查标底的目的是检查标底价格编制是否真实、准确,如有缺陷应予以调整和修正。如果标底价格超过设计概算,则应按照有关规定进行处理,或者调整设计概算。

(2) 审查内容

① 审查标底的计价依据。

② 审查标底价格的组成内容。

③ 审查标底的相关费用。

11.3 工程施工投标

11.3.1 投标报价的概念

投标报价是指投标单位根据招标文件及有关工程造价的计算资料(如取费标准、市场价格、施工方案等),计算出该工程总造价。并在此基础上,采取一定的投标策略及影响工程总造价的各种因素(如不可预见费、风险费等),提出投标报价。

投标标价的构成,基本上与编制工程预算造价相类似,可在预算造价的基础上进行上下浮动。

11.3.2 投标报价的程序

投标报价的程序如图 11-2 所示。

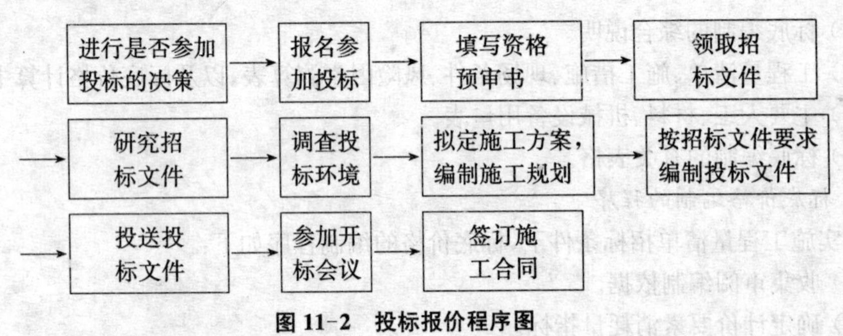

图 11-2 投标报价程序图

11.3.3 投标报价的依据

(1) 招标文件的要求及内容。

(2) 工程预算总造价。

(3) 影响工程造价的因素。

(4) 投标策略与技巧。

11.3.4 提高投标报价竞争力的措施

为提高投标报价的竞争力,在投标报价中能取胜中标,投标施工企业必须做好以下工作：

(1) 提高报价的准确性。要审核报价书有无计算差错，有无漏项，取费标准是否合理等。

(2) 采用最优施工方案。编制的施工方案，必须是技术上可行、经济上合理的方案。

(3) 提高生产人员的素质。高素质的生产人员，可提高生产效率，确保生产产品质量，这对提高报价竞争力影响很大。

(4) 重视施工条件和施工资源的利用。施工现场的条件，如交通运输、临时道路等的利用；拟建的永久性工程供利用的可能性；使用建设单位提供的房屋作施工临时用房等，都可以降低投标报价的成本。

总之，投标的实质是竞争，竞争的焦点是价格、质量、管理、经验和信誉等综合实力。因此，只有质量优、工期短、措施好、有信誉和报价低的施工企业，才能在激烈的竞争中取胜。

11.3.5 投标文件的内容

(1) 综合说明。

(2) 按工程量清单计算的计价表。

(3) 施工方案。

(4) 保证工程质量、安全、工期的技术措施。

(5) 计划开、竣工日期及工程施工总进度计划。

11.3.6 编制投标报价时应注意的问题

(1) 应明确各清单项目所包含的内容和要求，各费用的组成等，投标时要仔细研究和分析。

(2) 应制定企业内部使用的企业定额，提高自主报价的能力。通过企业定额的应用，施工企业可以计算出完成该投标项目所需耗费的资源、成本和工期，从而可准确的进行投标报价。

(3) 应做到报价时不漏项和不错算。在投标报价书中，要仔细填写每一分项工程项目的名称、单价和合价。

(4) 要掌握一定的投标策略和技巧。

11.3.7 投标报价的策略

策略和技巧是投标人在投标竞争中的工作部署及参与投标竞争的方法和手段。有以下几种策略：

(1) 扩大报价法。

(2) 活口报价法。

(3) 多方案报价法。

(4) 亏损报价法。

(5) 薄利报价法。

11.4 工程施工合同

11.4.1 工程施工合同的含义

工程施工合同又称工程承包合同，是指由发包人(建设单位、招标人)与承包人(施工单位、投标人)为完成商定的建设工程，明确相互之间的权利和义务关系的具有法律效力的经济协议。承包人的主要义务是按照合同约定进行工程建设；发包人最基本的义务是向承包人支付相应工程价款。

11.4.2 工程承包合同的分类

1) 按承包单位分

按承包单位可分为勘察合同、设计合同和施工合同。

2) 按承包关系分

按承包关系可分为总包合同和分包合同。

3) 按承包的时间分

按承包时间可分为总合同、年度合同和季度合同。

4) 按承包性质分

按承包性质可分为对外承包合同和企业内部承包合同。

11.4.3 工程承包合同的特性

1) 法律性

法律性是指合同签订后就具有法律效率，如一方违约则应给予经济制裁(赔偿)。

2) 专一性

专一性是指合同只对某一经济事件有效，合同以外事件则无效。

3) 一致性

一致性是指合同的谈判必须是协商一致的，若任何一方不同意，合同就不能达成协议。

4) 时间性

时间性是指在合同规定的起止时间内有效，过期即无效。

合同经双方签字后即生效，并必须无条件地履行。

11.4.4 工程量清单与施工合同的关系

(1) 工程量清单是施工合同文件的组成部分。工程造价采用工程量清单计划模式后，其施工合同也成为工程量清单合同或综合单价合同。

(2) 工程量清单是确认工程量和计算合同价款的依据。工程承发包双方必须依据工程量清单所约定的规则,最终计算和确认工程量。而工程量清单中所列的工程量,又是计算投标价格、合同价款的基础和依据。

(3) 工程量清单是计算工程变更价款和追加合同价款的依据。施工过程中因设计变更或追加工程而影响工程造价时,合同双方应依据工程量清单和合同其他约定调整合同价格。

(4) 工程量清单是施工索赔的重要依据。施工合同履行过程中并非由于自己的过错,而是应由对方承担责任的情况造成的实际损失,合同一方可向对方提出经济补偿或工期顺延损失的要求(索赔)。

11.4.5 签订施工合同的作用

工程施工合同是工程实施阶段约束承发包双方行为的法规性文件,也是承发包双方在工程施工过程中最高的行为准则,其作用如下:

(1) 施工合同明确了工程施工阶段发包人和承包人的权利和义务。施工合同的签订,发包人和承包人应清楚地认识到己方和对方在施工合同中各自承担的义务和享有的权利,以及双方之间的义务和权利的相互关系。还要认识到施工合同的签订只是履行合同的基础,合同的最终实现,还需要发包人和承包人双方严格按照合同的各项条款和条件全面履行自己的义务,才能享受其权利,最终完成工程施工任务。

(2) 施工合同是工程施工阶段实行监理的依据。工程施工阶段工程监理单位受发包人委托,代表建设单位对工程承包人实施监督。因此,施工合同是监理单位实施监理工作的依据之一。

(3) 施工合同是保护工程施工阶段发包人和承包人权益的主要依据。施工合同既是依法保护工程发包方和承包方双方利益,又是追究违约责任的法律依据,也是调解、仲裁和审理施工合同间纠纷的依据。

11.4.6 施工合同履行中的违约和纠纷

1) 违约责任

施工合同一经签订就具有法律效力,当事人双方必须严格执行合同。但在执行过程中,由于当事人一方或另一方因违约不履行合同之故,给对方造成经济损失,违约方应承担违约责任。违约原因由发包人或承包人所造成,其情由如下:

(1) 发包人违约。发包人不按合同约定支付各项价款,致使合同无法履行,发包人应承担违约责任,赔偿因其违约给承包人造成的直接损失。

(2) 承包人违约。承包人未能按合同工期竣工,工程质量达不到合同约定标准,或由于承包人原因致使合同无法履行,承包人应承担违约责任,赔偿因其违约给发包人造成的直接损失。

2) 纠纷解决

施工合同在执行过程中,为了确保当事人履约,除当事人受社会信誉和社会责任感的约束之外,还要受法纪的约束。但合同在执行中纠纷或争议仍难以避免。合同纠纷发生后要及时解决,调解和仲裁是解决合同纠纷常用的两种不同方式。解决纠纷的具体办法,一般按以下步骤进行:

(1) 当事人双方及时协商和解。

(2) 当协商无效,要由合同管理机构调解。

(3) 当事人不愿和解,调解又不成的,双方可向约定的仲裁委员会申请仲裁;或者向有管辖权的人民法院起诉,由法庭裁判决定。但需要注意的是,这两种解决合同纠纷的办法都是最终的解决方式,只能约定其中的一种解决方式。

11.4.7 施工合同解除

施工合同签订后,当事人应按约履行。但在合同执行过程中,合同没有履行或不完全履行,则当事人经协商一致,可以解除合同。其原因是:

(1) 发包人。不按合同约定支付工程款或进度款,双方又未达成延期付款协议,导致工程停工超过56天后,发包人仍不支付,承包人有权解除合同。

(2) 承包人。将承包的工程全部转包给他人,或将工程肢解后再分包给他人施工,发包人有权解除合同。

(3) 意外事故。因不可抗力或非合同当事人原因的意外事件的发生,造成工程停建、缓建,致使合同无法履行,合同双方可以解除合同。

(4) 当事人违约。当事人违约,可以解除合同。

11.5 施工索赔

11.5.1 施工索赔的含义

在工程施工过程中,由于合同一方不履行或没有全面履行合同所设定的义务,或非由自己的过错造成的损失,或承担了合同规定以外的工作所付出的额外支出费用等,则合同的另一方有权向对方提出经济或时间上补偿要求的行为称为索赔。

施工索赔主要发生在工程施工阶段,合同双方分别为承包人和发包人。对合同双方来说,索赔是维护双方合法利益的权力,承包人向发包人提出的索赔称为“索赔”,而发包人向承包人提出的索赔则称为“反索赔”。必须指出的是:索赔的性质是属于经济补偿行为,而不是惩罚。

11.5.2 施工索赔的作用

(1) 有利于保证合同的实施。如果没有索赔和索赔的法律规定,对合同双方都难以形成约束,这样合同的实施得不到保证,就不会有正常的社会经济秩序。索赔能对违约者起警戒作用，使其考虑到违约的后果，以尽力避免违约事件的发生。

(2) 落实合同双方经济责任关系。合同双方谁来履行责任，构成违法行为，造成双方损失，侵害对方权益，谁就应承担相应的处罚，予以赔偿。

(3) 维护当事人的合法权益。索赔是用以保护和维护自己的合法利益、避免损失、增加利润的手段。

(4) 促使工程造价更合理。索赔可使原计入工程报价中的不可预见费用，改按施工中实际发生的损失费用支付，这有助于降低工程报价，使工程造价更合理。

11.5.3　施工索赔发生的原因

(1) 当事人违约

当事人违约常表现为未能按合同约定履行自己的义务。如发包人没有为承包人提供合同规定的必要的施工条件；未按合同约定的期限和数额支付工程款；监理人未能按合同规定及时提供施工图纸，发出指令；承包人没有按照合同约定的质量、期限完成施工任务等。

(2) 发生不可抗力事件

不可抗力事件可分为自然事件和社会事件两类。自然事件是指工程施工过程中发生不可避免且不能人力克服的自然灾害，如地震、海啸、火灾、台风、水灾等；社会事件是指工程施工过程中出现国家政策、法律、法规的变更或发生战争等。

(3) 施工合同存在缺陷

合同缺陷常表现为合同文件规定不严谨或内容自相矛盾；合同内容有遗漏或内容存在错误，以及技术规范和设计图纸存在缺陷等。

(4) 施工合同的变更

合同变更常表现为设计做法、质量标准、施工顺序、施工方法等的变更；追加或取消某些工作内容，以及合同中规定的其他内容变更等。

(5) 监理人指令

监理人指令是指索赔不是由于承包人原因造成的损失，而是如由监理人指令承包人加速施工、进行某项工作、更换某些材料、采取某种措施等所造成的损失。

(6) 施工条件变化

由于施工条件的变化，带来不利的施工条件或施工障碍，使得施工进度计划发生变更，从而导致施工工期延长或施工成本大幅度增加，必然会引起施工索赔。

(7) 施工工期的拖延

工程施工期间，由于受水文、地质、气象等因素变化的影响，出现施工工期拖延，导致承包人实际支出的计划外施工费用得不到补偿，势必会引发施工索赔。

(8) 其他原因

其他原因诸如各承包人之间相互干扰、银行付款延误、港口货物压港等，均会引起对工程施工的不利影响，导致出现承包人的索赔。

11.5.4 施工索赔费用的计算

1）施工索赔费用的组成

施工索赔费用由以下部分组成：

(1) 人工费。是指完成发包人要求的合同外工作而发生的人工费、非承包人责任造成工效降低或工期延误而增加的人工费、政策规定的人工费增长等。

(2) 材料费。是指索赔事件引起的材料用量增加、材料价格上涨、非承包人原因造成的工期延误而引起的材料价格上涨和超期存储费用等。

(3) 机械费。是指完成发包人要求的合同外工作而发生的机械费；非承包人原因而造成的工效降低或工期延误，导致引起的机械费增加；政策性规定的机械费增长等。

(4) 现场管理费。是指承包人完成发包人要求的合同外工作、索赔事件工作、非承包人原因造成的工期延长期间的现场管理费等。

(5) 企业管理费。是指非承包人原因造成的工期延长期间所增加的企业管理费。

(6) 利息。是指发包人拖期付款的利息、索赔款的利息、错误扣款的利息等。

(7) 利润。是指在工程施工范围工作变更及施工条件变化等引起的索赔，承包人可按原报价单中的利润百分率计算利润。

2）施工索赔费用的计算

索赔费用有以下计算方法：

(1) 分项费用法。它是按每个索赔事件所引起损失的费用项目进行，再分别分析计算索赔数值的一种方法。

(2) 总费用法。它是当发生多次索赔事件后，重新计算该工程的实际总费用，再从这个实际总费用中，减去投标报价时估算的总费用。其计算公式为：

$$\text{索赔金额} = \text{实际总费用} - \text{投标报价总费用} \tag{11-1}$$

(3) 修正总费用法。它是对总费用法的改进，在总费用计算的基础上去除某些不合理的因素，使其更加合理。其计算公式为：

$$\text{索赔金额} = \text{调整后实际总金额} - \text{投标报价总费用} \tag{11-2}$$

12 建筑工程计价中信息技术的应用

12.1 概述

12.1.1 国内外发展现状

从 20 世纪 60 年代开始，工业发达国家已经开始利用计算机做估价工作，这比我国要早 10 年左右。他们的造价软件一般都重视已完工程数据的利用、价格管理、造价估计和造价控制等方面。由于各国的造价管理具有不同的特点，造价软件也体现出不同的特点，这也说明了应用软件的首要原则应是满足用户的需求。

在已完工程数据利用方面，英国的 BCIS(Building Cost Information Service，建筑成本信息服务部)是英国建筑业最权威的信息中心，它专门收集已完工程的资料，存入数据库，并随时向其成员单位提供。当成员单位要对某些新工程估算时，可选择最类似的已完工程数据估算工程成本。

价格管理方面，PSA(Property Services Agency，物业服务社)是英国的一家官方建筑业物价管理部门，在许多价格管理领域都成功地应用了计算机，如建筑投标价格管理。该组织收集投标文件，对其中各项目造价进行加权平均，求得平均造价和各种投标价格指数，并定期发布，供招标者和投标者参考。由于国际间工程造价彼此关系密切，欧洲建筑经济委员会(CEEC)在 1980 年 6 月成立造价分委会(Cost Commission)，专门从事各成员国之间的工程造价信息交换服务工作。

造价估计方面，英美等国都有自己的软件，他们一般针对计划阶段、草图阶段、初步设计阶段、详细设计和开标阶段，分别开发有不同功能的软件。其中预算阶段的软件开发也存在一些困难，例如工程量计算方面，国外在与 CAD 的结合问题上，从目前资料来看，并未获得大的突破。造价控制方面，加拿大的 Revay 公司开发的 CT4(成本与工期综合管理软件)则是一个比较优秀的代表。

在最近 10 年中，造价行业已经发生了巨大的变化：中国的基础建筑投资平均每年以 15%的速度增长，但造价从业人员的数量已经不足 10 年前的 80%，造价从业人员的平均年龄比 10 年前降低了 8.47 岁，粗略计算目前平均每个造价从业者的工作量大概是 10 年前的 40 倍。在这个过程中电算化起的作用是显而易见的，造价工作者学习、使用计算机辅助工作也是必然的选择，否则就跟不上行业的发展，因时间问题、准确性及工作强度过大等原因而退出造价行业。

我们统计过这样一组数据，一根三跨的平面整体表示方法标注的梁，让大家手工计算钢筋，在 20 分钟能够计算出结果的只有 15.224%(2006 年统计了参加培训班的 624 人的结果)，与严格按平法图籍要求的计算方法计算的正确结果相比，结果正确的只有0.32%(在624人中只有2个人的结果计算是正确的)。在学习完广联达算量软件，使用一段时间比较熟练后，用软件在1分钟内能够计算出结果为97.077%(错误的原因是因为录入时疏忽，导致输入错误)。1万平方米的工程，利用GCL软件在一天内计算出准确、完整的工程量也已司空见惯。由此可以看到电算化的重要性，电算化给我们工作上带来的方便以及普及电算化的必要性。

12.1.2 社会经济效益

在工程造价管理领域应用计算机，可以大幅度地提高工程造价管理工作效率，帮助企业建立完整的工程资料库，进行各种历史资料的整理与分析，及时发现问题，改进有关的工作程序，从而为造价的科学管理与决策起到良好的促进作用。目前工程造价软件在全国的应用已经比较广泛，并且已经取得了巨大的社会效益和经济效益。随着面向全过程的工程造价管理软件的应用和普及，它必将为企业和全行业带来更大的经济效益，也必将为我国的工程造价管理体制改革起到有力的推动作用。

12.2 土建算量软件——广联达图形算量软件GCL2008

12.2.1 GCL2008的工作原理

1）算量软件能算什么量

算量软件能够计算的工程量包括土石方工程量、砌体工程量、混凝土及模板工程量、屋面工程量、天棚及其楼地面工程量、墙柱面工程量等。

2）算量软件如何算量

软件算量并不是说完全抛弃了手工算量的思想。实际上，软件算量是将手工的思路完全内置在软件中，只是将过程利用软件实现，依靠已有的计算扣减规则，利用计算机这个高效的运算工具快速、完整地计算出所有的细部工程量，让大家从繁琐的背规则、列式子、按计算器中解脱出来。

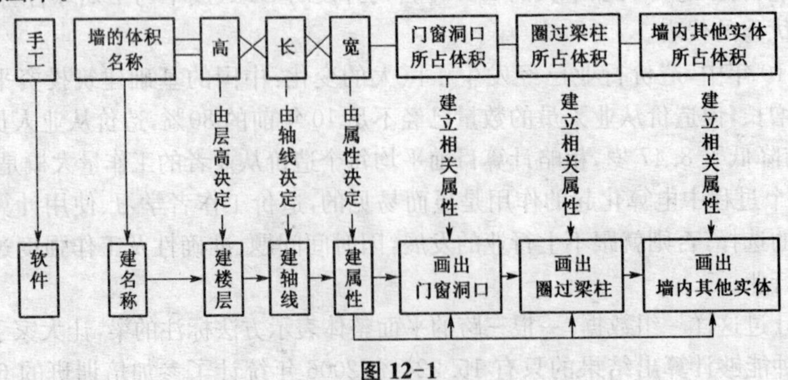

图12-1

3）用软件做工程的顺序

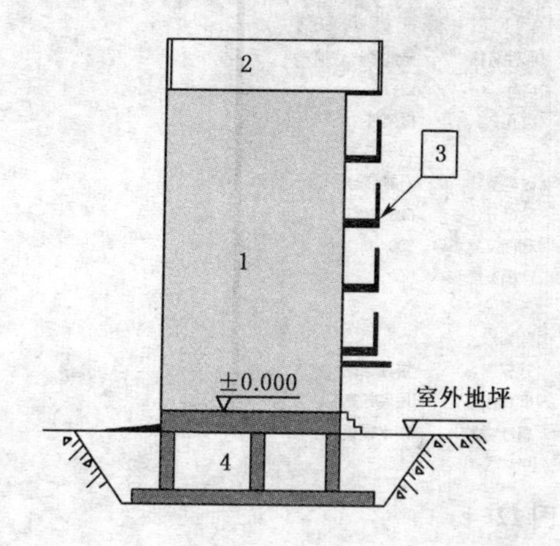

图 12-2

4）软件做工程的步骤

软件做工程的5步流程：新建工程、新建楼层、新建轴网、绘图输入、报表输出。

12.2.2　图形算量软件的特点

(1) 各种计算全部内容不用记忆规则，软件自动按规则扣减。

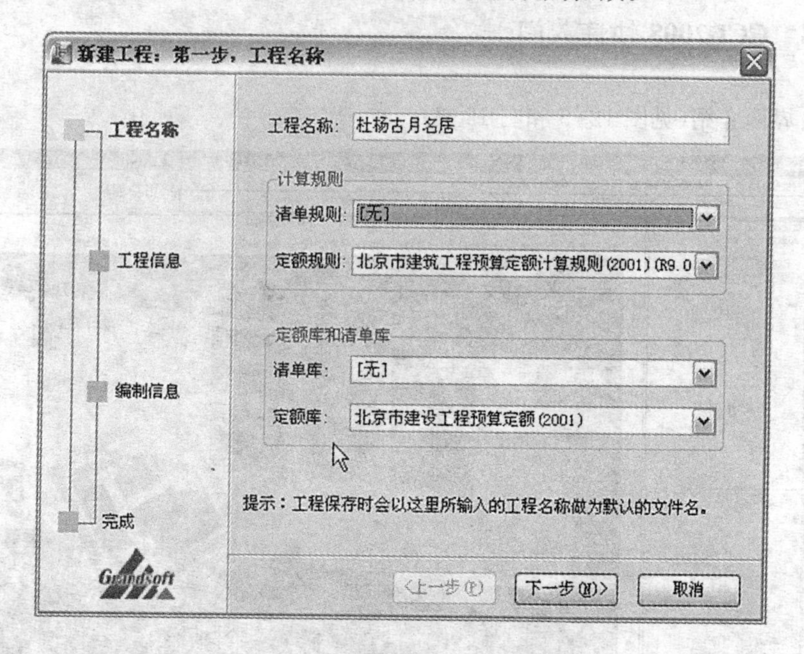

图 12-3

(2) 一图两算，清单规则和定额规则平行扣减，画一次图同时得出两种量。

(3) 按图读取构件属性，软件按构件完整信息计算代码工程量。

(4) 内置清单规范、智能形成完善的清单报表。

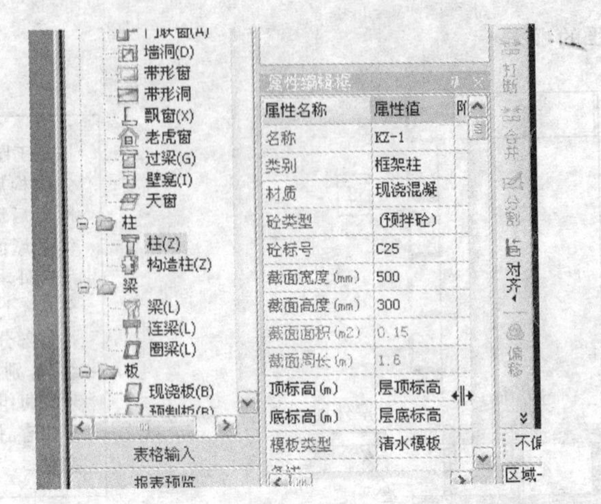

图 12-4

(5) 属性定义可以做施工方案,随时看到不同方案下的方案工程量。

(6) 导图:完全导入设计院图纸,不用画图,直接出量,让算量更轻松。

(7) 软件直接导入清单工程量,同时提供多种方案量代码,在复核招标方提供的清单量的同时计算投标方自己的施工方案量。

(8) 软件具有极大的灵活性,同时提供多种方案量代码,计算出所需的任意工程量。

(9) 软件可以解决手工计算中较复杂的工程量(如房间、基础等)。

12.2.3 GCL2008 快速入门

第一步:界面介绍(见图 12-5 和图 12-6)。

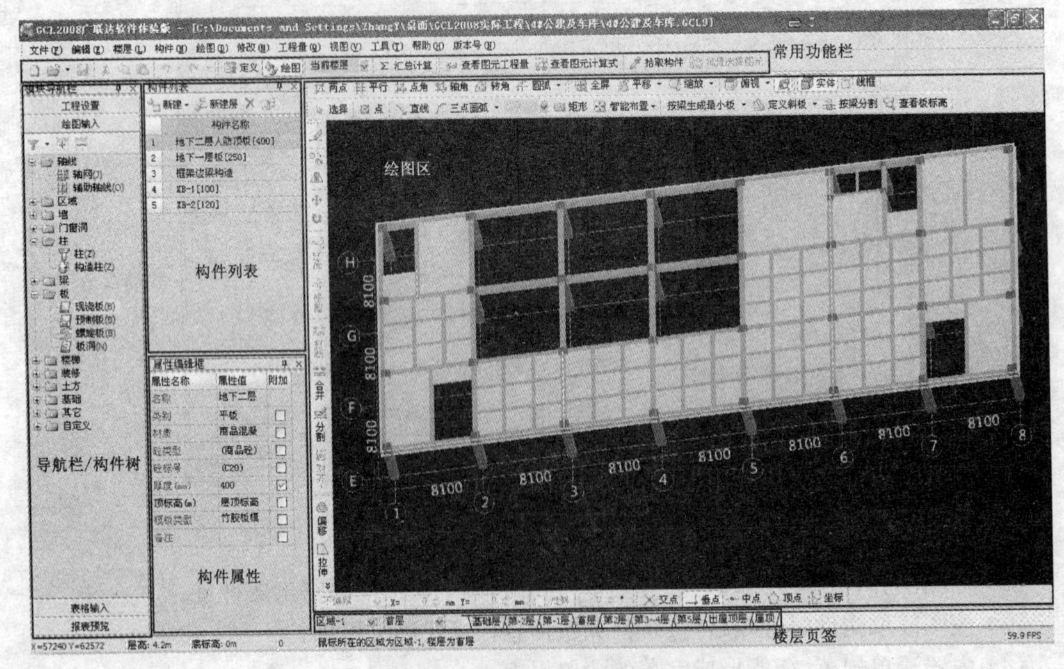

图 12-5

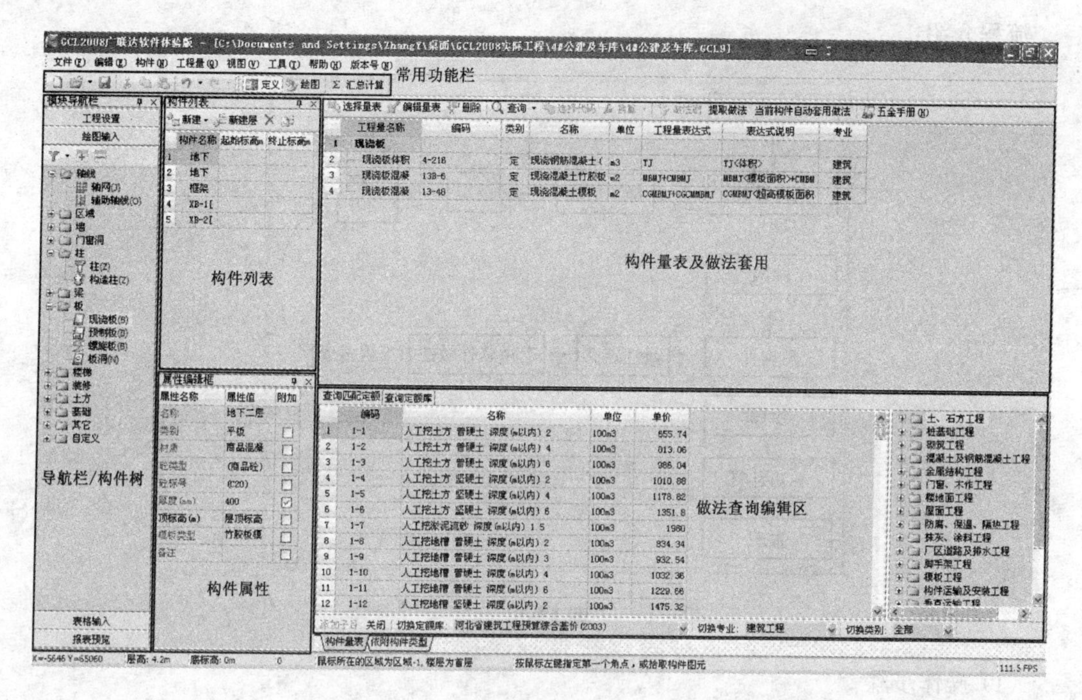

图 12-6

第二步:案例工程展示(见图 12-7)。

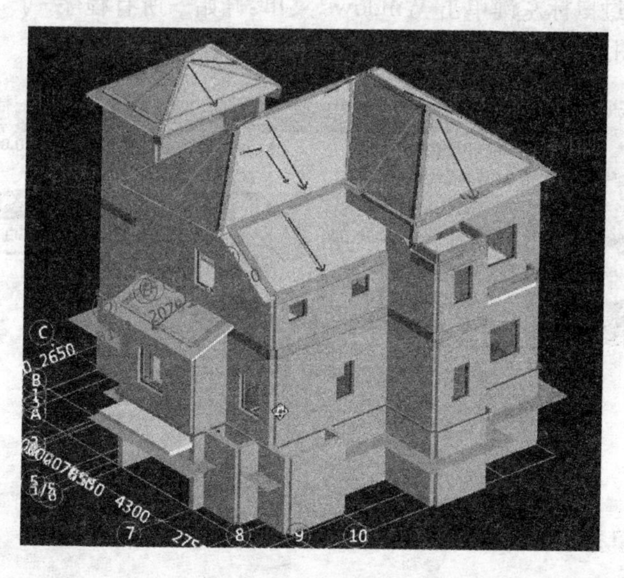

图 12-7

流程介绍：

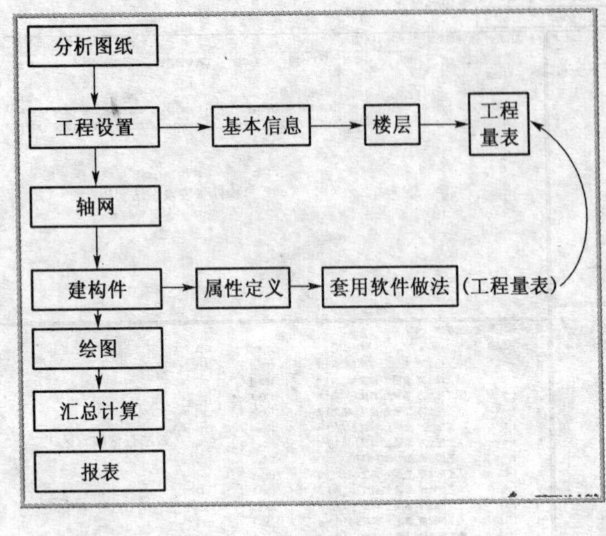

图 12-8

(1) 操作步骤

启动软件—新建工程—建立轴网—建立构件—绘制构件—汇总计算—查看报表—保存工程—退出软件。

(2) 步骤详解

软件的启动：通过鼠标左键单击 Windows 菜单：开始—所有程序—广联达招投标整体解决方案—广联达图形算量软件 GCL2008。

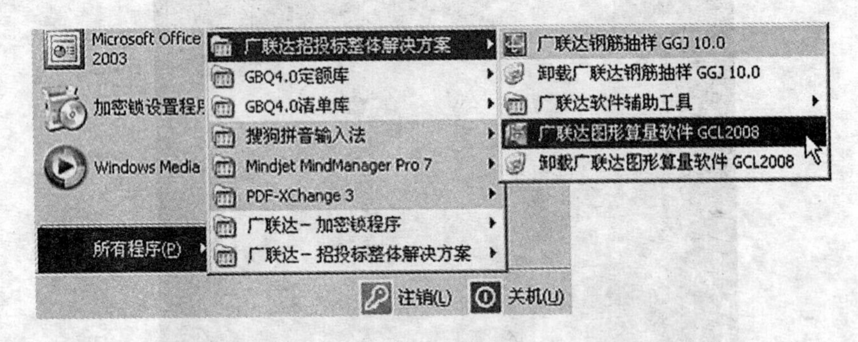

图 12-9

12.2.4 简单操作流程

【第一步】 启动软件。

通过鼠标左键单击 Windows 菜单：开始—所有程序—广联达招投标整体解决方案—广联达图形算量软件 GCL2008。

【第二步】 新建工程。

(1) 鼠标左键单击“新建向导”按钮，弹出新建工程向导窗口。

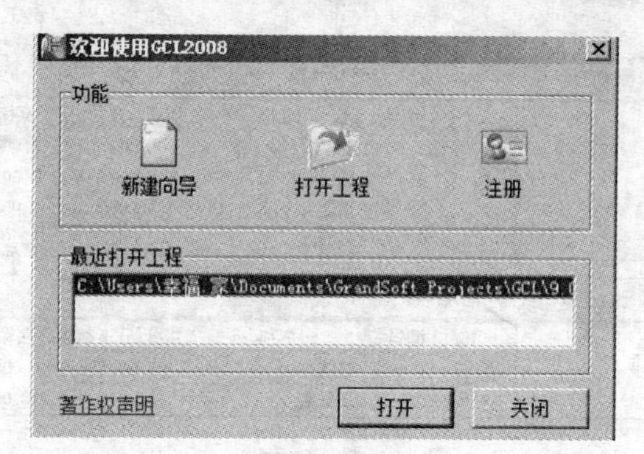

图 12-10

(2) 输入工程名称。例如,在这里,工程名称输入“广联达大厦”,如果同时选择清单规则和定额规则,即为清单标底模式或清单投标模式;若只选择清单规则,则为清单招标模式;若只选择定额规则,即为定额模式。这里我们以定额模式为例,定额计算规则选择为“江苏省建筑与装饰工程计价表(2003)”,“江苏省建筑与装饰工程计价表(2003)”,然后单击“下一步”按钮。注:您可以根据您所在的地区,选择相应的计算规则及定额库。

(3) 连续点击“下一步”按钮,分别输入工程信息、编制信息,直到出现如图所示的“完成”窗口。

(4) 点击“完成”按钮便可完成工程的建立,显示下面的界面。

【第三步】 工程设置。

(1) 在左侧导航栏中选择“工程设置”下的“楼层信息”。

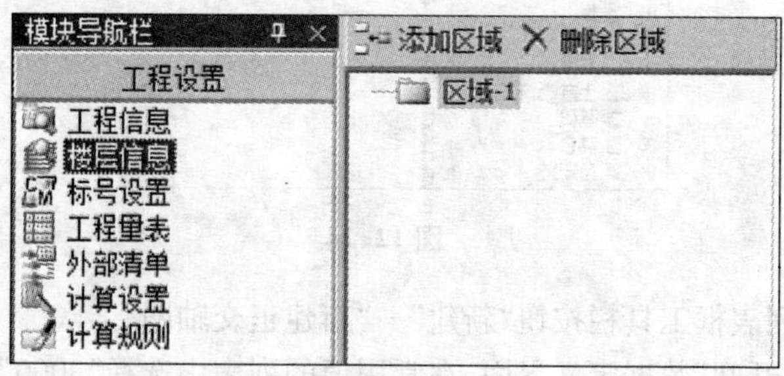

图 12-11

(2) 软件已经默认建立了“区域-1”,您可以单击“添加区域”按钮,进行区域的添加;若工程不需要分区域,则可直接建立楼层。

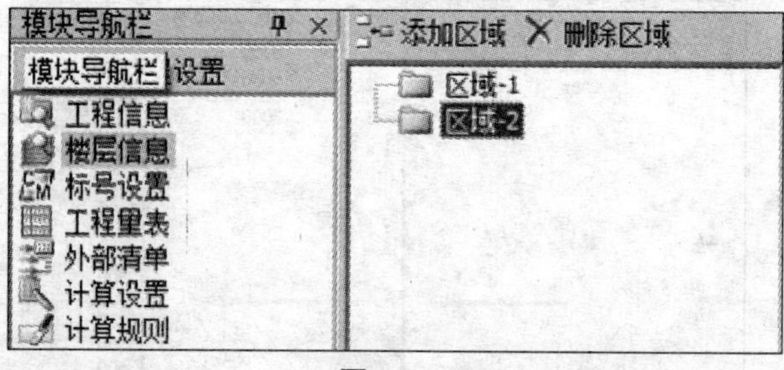

图 12-12

(3) 选择需要添加楼层的区域,单击“插入楼层”按钮,进行楼层的插入。例如区域-1,建立3层,层高均为3 m;区域-2,建立1层,首层层高为3.6 m。

区域-1

	编码	名称	层高(m)	首层	底标高(m)	相同层数
1	3	第3层	3.000	☐	6.000	1
2	2	第2层	3.000	☐	3.000	1
3	1	首层	3.000	☑	0.000	1
4	0	基础层	3.000	☐	-3.000	1

区域-2

	编码	名称	层高(m)	首层	底标高(m)	相同层数
1	1	首层	3.600	☑	0.000	1
2	0	基础层	3.000	☐	-3.000	1

图 12-13

(4) 根据图纸输入各层层高及首层底标高，这里，首层底标高默认为 0。

【第四步】 建立轴网。

(1) 在左侧导航栏中点击“绘图输入”页签，鼠标左键点击选择“轴网”构件类型。

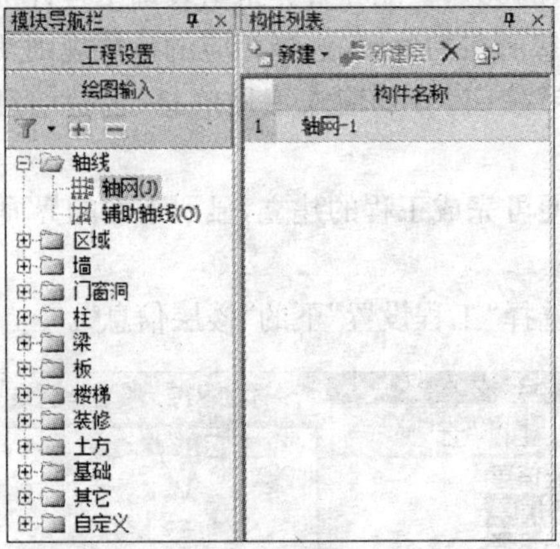

图 12-14

(2) 点击构件列表框工具栏按钮“新建”—“新建正交轴网”。

(3) 默认为“下开间”数据定义界面，在常用值的列表中选择“3000”作为下开间的轴距，并单击“添加”按钮，在左侧的列表中会显示您所添加的轴距。

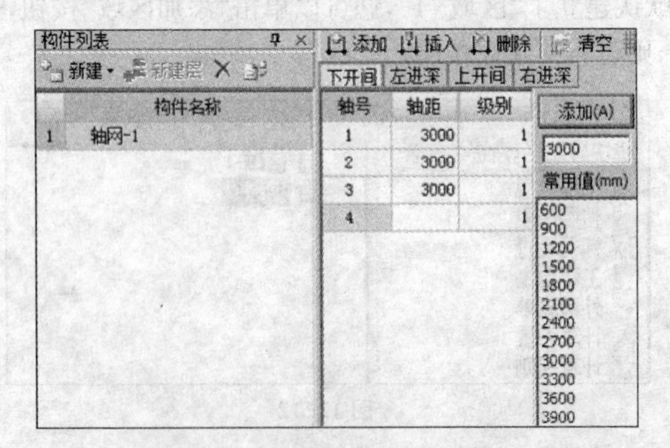

图 12-15

(4) 选择“左进深”,在常用值的列表中选择“2100”,并单击“添加”按钮,依次添加 3 个进深尺寸。这样“轴网-1”就定义好了。

(5) 点击工具条中的“绘图”按钮,自动弹出输入角度对话框,输入角度“0”,单击“确定”按钮,就会在绘图区域画上刚刚定义好的轴网-1了。

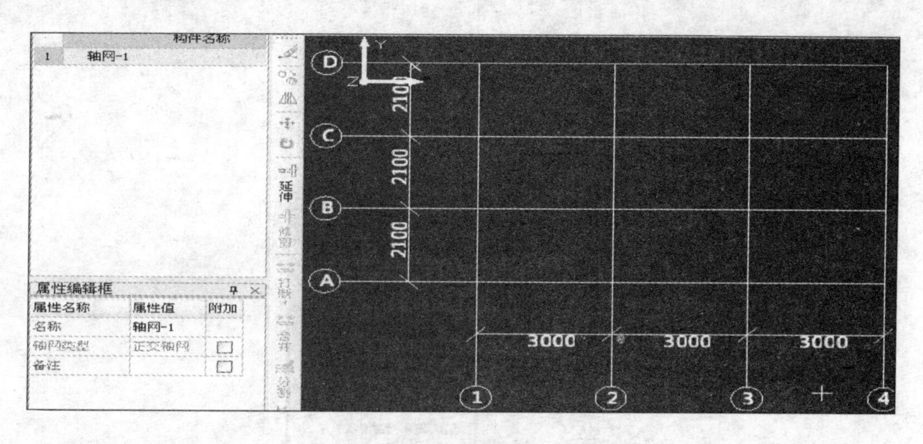

图 12-16

【第五步】 建立构件。

建立构件与建立轴网相似,这里我们就以构件墙为例。

(1) 鼠标单击构件“墙”前面的“+”号展开,选择“墙”构件类型。

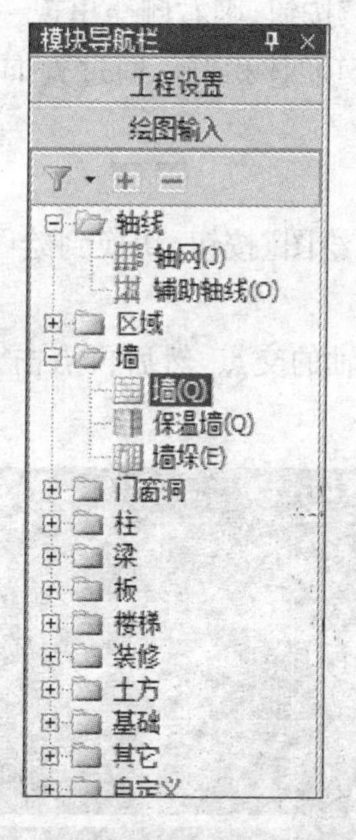

图 12-17

(2) 左键单击构件列表中的“新建”—“新建墙”按钮新建墙构件。

(3) 在属性编辑框界面显示出刚才所建立的“Q-1”的属性信息,您可以根据实际情况选择或直接输入墙属性值,比如类别、材质、厚度等。

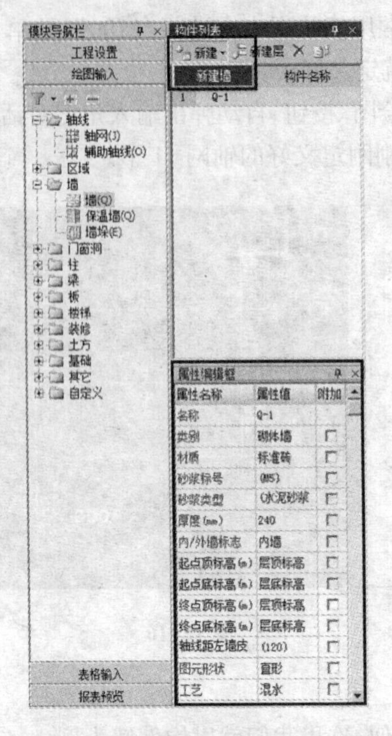

图 12-18

(4) 点击工具菜单中的“定义”按钮,则右侧会出现一个套做法的页面,软件默认已经选择了一个默认量表,选择量表计算项“体积”行,通过查询定额库或直接输入定额编号,比如“3-4”。

【第六步】 绘制构件。

(1) 套好做法后点击工具栏“绘图”按钮,切换到绘图界面。点击绘图工具栏“直线”按钮,在绘图区域绘制墙构件。

(2) 在轴网中点击 1 轴和 A 轴的交点,然后再点击 4 轴和 A 轴的交点,在屏幕的绘图区域内会出现所绘制的“Q-1”。

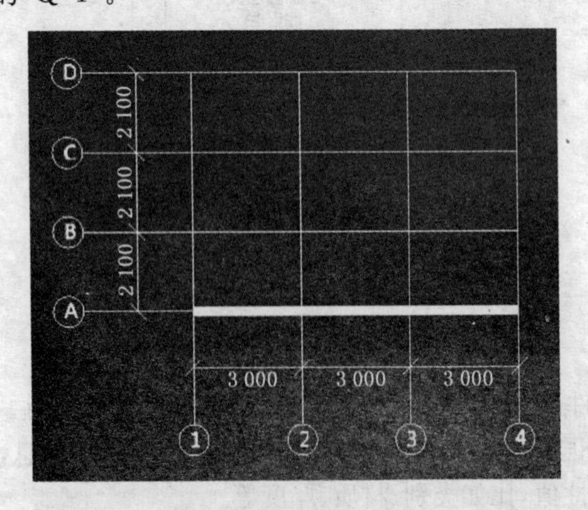

图 12-19

【第七步】　汇总计算。

(1) 左键点击菜单栏的“工程量”—“汇总计算”。

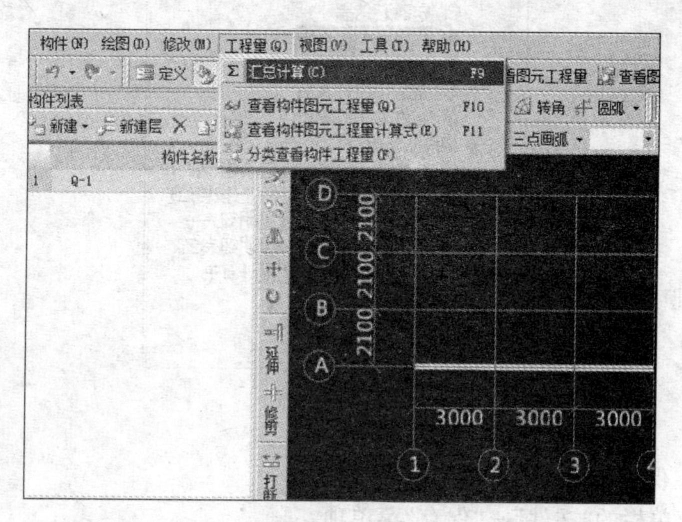

图 12-20

(2) 屏幕弹出“确定执行计算汇总”对话框，点击“确定”按钮。

(3) 计算汇总结束点击“确定”即可。

【第八步】　报表打印。

(1) 在左侧导航栏中选择“报表预览”，弹出“设置报表范围”窗口，选择需要输出的楼层及构件，点击“确定”。

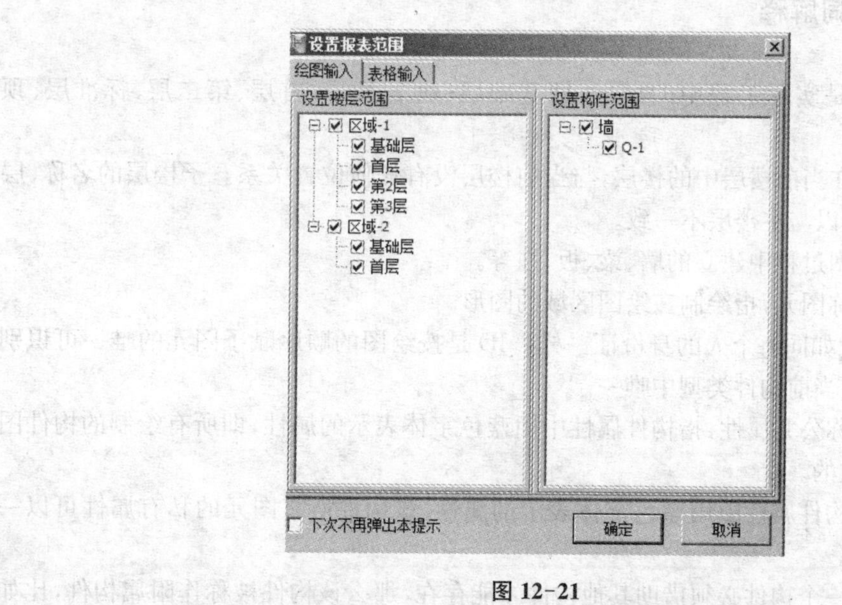

图 12-21

(2) 在导航栏中选择您需要预览的报表，在右侧就会出现报表预览界面，软件为大家提供了做法汇总分析、构件汇总分析、指标汇总分析三大类报表。

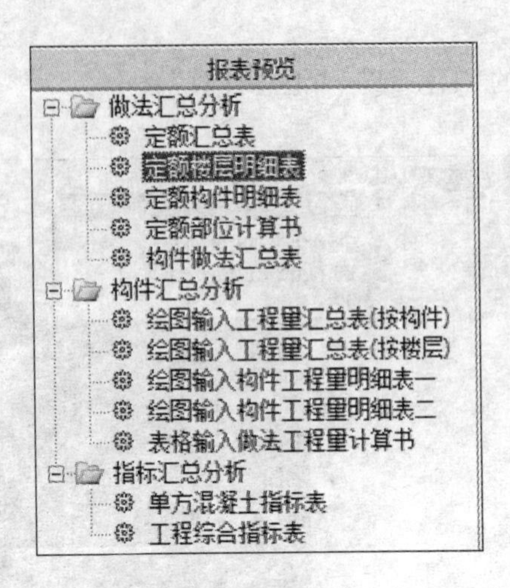

图 12-22

【第九步】 保存工程。

(1) 点击菜单栏的“文件”—“保存”菜单项。

注意:GCL2008 的工程默认保存路径为:C:\我的文档\Grandsoft Projects\GCL\9.0

(2) 弹出“工程另存为”的界面,文件名称默认为您在新建工程时所输入的工程名称,点击“保存”按钮即可保存工程。

【第十步】 退出软件。

点击菜单栏的“文件”—“退出”即可退出图形算量软件 GCL2008。

12.2.5 名词解释

主楼层:也就是实际工程中的楼层,即基础层、地下 X 层、首层、第二层、标准层、顶层等。

子楼层:附属在当前楼层中的楼层,与当前楼层没有任何位置关系。子楼层的名称、层高等各种属性均可以与主楼层不一致。

构件:即在绘图过程中建立的墙、梁、板、柱等。

构件图元:简称图元,指绘制在绘图区域的图形。

构件 ID:ID 就如同每个人的身份证一样。ID 是按绘图的顺序赋予图元的唯一可识别数字,在当前楼层、当前构件类型中唯一。

公有属性:也称公共属性,指构件属性中用蓝色字体表示的属性,即所有绘制的构件图元的属性都是一致的。

私有属性:指构件属性中用黑色字体表示的属性,该构件所有图元的私有属性可以一样,也可以不一样。

附属构件:当一个构件必须借助其他构件才能存在,那么该构件被称作附属构件,比如门窗洞。

组合构件:先绘制各类构件图元,然后再组合成一整体构件,如阳台、飘窗、老虎窗。这些构件有一个共同的特征,就是由一些构件组合而成,如阳台是由墙、栏板、板等组成的。

复杂构件:定义构件时,需要分子单元进行建立,如保温墙、条基、独基、桩承台、地沟。

依附构件:是 GCL2008 为了提高绘图速度所提供的一种构件绘制方式,即在定义构件时,先建立主构件与依附构件之间的关联关系,在绘制主构件时,将与其关联的构件一同绘制上去。如绘制墙时,可以将圈梁、保温层一同绘制上去。圈梁、保温层、压顶可以依附墙而绘制,那么墙构件称为主构件,圈梁、保温层、压顶构件称为依附构件。

普通构件:如墙、现浇板构件。

块:用鼠标拉框选择范围内所有构件图元的集合称作块,对块可以进行复制、移动、镜像等操作。

点选:当鼠标处在选择状态时,在绘图区域点击某图元,则该图元被选择,此操作即为点选。

拉框选择:当鼠标处在选择状态时,在绘图区域内拉框进行选择。框选分为两种:

(1) 单击图中任一点,向右方拉一个方框选择,拖动框为实线,只有完全包含在框内的图元才被选中。

(2) 单击图中任一点,向左方拉一个方框选择,拖动框为虚线,框内及与拖动框相交的图元均被选中。

点状实体:软件中为一个点,通过画点的方式绘制。如柱、独基、门、窗、墙洞等。

面状实体:软件中为一个面,通过画一封闭区域的方法绘制。如板、筏板基础等。

线状实体:软件中为一条线,通过画线的方式绘制。如墙、梁、条形基础等。

区域:按照工程图纸特点,将绘图区划分为若干范围,并针对每个范围单独设置楼层的处理方式,主要用来处理工程中的错层等复杂结构的算量问题;在软件中的楼层信息中进行建立,并在绘图区用线划分出来。

工程量表:把工程中每个构件需要计算的项罗列出来,作为工程算量的分项依据。这些计算项形成的表就是工程量表。GCL2008 中根据各地计算规则内置了一整套量表,使用者可根据工程具体情况调整,使之符合工程实际要求,指导我们的后续算量工作。工程量表符合手工算量的业务流程,并能避免错项漏项。

标高变量:构件标高属性不但可以是一个具体数值,而且可以是一组"汉字",比如"层顶标高",表示构件的标高为楼层的顶标高。

12.3 钢筋算量软件——鲁班钢筋 2010(预算版)

12.3.1 鲁班钢筋特点、功能简介

鲁班钢筋(预算版)软件基于国家规范和平法标准图集,采用 CAD 转化建模,绘图建模,辅以表格输入等多种方式,整体考虑构件之间的扣减关系,解决造价工程师在招投标、施工过程中钢筋工程量控制和结算阶段钢筋工程量的计算问题。软件自动考虑构件之间的关联和扣减,用户只需要完成绘图即可实现钢筋量计算,内置计算规则并可修改,强大的钢筋三维显示,使得计算过程有据可依,便于查看和控制,报表种类齐全,满足多方面需求。

1）内置钢筋规范，降低用户专业门槛

鲁班钢筋（预算版）软件内置了现行的钢筋相关的规范，对于不熟悉钢筋计算的预算人员来说非常有用，可以通过软件更直观的学习规范，可以直接调整规范设置，适应各类工程情况。

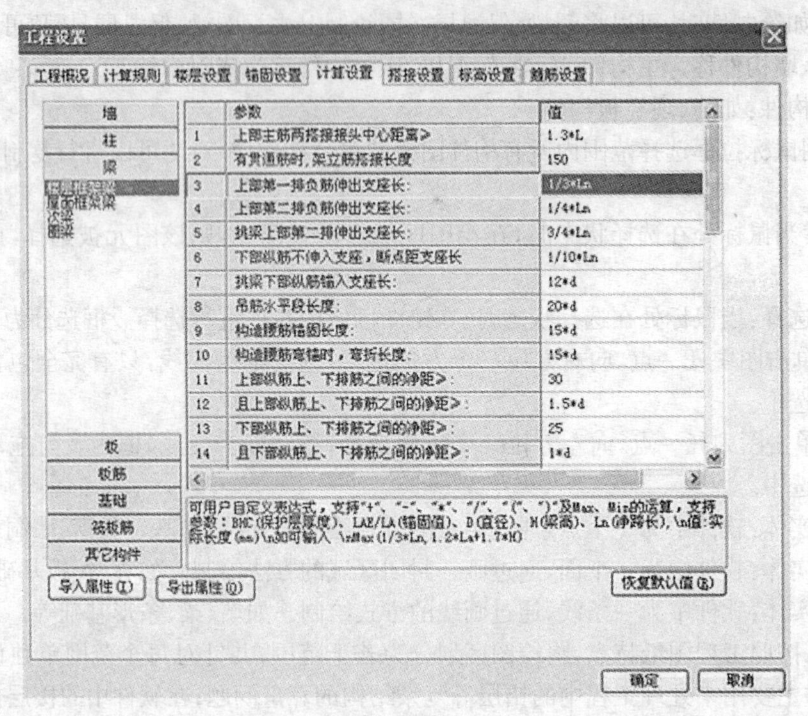

图 12-23

2）强大的钢筋三维显示

可完整显示整个工程的三维模型，可查询构件布置是否出错。同时提供了钢筋实体的三维显示，为计算结果检验及复核带来极大的便利性，可以真实模拟现场钢筋的排布情况，减轻了造价工程师往返于施工现场的痛苦。

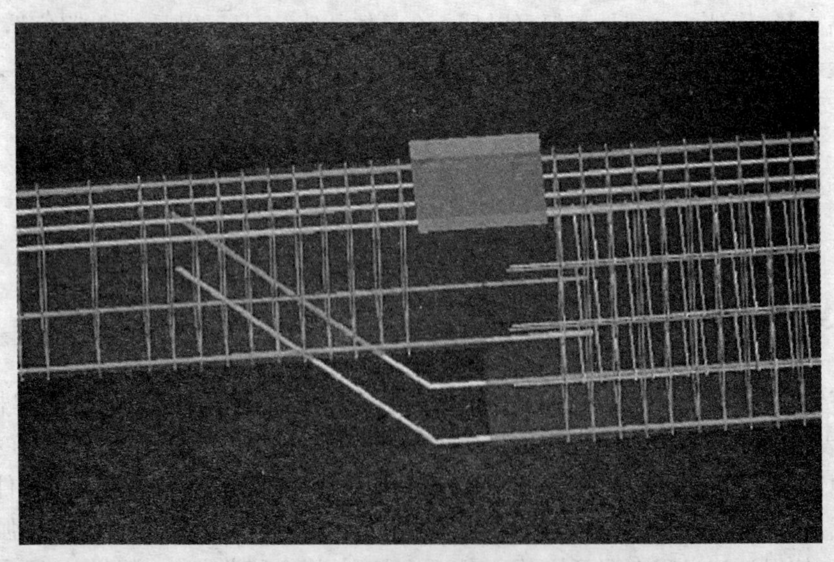

图 12-24

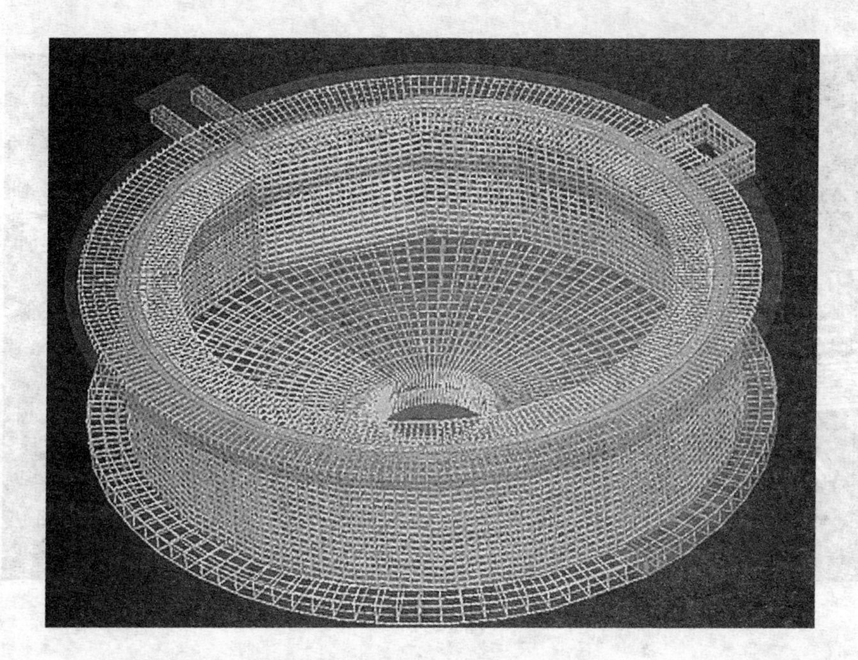

图 12-25

3) 特殊构件轻松应对，提高工作效率，减轻工作量

只要建好钢筋算量模型，工程量计算速度可成倍甚至数倍提高。特殊节点(集水井、放坡等)手工计算非常繁琐，而且准确度不高，软件提供各种模块，计算特殊构件，只需要按图输入即可。

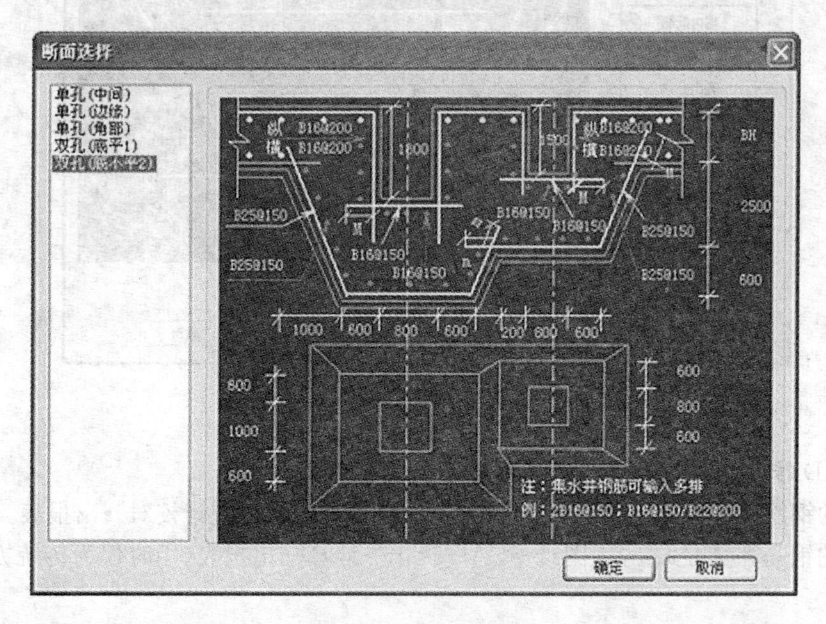

图 12-26

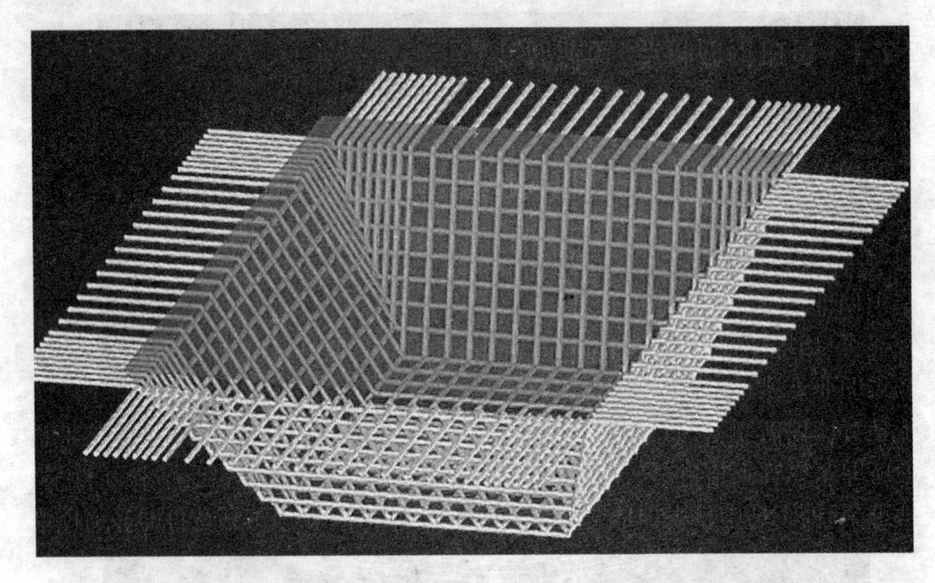

图 12-27

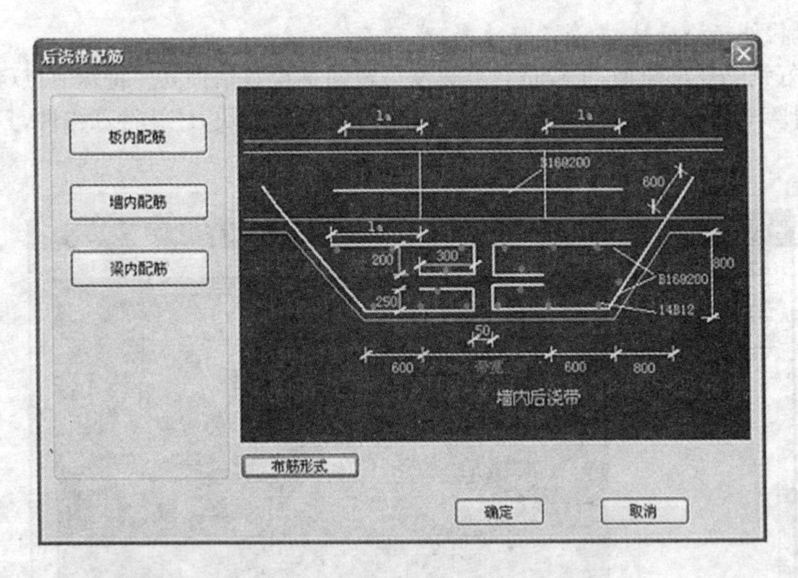

图 12-28

4) CAD 转化，掀起钢筋算量革命

传统的钢筋算量方式：看图→标记→计算并草稿→统计→统计校对→出报表

软件的钢筋算量方式：导入图纸→CAD 转化→计算→出报表（用时仅为传统方式的 1/50）

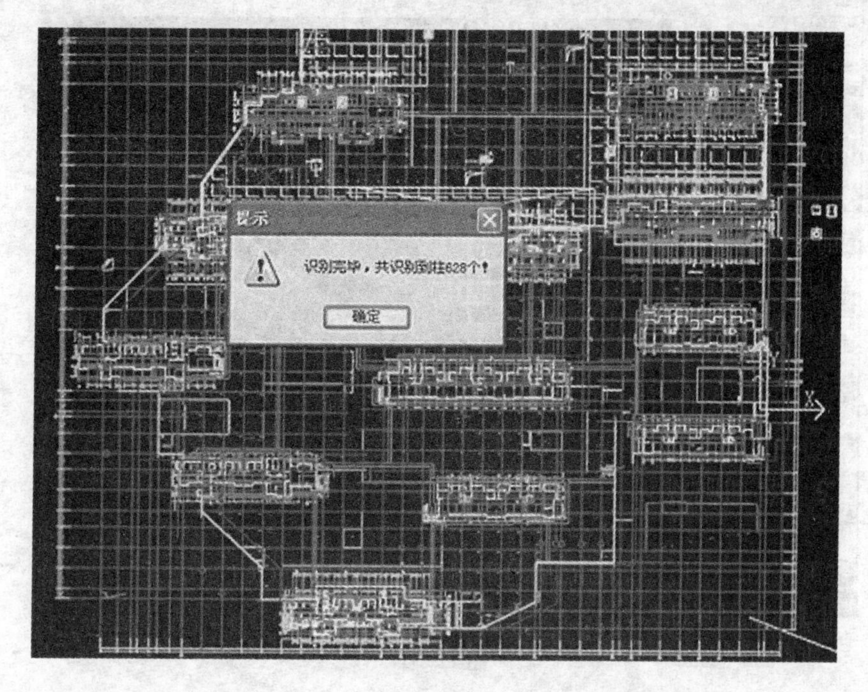

图 12-29

5) LBIM 数据共享

鲁班各系列软件之间的数据实现完全共享，在钢筋软件中可以直接调入土建算量的模型，给定钢筋参数后即可计算钢筋量。且各软件之间界面、操作模式、数据存储方式相同，学会了一个软件等于掌握了所有软件，提高了用户的竞争力。

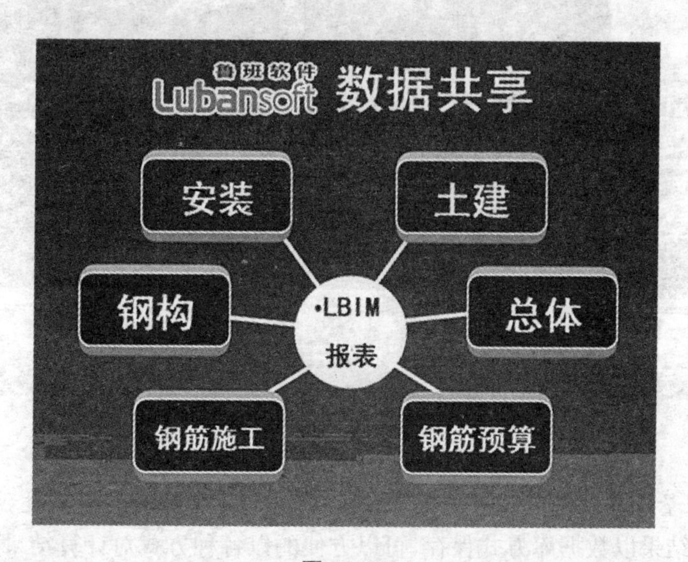

图 12-30

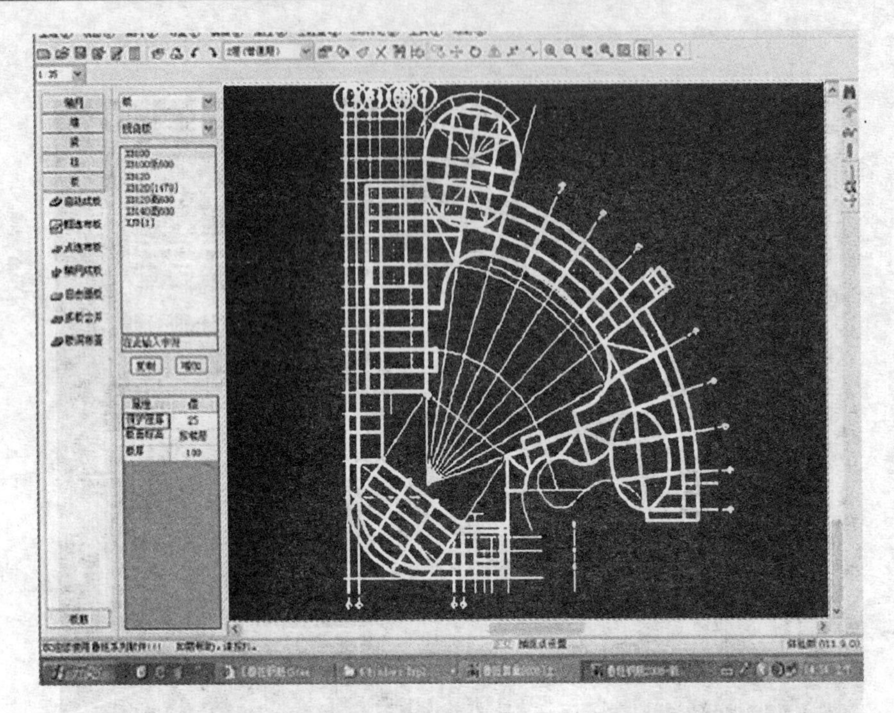

图 12-31

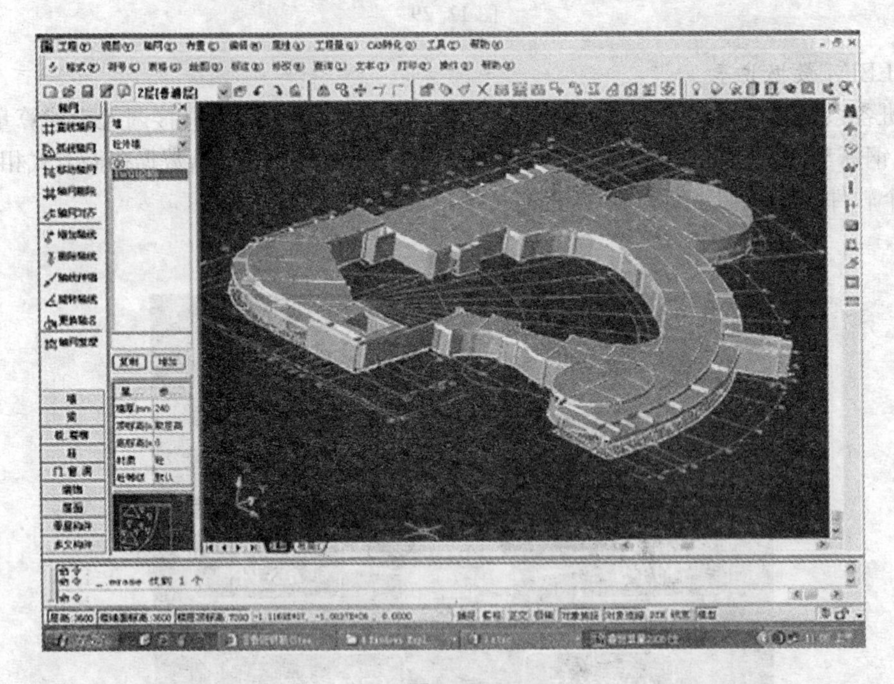

图 12-32

6）钢筋工程量计算结果多种分析统计方式，可应用于工程施工的全过程管理

软件的计算结果以数据库方式保存，可以方便的以各种方式对计算结果进行统计分析，如按层、按钢筋级别、按构件、按钢筋直径范围进行统计分析。将成果应用于成本分析、材料管理和施工管理日常工作中。

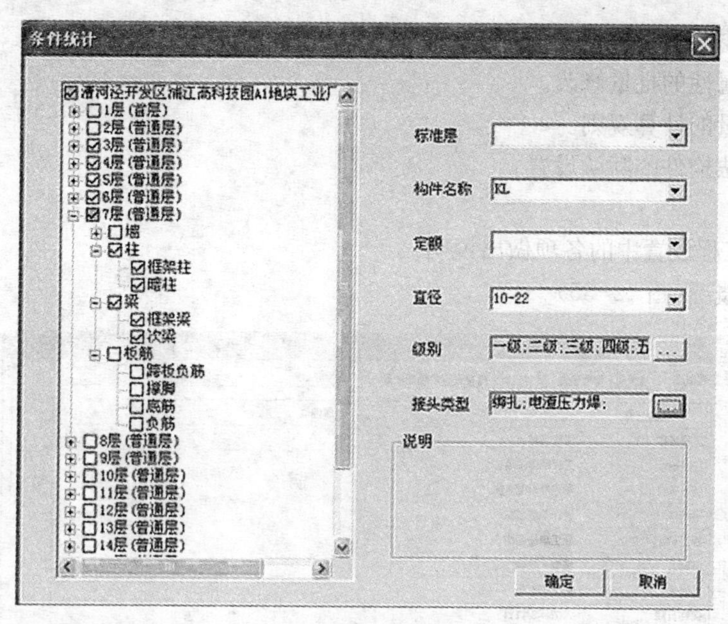

图 12-33

7) 计算结果核对简单方便

利用三维显示,可以轻松地检查模型和计算结果的正确性。另外,建设方、承包方、审价顾问之间核对工程量,只需要核对模型是否有不同之处即可。

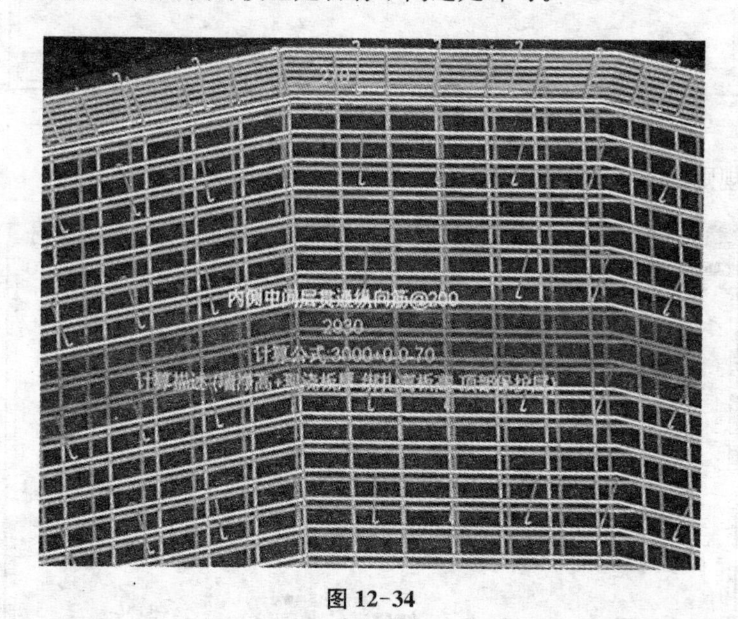

图 12-34

12.3.2 工程设置介绍

在新建工程时,需要在工程向导(工程设置)中,根据图纸说明定义工程的基本情况。在这里,定义的属性项目以及计算规则将作为工程的总体设置,对以下方面产生影响:

(1) 新建构件属性的默认设置。

(2) 构件属性的批量修改。

(3) 图元属性的批量修改。

(4) 工程量的计算规则。

(5) 构件法构件的默认设置。

(6) 报表。

下面,对工程设置中的各项做出说明。

(1) 工程概况(图 12-35)

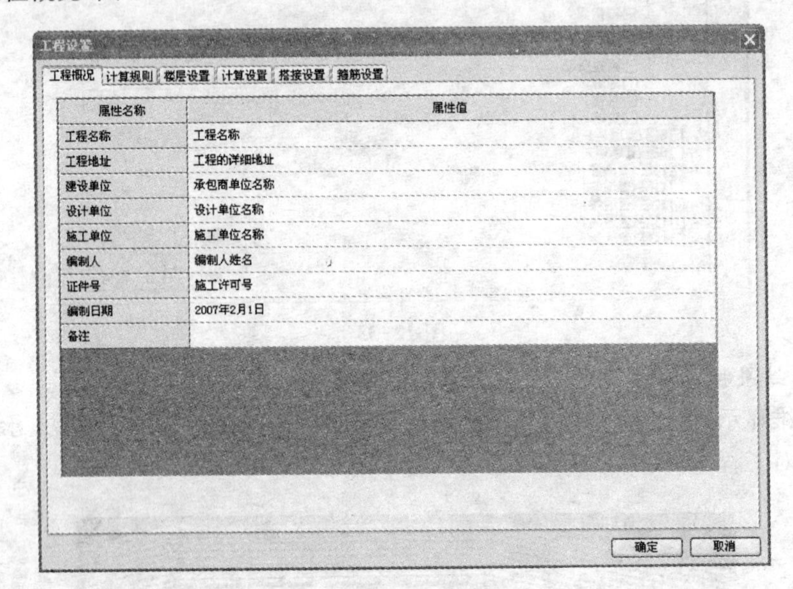

图 12-35

(2) 计算规则(图 12-36)

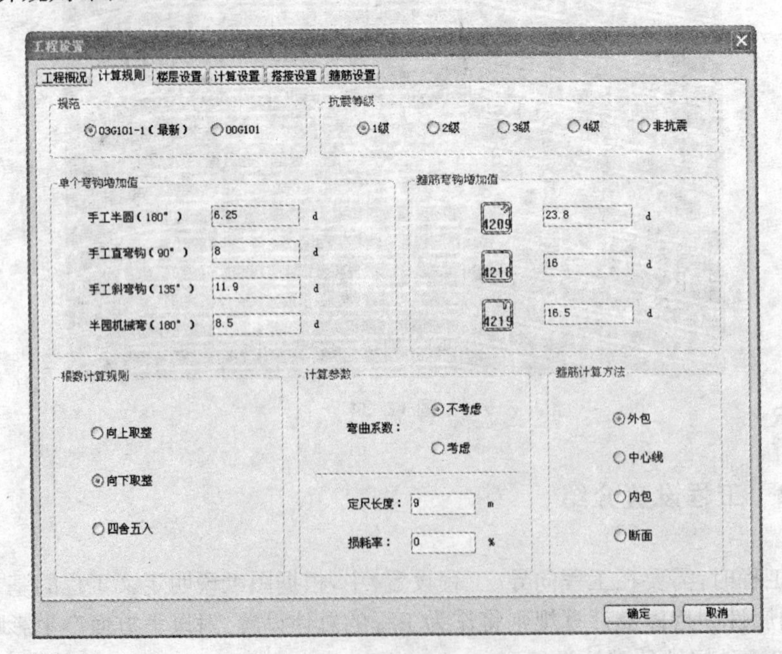

图 12-36

此处进行工程计算规则缺省值设置。

(3) 楼层设置(图 12-37)

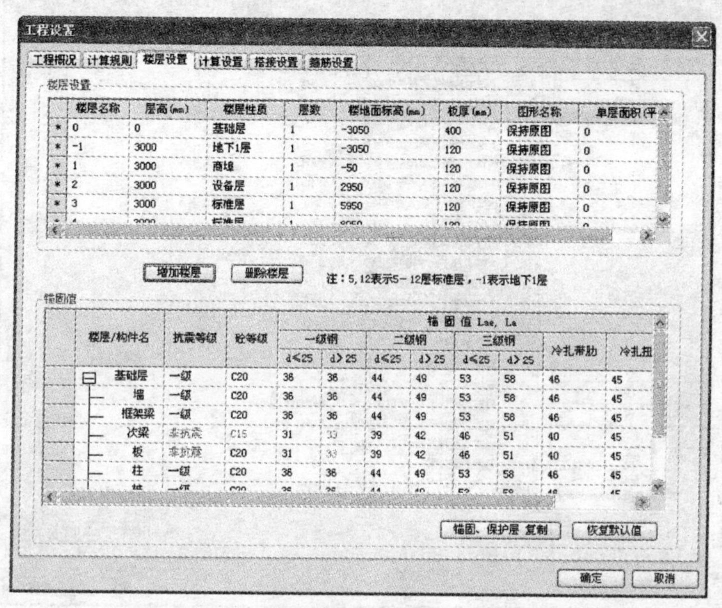

图 12-37

① 此处可分层、分构件定义构件的保护层、抗震等级、混凝土等级，以及对应钢筋的锚固值，并可进行修改。

② “楼层性质”项目可自定义楼层的附加名称，如图 12-37。外部显示格式为“楼层名称(楼层性质)”。

③ 次梁、板、基础等非抗震构件一直默认为“非抗震”。

④ 变红项的含义：

A. 抗震等级：与上一步计算规则设置的不同。

B. 混凝土等级：构件与所在楼层的设置的不同。

C. 锚固值与规范值不同。

⑤ 锚固值表格中定义的项目可楼层间复制，见图 12-38。

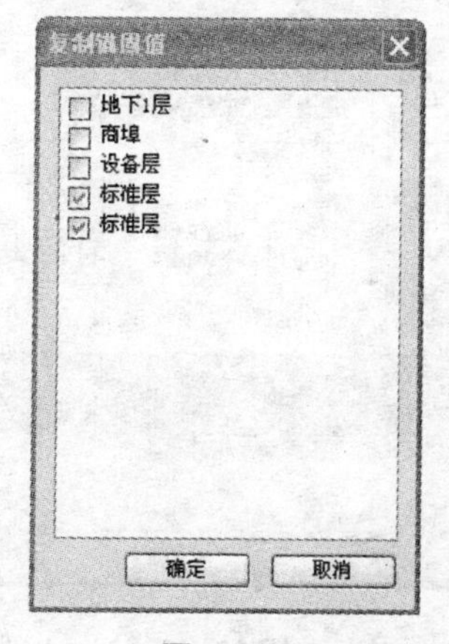

图 12-38

(4) 计算设置(图 12-39)

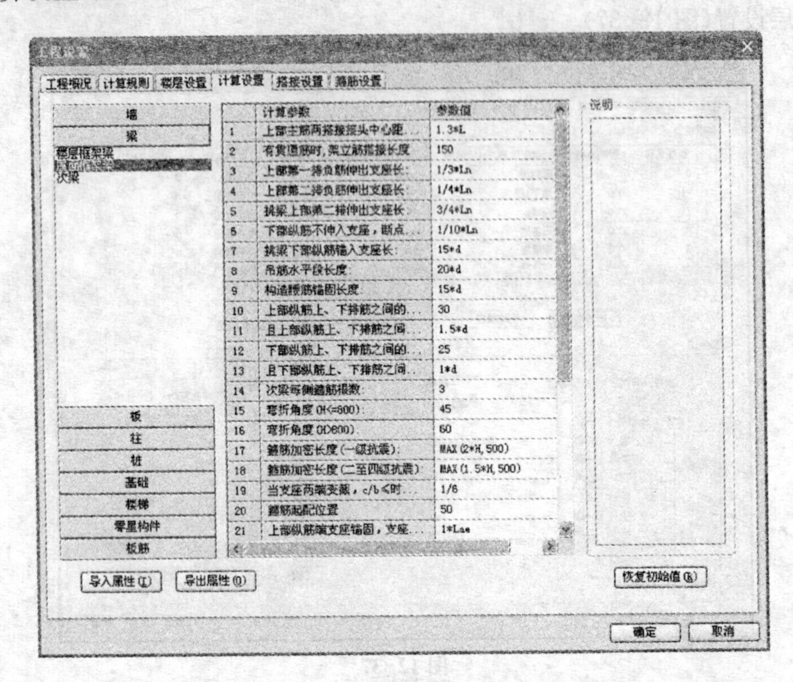

图 12-39

① 图形法中所有构件的计算设置(12.0 版只针对图形法构件)。

② 计算设置中默认设置各构件的常用设置,可根据工程具体说明修改。

③ 该设置可导出为模板,在其他工程中导入。

(5) 搭接设置(图 12-40)

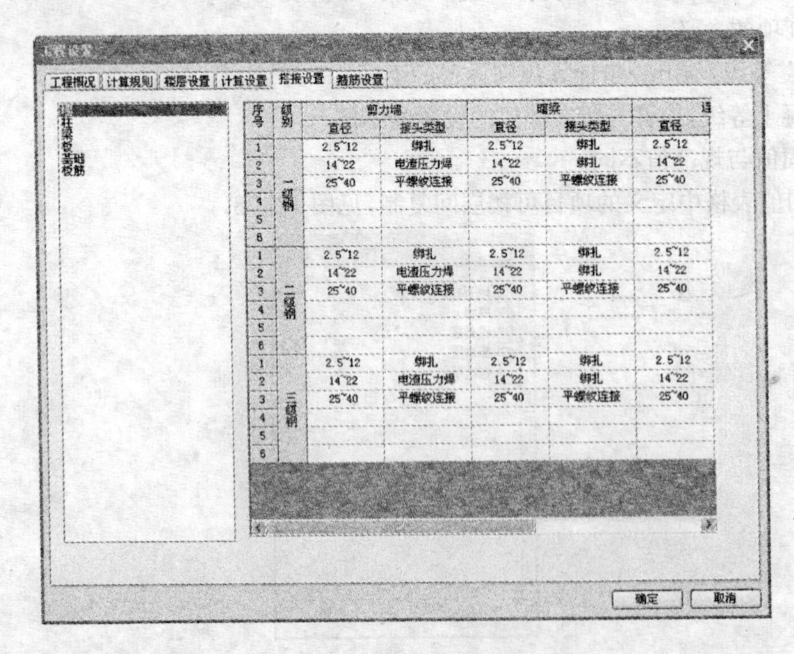

图 12-40

可分构件大类、小类，按钢筋的级别与直径范围，对接头类型作整体设置。

(6) 箍筋设置(图 12-41)

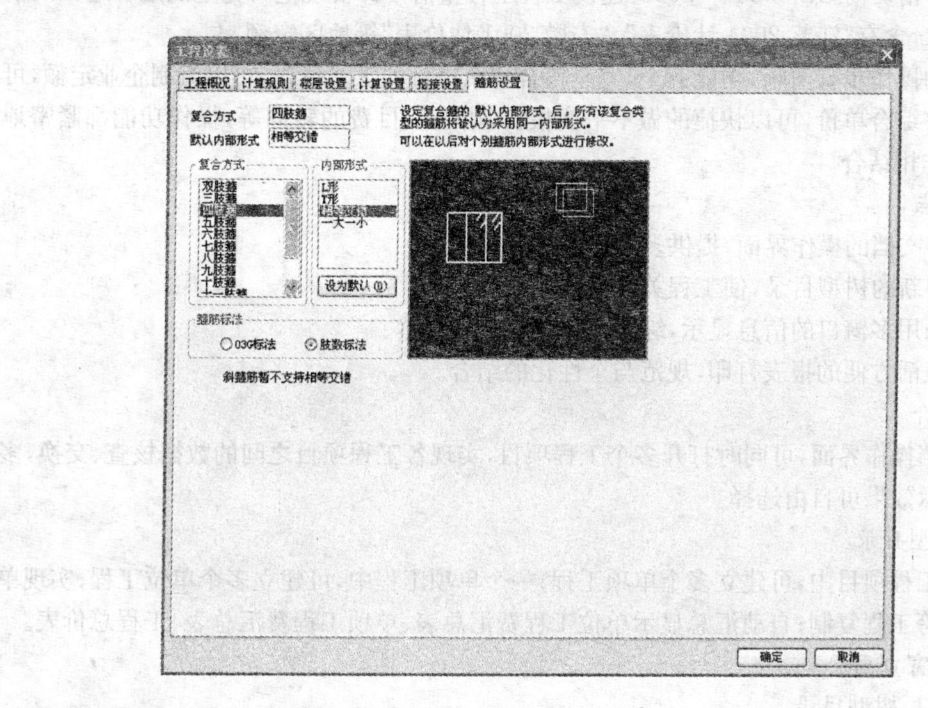

图 12-41

总体设置多肢箍筋的内部组合形式。

12.4 工程计价软件——未来清单 2008

12.4.1 引言

自从执行工程量清单报价以来，招投标工作就出现了一个全新的模式。

(1) 招标方提供工程量清单。

(2) 投标方自主报价。

(3) 专家评审，合理的最低价中标。

12.4.2 未来软件介绍

南京未来高新技术有限公司是一家主要为建筑行业提供一系列电子解决方案，专业从事计算机应用软件开发的高科技企业，是国内较早涉足建筑业的软件开发商之一。

未来清单是针对现行的、与国际接轨的清单报价方式而开发的一款建设清单软件，既通过了江苏省工程建设标准定额总站、安徽省工程建设标准定额站评审认定，又通过了国家建设部标准定额研究所的评审认定。

软件严格贯彻 GB 50500—2008《建设工程工程量清单计价规范》,完全满足各地区的清单编制要求,含有"江苏 2004 计价表"、"安徽 2001 估价表"等地区定额。

软件的操作步骤清晰,功能齐全,完全符合清单报价的工作流程,可以编制企业定额,可以快速调整综合单价,可以快捷的做不平衡报价、措施项目费的转向等,操作功能都紧密地与实际工作相结合。

1) 特点

(1) 多文档的操作界面,提供多元化的视图效果。

(2) 崭新的树型目录,使工程关系清晰明朗。

(3) 采用多窗口的信息显示,综合单价调整一目了然。

(4) 灵活方便的报表打印,规范与个性化的结合。

2) 简介

多文档操作界面,可同时打开多个工程项目,实现各工程项目之间的数据核查、交换,多文档的显示效果可自由选择。

3) 树型目录

一个工程项目中,可建立多个单项工程;一个单项工程中,可建立多个单位工程;实现单位工程的跨工程复制;自动汇总显示单位工程费汇总表、单项工程费汇总表、工程总价表。

4) 多窗口画面

左窗口:树型目录。

下窗口:库文件(清单库、定额库、材料库……)。

右窗口:工料信息、取费格式……

各窗口信息可隐藏、可显示。右窗口随点击工作区域中的不同栏位而显示不同信息。

各窗口之间的联动功能,自动定位方便用户对清单、定额、工料等进行查询。

5) 综合单价调整

换算内容多样化,包含工料换算、混凝土/砂浆换算等,可单条定额、多条定额、批量换算,换算结果直接反映出综合单价的变化。可随时查看定额的换算明细,并可进行撤销。

6) 不平衡报价

根据不同专业预设多个费率组,可自定义费率组,无数量限制。可批量修改费率,可对单条清单子目、多条清单子目修改费率,进行不平衡报价。

7) 措施项目分流归类

可将技术措施项目(模板、脚手费……)转向到"措施项目清单"中,可将转向后的技术措施项目转回到"分部分项工程量清单"中,实现"措施项目清单"与"分部分项工程量清单"的统一结合。

8) 撤销功能

系统自动记录相关操作,退出系统后仍保留操作信息。撤销内容详细,按操作顺序显示。选择性的撤销功能,可针对某一操作进行撤销。

9) 报表打印

(1) 含《建设工程工程量清单计价规范》中规定的清单及其计价表格。

(2) 含各地区、各专业的清单及其计价的特殊报表。

(3) 可自定义建立报表式样,并可保存为模板。

(4) 个性化调节报表打印效果,及时修改报表内容、数据。

(5) 可进行单张报表的打印,也可进行多张报表的选择性打印。

(6) 同一工程项目中的多个单位工程报表无须退出便可进行预览打印。

12.4.3 未来清单 2008 操作步骤

【第一步】 新建工程

双击桌面上未来清单 2008 的图标即可启动软件。启动软件后,出现软件的界面窗口。

在界面窗口的左上角点击新建向导,即可出现"新建向导"窗口,如图 12-42。在该窗口中,填写有关工程的信息后,即可进入"下一步",进入单项工程界面。按照相应对话框填写相应内容,这样,一个新的单项工程就建立好了。

图 12-42

【第二步】 编制工程量清单

(1) 在清单库中选择所需的清单项目。

(2) 录入该项目的实物工程量或工程量计算式。

(3) 准确、详细地描述项目特征。

【第三步】 编制工程量清单计价

(1) 组织定额。

① 根据项目特征明确需求。

② 按照本企业施工方案在项目指引中选择相应的定额(如果项目指引中没有,可以在定额中根据工程情况自行选择)。

③ 输入施工工程量。

(2) 做换算:混凝土/砂浆换算,商品混凝土换算。

(3) 调综合单价:自主报价。在每一条定额中消耗量自调,单价自定,费率自定。

(4) 调市场价:在调人、材、机单价时,一般采用批量调价,首先要调用 65 号文件,将新的人工单价调好，再调用《造价信息》上的市场价文件，或自建的市场价文件。

(5) 做不平衡报价：自定义各清单项目的管理费和利润费率。

(6) 存入清单子目一体库。

【第四步】 双窗口对比

(1) 在项目管理的打开项目中，将该项目复制、粘贴，得该工程复件。或直接点击项目管理，在下拉菜单中选择将该项目另存为也可以。

(2) 将复件和原件两个工程同时打开。

(3) 上下窗口进行调价、对比(如投标价和成本价对比)。

【第五步】 报表打印

点击图形菜单中的打印机，弹出窗口后，选择打印“江苏规范报表(清单)”，然后逐个点击打印，并将表格导入到 Excel 中即可保存，退出。

附录　工程量清单与清单计价编制实例

（《建筑工程定额与计价》课程设计题例）

一、课题名称

某传达室工程应用清单计价法编制施工图预算（工程造价）。

二、编制目的

1. 通过编制实例的阅读和学习，是理论学习与实际应用相结合的最好体现，使读者能从中掌握施工图预算（造价）的编制内容、编制方法和编制程序。

2. 通过编制实例（课程设计）的实际训练，使读者能明白怎样使用《计价表》和《清单计价规范》，从而能熟练地编制出工程量清单和进行清单计价。

3. 通过编制实例（课程设计）的建筑工程计价计算，使读者能根据不同类型的建筑物，按照施工图预算（造价）的编制要求和方法，学会进行项目划分、列项名称、定额编号，以及项目工程量计算和综合单价分析确定。

4. 编制实例（课程设计），是进行一次重要的综合性训练，能使读者综合运用所学的专业基本知识和课程专业理论知识，提高独立分析和解决工程实际问题的能力。

三、编制依据

1. 某传达室工程建筑和结构的施工图纸一套（见附图）。
2.《江苏省建筑与装饰工程计价表》（2004 年江苏省建设厅编）。
3.《江苏省建设工程费用定额》（2009 年江苏省建设厅编）。
4.《建设工程工程量清单计价规范》（GB 50500—2008 建设部编）。
5. 施工组织设计或施工方案。
6. 地区材料市场价格信息。

四、图纸说明及设计做法

1. 本课程设计题图纸来自某事业单位 4 号门传达室工程，由东、西两个部分（值班室）组成，为单层砖混结构房屋。其中：东值班室南北长 7.44 m，东西宽 5.84 m；西值班室东西长 6.44 m，南北宽 4.44 m。层高均为 2.90 m，平面呈长方形，合计建筑面积为 78.80 m²。

2. 标高：室内设计标高±0.00，相当于绝对标高 21.45 m，室内外高差为 0.30 m。

3. 基础：

(1) 外墙带形基础：100 mm 厚 C10 素混凝土垫层，250 mm 厚 C25 钢筋混凝土带形基础；M5 水泥砂浆砌实心黏土砖（240 mm×115 mm×53 mm）带形砖基础；20 mm 厚 1∶2 水泥砂浆(掺5%避水浆)墙基防潮层(水平)。

(2) 内墙(半砖厚隔墙):不做基础,墙身直接砌在地面垫层上。

(3) 独立柱基础:100 mm厚C10素混凝土垫层,250 mm厚C25钢筋混凝土柱基础。

4. 墙身:

(1) 外墙:M5混合砂浆砌筑1砖厚KP_1多孔黏土砖(240 mm×115 mm×90 mm)。

(2) 内隔墙:M5混合砂浆砌筑半砖厚KP_1多孔黏土砖(240 mm×115 mm×90 mm)。

5. 地面:素土夯实,100 mm厚碎石夯实,60 mm厚C15混凝土随捣随抹,20 mm厚1∶2水泥砂浆抹光,20 mm厚1∶2干硬性水泥砂浆结合层,8~10 mm厚防滑地砖,白水泥擦缝。

6. 层面:现浇钢筋混凝土屋面板,陶粒混凝土找坡(边坡20,坡度$i=2\%$),20 mm厚1∶3水泥砂浆找平,SBS防水卷材冷贴(3 mm厚卷材贴至女儿墙凹槽处),40 mm厚保温挤塑板满铺(边缘端部与女儿墙处留缝20 mm宽),15 mm厚1∶3水泥砂浆找平,40 mm厚C25细石混凝土现浇面层(内配ϕ4@150双向钢筋,抹平压光,留分仓缝并灌沥青油膏)。

7. 踢脚线:12 mm厚1∶3水泥砂浆墙面括糙,8 mm厚1∶2水泥砂浆抹平,8~10 mm厚防滑地砖,白水泥擦缝。踢脚线高度为150 mm。

8. 雨篷:70 mm厚C25钢筋混凝土现浇板(复式),20 mm厚1∶2.5水泥砂浆抹板顶面及侧面,板底抹灰做法同室内天棚抹灰,面层涂刷乳胶漆2遍。

9. 女儿墙:M5混合砂浆砌筑1砖厚KP_1多孔黏土砖女儿墙(全高600 mm),C25细石混凝土现浇压顶(断面尺寸为360 mm×60 mm,内配主筋2ϕ8,分布筋ϕ6@200),1∶2.5水泥砂浆抹女儿墙内侧面及压顶表面,外侧面装饰做法同外墙面。

10. 屋面排水:排水坡度为2%(沿短跨双向排水),PVC水落管共4根(东、西传达室各2根),PVC水落斗共4只(直径均为ϕ100 mm)。

11. 门窗:M3采用不锈钢铁栅栏门。其余门窗均采用白色塑钢料,安装中空玻璃。其门窗规格尺寸和数量,详见下表所示。

门窗规格一览表

门窗名称	编号	宽度×高度(mm)	数量	备注	门窗名称	编号	宽度×高度(mm)	数量	备注
塑钢平开门	M1	900×2 100	2	中空玻璃	塑钢推拉窗	C1	1 800×1 600	3	中空玻璃
塑钢半玻门	M2	800×2 100	2	中空毛玻璃	塑钢推拉窗	C2	1 200×1 600	3	中空毛玻璃
铁栅栏门	M3	1 100×2 100	1	购成品门	塑钢推拉窗	C3	900×1 600	2	中空毛玻璃

12. 室外平台:做法同室内地面。

13. 散水:素土夯实,60 mm厚C15混凝土垫层,20 mm厚1∶2.5水泥砂浆抹面,宽度600 mm贯通,每隔6 m设玛琋脂沥青灌伸缩缝。

14. 内墙面:15 mm厚1∶3石灰砂浆打底,8 mm厚1∶2.5石灰砂浆找平,3 mm厚纸筋灰浆抹面,涂刷乳胶漆2遍。

15. 外墙面:1∶1∶4混合砂浆底和面,墙面面层贴红色劈离砖,勒脚贴900 mm高度火烧板(见立面图所示)。

16. 天棚面:传达室天棚板底15 mm厚1∶1∶6混合砂浆底和中层,3 mm厚纸筋石灰浆面层，涂刷乳胶漆 2 遍。

17. 卫生间：墙面基层做法同值班室内墙面，面层贴 2.10 m 高度瓷砖（至吊顶天棚底）。天棚吊顶采用方木龙骨，塑钢扣板面层。

18. 门锁及其他：门均装执手锁和门吸，外门装定门器。

19. 厕所蹲台：采用 M5 水泥砂浆砌砖（115 mm 厚），地砖贴面层。

20. 混凝土强度等级：梁、板、柱为 C25，其他除另有注明者外均为 C25。

21. 钢筋最小锚固和搭接的长度、圈过梁和构造柱的构造要求等，均按规范有关规定执行。

五、编制要求

1. 编制系采用《江苏省建筑与装饰工程计价表》和《建设工程工程量清单计价规范》为依据，故要求必须熟悉该计价表和计价规范的具体内容、使用方法和使用规定。

2. 要求能独立划分分项工程项目，写出相应项目名称，并正确计算其工程量。

3. 要求能正确套用分项工程综合单价，计算出分部分项工程费。

4. 要求能正确运用费用定额，计算出各种费用和工程预算造价。

六、编制内容（成果）

课程设计完毕后要提交一份完整的“施工图预算书”（工程造价），其内容包括如下（用表格方式体现）：

1. 施工工程量计算表（见附表 1）。
2. 清单工程量计算表（见附表 2）。
3. 分部分项工程量清单表（见附表 3）。
4. 分部分项工程量清单综合单价分析表（见附表 4）。
5. 措施项目清单综合单价分析表（见附表 5）。
6. 分部分项工程量清单计价表（见附表 6）。
7. 措施项目清单计价表（见附表 7）。
8. 其他项目清单计价表（见附表 8）。
9. 规费及单位工程费汇总表（见附表 9）。

七、现场施工条件

施工区域施工现场条件要阐述以下内容：施工现场的地质资料，周围环境，交通状况；预制混凝土构件加工，门窗制作，运输方式，运输距离；土壤类别，土方开挖、运输、回填等的施工方法；施工机械设备选用，器材供应状况；劳动力配备、技术组织措施等，均在编制的施工组织设计或施工方案中确定。

本工程施工现场情况及施工条件为：

1. 工程建设地点在市区内，临近城市道路，交通运输便利，施工中所用的建筑材料、混凝土构配件和门窗等均可直接运入工地。施工中所用的电力、给水亦可直接从临近已有的电路和水网中引用。

2. 施工现场地形平坦，地基土质较好，常年地下水位在自然地面以下约 2.00 m 深处，施工时土壤类别可考虑为三类干土。

3. 工程中使用的混凝土预制构配件、门窗等均在场外生产加工，由汽车运入工地安装，运距为 10 km。钢筋在施工现场加工制作成型，现浇混凝土构件采用自拌混凝土浇筑。

4. 本工程由于建筑层数低，建设规模小，故由某小型建筑工程公司承包施工（包工包料）。根据其施工技术和设备条件，施工中土方采用人工开挖、机夯回填，人力车运土，井架卷扬机垂直运输。

八、编制程序

1. 熟悉施工图纸

施工图纸是编制工程预算造价的基本依据。只有熟悉图纸，才能了解设计意图，并根据设计图内容，正确地列出分项工程项目名称，从而准确地计算出相应分项工程量。对建筑物的建筑造型、平面布置、结构类型、应用材料以及图注尺寸、文字说明及其构配件的选用等方面的熟悉程度，将直接影响到能否准、全、快地编制出工程预算造价。

2. 了解现场情况

应全面了解现场施工条件、施工方法、技术组织措施、施工设备、器材供应等情况，并通过踏勘施工现场，补充有关资料。例如，了解施工现场的地质条件、周围环境、土壤类别情况等，就能确定出建筑物的标高，土方的挖、运、填的状况和施工方法，以便能正确地确定工程项目的单价，达到计价正确，真正起到控制工程造价的作用。

3. 熟悉计价表和计价规范

计价表和计价规范，是编制工程预算造价的基础资料和主要依据。在每一项单位工程中，其分项工程项目的综合单价和人工、材料、机械台班的消耗量，都是依据计价表和计价规范来确定的，所以必须熟悉计价表和计价规范的内容、规定、规则和使用方法，才能在编制工程预算造价的过程中，正确无误地确定出分项工程项目名称，迅速而准确地计算其相应一致的工程量。

4. 列出工程项目（名称）

在熟悉图纸、计价表、计价规范和了解现场情况的基础上，根据图纸设计、内容和对照计价表、计价规范的工程项目划分规则，列出预算造价所需计算的分项工程项目名称。列工程项目的方法，首先要根据设计图纸内容，然后对照计价表和计价规范中与其相对应内容（名称）的项目，并按照计价表和计价规范中分项工程项目的先后顺序进行列项。对初学者更应这样，否则容易出现漏项或重项。

5. 计算工程量

工程量是编制工程预算造价的原始数据。计算工程量是一项繁重而又细致的工作，不仅要求认真、细致、及时地计算出准确的数据，而且还要按照一定顺序和计算规则进行，从而可以避免和防止重算和漏算现象的产生。同时，计算工程量还要求必须列出计算式，以便自核和审核。

计算工程量，应分别应用计价表计算出各分项工程的施工工程量（见附表 1）和应用计价规范计算出各工程项目的清单工程量（见附表 2）。

6. 编制工程预算造价

编制单位工程预算造价时，应按工程量清单计价统一格式的表格形式进行。其编制的表格包括分部分项工程量清单综合单价分析表、措施项目清单综合单价分析表、分部分项工程量清单计价表、措施项目清单计价表、其他项目清单计价表、单位工程费汇总表及规费等。具体编制步骤如下：

(1) 应用计价规范和计价表编制分部分项工程量清单计价表

① 编制分部分项工程量清单综合单价分析表

工程量清单计价的主要任务是综合单价的确定计算，它的计算必须按清单项目描述的工程内容进行。具体计算方法见附表 4 所示。

② 编制分部分项工程量清单计价表(见附表 6)

填写分部分项工程量清单计价表，确定每一个分部分项工程量清单项目费用，以及分部分项工程费用。计算方法是：

$$\text{每一个分部分项工程量清单项目费用} = \text{分项工程清单工程量} \times \text{相应综合单价}$$

$$\text{分部分项工程费用} = \sum \text{分项工程清单工程量} \times \text{相应综合单价}$$

(2) 编制措施项目清单计价表(见附表 7)

措施项目清单计价表中，对于通用项目，一般根据一定的计算基数乘以相应的费率而得出。对于施工措施性项目，应根据拟建工程的施工组织设计或施工方案，以“项”提出。在计价时，首先应详细分析施工项目所包含的全部工程内容，然后确定其综合单价。措施项目清单综合单价的计算方法，与分部分项工程量清单综合单价的计算方法类同。将计算得出的综合单价结果，分别填入到“措施项目清单”计价表中，即可进行措施项目费的计算。

(3) 编制其他项目清单计价表

其他项目清单计价表，分招标人和投标人两部分。招标人部分给出的预留金是招标人为可能发生的工程量变更而预留的金额。投标人部分的总承包服务费应根据招标人提出的要求，由投标人估算所发生的费用。

(4) 工程预算造价费用汇总

在得出分部分项工程量清单计价表、措施项目清单计价表和其他项目清单计价表之后，汇总形成“单位工程费汇总表”。

单位工程费汇总表中的金额，分部按照分部分项工程量清单计价表、措施项目清单计价表、其他项目清单计价表的合计金额和有关规定计算的规费、税金填写。其中，规费应当逐一列出各项规费的名称和金额。

九、附图

(1) 平面图(建施 02)、立面图(建施 03)。

(2) 基础图(结施 01)、屋顶结构平面图(结施 02)。

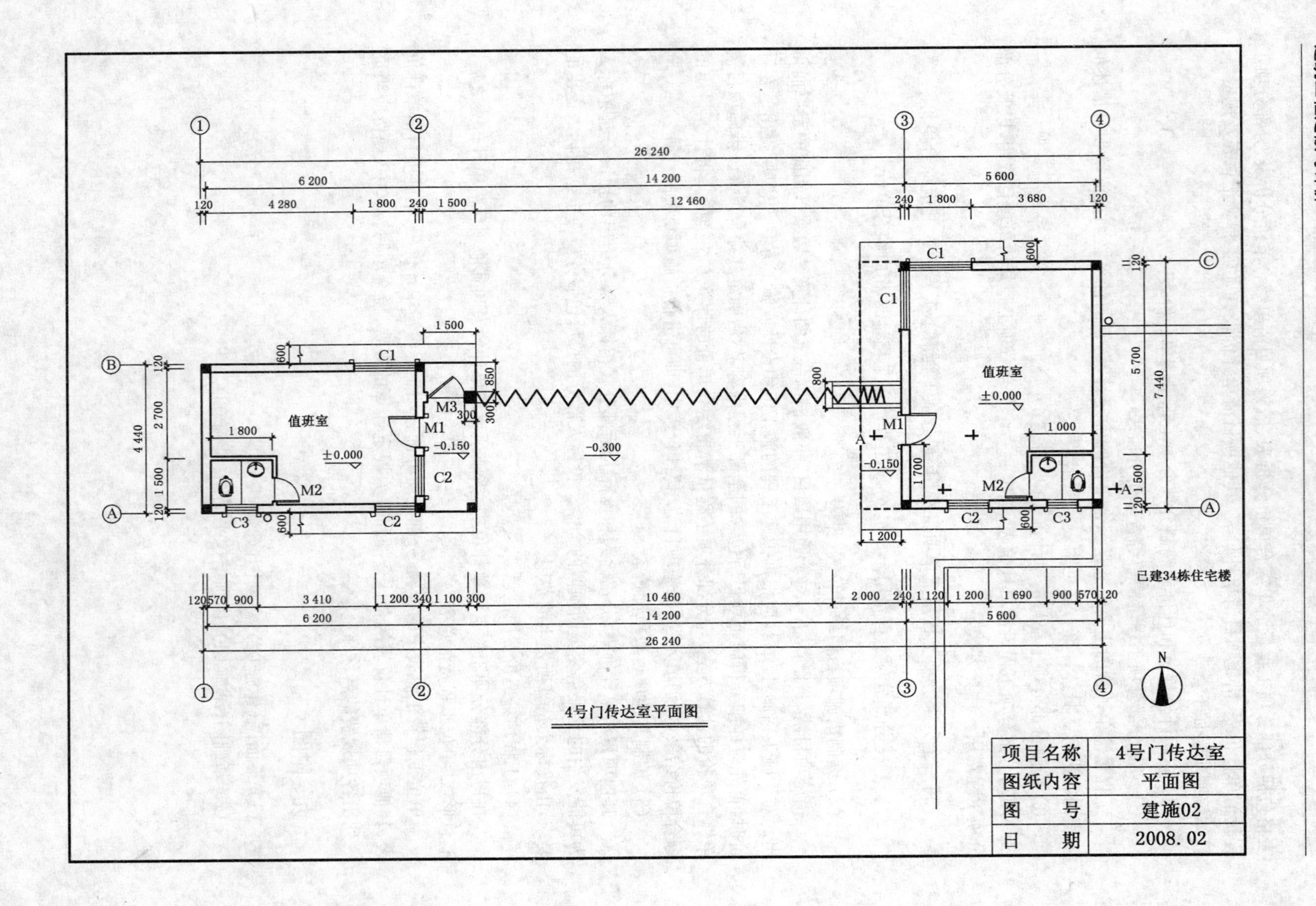
26 240
6 200
14 200
5 600
12 460
值班室
±0.000
-0.150
-0.300
C1
C2
C3
M1
M2
M3
4 440
7 440
5 700
10 460
已建34栋住宅楼
N
4号门传达室平面图
项目名称
4号门传达室
图纸内容
平面图
图号
建施02
日期
2008.02

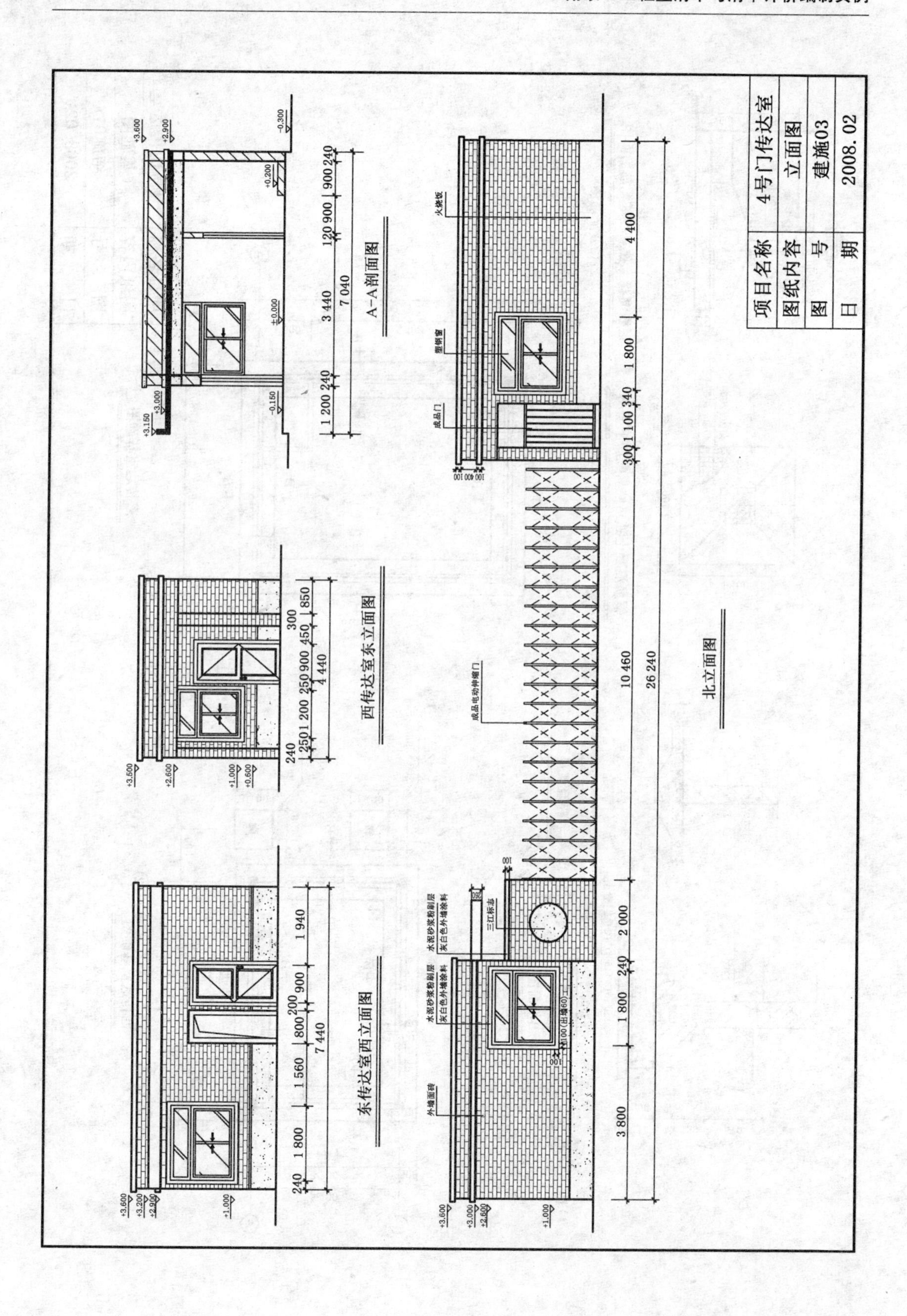

项目名称
4号门传达室
图纸内容
立面图
图号
建施03
日期
2008.02
A-A剖面图
西传达室东立面图
东传达室西立面图
北立面图

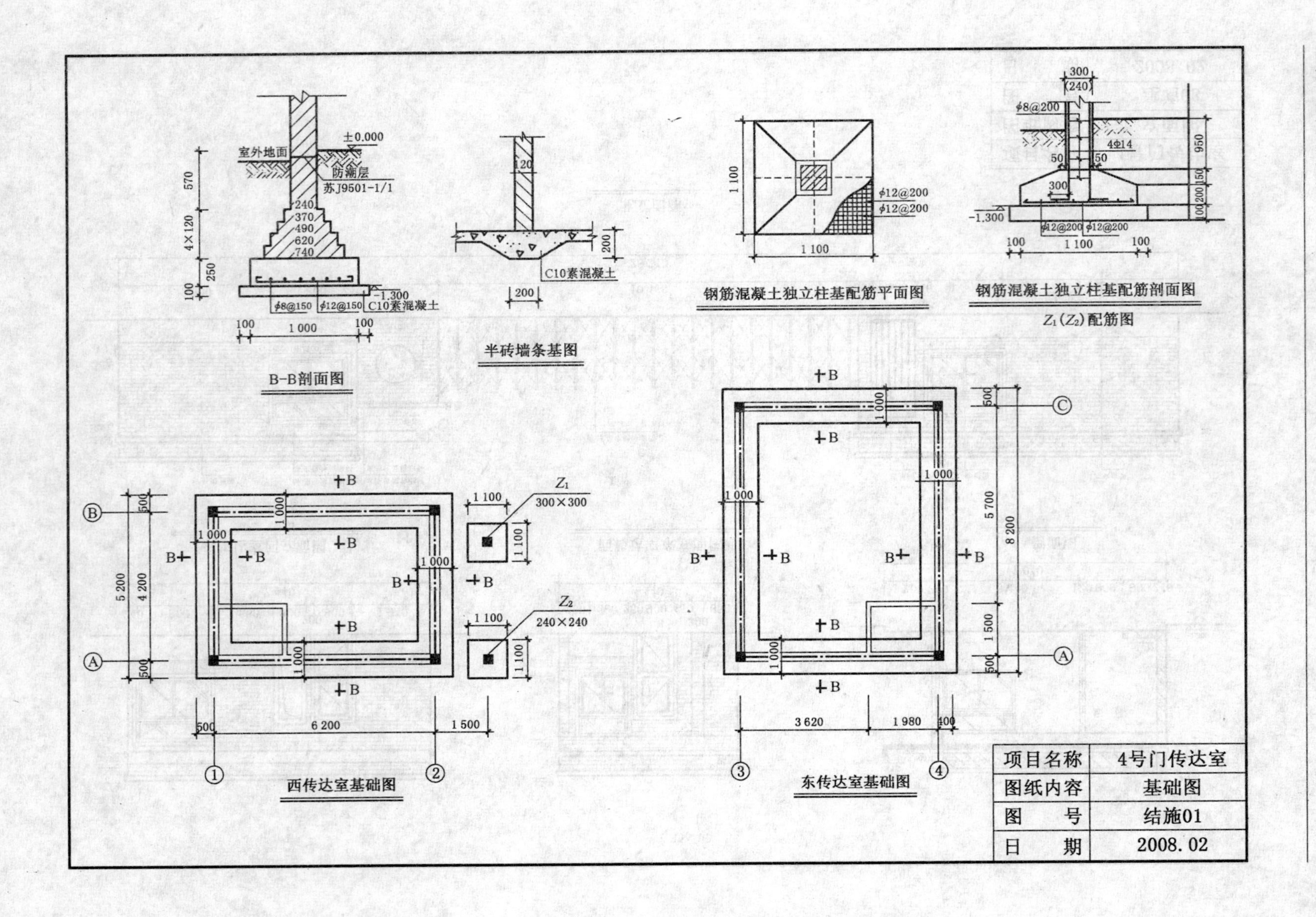
室外地面
±0.000
防潮层
苏J9501-1/1
240
370
490
620
740
-1.300
φ8@150
φ12@150
C10素混凝土
570
4×120
250
100
100
1 000
100
B-B剖面图
120
200
C10素混凝土
200
半砖墙条基图
1 100
φ12@200
φ12@200
1 100
钢筋混凝土独立柱基配筋平面图
300
(240)
φ8@200
4Φ14
50
50
300
-1.300
φ12@200 φ12@200
950
150
200
100
100
1 100
100
钢筋混凝土独立柱基配筋剖面图
$Z_1(Z_2)$配筋图
Z_1
300×300
Z_2
240×240
1 100
1 100
1 000
5 200
4 200
500
500
6 200
1 500
西传达室基础图
500
5 700
1 500
500
8 200
3 620
1 980
400
东传达室基础图
项目名称
4号门传达室
图纸内容
基础图
图号
结施01
日期
2008.02

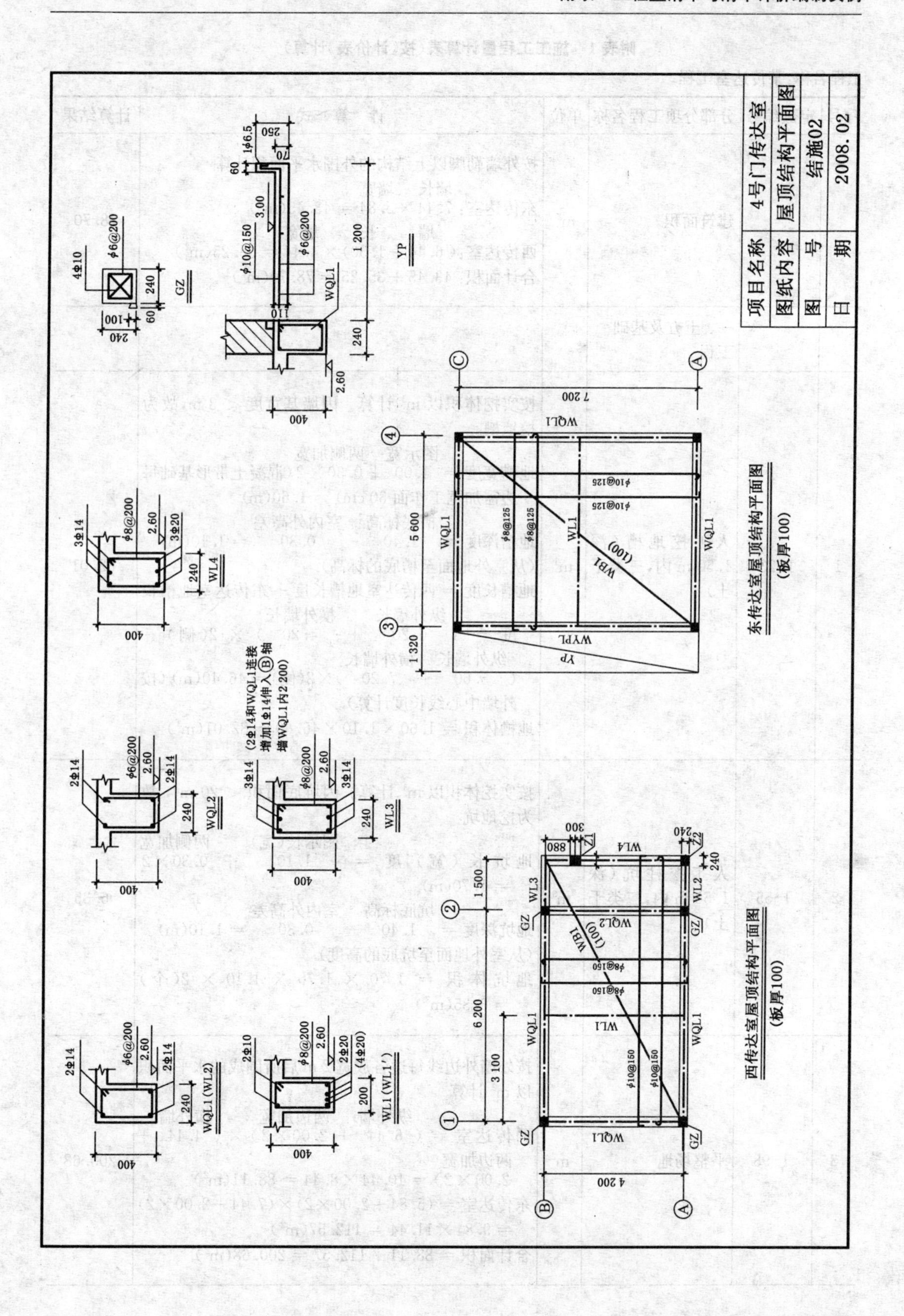

项目名称 4号门传达室
图纸内容 屋顶结构平面图
图 号 结施02
日 期 2008.02
东传达室屋顶结构平面图
(板厚100)
西传达室屋顶结构平面图
(板厚100)
WQL1
WQL2
WL1
WL2
WL3
WL4
WYPL
YP
GZ
WB1
(100)
WQL1(WL2)
WL1(WL1')
(2Φ14和WQL1连接
增加1Φ14伸入Ⓑ轴
墙WQL1内2 200)

附表 1　施工工程量计算表(按《计价表》计算)

工程名称:某传达室工程

序号	定额编号	分部分项工程名称	单位	计　算　式	计算结果
		建筑面积	m^2	按外墙勒脚以上结构的外围水平面积计算 　　　　墙长　墙宽 东传达室:7.44×5.84＝43.45(m^2) 　　　　　墙　　长　　墙宽 西传达室:(6.44＋1.50)×4.44＝35.25(m^2) 合计面积:43.45＋35.25＝78.70(m^2)	78.70
		一、土方及基础工程			
1	1-23	人工挖地槽(深1.50 m内,三类干土)	m^3	按实挖体积以 m^3 计算。因墙基宽度＜3 m,故为挖地槽 　　　　图示宽　两侧加宽 地槽宽度＝ 1.00 ＋0.30×2(混凝土带形基础每边需加宽工作面 30 cm)＝1.60(m) 　　　　槽底标高　室内外高差 地槽深度＝ 1.40 － 0.30 ＝1.10(m) (从室外地面至槽底的标高) 地槽长度＝西传达室地槽长度＋东传达室地槽长 　　　纵外墙长　横外墙长 度＝(6.20 ＋ 4.20)×2(侧)＋ 　纵外墙长　横外墙长 (5.60 ＋ 7.20)×2(侧)＝46.40(m)(按外墙中心线长度计算) 地槽体积＝1.60×1.10×46.60＝82.01(m^3)	82.01
2	1-55	人工挖柱坑(深1.50 m内,三类干土)	m^3	按实挖体积以 m^3 计算。因坑底面积＜20 m^2,故为挖地坑 　　　　　图示长(宽)　两侧加宽 地坑长(宽)度＝ 1.10 ＋ 0.30×2 ＝1.70(m) 　　　　坑底标高　室内外高差 地坑深度＝ 1.40 － 0.30 ＝1.10(m) (从室外地面至坑底的高度) 地坑体积＝1.70×1.70×1.10×2(个)＝6.35(m^3)	6.35
3	1-98	平整场地	m^2	按外墙外边线每边各放宽 2 m 后所围成的水平面积以 m^2 计算 　　　　纵外墙　两边加宽　　横外墙 西传达室＝(6.44 ＋2.00×2)×(4.44 ＋ 两边加宽 2.00×2)＝10.44×8.44＝88.11(m^2) 东传达室＝(5.84＋2.00×2)×(7.44＋2.00×2)＝9.84×11.44＝112.57(m^2) 合计面积＝88.11＋112.57＝200.68(m^2)	200.68

续附表 1

序号	定额编号	分部分项工程名称	单位	计　算　式	计算结果
4	1-99	室内地面原土打底夯	m^2	按室内主墙间的净面积以 m^2 计算 纵外墙中长　墙厚　横外墙中长 西传达室＝(6.20－0.24)×(4.20－0.24)（墙厚）＝5.96×3.96＝23.60(m^2) 外墙外边长　檐廊外墙边长 西传达室檐廊＝4.44×1.50＝6.66(m^2) 东传达室＝(5.60－0.24)×(7.20－0.24)＝5.36×6.96＝37.31(m^2) 合计面积＝23.60＋6.66＋37.31＝67.57(m^2)	67.57
5	1-100	地槽(坑)原土打底夯	m^2	按地槽(坑)挖土底面积以 m^2 计算 $\text{地槽(坑)底面积}=\frac{\text{地槽(坑)挖土体积}}{\text{地槽(坑)挖土深度}}$ $=\frac{82.01+6.35}{1.10}=\frac{88.36}{1.10}=80.33(m^2)$	80.33
6	2-120	C10 混凝土基础垫层	m^3	按垫层图示尺寸的体积以 m^3 计算 宽度　外墙中总长 西传达室墙基垫层＝1.20×(6.20＋4.20)×2(侧) 厚度 ×0.10＝1.20×20.80×0.10＝2.50(m^3) 东传达室墙基垫层＝1.20×(5.60＋7.20)×2×0.10＝1.20×25.60×0.10＝3.07(m^3) 长　宽　厚 柱基垫层＝1.30×1.30×0.10×2(个)＝0.33(m^3) 合计体积＝2.50＋3.07＋0.33＝5.90(m^3)	5.90
7	3-1	M5 水泥砂浆砌条形实心砖基础(直形)	m^3	按砖基图示尺寸的体积以 m^3 计算 西传达室砖基体积＝砖基断面积×外墙中线长度 砖基断面积 ＝(0.74×0.12＋0.62×0.12＋0.49×0.12＋0.37×0.12＋0.24×0.57)×(6.20＋4.2)（外墙中长）×2＝(0.088＋0.074＋0.058＋0.044＋0.136)×20.80＝0.40×20.80＝8.32(m^3) 东传达室砖基体积＝(0.74×0.12＋0.62×0.12＋0.49×0.12＋0.37×0.12＋0.24×0.57)×(5.60＋7.20)×2＝0.40×25.60＝10.24(m^3) 扣除构造柱体积＝0.24×0.24×(1.30－0.25)×8＝0.48(m^3) 合计体积＝8.32＋10.24－0.48＝18.08(m^3)	18.08

续附表 1

序号	定额编号	分部分项工程名称	单位	计 算 式	计算结果
8	3-42	1∶2 水泥砂浆墙基防潮层(加 5% 避水浆)	m^2	按砖基墙顶面宽度乘长度的面积以 m^2 计算 西传达室墙基防潮层面积 = 墙基顶宽度 × 外墙中心线长度 = 0.24 × (6.20 + 4.20) × 2 = 4.99(m^2) （顶宽 0.24，外墙中长 (6.20 + 4.20) × 2） 东传达室墙基防潮层面积 = 0.24 × (5.60 + 7.20) × 2 = 0.24 × 25.60 = 6.15(m^2) 合计面积 = 4.99 + 6.15 = 11.14(m^2)	11.14
9	5-2	C25 混凝土条形基础(无梁式)	m^3	按混凝土基础图示尺寸的体积以 m^3 计算 西传达室混凝土条基体积 = 基础断面积 × 外墙中心线长度 = 1.00 × 0.25 × (6.20 + 4.20) × 2 = 1.00 × 0.25 × 20.80 = 5.20(m^3) 东传达室混凝土条基体积 = 1.00 × 0.25 × (5.60 + 7.20) × 2 = 1.00 × 0.25 × 25.60 = 6.40(m^3) 合计体积 = 5.20 + 6.40 = 11.60(m^3)	11.60
10	5-7	C25 混凝土独立柱基础	m^3	按混凝土柱基的体积以 m^3 计算 混凝土柱基体积 = $\left[(\text{柱基下底面积} \times \text{截面矩形部分底高}) + \frac{1}{2}(\text{柱基下底面积} + \text{柱基上底面积}) \times (\text{截面积梯形部分底高})\right] = \left\{(1.10 \times 1.10 \times 0.20) + [(1.10 \times 1.10) + (0.40 \times 0.40)] \times \frac{1}{2} \times 0.15\right\} \times 2(\text{个}) = \left(0.242 + 1.37 \times \frac{1}{2} \times 0.15\right) \times 2(\text{个}) = 0.69(m^3)$	0.69
11	1-104	墙基地槽(坑)回填土(夯填)	m^3	按实回填土方的体积以 m^3 计算 室外地面以上砖基体积 = 墙厚 × 外墙中长 × 室内外高差 西传达室室外地面以上砖基体积 = 0.24 × (6.20 + 4.20) × 2 × 0.30 = 0.24 × 20.80 × 0.30 = 1.50(m^3) 东传达室室外地面以上砖基体积 = 0.24 × (5.60 + 7.20) × 2 × 0.30 = 0.24 × 25.60 × 0.30 = 1.84(m^3) 室外地面以下混凝土柱体积 = 柱断面积 × 柱基顶面至室外地面之间的柱高 = [(0.30 × 0.30)（Z1柱） + (0.24 × 0.24)（Z2柱）] × (0.95 − 0.30) = 0.15 × 0.65 = 0.10(m^3) 墙基槽(坑)回填土体积 = 地槽(坑)挖土体积 − [墙基槽(坑)垫层体积 + 砖墙基体积 + 混凝土柱基体积 + 混凝土带形基础体积 + 室外地面以下柱体积 − 室外地面以上砖基体积] = (82.01 + 6.35) − (5.90 + 18.56 + 11.60 + 0.69 + 0.10 − 3.34) = 88.36 − 33.51 = 54.85(m^3) 注:砖墙基体积 18.56 m^3 内含构造柱体积	54.85

续附表 1

序号	定额编号	分部分项工程名称	单位	计 算 式	计算结果
12	1-102	室内地面回填土(夯填)	m^3	按室内主墙间净面积乘回填土厚度以 m^3 计算 主墙间净面积 = 底层建筑面积 − 防潮层面积 = 78.70 − 11.14 = 67.56(m^2) 回填土厚度 = 室内外高差 − 地面设计厚度 地面设计厚度 = 100 厚碎石垫层 + 60 厚混凝土找平层 + 20 厚水泥砂浆面层 + 20 厚干硬性水泥砂浆结合层 + 10 厚地砖 = 210(mm) 室内回填土体积 = 主墙间净面积 × 回填土厚度 = 67.56 × (0.30 − 0.21) = 67.56 × 0.07 = 4.73(m^3)	4.73
13	(1−92)+(1−95)×9	人力车运余土(运距 500 m)	m^3	按(挖土体积 − 回填土体积)的体积以 m^3 计算 余土体积 = (82.01 + 6.35) − (54.85 + 4.73) = 88.36 − 59.58 = 28.78 ≈ 29(m^3)	29
		二、砌筑工程			
14	3-21	M5 混合砂浆砌筑 1/2 砖厚 KP_1 黏土多孔砖内隔墙	m^3	按砌墙的实有体积以 m^3 计算 内墙毛体积 = 西传达室内墙毛体积 + 东传达室内墙毛体积 = (1.80 + 1.50)(中长) × 0.115(墙厚) × (3.00 − 0.10)(墙高) + (1.80 + 1.50) × 0.115 × (3.00 − 0.10) = 2.20(m^3) 应扣除体积,包括: ① 门洞 M2 体积 = (0.80(宽) × 2.10(高) × 0.115(厚)) × 2 樘 = 0.39(m^3) ② 混凝土门过梁体积 = (0.80 + 0.24)(长) × 0.115(宽) × 0.12(厚) × 2(根) = 0.029(m^3) 内墙净体积 = 内墙毛体积 − 应扣除体积 = 2.20 − 0.39 − 0.029 = 1.78(m^3)	1.78
15	3-22	M5 混合砂浆砌筑 1 砖厚 KP_1 黏土多孔砖外墙	m^3	按墙的实有体积以 m^3 计算 外墙毛体积 = 西传达室外墙毛体积 + 东传达室外墙毛体积 = [(6.20 + 4.20) × 2 + 1.50](外墙中长) × 0.24(厚) × 3.00(高) + (7.20 + 5.60) × 2 × 0.24 × 3.00 = 22.30 × 0.24 × 3.00 + 25.60 × 0.24 × 3.00 = 16.05 + 18.43 = 34.48(m^3) 应扣除体积,包括: ① 窗洞体积 = (1.80 × 1.60 × 3 樘(C1) + 1.50 × 1.60 × 2 樘(C2) + 0.90 × 1.60 × 2 樘(C3)) × 0.24(厚) = 3.91(m^3)	22.54

续附表 1

序号	定额编号	分部分项工程名称	单位	计 算 式	计算结果
15	3-22	M5 混合砂浆砌筑 1 砖厚 KP_1 黏土多孔砖外墙	m^3	M1 M3 ② 门洞体积 = (0.90×2.10×2 樘 + 1.10×2.10× 大门推拉门洞 1 樘) × 0.24 + 0.80×2.10×1(个)×0.24 = 1.46 + 0.40 = 1.86(m^3) C1 ③ 窗洞混凝土过梁体积 = [(1.80+0.50)×3 樘 + C2 C3 (1.50+0.50)×2 樘 + (0.90+0.50)×2 樘] 厚 高 ×0.24×0.12 = (6.90+4.00+2.80)×0.028 = 0.384(m^3) ④ 门洞混凝土过梁体积 = [(0.90+0.50)×2 樘 + (1.10 + 0.50) × 1 樘] × 0.24 × 0.12 = 0.13(m^3) ⑤ 混凝土圈梁及雨篷梁体积： WQL_1 中长 梁宽 梁高 西传达室部分 = (6.20×2+4.20)×0.24×0.40 WQL_2 +4.20×0.24×0.40 = 2.00(m^3) WQL_1 东传达室部分 = (5.60×2+ 7.20)×0.24×0.40 WYPL +7.20×0.24 ×0.40 = 2.46(m^3) 断面 柱高 ⑥ 构造柱体积 = 0.24×0.24×(3.00−0.40)× 8 根 = 0.24×0.24×2.60×8 = 1.20(m^3) 合计应扣体积 = 3.91+1.86+0.38+0.13+(2.00 +2.46)+1.20 = 11.94(m^3) 外墙净体积 = 外墙毛体积 − 应扣除体积 = 34.48− 11.94 = 22.54(m^3)	
16	3-22	M5 混合砂浆砌筑 1 砖厚 KP_1 黏土多孔砖女儿墙 压顶 60 60 240 60 3.54 女儿墙 3.00 圈梁	m^3	按实砌的女儿墙体积以 m^3 计算 女儿墙毛体积 = 西传达室女儿墙毛体积 + 东女儿 墙中长 墙毛体积 = [(6.20+1.50) + 4.20] × 2 侧 墙厚 墙高 ×0.24×(3.60−3.00−0.06)+[(5.60+7.20) ×2 侧×0.24×(3.60−3.00−0.06)] = 3.08+ 3.32 = 6.40(m^3) 应扣除部分体积： 断面 柱高 ① 混凝土构造柱体积 = 0.24×0.24×(3.60−3.00 −0.06)×9(根) = 0.28(m^3) ② 混凝土独立柱体积 = 0.30×0.30×(3.60−3.00 −0.06)×1(根) = 0.05(m^3) 女儿墙净体积 = 毛体积 − 构造柱体积 − 独立柱体 积 = 6.40−0.28−0.05 = 6.07(m^3)	6.07

续附表 1

序号	定额编号	分部分项工程名称	单位	计　算　式	计算结果
		三、钢筋工程		按分不同混凝土构件、钢筋规格，不分品种，分别计算钢筋用量。钢筋工程量可按“设计用量”和“定额含钢量”两种计算方法，但只能取其中一种方法	
17	4-1 或 4-2	设计用量法 现浇构件钢筋 (普通钢筋) (1) 混凝土带形基础钢筋	kg	按钢筋展开长度乘理论单位长度重量以吨计算 ① 主筋：φ12@150 数量＝带形基础中心长度÷主筋间距＝[(6.20＋ 西传达室　　　　　东传达室 4.20　)×2＋(5.60＋　7.20　)×2]÷0.15 ＝46.40÷0.15＝309(根) 每根长度＝带基宽度－两端保护层厚度＋两端弯钩长度＝(1.00－0.025×2)＋2×6.25×0.012 ＝0.95＋0.15＝1.1(m) 重量＝每根长度×数量×单位长度重量＝1.10×309×0.888＝301.83(kg) ② 分布钢筋：φ8@200 数量＝带基宽度÷分布筋间距＋1＝1.00÷0.20＋1＝5＋1＝6(根) 每根长度(平均)＝(6.20＋4.20)×2＋(5.60＋7.20)×2＝20.80＋25.60＝46.40(m) 重量＝46.40×6×0.395＝109.97(kg) 合计重量＝主筋重量＋分布筋重量＝301.83＋109.97≈412(kg)	1534 (φ12 以内) 415 (φ12 以外)
		(2) 混凝土独立柱基础钢筋	kg	① 主筋：φ12@200　双向配筋 数量＝柱基宽(长)度÷钢筋间距＋1＝(1.10÷0.20＋1)×2(双向)×2(柱基)＝7×2×2＝28(根) 每根长度＝柱基宽(长)度－两端保护层厚度＋两端弯钩长度＝1.10－0.025×2＋2×6.25×0.012＝1.05＋0.15＝1.20(m) 重量＝1.20×28×0.888＝29.84≈30(kg)	
		(3) 混凝土柱(Z1 及 Z2)钢筋	kg	① 主筋：4Φ14 数量＝4×2(柱)＝8(根) 　　　　　　柱顶　柱底　底脚 每根长度＝(3.00＋1.30)＋0.30＝4.60(m) 重量＝4.60×8×1.208＝44.46≈45(kg) ② 箍筋：φ8@200 数量＝主筋长度÷箍筋间距＝4.60÷0.20＝23(根) 每根长度＝Z1 柱断面周长＋Z2 柱断面周长(均为简算)＝0.30×4＋0.24×4＝2.16(m) 重量＝2.16×23×0.395＝19.62≈20(kg) 合计重量＝主筋重量＋箍筋重量＝45＋20＝65(kg)	

续附表 1

<table>
<tr><th>序号</th><th>定额编号</th><th>分部分项工程名称</th><th>单位</th><th>计 算 式</th><th>计算结果</th></tr>
<tr><td rowspan="2">17</td><td rowspan="2">4-1 或
4-2</td><td>(4) 混凝土构造柱(G2)钢筋</td><td>kg</td><td>① 主筋:4φ10
数量 = 4 × 8(柱) = 32(根)
压顶底　柱基底
每根长度 = 3.54 + 1.30 = 4.84(m)
重量 = 4.84 × 32 × 0.617 = 95.56 ≈ 96(kg)
② 箍筋:φ6@200
数量 = 柱长 ÷ 箍筋间距 + 1 = 4.84 ÷ 0.20 + 1 = 25(根)
每根长度 = 柱断面周长 = 0.24 × 4 = 0.96(m)
重量 = 25 × 0.96 × 0.222 × 8(柱) = 42.62 ≈ 43(kg)
合计重量 = 96 + 43 = 139(kg)</td><td></td></tr>
<tr><td>(5) 屋面梁(WL_1、WL_1'、WL_2、WL_3 及 WL_4)钢筋</td><td>kg</td><td>1) WL_1 梁钢筋
① 主筋:2Φ20
数量 = 2 根
中长　支座　保护层　两端
每根长度 = (4.20 + 0.24 − 0.025 × 2) + 2 × 6.25
弯钩
× 0.02 = 4.39 + 0.25 = 4.64(m)
重量 = 4.64 × 2 × 2.47 = 22.92(kg)
② 箍筋:φ8@200
中长　支座
数量 = 梁净跨度 ÷ 箍筋间距 + 1 = (4.20 − 0.24) ÷ 0.20 + 1 = 21(根)
每根长度 = 梁断面周长 = (0.24 + 0.40) × 2 = 1.28(m)
重量 = 1.28 × 21 × 0.395 = 10.62(kg)
合计重量 = 22.92 + 10.62 = 33.54(kg)
2) WL_1' 梁钢筋
① 主筋:4Φ20
数量 = 4 根
每根长度 = 4.64(m)(同 WL_1 梁)
重量 = 4.64 × 4 × 2.47 = 45.84(kg)
② 箍筋:重量 = 10.62(kg)(同 WL_1 梁)
合计重量 = 45.84 + 10.62 = 56.46(kg)
3) WL_2 梁钢筋
① 主筋:4Φ14
数量 = 4 根
每根长度 = (1.50 + 0.24) + 6.25 × 2 × 0.014 = 1.74 + 0.18 = 1.92(m)
重量 = 1.92 × 4 × 1.21 = 9.29(kg)
② 箍筋:φ6@200
数量 = (1.50 − 0.24) ÷ 0.20 + 1 = 7(根)
每根长度 = 断面周长 = (0.24 + 0.40) × 2 = 1.28(m)
重量 = 1.28 × 7 × 0.222 = 1.99(kg)
合计重量 = 9.29 + 1.99 = 11.28(kg)</td><td></td></tr>
</table>

续附表 1

序号	定额编号	分部分项工程名称	单位	计　算　式	计算结果
17	4-1或 4-2	(5) 屋面梁(WL_1、WL_1'、WL_2、WL_3及WL_4)钢筋	kg	4) WL_3 梁钢筋 ① 主筋:4Φ14+2Φ14 总长度=[(0.85+1.50)+(0.12+0.30)]×4(根) 伸入支座 +[(0.85+1.50+0.12+0.30)+(2.20×2 端)]×2(根)=11.08+14.34=25.42(m) 重量=25.42×1.21=30.76(kg) ② 箍筋:φ8@200 数量=(0.85+1.50−0.12)÷0.20+1=12(根) 每根长度=梁断面周长=(0.24+0.40)×2=1.28(m) 重量=1.28×12×0.395=6.07(kg) 合计重量=30.76+6.07=36.83(kg) 5) WL_4 梁钢筋 ① 主筋:3Φ20 数量=3 根 每根长度=(4.44−0.85)+6.25×2×0.02=3.59+0.25=3.84(m) 重量=3.84×3×2.47=28.46(kg) ② 架立筋:3φ14 数量=3 根 每根长度=(4.44−0.85)+6.25×2×0.014=3.59+0.18=3.77(m) 重量=3.77×3×1.21=13.69(kg) ③ 箍筋:φ8@200 数量=(3.59−0.30−0.24)÷0.20+1=16(根) 每根长度=梁断面周长=1.28(m)(同上) 重量=1.28×16×0.395=8.09(kg) 合计重量=28.46+13.69+8.09=50.24(kg) 屋面梁合计总重量=33.54+56.46+11.28+36.83+50.24=188.35≈188(kg)	
		(6) 屋面圈梁(WQL_1及WQL_2)钢筋	kg	① 主筋:4φ14 数量=4 根 每根长度=(6.20+4.20(西传达室))×2 侧+(5.60+7.20(东传达室))×2 侧=20.80+25.60=46.40(m) 重量=46.40×4×1.21=224.58(kg) ② 箍筋:φ6@200 数量=[(6.20−0.24)+(4.20−0.24)](西传达室)×2 侧÷0.20+1×4+[(5.60−0.24)+(7.20−0.24)](东传达室)×2 侧÷0.20+1×4=103+127=230(根) 每根长度=圈梁断面周长=1.28(m) 重量=1.28×230×0.222=65.36(kg) 合计重量=224.58+65.36=289.94(kg)≈290(kg)	

续附表 1

序号	定额编号	分部分项工程名称	单位	计 算 式	计算结果
17	4-1或4-2	(7) 混凝土屋面板(WB)钢筋	kg	① 东传达室板筋 a. 纵向钢筋:ϕ10@125 数量 = (5.60 − 0.24) ÷ 0.125 + 1 = 44(根) 每根长度 = (7.20 + 0.24 − 0.025 × 2) + 6.25 × 2 × 0.01 = 7.39 + 0.13 = 7.52(m) 重量 = 7.52 × 44 × 0.617 = 204.15(kg) b. 横向钢筋:ϕ8@125 数量 = (7.20 − 0.24) ÷ 0.125 + 1 = 57(根) 每根长度 = (5.60 + 0.24 − 0.025 × 2) + 2 × 6.25 × 0.008 = 5.79 + 0.10 = 5.89(m) 重量 = 5.89 × 57 × 0.395 = 132.61(kg) 合计重量 = 204.15 + 132.61 = 336.76(kg) ② 西传达室板筋 a. 纵向钢筋:ϕ10@150 数量 = (4.20 − 0.24) ÷ 0.15 + 1 = 27(根) 每根长度 = (6.20+1.50+0.24)+2×6.25×0.01 = 7.94 + 0.13 = 8.07(m) 重量 = 8.07 × 27 × 0.617 = 134.44(kg) b. 横向钢筋:ϕ8@150 数量 = (6.20 + 1.50 − 0.24) ÷ 0.15 + 1 = 51(根) 每根长度 = (4.20 + 0.24) + 2 × 6.25 × 0.008 = 4.54(m) 重量 = 4.54 × 51 × 0.395 = 91.46(kg) 合计重量 = 134.44 + 91.46 = 225.90(kg) 屋面板钢筋总重量 = 336.76 + 225.90 = 562.66(kg)	
		(8) 混凝土雨篷(YP)钢筋	kg	① 主筋:ϕ10@150 数量 = (7.20+0.24)÷0.15+1 = 50+1 = 51(根) 每根长度 = (1.20+0.24+0.40+0.25)+2×6.25 × 0.01 = 2.09 + 0.13 = 2.22(m) 重量 = 2.22 × 51 × 0.617 = 69.86(kg) ② 分布筋:ϕ6@200 数量 = (1.20 ÷ 0.20) + 1 = 7(根) 每根长度 = 7.20 + 0.24 − 2 × 0.025 = 7.39(m) 重量 = 7.39 × 7 × 0.222 = 11.48(kg) 合计重量 = 69.86+11.48 = 81.34(kg) ≈ 81(kg)	
		(9) 女儿墙压顶钢筋	kg	① 主筋:2ϕ8 数量 = 2 根 每根长度 = 女儿墙中心线长度 = [(6.20+ 1.50)(西传达室) + 4.20](东传达室) × 2 侧 + (5.60 + 7.20) × 2 侧 = 49.40(m) 重量 = 49.40 × 2 × 0.395 = 39.02(kg) ② 架立筋:ϕ6@200 数量 = (49.40 ÷ 0.20) = 247(根) 每根长度 = 0.36 − 0.025 × 2 = 0.31(m) 重量 = 247 × 0.31 × 0.222 = 17.00(kg) 合计重量 = 39.02+17.00 = 56.02(kg) ≈ 56(kg)	

续附表 1

序号	定额编号	分部分项工程名称	单位	计　算　式	计算结果
17	4-1 或 4-2	(10) 门窗过梁钢筋	kg	① 窗过梁钢筋 a. 主筋:2ϕ12 数量 = 2 根 C1　　C2 每根长度 = (1.80 + 0.25) × 3 + (1.20 + 0.25) C3 × 3 樘 +(0.90 + 0.25) × 2 樘 = 6.15 + 4.35 + 2.30 = 12.80(m) 重量 = 2 × 12.80 × 0.888 = 22.73(kg) b. 架立筋:ϕ6@200 数量 = 主筋长度 ÷ 0.20 = 12.80 ÷ 0.20 = 64(根) 每根长度 = 0.24 − 0.025 × 2 = 0.19(m) 重量 = 64 × 0.19 × 0.222 = 2.70(kg) 合计重量 = 22.73 + 2.70 = 25.43(kg) ② 门过梁钢筋 a. 主筋:2ϕ12 数量 = 2 根 M1　　M2 每根长度 = (0.90 + 0.25) × 2 樘 + (0.80 + 0.25) M3 × 2 樘 + (1.10 + 0.25) × 1 樘 = 2.30 + 2.10 + 1.35 = 5.75(m) 重量 = 5.75 × 2 × 0.888 = 10.21(kg) b. 架立筋:ϕ6@200 数量 = 5.75 ÷ 0.20 = 29(根) 每根长度 = 0.24 − 0.025 × 2 = 0.19(m) 重量 = 29 × 0.19 × 0.222 = 1.22(kg) 合计重量 = 10.21 + 1.22 = 11.43(kg)	
		(11) 屋面刚性防水层钢筋	kg	① 西传达室钢筋:ϕ4@150(双向) a. 横向钢筋 数量 = (7.70 − 0.24) ÷ 0.15 + 1 = 51(根) 每根长度 = 4.20 + 0.24 = 4.44(m) 总长度 = 每根长度 × 数量 = 4.44 × 51 = 226.44(m) 重量 = 226.44 × 0.099 = 22.42(kg) b. 纵向钢筋 数量 = (4.20 − 0.24) ÷ 0.15 + 1 = 28(根) 每根长度 = 7.70 + 0.24 = 7.94(m) 总长度 = 每根长度 × 数量 = 7.94 × 28 = 222.32(m) 重量 = 222.32 × 0.099 = 22.01(kg) ② 东传达室钢筋 a. 横向钢筋 数量 = (7.20 − 0.24) ÷ 0.15 + 1 = 48(根) 每根长度 = 5.60 − 0.24 = 5.36(m) 总长度 = 5.36 × 48 = 257.28(m) 重量 = 257.28 × 0.099 = 25.47(kg) b. 纵向钢筋 数量 = (5.60 − 0.24) ÷ 0.15 + 1 = 47(根) 每根长度 = 7.20 + 0.24 = 7.44(m) 总长度 = 7.44 × 47 = 349.68(m) 重量 = 349.68 × 0.099 = 34.62(m) 合计总重量 = 22.42 + 22.01 + 25.47 + 34.62 = 104.52 ≈ 105(kg)	

续附表 1

序号	定额编号	分部分项工程名称	单位	计　算　式	计算结果

附表 A　　　　钢筋设计用量法汇总表

项目	混凝土构件名称	单位	钢筋规格	钢筋用量	备　注
现浇混凝土构件钢筋	带形基础钢筋	kg	φ12 以内	412	
	独立柱基础钢筋	kg	φ12 以内	30	
	构造柱钢筋	kg	φ12 以内	139	
	独立柱钢筋	kg	φ12 以内 φ12 以外	20 45	
	有梁板钢筋	kg	φ12 以内 φ12 以外	600 151	其中:梁筋 φ12 内 37 φ12 外 151
	圈梁钢筋	kg	φ12 以内 φ12 以外	66 225	
	过梁钢筋	kg	φ12 以内	37	
	雨篷钢筋	kg	φ12 以内	81	
	压顶钢筋	kg	φ12 以内	56	
	屋面刚性防水层钢筋	kg	φ12 以内	105	
	合计	kg	φ12 以内	1 546	
		kg	φ12 以外	421	总重量:1 967
	(二) 定额含钢量法	t	按混凝土构件体(面)积×含钢量的重量以 t 计算		

附表 B　　　　钢筋定额含钢量法汇总表

项目	混凝土构件名称	单位	φ12 以内钢筋含量	φ12 以外钢筋含量	
现浇混凝土构件钢筋	带形基础钢筋	t	0.021×11.60=0.244	0.049×11.60=0.568	
	独立柱基钢筋	t	0.012×0.69 = 0.008	0.028×0.69 = 0.019	
	构造柱钢筋	t	0.038×1.93 = 0.073	0.088×1.93 = 0.170	
	独立柱钢筋	t	0.038×0.57 = 0.022	0.088×0.57 = 0.050	
	圈梁钢筋	t	0.017×3.34 = 0.057	0.040×3.34 = 0.134	
	有梁板钢筋	t	0.030×8.95 = 0.269	0.070×8.95 = 0.627	
	雨篷钢筋	t	0.034×8.93×0.08=0.024	0.078×8.93×0.08=0.056	
	压顶钢筋	t	0.017×1.07 = 0.018	0.040×1.07 = 0.043	
	过梁钢筋	t	0.032×0.57 = 0.018	0.074×0.57 = 0.042	
	屋面刚性防水层钢筋	t	0.011 t/10 m²×6.792=0.075	/	
	合计	t	0.808	1.705	
	总重量	t	2.513		

续附表 1

序号	定额编号	分部分项工程名称	单位	计　算　式	计算结果
		四、混凝土工程			
		1. 现浇构件(自拌混凝土)			
18	5-13	(1) 矩形柱(Z1 及 Z2) 300 (240) 300 (240) Z1(Z2)柱	m^3	按柱断面积乘柱高的体积以 m^3 计算 ① Z1 柱:1 根 柱体积 = 断面积×柱高 = 0.30×0.30×(2.90 [板底标高] + 0.95 [基顶标高]) = 0.09×3.85 = 0.35(m^3) ② Z2 柱:1 根 柱体积 = 0.24×0.24×3.85 = 0.22(m^3) 合计体积 = 0.35 + 0.22 = 0.57(m^3)	0.57
19	5-16	(2) 构造柱(G2)(共 8 根) 240 240	m^3	按柱断面积乘柱高的体积以 m^3 计算 数量 = 8 根 断面积 = 0.24×0.24 = 0.057 6(m^2) 柱高 =(自基础垫层顶面至女儿墙压顶底面之高度)-(圈梁高度+带基高度)=[1.30+(3.60-0.06)]-0.40+0.25 = 4.19(m) 体积 = 0.057 6×4.19×8 = 1.93(m^3)	1.93
20	5-20	(3) 圈梁(WQL$_1$ 及 WQL$_2$) 100 300 400 240	m^3	按梁断面积乘梁长度的体积以 m^3 计算 断面积 = 图示底宽×梁底至板底之高 = 0.24×(400-100) = 0.072(m^2) 梁长度 = 外墙中心线长度 =(6.20+4.20)×2+(5.60+7.20)×2 [西传达室] = 20.80+25.60 = 46.40(m) 体积 = 断面积×梁长度 = 0.072×46.40 = 3.34(m^3)	3.34 注:与梁头 WL 相接部分体积未扣除
21	5-32	(4) 有梁板(WL$_1$、WL$_1'$、WL$_2$、WL$_3$ 及 WL$_4$) 100 300 400 200 WL$_1$、WL$_1'$ 100 300 400 240 WL$_2$、WL$_3$、WL$_4$	m^3	按梁板体积之和以 m^3 计算 ① WL$_1$ 及 WL$_1'$ 梁混凝土 数量 = 各 1 根 梁断面 = 图示梁宽×梁底至板底之高 = 0.20×(0.40-0.10) = 0.20×0.30 = 0.06(m^2) 梁长度 = 梁净长+两端支承在墙上宽度 = [(4.20-0.12×2)+0.24×2] [WL$_1$ 梁] + [(5.60-0.12×2)+0.24×2] [WL$_1'$ 梁] = 4.44+5.84 = 10.28(m) 梁体积 = 梁断面×梁长度 = 0.06×10.28 = 0.62(m^3) ② WL$_2$ 梁混凝土 梁断面 = 0.24×(0.40-0.10) = 0.072(m^2) 梁长度 = 两柱内侧面间净距 = 1.50-0.12×2 = 1.26(m) 梁体积 = 0.072×1.26 = 0.09(m^3)	8.95

续附表 1

序号	定额编号	分部分项工程名称	单位	计 算 式	计算结果
21	5-32	(4) 有梁板(WL_1、WL_1'、WL_2、WL_3及 WL_4) 100 400 300 200 WL_1、WL_1' 100 400 300 240 WL_2、WL_3、WL_4	m^3	③ WL_3 梁混凝土 梁断面 = 0.24 × (0.40 − 0.10) = 0.072(m^2) 梁长度 = 1.50 − 0.12 + 0.85 = 2.23(m) 梁体积 = 0.072 × 2.23 = 0.153(m^3) ④ WL_4 梁混凝土 梁断面 = 0.24 × (0.40 − 0.10) = 0.072(m^2) 梁长度 = 4.44 − (0.85 + 0.30 + 0.24) = 3.05(m) 梁体积 = 0.072 × 3.05 = 0.22(m^3) ⑤ WB_1、WB_1' 板混凝土 板体积 = 板面积 × 板厚度 WB_1板 =[(6.20+1.50+0.24)×(4.20+0.24)] × WB_1'板 0.10+[(5.60+0.24)×(7.20+0.24)]×0.10 =(35.25+43.45)×0.10=7.87(m^3) 有梁板体积 = 梁体积和 + 板体积 = (0.62+0.09+0.15+0.22) + 7.87 = 8.95(m^3)	
22	5-40	雨篷(复式)	m^2	按挑出墙外雨篷板的水平投影面积以 m^2 计算 投影面积 = 板宽 × 板长 = 1.20 × (7.20 + 0.24) = 8.93(m^2)	8.93
23	5-42	雨篷混凝土用量增加 1.5%损耗量	m^3	按雨篷混凝土损耗量增加 1.5%的体积以 m^3 计算 增加体积 = 雨篷面积 × 厚度 × 1.5%(损耗率) 平均厚度 $= 8.93 \times \frac{1}{2}(0.07 + 0.10) \times 1.5\% = 0.012$ (m^3)	0.012
24	5-41	过梁(门窗洞处)	m^3	按过梁断面积乘梁高的体积以 m^3 计算 ① 窗过梁混凝土 a. C1 窗：数量 = 3(洞口) 窗洞宽度 = 1.80 m，梁长度 = 1.80 + 0.25 = 2.05(m) 梁断面 = 宽 × 高 = 0.24 × 0.12 = 0.029(m^2) 梁体积 = 0.029 × 2.05 × 3 = 0.18(m^3) b. C2 窗：数量 = 3(洞口) 窗洞宽度 = 1.20 m，梁长度 = 1.20 + 0.25 = 1.45(m) 梁断面 = 0.24 × 0.12 = 0.029(m^2) 梁体积 = 0.029 × 1.45 × 3 = 0.126(m^3) c. C3 窗：数量 = 2(洞口) 窗洞宽度 = 0.90 m，梁长度 = 0.90 + 0.25 = 1.15(m) 梁断面 = 0.24 × 0.12 = 0.029(m^2) 梁体积 = 0.029 × 1.15 × 2 = 0.067(m^3) ② 门过梁混凝土 a. M1 门：数量 = 2(洞口)	0.57

续附表 1

序号	定额编号	分部分项工程名称	单位	计 算 式	计算结果
24	5-41	过梁(门窗洞处)	m^3	门洞宽度 = 0.90 m，梁长度 = 0.90 + 0.25 = 1.15(m) 梁断面 = 0.24 × 0.12 = 0.029(m^2) 梁体积 = 0.029 × 1.15 × 2 = 0.067(m^3) b. M2 门：数量 = 2(洞口) 门洞宽度 = 0.80 m，梁长度 = 0.80 + 0.25 = 1.05(m) 梁断面 = 0.24 × 0.12 = 0.029(m^2) 梁体积 = 0.029 × 1.05 × 2 = 0.061(m^3) c. M3 门：数量 = 1(洞口) 门洞宽度 = 1.10 m，梁长度 = 1.10 + 0.25 = 1.35(m) 梁断面 = 0.24 × 0.12 = 0.029(m^2) 梁体积 = 0.029 × 1.35 = 0.039(m^3) 合计过梁体积 = (0.18 + 0.126 + 0.067) + (0.067 + 0.061 + 0.039) = 0.57(m^3)	
25	5-49	女儿墙混凝土压顶	m^3	按压顶体积以 m^3 计算 体积 = 宽度 × 厚度 × 长度 = (0.24 + 2 × 0.06) × 0.06 × {[(6.20 + 1.50) + 4.20] × 2 + (5.60 + 7.20) × 2} = 1.07(m^3)	1.07
		五、构件运输及安装工程			
26	7-45	门窗运输(运距 10 km)	m^2	按图示尺寸的门窗洞口面积以 m^2 计算 (1) 门面积 = 0.90 × 2.10 × 2(樘)(M1) + 0.80 × 2.10 × 2(樘)(M2) + 1.10 × 2.10 × 1(樘)(M3) = 3.78 + 3.36 + 2.31 = 9.45(m^2) (2) 窗面积 = 1.80 × 1.60 × 3(樘)(C1) + 1.20 × 1.60 × 3(樘)(C2) + 0.90 × 1.60 × 2(樘)(C3) = 8.86 + 5.76 + 2.88 = 17.50(m^2) 合计面积 = 9.45 + 17.50 = 26.95(m^2)	26.95
		六、屋、平、立面防水及保温隔热工程			
27	9-30	SBS 防水卷材屋面(单层厚 3 mm 铺至女儿墙顶凹槽处)	m^2	按实铺面积以 m^2 计算 (1) 屋面平面面积 = [(6.20 + 1.50 − 0.24) × (4.20 − 0.24)](西传达室) + [(7.40 − 0.24) × (5.60 − 0.24)](东传达室) = 7.46 × 3.96 + 7.16 × 5.36 = 67.92(m^2)	93.56

续附表 1

序号	定额编号	分部分项工程名称	单位	计 算 式	计算结果
27	9-30	SBS 防水卷材屋面（单层厚 3 mm 铺至女儿墙顶凹槽处）	m^2	(2) 立面面积（女儿墙内侧面）＝女儿墙内侧面长度×卷材上贴高度＝{[(7.70 − 0.24)（西传达室）＋(4.20－0.24)]×2(侧)＋[(7.20－0.24)＋(5.60－0.24)]（东传达室）×2(侧)}×(0.60（女儿墙高）－0.06（压顶高）)＝(11.42×2＋12.32×2)×0.54 ＝47.48×0.54＝25.64(m^2) 合计面积＝67.92＋25.64＝93.56(m^2)	
28	9-72	细石混凝土刚性防水屋面（厚度 40 mm）	m^2	按女儿墙内侧的屋面面积以 m^2 计算 面积＝(7.70 − 0.24)×(4.20 − 0.24)（西传达室）＋(7.20－0.24)×(5.60－0.24)（东传达室）＝7.46×3.96＋6.96×5.36＝29.54＋37.31＝66.85(m^2)	66.85
29	9-188	PVC 水落管（ϕ100）	m	按水落管的长度以 m 计算 数量＝2×2＝4(根)（东、西传达室各 2 根） 每根长度＝自屋面板表面至室外地面间之高度＝3.00＋0.30＝3.30(m) 总长度＝每根长度×根数＝3.30×4＝13.20(m)	13.20
30	9-190	PVC 水落斗（ϕ100）	只	按实有数量以只计算 数量＝2×2＝4(只)	4
31	9-215	屋面陶粒混凝土隔热层（边坡 20，*i*＝2%）	m^3	按实铺面积乘隔热层厚度的体积以 m^3 计算 (1) 面积＝(7.70－0.24)×(4.20－0.24)（西传达室）＋(5.60－0.24)×(7.20－0.24)（东传达室）＝7.46×3.96＋5.36×6.96＝29.54＋37.31＝66.85(m^2) (2) 体积＝隔热层面积×平均厚度＝29.54×$\frac{1}{2}$[0.02＋(0.02＋2.10×2%)]（西传达室）＋37.31×$\frac{1}{2}$[0.02＋(0.02＋2.80×2%]（东传达室）＝29.54×0.04＋37.31×0.048＝1.18＋1.79＝2.95(m^3)	2.95
32	9-216	屋面 40 厚挤塑板保温层铺设	m^2	按实铺面积以 m^2 计算 (1) 西传达室铺设面积： (7.70－0.24)×(4.20－0.24)＝7.46×3.96＝29.54(m^2) (2) 东传达室铺设面积： (5.60－0.24)×(7.20－0.24)＝5.36×6.96＝37.31(m^2) 合计面积＝29.54＋37.31＝66.85(m^2)	66.85

续附表 1

序号	定额编号	分部分项工程名称	单位	计　算　式	计算结果
		七、楼地面工程			
33	12-9	100 厚碎石地面垫层(包括平台)	m^3	按主墙间净面积乘垫层厚度的体积以 m^3 计算 (1) 主墙间净面积 = (6.20 − 0.24)×(4.20 − 0.24)（西传达室）+ (5.60 − 0.24)×(7.20 − 0.24)（东传达室）= 23.60 + 37.31 = 60.91(m^2) (2) 垫层厚度 = 0.10(m) 垫层体积 = 主墙间净面积 × 垫层厚度 = 60.91 × 0.10 = 6.09(m^3) (3) 平台垫层 = 平台面积 × 垫层厚度 = (7.44×1.20（东传达室）+ 4.44×1.50（西传达室）) × 0.10 = (8.93 + 6.68)×0.10 = 1.56(m^3) 合计体积 = 6.09 + 1.56 = 7.65(m^3)	7.65
34	(12-18)+(12-19)×4	地面 60 厚 C15 混凝土随捣随抹找平层(包括平台)	m^2	按地面主墙间净面积另加平台面积以 m^2 计算 (1) 地面主墙间净面积 = (6.20 − 0.24)×(4.20 − 0.24) + (5.60 − 0.24) × (7.20 − 0.24) = 5.96×3.96 + 5.36×6.96 = 60.91(m^2) (2) 平台面积 = 7.44×1.20 + 4.44×1.50 = 8.93 + 6.68 = 15.61(m^2) 合计面积 = 60.91 + 15.61 = 76.52(m^2)	76.52
35	12-22	20 厚 1：2 水泥砂浆面层(包括平台及雨篷板面层)	m^2	(1) 地面及平台的面积 = 76.52(m^2)(见序号 34 之计算) (2) 雨篷板面积 = 7.44×1.20 = 8.93(m^2) 合计面积 = 76.52 + 8.93 = 85.45(m^2)	85.45
36	12-90	10 厚防滑地砖面层(白水泥擦缝,包括平台)	m^2	合计面积 = 76.52(m^2)(同混凝土找平层,见序号 34 之计算)	76.52
37	12-102	地砖地面踢脚线(高 150)	m	按实铺长度以 m 计算(不扣除门洞及不加门侧壁的长度) 长度 = [(6.20 − 0.24) + (4.20 − 0.24)] × 2（西传达室）+ [(7.20 − 0.24) + (5.60 − 0.24)] × 2（东传达室）= (5.96 + 3.96) × 2 + (6.96 + 5.36) × 2 = 44.48(m)	44.48
38	12-172	混凝土散水(宽 600)	m^2	按实有面积以 m^2 计算 面积 = [(1.50 + 6.20 + 0.24 + 0.60) × 2 + 4.40] × 0.60 + [(1.20 + 5.84 + 0.60) × 2 + 7.44] × 0.60 = 12.89 + 13.64 = 26.93(m^2)	26.93

续附表 1

序号	定额编号	分部分项工程名称	单位	计 算 式	计算结果
		八、墙柱面工程			
39	13-1	内墙面石灰砂浆纸筋灰面抹灰	m^2	按主墙间净长乘室内地面至天棚底面间净高的实有面积以 m^2 计算 西传达室 主墙间净长 = [(6.20 − 0.24) + (4.20 − 0.24)] × 东传达室 2 侧 + [(5.60 − 0.24) + (7.20 − 0.24)] × 2 侧 = (5.96 + 3.96) × 2 + (6.96 + 5.36) × 2 = 44.48(m^2) 净高 = 3.00 − 0.10 = 2.90(m) 毛面积 = 净长 × 净高 = 44.48 × 2.90 = 129.00(m^2) M1 应扣面积 = 门面积 + 窗面积 = (0.90 × 2.10 × 2 + M2 C1 C2 0.80 × 2.10 × 2) + (1.80 × 1.60 × 3 + 1.20 × 1.60 C3 × 3 + 0.90 × 1.60 × 2) = 7.14 + 17.28 = 24.42(m^2) 净面积 = 毛面积 − 应扣面积 = 129.00 − 24.42 = 104.58(m^2)	104.58
40	13-12	厕所间内墙面1∶2.5水泥砂浆抹灰(打底)	m^2	按内墙面净长乘净高的面积以 m^2 计算 净长 = [1.80 + (1.50 − 0.12 − 0.06)] × 2(侧) × 2(个) = 3.12 × 2 × 2 = 12.48(m^2) 净高 = 3.00 − 0.10 = 2.90(m) 毛面积 = 净长 × 净高 = 12.48 × 2.90 = 36.19(m^2) M2 应扣面积 = 0.80 × 2.10 × 2(樘) = 3.36(m^2) 净面积 = 36.19 − 3.36 = 32.83(m^2)	32.83
41	13-109	厕所间内墙面贴瓷砖(高度 1.80 m)	m^2	按内墙面净长乘贴瓷砖高度的面积以 m^2 计算 净长 = 12.48(m)(同墙面抹灰打底，见序号 40 之计算) 高度 = 1.80(m)(设计要求高度) 毛面积 = 净长 × 高度 = 12.48 × 1.80 = 22.46(m^2) 应扣面积 = 3.36(m^2)(M2 门洞面积，见序号 40 之计算) 净面积 = 22.46 − 3.36 = 19.18(m^2)	19.18
42	13-22	外墙面腰线水泥砂浆抹灰 腰线 60 外墙 60	m^2	按腰线展开面积以 m^2 计算 腰线长度 = 外墙外边线总长度 = [(6.20 + 1.50 + 西传达室 0.12) + (4.20 + 0.24)] × 2 侧 + [(5.60 + 0.24) 东传达室 + (7.20 + 0.24)] × 2 侧 = 24.52 + 26.56 = 51.08(m) 展开宽度 = 0.06 × 3 = 0.18(m) 展开面积 = 51.08 × 0.18 = 9.20(m^2)	9.20

续附表 1

序号	定额编号	分部分项工程名称	单位	计 算 式	计算结果
43	13-21	女儿墙压顶及门窗套水泥砂浆抹灰 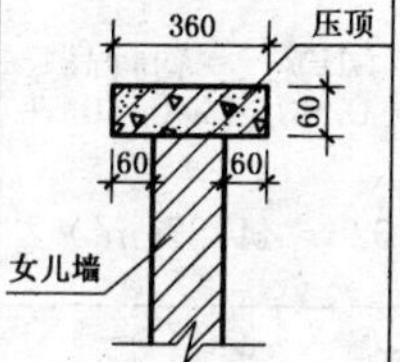	m²	按展开面积以 m² 计算 (1) 女儿墙压顶 长度＝女儿墙中心线长度＝[(6.20＋1.50－0.12)＋4.20]×2 侧＋(5.60＋7.20)×2 侧＝23.56＋25.60＝49.16(m) 展开宽度＝0.36＋0.06×4＝0.60(m) 展开面积＝49.16×0.60＝29.50(m²) (2) 门窗套(M3 除外) M1 长度＝各门窗套边长之和＝(0.90＋2.10×2)× M2　C1 2 樘＋(0.80＋2.10×2)×2 樘＋(1.80＋1.60) C2 ×2×3 樘＋(1.20＋1.60)×2×3 樘＋(0.90＋ C3 1.60)×2×2 樘＝10.20＋10.00＋20.40＋16.80＋10.00＝67.40(m) 展开宽度＝0.06×3＝0.18(m) 展开面积＝67.40×0.18＝12.13(m²) 合计面积＝29.50＋12.13＝41.63(m²)	41.63
44	13-30	外墙面混合砂浆抹灰打底(包括女儿墙)	m²	按外墙面实有面积以 m² 计算 (1) 外墙面抹灰 外墙面长度＝外墙外边线长度＝51.08(m)(同腰线长度,见序号 42 之计算) 外墙高度＝自室外地面至女儿墙底面之高度＝3.00＋0.30＝3.30(m) 外墙毛面积＝51.08×3.30＝168.56(m²) 应扣面积包括: M1　门高　勒脚高　M3 ① 外门面积＝0.90×(2.10－0.9)×2 樘＋1.10×(2.10－0.90)×1 樘＝2.18＋1.32＝3.50(m²) C1　C2 ② 窗面积＝1.80×1.60×3 樘＋1.20×1.60×3 樘 C3 ＋0.90×1.60×2 樘＝8.64＋5.76＋2.88＝17.28(m²) 外墙面净面积＝毛面积－应扣面积＝168.56－(3.50＋17.28)＝168.56－20.78＝147.78(m²) (2) 女儿墙抹灰 女儿墙面总长＝51.08(m)(见序号 42 之计算) 女儿墙高度＝0.60(m) 女儿墙面积＝51.08×0.60＝30.65(m²) (3) 柱面抹灰面积＝(0.30×4＋0.24×4)×(0.30＋2.60)＝6.26(m²) 合计总面积＝外墙面净面积＋女儿墙面积＋柱面面积＝147.78＋30.65＋6.26＝184.69(m²)	184.69

续附表 1

序号	定额编号	分部分项工程名称	单位	计 算 式	计算结果
45	13-140	外墙面勒脚火烧板贴面(抹灰)	m^2	按图示实有面积以 m^2 计算 西传达室 勒脚长度＝[(6.20＋0.24)＋(4.20＋0.24)]×2 例 东传达室 ＋[(5.60 ＋ 0.24)＋(7.20 ＋ 0.24)] × 2 侧 ＝21.76＋26.56＝48.32(m) 勒脚高度＝0.60＋0.30＝0.90(m) 勒脚毛面积＝长度×高度＝48.32×0.90 ＝43.49(m^2) M1宽　勒脚高 应扣面积＝外门洞面积＝0.90×(0.60＋0.30) ×2 樘＝1.62(m^2) 勒脚净面积＝43.49－1.62＝41.87(m^2)	41.87
46	13-148	外墙面及柱面贴劈离砖	m^2	按图示实有面积以 m^2 计算 外墙贴面砖面积＝外墙面抹灰面积 ＝136.56(m^2)(见序号 44 之计算) Z1柱及Z2柱周长 柱面贴面砖面积＝(0.30×4＋0.24×4)× 柱贴高 (0.30＋2.60)＝6.26(m^2)	142.82
		九、天棚工程			
47	14-111	混合砂浆天棚抹灰(包括雨篷板底抹灰)	m^2	按主墙间天棚水平面积以 m^2 计算 (1) 天棚面积＝[(6.20－0.24)×(4.20－ 西传达室 0.24)＋(1.50－0.12)×(4.20＋0.24)]＋ 东传达室 [(5.60－0.24)×(7.20－0.24)]＝5.96× 3.96＋1.38×4.44＋5.36×6.96＝23.60 ＋6.13＋37.31＝67.04(m^2) (2) 梁侧面积＝(4.20－0.24)×0.30×2 侧＋(5.60 －0.24)×0.30×2 侧＝5.59(m^2) (3) 雨篷面积＝7.44×1.20＝8.93(m^2) 合计面积＝67.04＋8.93＋5.59＝81.56(m^2)	81.56
48	14-1	厕所间方木天棚龙骨	m^2	按天棚水平面积以 m^2 计算 水平面积＝1.80×(1.50－0.12－0.06)×2(间) ＝1.80×1.32×2＝4.75(m^2)	4.75
49	14-90	厕所间天棚塑料扣板面层	m^2	按天棚水平面积以 m^2 计算 水平面积＝4.75(m^2)(同天棚龙骨,见序号 48 之计算)	4.75
		十、门窗工程			
50	15-10	塑钢门安装	m^2	按门洞口面积以 m^2 计算 M1　M2 门面积＝0.90×2.10×2(樘)＋0.80×2.10 ×2(樘)＝3.78＋3.36＝7.14(m^2)	7.14

续附表 1

序号	定额编号	分部分项工程名称	单位	计　算　式	计算结果
51	15-11	塑钢窗安装	m^2	按窗洞口面积以 m^2 计算 窗面积 = 1.80 × 1.60 × 3(樘)(C1) + 1.20 × 1.60 × 3(樘)(C2) + 0.90 × 1.60 × 2(樘)(C3) = 8.64 + 5.76 + 2.88 = 17.28(m^2)	17.28
52	15-23	不锈钢栏栅门安装	m^2	按门洞口面积以 m^2 计算 门面积 = 1.10 × 2.10 × 1(樘)(M3) = 2.31(m^2)	2.31
53	15-344	闭门器安装	只	按数量以只计算 数量 = 3(只)	3
54	15-346	门执手锁	只	按数量以只计算 数量 = 3(只)(厕所间门不装锁)	3
53	15-349	门吸	副	按数量以副计算 数量 = 5(副)	5
		十一、油漆、涂料工程			
56	16-307	内墙面、天棚面及雨篷底面刷乳胶漆两遍	m^2	按实有底层抹灰面积以 m^2 计算 内墙面抹灰面积 = 104.58 m^2(见序号 39 之计算) 天棚面抹灰面积 = 67.04 m^2(见序号 47 之计算) 雨篷底面抹灰面积 = 8.93 m^2(见序号 47 之计算) 合计面积 = 104.58 + 67.04 + 8.93 = 180.55(m^2)	180.55
57	16-314	外墙腰线、压顶及门窗套刷白色乳胶漆	m	按实有底层抹灰长度以 m 计算 腰线 = 51.08 m(见序号 42 之计算) 压顶 = 49.16 m(见序号 43 之计算) 门窗套 = 67.40 m(见序号 43 之计算) 合计长度 = 51.08 + 49.16 + 67.40 = 167.64(m)	167.64
		十二、脚手架工程			
58	19-1	内墙砌筑脚手架(高度 < 3.60 m)	m^2	按内墙面垂直投影面积以 m^2 计算 内墙面面积 = 内墙外边线长度 × 内墙净高度 = [(1.80 + 0.06) + (1.50 − 0.12 + 0.06)] × 2(道) × (3.00 − 0.10) = 19.14(m^2)	19.14

续附表 1

序号	定额编号	分部分项工程名称	单位	计算式	计算结果
59	19-2	外墙砌筑脚手架(高度 = 0.30 + 3.60 = 3.90 m ＞ 3.60 m)	m^2	按外墙面垂直投影面积以 m^2 计算 外墙面长度 = 女儿墙外边线长度 = 51.08 m(见序号 42 之计算) 外墙面高度 = 自室外地面至女儿墙压顶面之高度 = 0.30＋3.60 = 3.90(m) ② 轴线墙面积 =(4.20＋0.24)×(3.00＋0.30) = 14.65(m^2) 外墙面面积 = 51.08×3.90＋14.65 = 213.86(m^2)	213.86
60	19-10	内墙面及天棚(包括雨篷)抹灰脚手架(净高＜3.60 m)	m^2	按内墙面垂直投影面积和天棚水平面积以 m^2 计算 内墙面面积 = 129.00(m^2)(见序号 39 之计算) 天棚及雨篷面积 = 67.04＋8.93 = 75.97(m^2)(见序号 47 之计算) 合计面积 = 129.00＋75.97 = 204.97(m^2)	204.97
		十三、模板工程		按混凝土构件量×相应项目含模量的面积以 m^2 计算	
61	20-1	混凝土基础垫层模板	m^2	5.90×1.00 = 5.90(m^2)	5.90
62	20-2	混凝土带形基础模板	m^2	11.60×0.74 = 8.58(m^2)	8.58
63	20-6	屋面混凝土刚性防水层模板	m^2	6.69×0.10 = 0.67(m^2)	0.67
64	20-10	混凝土独立柱基础模板	m^2	0.69×1.76 = 1.21(m^2)	1.21
65	20-30	混凝土构造柱模板	m^2	1.93×11.10 = 21.42(m^2)	21.42
66	20-25	混凝土矩形柱模板	m^2	0.57×13.33 = 7.60(m^2)	7.60
67	20-40	混凝土圈梁模板	m^2	3.34×8.33 = 27.82(m^2)	27.82
68	20-42	混凝土过梁模板	m^2	0.57×12.00 = 6.84(m^2)	6.84
69	20-34	混凝土屋面梁模板	m^2	1.08×8.68 = 9.38(m^2)	9.38
70	20-56	混凝土屋面板模板	m^2	7.87×10.70 = 84.21(m^2)	84.21
71	20-73	混凝土雨篷模板	m^2	8.93×1.00 = 8.93(m^2)	8.93
72	20-89	混凝土压顶模板	m^2	1.07×11.10 = 11.87(m^2)	11.87
		十四、垂直运输机械		因檐高＜3.60 m(室外标高至屋面板面 = 3.30 m),故不计算垂直运输机械费	

附表 2　清单工程量计算表(按《计价规范》计算)

工程名称:某传达室工程

序号	项目编号	项目名称	单位	计 算 式	计算结果
		建筑面积	m^2	按外墙勒脚以上结构的外围水平面积计算 西传达室　东传达室 建筑面积 = 7.44 × 5.84 + (6.44 + 1.50) × 4.44 = 43.45 + 35.25 = 78.70(m^2)	78.70
		A.1 土(石)方工程			
1	010101001001	平整场地	m^2	按设计图示尺寸的建筑物首层面积以 m^2 计算 平整场地面积 = 建筑面积 = 78.70(m^2)	78.70
2	010101003001	挖基础(地槽)土方	m^3	按设计图示尺寸的基础垫层底面积乘挖土深度的体积以 m^3 计算 垫层宽度 = 1.20 m 西传达室　东传达室 垫层中长 = (6.20 + 4.20) × 2 + (5.60 + 7.20) × 2 = 20.80 + 25.60 = 46.40(m) 垫层底面积 = 垫层宽度 × 垫层中长 = 1.20 × 46.40 = 55.68(m^2) 挖土深度 = 垫层底标高 − 室内外高差 = 1.40 − 0.30 = 1.10(m) 基础挖土体积 = 垫层底面积 × 挖土深度 = 55.68 × 1.10 = 61.25(m^3)	61.25
3	010101003002	挖基础(地坑)土方	m^3	按设计图示尺寸的基础垫层底面积乘挖土深度的体积以 m^3 计算 垫层宽度 = 垫层长度 = 1.30 m 垫层底面积 = 垫层宽度 × 垫层长度 = 1.30 × 1.30 × 2(个) = 3.38(m^2) 挖土深度 = 1.40 − 0.30 = 1.10(m) 基础挖土体积 = 3.38 × 1.10 = 3.72(m^3)	3.72
4	010103001001	土方回填(基础回填、夯填)	m^3	按设计图示尺寸的体积以 m^3 计算 基础回填土体积 = 挖方体积 − (基础垫层体积 + 室外地坪以下基础体积) 挖方体积 = 挖基础(地槽)土方体积 + 挖基础(地坑)土方体积 = 61.25 + 3.72 = 64.97(m^3)(见本计算表序号 2 和 3 之计算) 基础垫层体积 = 墙基垫层体积 + 柱基垫层体积 = 5.57 + 0.33 = 5.90(m^3)(见施工工程量计算表序号 6 之计算) 室外地面以下砖基体积 = 砖基体积 − 室外地面以上砖基体积 = 18.08 − (1.50 + 1.84) = 14.74(m^3)(见施工工程量计算表序号 7 及 11 之计算) 柱基体积 = 0.69 m^3(见施工工程量计算序号 10 之计算) 室外地面以下柱体积 = 0.10 m^3(见施工工程计算表序号 11 之计算) 基础土方回填体积 = 64.97 − (5.90 + 14.74 + 0.69 + 0.10) = 43.54(m^3)	43.54

续附表 2

序号	项目编号	项目名称	单位	计算式	计算结果
5	010103001002	土方回填（室内地面回填、夯填）	m^3	按设计图示尺寸的体积以 m^3 计算 室内回填土体积＝主墙间净面积×回填土厚度＝67.56×0.07＝4.73（m^3）（见施工工程量计算表序号 12 之计算）	4.73
		A.3 砌筑工程			
6	010301001001	砖基础（M5 水泥砂浆砌筑）	m^3	按设计图示尺寸的体积以 m^3 计算 西传达室基础毛体积＝基础断面积×外墙中心线长度＝(0.74×0.12＋0.62×0.12＋0.49×0.12＋0.37×0.12＋0.24×0.57)×(6.20＋4.20)×2＝0.40×20.80＝8.32（m^3） 东传达室基础毛体积＝(0.74×0.12＋0.62×0.12＋0.49×0.12＋0.37×0.12＋0.24×0.57)×(5.60＋7.20)×2＝0.40×25.60＝10.24（m^3） 应扣除体积＝构造柱体积＝0.24×0.24（断面）×(1.30（垫层顶标高）－0.25（混凝土基础厚）)×8（根）＝0.48（m^3） 砖基净体积＝砖基毛体积－应扣体积＝(8.32＋10.24)－0.48＝18.08（m^3）	18.08
7	010302001001	实心砖墙（M5 混合砂浆砌 1/2 砖厚 KP_1 多孔砖内墙）	m^3	按设计图示尺寸的体积以 m^3 计算 内隔墙体积＝1.78 m^3（见施工工程量计算表序号 14 之计算）	1.78
8	010302001002	实心砖墙（M5 混合砂浆砌 1 砖厚 KP_1 多孔砖外墙）	m^3	按设计图示尺寸的体积以 m^3 计算 外墙体积＝22.54 m^3（见施工工程量计算表序号 15 之计算）	22.54
9	010302001003	实心砖墙（M5 混合砂浆砌 1 砖厚 KP_1 多孔砖女儿墙）	m^3	按设计图示尺寸的体积以 m^3 计算 女儿墙体积＝6.07 m^3（见施工工程量计算表序号 16 之计算）	6.07
		A.4 混凝土及钢筋混凝土工程			
10	010401001001	混凝土带形基础	m^3	按设计图示尺寸的体积以 m^3 计算 带形基础体积＝11.60 m^3（见施工工程量计算表序号 9 之计算）	11.60
11	010401002001	混凝土独立柱基础	m^3	按设计图示尺寸的体积以 m^3 计算 独立柱基体积＝0.69 m^3（见施工工程量计算表序号 10 之计算）	0.69
12	010402001001	混凝土矩形柱（承重柱）	m^3	按设计图示尺寸的体积以 m^3 计算 矩形柱体积＝0.57 m^3（见施工工程量计算表序号 18 之计算）	0.57

续附表 2

序号	项目编号	项目名称	单位	计　算　式	计算结果
13	010402001002	混凝土矩形柱（构造柱）	m^3	按设计图示尺寸的体积以 m^3 计算 构造柱体积 = 1.93 m^3（见施工工程量计算表序号 19 之计算）	1.93
14	010403004001	混凝土圈梁	m^3	按设计图示尺寸的体积以 m^3 计算 圈梁体积 = 3.34 m^3（见施工工程量计算表序号 20 之计算）	3.34
15	010403005001	混凝土过梁	m^3	按设计图示尺寸的体积以 m^3 计算 过梁体积 = 0.57 m^3（见施工工程量计算表序号 24 之计算）	0.57
16	010405001001	混凝土有梁板	m^3	按设计图示尺寸的梁板体积之和以 m^3 计算 有梁板体积 = 8.95 m^3（见施工工程量计算表序号 21 之计算）	8.95
17	010405008001	混凝土雨篷复式 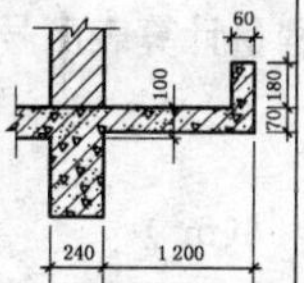	m^3	按设计图示尺寸的雨篷板与反挑檐的体积之和以 m^3 计算。 (1) 雨篷板 板长度 = 7.20 + 0.24 = 7.44(m) 板宽度 = 1.32 − 0.12 = 1.20(m) 板厚度(平均) = $\frac{1}{2}$(0.07 + 0.10) = 0.085(m) 雨篷板体积 = 7.44 × 1.20 × 0.085 = 0.76(m^3) (2) 反挑檐 挑檐长度 = (1.20 − 0.03) × 2 + 7.20 = 9.54(m) 挑檐宽度 = 0.06(m) 挑檐高度 = 0.25 − 0.07 = 0.18(m) 反挑檐体积 = 9.54 × 0.06 × 0.18 = 0.10(m^3) 合计体积 = 0.76 + 0.10 = 0.86(m^3)	0.86
18	010407001001	其他混凝土构件（女儿墙混凝土压顶）	m^3	按设计图示尺寸的体积以 m^3 计算 压顶体积 = 1.07 m^3（见施工工程量计算表序号 25 之计算）	1.07
19	010407002001	混凝土散水	m^2	按设计图示尺寸的面积以 m^2 计算 散水面积 = 26.93 m^2（见施工工程量计算表序号 38 之计算）	26.93
20	010416001001	现浇混凝土钢筋（直径 ϕ12 以内）	t	按设计图示钢筋长度乘单位理论重量以 t 计算 钢筋($\phi \leqslant 12$) 重量 = 1.546 t（见施工工程量计算表序号 17 之计算）	1.546
21	010416001002	现浇混凝土钢筋（直径 ϕ12 以外）	t	按设计图示钢筋长度乘单位理论重量以 t 计算 钢筋($\phi > 12$) 重量 = 0.421 t（见施工工程量计算表序号 17 之计算）	0.421

续附表 2

序号	项目编号	项目名称	单位	计 算 式	计算结果
		A.7 屋面及防水工程			
22	010702001001	屋面卷材防水	m^2	按设计图示尺寸的面积以 m^2 计算 面积 = 93.56 m^2（见施工工程量计算表序号 27 之计算）	93.56
23	010702003001	屋面刚性防水	m^2	按设计图示尺寸的面积以 m^2 计算 面积 = 66.85 m^2（见施工工程量计算表序号 28 之计算）	66.85
24	010702004001	屋面排水管（φ100）	m	按设计图示尺寸的长度以 m 计算 长度 = 13.20 m（见施工工程量计算表序号 29 之计算）	13.20
		B.1 楼地面工程			
25	020102002001	块料（地砖）楼地面	m^2	按设计图示尺寸的面积以 m^2 计算 面积 = 76.52 m^2（见施工工程量计算表序号 34 之计算）	76.52
26	020105003001	块料（地砖）踢脚线（高 150）	m^2	按设计图示尺寸的长度乘高度以面积 m^2 计算 长度 = 44.48 m（见施工工程量计算表序号 37 之计算） 高度 = 0.150(m) 面积 = 44.48 × 0.150 = 6.68(m^2)	6.68
		B.2 墙、柱面工程			
27	020201001001	墙面（内墙面）一般抹灰	m^2	按设计图示尺寸的面积以 m^2 计算 面积 = 104.58 m^2（见施工工程量计算表序号 39 之计算）	104.58
28	020203001001	零星项目（腰线、压顶、门窗套）一般抹灰	m^2	按设计图示尺寸的面积以 m^2 计算 腰线面积 = 9.20 m^2（见施工工程量计算表序号 42、43 之计算） 压顶面积 = 29.50 m^2 门窗套面积 = 12.13 m^2 合计面积 = 9.20 + 29.50 + 12.13 = 50.83(m^2)	50.83
29	020204003001	块料墙面（厕所内墙面）镶贴（瓷砖）	m^2	按设计图示尺寸的面积以 m^2 计算 镶贴面积 = 19.18 m^2（见施工工程量计算表序号 41 之计算）	19.18
30	020204003002	块料墙面（外墙面）镶贴（劈离砖）	m^2	按设计图示尺寸的面积以 m^2 计算 镶贴面积 = 142.82 m^2（见施工工程量计算表序号 46 之计算）	142.82

续附表 2

序号	项目编号	项目名称	单位	计算式	计算结果
31	020204003003	块料墙面(外墙面勒脚)镶贴(火烧板)	m^2	按设计图示尺寸的面积以 m^2 计算 镶贴面积 = 41.87 m^2 (见施工工程量计算表序号 45 之计算)	41.87
		B.3 天棚工程			
32	020301001001	天棚抹灰(包括雨篷板底)	m^2	按设计图示尺寸的水平投影面积以 m^2 计算 抹灰面积 = 81.56 m^2 (见施工工程量计算表序号 47 之计算)	81.56
33	020302001001	天棚吊顶(厕所间)	m^2	按设计图示尺寸的水平投影面积以 m^2 计算 吊顶面积 = 4.75 m^2 (见施工工程量计算表序号 49 之计算)	4.75
		B.4 门窗工程			
34	020402001001	金属门(平开不锈钢门 1 100×2 100)	樘	按设计图示的数量以樘计算 数量 = 1 樘 (M3)	1
35	020402005001	塑钢门(900×2 100)	樘	按设计图示的数量以樘计算 数量 = 2 樘 (M1)	2
36	020402005002	塑钢门(800×2 100)	樘	按设计图示的数量以樘计算 数量 = 2 樘 (M2)	2
37	020406007001	塑钢窗(1 800×1 600)	樘	按设计图示的数量以樘计算 数量 = 3 樘 (C1)	3
38	020406007002	塑钢窗(1 200×1 600)	樘	按设计图示的数量以樘计算 数量 = 3 樘 (C2)	3
39	020406007003	塑钢窗(900×1 600)	樘	按设计图示的数量以樘计算 数量 = 2 樘(C3)	2
40	020406010001	门窗五金(闭门器)	个/套	按设计图示的数量以个/套计算 数量 = 3 个	3
41	020406010002	门窗五金(执手锁)	个/套	按设计图示的数量以个/套计算 数量 = 5 个	5
42	020406010003	门窗五金(门吸)	个/套	按设计图示的数量以个/套计算 数量 = 5 个	5
		B.5 油漆、涂料、裱糊工程			
43	020507001001	刷喷涂料(内墙面、天棚面及雨篷底面刷乳胶漆)	m^2	按设计图示尺寸的面积以 m^2 计算 合计面积 = 180.55 m^2 (见施工工程量计算表序号 56 之计算)	180.55

续附表 2

序号	项目编号	项目名称	单位	计算式	计算结果
44	020508002001	线条刷涂料（外墙腰线、压顶及门窗套）	m	按设计图示尺寸的长度以 m 计算 合计长度 = 167.64 m^2（见施工工程量计算表序号 57 之计算）	167.64
		A.8 防腐、隔热、保温工程			
45	010803001001	保温隔热屋面（陶粒混凝土隔热层）	m^2	按设计图示尺寸的面积以 m^2 计算 面积 = 66.85 m^2（体积为 2.95 m^3，见施工工程量计算表序号 31 之计算）	66.85
46	010803001002	保温隔热屋面（挤塑板保温层）	m^2	按设计图示尺寸的面积以 m^2 计算 面积 = 66.85 m^2（见施工工程量计算表序号 32 之计算）	66.85

附表 3　分部分项工程量清单表

工程名称:某传达室工程

序号	项目编号	项目名称	项　目　特　征	计量单位	工程数量
		A.1 土（石）方工程			
1	010101001001	平整场地	1. 土壤类别:三类土 2. 弃土运距:100 m	m^2	78.70
2	010101003001	挖基础土方	1. 土壤类别:三类土 2. 基础类型:条形基础 3. 垫层底宽:1.20 m 4. 挖土深度:1.10 m 5. 弃土运距:100 m	m^3	61.25
3	010101003002	挖基础土方	1. 土壤类别:三类土 2. 基础类型:独立基础 3. 垫层底面积:1 300 mm×1 300 mm 4. 挖土深度:1.10 m 5. 弃土运距:100 m	m^3	3.72
4	010103001001	土方回填	1. 基础回填土 2. 夯填(碾夯) 3. 运输距离:100 m	m^3	43.54
5	010103001002	土方回填	1. 室内地面回填土 2. 夯填(碾夯) 3. 运输距离:100 m	m^3	4.73
		A.3 砌筑工程			
6	010301001001	砖基础	1. 垫层材料种类、厚度:C10 混凝土垫层、厚度 100 mm 2. 砖品种、规格、强度等级:黏土实心砖、规格 240 mm×115 mm×53 mm、MU100 强度等级 3. 基础类型:条形基础 4. 基础深度:1.10 m 5. 砂浆强度等级:M5 水泥砂浆	m^3	18.08
7	010302001001	实心砖墙	1. KP_1 多孔黏土砖、规格 240 mm×115 mm×90 mm 2. 墙体类型:内隔墙 3. 墙体厚度:115 mm 4. 墙体高度:2.90 m 5. 砂浆强度等级:M5 混合砂浆	m^3	1.78
8	010302001002	实心砖墙	1. KP_1 多孔黏土砖、规格 240 mm×115 mm×90 mm 2. 墙体类型:外墙 3. 墙体厚度:240 mm 4. 墙体高度:2.90 m 5. 砂浆强度等级:M5 混合砂浆	m^3	22.54

续附表 3

序号	项目编号	项目名称	项 目 特 征	计量单位	工程数量
9	010302001003	实心砖墙	1. KP_1 多孔黏土砖，规格 240 mm×115 mm×90 mm 2. 墙体类型：女儿墙 3. 墙体厚度：240 mm 4. 墙体高度：0.54 m 5. 砂浆强度等级：M5 混合砂浆	m^3	6.07
		A.4 混凝土及钢筋混凝土工程			
10	010401001001	混凝土带形基础	1. 100 mm 厚 C10 混凝土垫层 2. 混凝土强度等级 C25	m^3	11.60
11	010401002001	混凝土独立柱基础	1. 10 mm 厚 C10 混凝土垫层 2. 混凝土强度等级：C25	m^3	0.69
12	010402001001	混凝土矩形柱	1. 柱类型：有梁板的柱 2. 柱高度：3.00 m 3. 柱截面尺寸：300 mm×300 mm 4. 混凝土强度等级：C25	m^3	0.35
13	010402001002	混凝土矩形柱	1. 柱类型：有梁板的柱 2. 柱高度：3.00 m 3. 柱截面尺寸：240 mm×240 mm 4. 混凝土强度等级：C25	m^3	0.22
14	010402001003	混凝土矩形柱	1. 柱类型：构造柱 2. 柱高度：4.90 m(自−1.30～3.60 m) 3. 柱截面尺寸：240 mm×240 mm 4. 混凝土强度等级：C25	m^3	1.93
15	010403004001	混凝土圈梁	1. 梁底标高：2.60 m 2. 梁截面：240 mm×400 mm 3. 混凝土强度等级：C25	m^3	3.34
16	010403005001	混凝土过梁	1. 梁底标高：2.60 m 及 2.10 m 2. 梁截面：240 mm×120 mm 及 120 mm×120 mm 3. 混凝土强度等级：C25	m^3	0.57
17	010405001001	混凝土有梁板	1. 梁底标高：2.60 m 2. 梁截面：240 mm×400 mm 3. 板厚度：100 mm 4. 混凝土强度等级：C25	m^3	8.95
18	010405008001	混凝土雨篷(复式)	混凝土强度等级：C25	m^3	0.86
19	010407001001	混凝土其他构件	1. 构件类型：女儿墙混凝土压顶 2. 截面尺寸：360 mm×60 mm 3. 混凝土强度等级：C25	m^3	1.07
20	010407002001	混凝土散水	1. 垫层材料及厚度：碎石垫层，厚 100 mm 2. 面层厚度：20 mm 厚 1：2 水泥砂浆 3. 混凝土强度等级：C10	m^2	26.93

续附表 3

序号	项目编号	项目名称	项　目　特　征	计量单位	工程数量
21	010416001001	现浇混凝土钢筋	钢筋种类、规格：Ⅰ、Ⅱ级钢筋，直径 12 mm 以内	t	1.546
22	010416001002	现浇混凝土钢筋	钢筋种类、规格：Ⅰ、Ⅱ级钢筋，直径 12 mm 以外	t	0.421
		A.7 屋面及防水工程			
23	010702001001	屋面卷材防水	1. 卷材品种、规格：3 mm 厚 SBS 卷材 2. 防水层做法：冷黏 3. 嵌缝材料种类：高强 APP 嵌缝膏 4. 基层材料：20 mm 厚 1∶3 水泥砂浆，分格	m^2	93.56
24	010702003001	屋面刚性防水	1. 防水层厚度：40 mm 2. 嵌缝材料种类：建筑油膏 3. 混凝土强度等级：C25	m^2	66.85
25	010702004001	屋面排水管	1. 品种、规格、颜色：ϕ100 PVC 白色塑料管 2. 落水斗：ϕ100 PVC 白色落水斗 3. 落水垂头：ϕ100 PVC 白色落水垂头	m	13.20
		A.8 防腐、隔热、保温工程			
26	010803001001	保温隔热屋面	1. 保温隔热部位：屋面 2. 保温隔热材料、品种：陶粒混凝土，平均厚度40 mm 3. 面层材料品种、厚度：1∶2 水泥砂浆，厚 20 mm	m^2	66.85
27	010803001002	保温隔热屋面	1. 保温隔热部位：屋面 2. 保温隔热材料品种：40 mm 厚度挤塑保温板	m^2	66.85
		B.1 楼地面工程			
28	020102002001	块料楼地面	1. 垫层材料种类、厚度：碎石 100 mm 厚 2. 找平层厚度、水泥砂浆配合比：60 mm 厚 C15 混凝土，20 mm 厚 1∶2 水泥砂浆抹光 3. 结合层厚度、砂浆配合比：20 mm 厚 1∶2 水泥砂浆结合层 4. 面层材料品种、规格、颜色：8～10 mm 厚白色防滑地砖，白水泥擦缝	m^2	76.52
29	020105003001	块料踢脚线	1. 踢脚线高度：150 mm 2. 底层厚度、砂浆配合比：20 mm 厚 1∶2 水泥砂浆 3. 粘贴层厚度、材料种类：20 mm 厚 1∶2 水泥砂浆 4. 面层材料品种、规格、颜色：8～10 mm 厚白色防滑地砖、白水泥擦缝	m^2	6.68

续附表 3

序号	项目编号	项目名称	项 目 特 征	计量单位	工程数量
		B.2 墙、柱面工程			
30	020201001001	墙面一般抹灰	1. 墙体类型:砖墙、内墙面 2. 底层厚度、砂浆配合比:15 mm 厚 1∶3 石灰砂浆底,8 mm 厚 1∶2.5 石灰砂浆中层 3. 面层厚度,砂浆配合比:3 mm 厚纸筋石灰浆面层	m^2	104.58
31	020203001001	零星项目	1. 墙体类型:腰线、门窗套、女儿墙压顶 2. 底层厚度、砂浆配合比:12 mm 厚 1∶3 水泥砂浆 3. 面层厚度,砂浆配合比:8 mm 厚 1∶2.5 水泥砂浆	m^2	50.83
32	020204003001	块料墙面	1. 墙体类型:砖砌厕所间内墙面 2. 底层厚度、砂浆配合比:20 mm 厚 1∶3 水泥砂浆 3. 面层材料品种、颜色:白色瓷砖	m^2	19.18
33	020204003002	块料墙面	1. 墙体类型:砖墙、外墙面 2. 底层厚度、砂浆配合比:20 mm 厚 1∶3 水泥砂浆 3. 面层材料品种、颜色:红色劈离砖	m^2	142.82
34	020204003003	块料墙面	1. 墙体类型:砖墙、外墙面勒脚 2. 底层厚度,砂浆配合比:20 mm 厚 1∶3 水泥砂浆 3. 面层材料品种、颜色:深红色火烧板	m^2	41.87
		B.3 天棚工程			
35	020301001001	天棚抹灰	1. 基层类型:现浇混凝土板(包括雨篷板底) 2. 抹灰厚度、材料种类:1∶1∶6 水泥石灰砂浆厚 15 mm,3 mm 厚纸筋石灰浆面层	m^2	81.56
36	020302001001	天棚吊顶	1. 吊顶部位:厕所间吊顶 2. 龙骨类型:方木龙骨 3. 面层材料种类:塑料扣板	m^2	4.75
		B.4 门窗工程			
37	020402001001	金属平开门(铁门)	1. 门类型:单扇平开不锈钢门 2. 洞口尺寸:1 100 mm×2 100 mm	樘	1
38	020402005001	塑钢门	1. 门类型:单扇塑钢门 2. 洞口尺寸:900 mm×2 100 mm	樘	2
39	020402005002	塑钢门	1. 门类型:单扇塑钢门 2. 洞口尺寸:800 mm×2 100 mm	樘	2

续附表 3

序号	项目编号	项目名称	项　目　特　征	计量单位	工程数量
40	020406007001	塑钢窗	1. 窗类型:塑钢推拉窗 2. 洞口尺寸:1 800 mm×1 600 mm	樘	3
41	020406007002	塑钢窗	1. 窗类型:塑钢推拉窗 2. 洞口尺寸:1 200 mm×1 600 mm	樘	3
42	020406007003	塑钢窗	1. 窗类型:塑钢推拉窗 2. 洞口尺寸:900 mm×1 600 mm	樘	2
		B.5 油漆、涂料、裱糊工程			
43	020507001001	刷喷涂料	1. 基层类型:(内墙面及天棚面)石灰砂浆 2. 涂料品种、刷喷遍数:两遍	m^2	180.55
44	020508002001	线条刷涂料	1. 基层类型:(腰线、压顶、门窗套)水泥砂浆 2. 涂料品种、刷喷遍数:两遍	m	167.64

附表 4　分部分项工程量清单综合单价分析表

工程名称:某传达室工程

序号	项目编号（定额编号）	项目名称（分项工程）	单位	工程数量	综合单价组成(元)					综合单价
					人工费	材料费	机械费	管理费	利润	
1	010101001001	平整场地	m^2	78.70	3.56		0.58	1.03	0.50	5.87
	1－98	平整场地	10 m^2	20.07	13.68			3.42	1.64	
	(1－218)×0.2	铲装松散土运输(运距 40 m内,挖填平整土厚 0.2 m)	10 m^2	20.07	0.288 (1.44×0.2)		2.290 (11.45×0.2)	0.644 (3.22×0.2)	0.310 (1.55×0.2)	
2	010101003001	挖基础土方	m^3	61.25	21.71			5.44	2.61	29.46
	1－23	人工挖地槽(深1.50 m内,三类干土)	m^3	82.01	10.80			2.70	1.30	
	(1－92)＋(1－95)	人工运土方(运距 100 m内)	m^3	82.01	5.42			1.36	0.65	
3	010101003002	挖基础土方	m^3	3.72	30.15			7.55	3.66	41.36
	1－55	人工挖地坑(深1.50 m内,三类干土)	m^3	6.35	12.24			3.06	1.47	
	(1－92)＋(1－95)	人工运土方(运距 100 m内)	m^3	6.35	5.42			1.36	0.65	
4	010103001001	土方回填	m^3	43.54	18.92		1.36	5.08	2.44	27.80
	1－104	地槽(坑)回填土	m^3	54.85	6.72		1.09	1.95	0.94	
	1－1	人工挖(回填)土	m^3	54.85	2.88			0.72	0.35	
	(1－92)＋(1－95)	人工土方运输(运 100 m)	m^3	54.85	5.42			1.36	0.65	
5	010103001002	土方回填	m^3	4.73	93.38		2.07	24.15	11.31	130.91
	1－99	地面原土打底夯	10 m^2	6.76	2.40		0.99	0.85	0.41	
	1－102	室内地面回填土	m^3	4.73	6.24		0.65	1.72	0.83	
	1－1	人工挖(回填)土	m^3	4.73	2.88			0.72	0.35	
	(1－92)＋(1－95)	人工运土方(运距 100 m内)	m^3	4.73	5.42			1.36	0.65	
	(1－92)＋(1－95)×9	余土外运(运距 500 m)	m^3	29.00	12.30			3.12	1.45	
6	010301001001	砖基础	m^3	18.08	43.54	194.51	4.65	12.06	5.78	260.54
	3－1	M5 水泥砂浆砖基础	m^3	18.08	29.64	141.81	2.47	8.03	3.85	
	3－42	1∶2 水泥砂浆防潮层	10 m^2	1.11	17.68	53.50	2.16	4.96	2.38	
	2－120	C10 混凝土基础垫层	m^3	5.90	35.62	151.41	4.23	9.96	4.78	
	1－100	地槽原土打底夯	10 m^2	7.46	2.88		1.62	1.13	0.54	

续附表 4

序号	项目编号（定额编号）	项目名称（分项工程）	单位	工程数量	综合单价组成(元)					综合单价
					人工费	材料费	机械费	管理费	利润	
7	010302001001	实心砖墙	m^3	1.78	34.58	141.08	1.54	9.03	4.33	190.56
	3－21	M5 混合砂浆砌半砖隔墙	m^3	1.78	34.58	141.08	1.54	9.03	4.33	
8	010302001002	实心砖墙	m^3	22.54	29.38	141.32	1.90	7.82	3.75	184.17
	3－22	M5 混合砂浆砌砖外墙	m^3	22.54	29.38	141.32	1.90	7.82	3.75	
9	010302001003	实心砖墙	m^3	6.07	29.38	141.32	1.90	7.82	3.75	184.17
	3－22	M5 混合砂浆砌砖女儿墙	m^3	6.07	29.38	141.32	1.90	7.82	3.25	
10	010401001001	混凝土带形基础	m^3	11.60	19.50	175.21	14.93	8.61	4.13	222.38
	5－2	C25 混凝土带形基础	m^3	11.60	19.50	175.21	14.93	8.61	4.13	
11	010401002001	混凝土独立柱基础	m^3	0.69	38.96	246.18	18.31	14.32	6.87	324.64
	5－7	C25 混凝土独立柱基础	m^3	0.69	19.50	173.77	14.93	8.61	4.13	
	1－100	地坑原土打底夯	$10\ m^2$	0.58	2.88		1.62	1.13	0.54	
	2－120	C10 混凝土柱基垫层	m^3	0.33	35.62	151.41	4.23	9.96	4.78	
12	010402001001	混凝土矩形柱	m^3	0.57	49.92	200.23	6.32	14.06	6.75	277.28
	5－13	混凝土矩形(承重)柱	m^3	0.57	49.92	200.23	6.32	14.06	6.75	
13	010402001002	混凝土矩形柱	m^3	1.93	84.50	184.90	6.32	22.71	10.90	309.33
	5－16	混凝土构造柱	m^3	1.93	84.50	184.90	6.32	22.71	10.90	
14	010403004001	混凝土圈梁	m^3	3.34	49.92	186.83	6.12	14.01	6.72	263.60
	5－20	混凝土圈梁	m^3	3.34	49.92	186.83	6.12	14.01	6.72	
15	010403005001	混凝土过梁	m^3	0.57	49.92	200.25	6.12	14.01	6.72	285.99
	5－21	混凝土过梁	m^3	0.57	49.92	200.25	6.12	14.01	6.72	
16	010405001001	混凝土有梁板	m^3	8.95	29.12	212.02	6.35	8.87	4.26	260.62
	5－32	混凝土有梁板	m^3	8.95	29.12	212.02	6.35	8.87	4.26	
17	010405008001	混凝土复式雨篷	m^3	0.86	61.26	217.54	11.26	18.12	9.70	317.88
	5－40	混凝土复式雨篷	$10\ m^2$	0.89	58.50	207.90	10.74	17.31	8.31	
	5－42	雨篷混凝土增1.5%损耗	m^3	0.012	51.48	177.41	9.67	15.29	7.34	
18	010407001001	混凝土其他构件	m^3	1.07	55.64	196.49	7.67	15.83	7.60	283.23
	5－49	女儿墙混凝土压顶	m^3	1.07	55.64	196.49	7.67	15.83	7.60	

续附表 4

序号	项目编号（定额编号）	项目名称（分项工程）	单位	工程数量	综合单价组成(元)					综合单价
					人工费	材料费	机械费	管理费	利润	
19	010407002001	混凝土散水	m²	26.93	6.37	18.15	0.57	1.73	0.83	27.65
	12－172	混凝土散水	10 m²	2.69	63.70	181.48	5.66	17.34	8.32	
20	010416001001	现浇混凝土钢筋	t	1.546	330.46	2 889.53	57.83	97.07	46.59	3 421.48
	4－1	现浇混凝土构件≤ϕ12 筋	t	1.546	330.46	2 889.53	57.83	97.07	46.59	
21	010416001002	现浇混凝土钢筋	t	0.421	166.14	2 898.58	84.40	62.64	30.06	3 241.82
	4－2	现浇混凝土构件＞ϕ12 筋	t	0.421	166.14	2 898.58	84.40	62.64	30.06	
22	010702001001	屋面卷材防水	m²	93.56	1.56	36.84		0.39	0.19	38.98
	9－30	SBS 防水卷材屋面	10 m²	9.36	15.60	368.41		3.90	1.87	
23	010702003001	屋面刚性防水	m²	66.85	5.25	13.55	0.27	1.38	0.66	21.11
	9－72	细石混凝土刚性防水	10 m²	6.69	52.52	135.49	2.65	13.79	6.62	
24	010702004001	屋面排水管	m	13.20	1.50	44.74		0.38	0.18	46.80
	9－188	PVC 落水管(ϕ100)	10 m	1.32	11.96	373.55		2.99	1.44	
	9－190	PVC 水落斗(ϕ100)	10 只	0.4	9.88	243.48		2.47	1.19	
25	010803001001	保温隔热屋面	m²	66.85	3.13	10.97	0.21	0.84	0.40	15.55
	9－215	屋面陶粒混凝土隔热层	m³	2.95	26.00	167.44		6.50	3.12	
	9－76	1∶3 水泥砂浆找平层	10 m²	6.69	19.76	35.78	2.06	5.46	2.62	
26	010803001002	保温隔热屋面	m²	66.85	6.73	35.31	0.21	1.74	0.83	44.82
	9－216	40 厚保温挤塑板	m³	2.67	118.82	794.44		29.71	14.26	
	9－76	1∶3 水泥砂浆找平层	10 m²	6.69	19.76	35.78	2.06	5.46	2.62	
27	020102002001	块料楼地面	m²	76.52	16.53	53.99	0.98	4.93	2.37	78.80
	12－9	100 厚碎石地面垫层	m³	7.65	14.56	61.26	0.97	3.88	1.86	
	(12－18)＋(12－19)×4	60 厚 C15 混凝土找平层	10 m²	7.65	31.20	107.94	4.10	8.82	4.24	
	12－22	20 厚 1∶2 水泥砂浆面层	10 m²	7.65	24.70	43.97	2.06	6.69	3.21	
	12－90	10 厚防滑地砖面层	10 m²	7.65	117.04	326.72	2.64	29.92	14.36	

续附表 4

序号	项目编号（定额编号）	项目名称（分项工程）	单位	工程数量	综合单价组成（元）					综合单价
					人工费	材料费	机械费	管理费	利润	
28	020105003001	块料踢脚线	m²	6.68	28.33	40.33	0.83	7.30	3.50	80.26
	12－102	地面地砖踢脚线	10 m	4.45	30.52	49.93	0.63	7.79	3.74	
	13－18	墙面 1∶3 水泥砂浆找平	10 m²	0.67	40.04	29.83	1.75	10.45	5.01	
	13－12	墙面 1∶2 水泥砂浆抹面	10 m²	0.67	40.04	40.56	2.26	10.58	5.08	
29	020201001001	墙面一般抹灰	m²	104.58	3.59	2.08	0.19	0.95	0.45	7.25
	13－1	内墙面石灰砂浆纸筋灰面抹灰	10 m²	10.46	35.88	20.77	1.90	9.45	4.53	
30	020201001002	墙面一般抹灰	m²	32.83	4.00	4.06	0.23	1.06	0.51	9.85
	13－12	厕所间内墙面水泥砂浆抹灰	10 m²	3.28	40.04	40.56	2.26	10.58	5.08	
31	020203001001	零星项目	m²	41.63	17.76	4.49	0.25	4.50	2.16	29.16
	13－21	外墙面门窗套及压顶水泥砂浆抹灰	10 m²	4.20	177.58	44.88	2.47	45.01	21.61	
32	020203001002	零星项目	m²	9.20	14.77	4.68	0.25	3.75	1.80	25.25
	13－22	外墙面腰线水泥砂浆抹灰	10 m²	0.92	147.68	46.75	2.47	37.54	18.02	
33	020204003001	块料墙面	m²	19.18	16.46	19.08	0.41	4.22	2.03	42.20
	13－109	厕所间墙面贴瓷砖	10 m²	1.92	164.64	190.79	4.14	42.20	20.25	
34	020201001003	墙面一般抹灰	m²	184.69	4.26	3.53	0.24	1.13	0.54	9.70
	13－30	外墙面(包括女儿墙)混合砂浆抹灰	10 m²	18.47	42.64	35.34	2.37	11.25	5.40	
35	020204003002	块料墙面	m²	142.82	16.30	69.03	0.41	4.18	2.00	91.92
	13－148	外墙面贴劈离砖	10 m²	14.28	162.96	690.33	4.08	41.76	20.04	
36	020204003003	块料墙面	m²	41.87	13.94	37.92	0.22	3.54	1.70	57.32
	13－140	外墙勒脚贴火烧板	10 m²	4.19	139.44	379.23	2.16	35.40	16.99	
37	020301001001	天棚抹灰	m²	81.56	3.64	2.11	0.12	0.94	0.45	7.26
	14－111	混合砂浆天棚抹灰	10 m²	8.16	36.40	21.09	1.18	9.40	4.51	

续附表 4

序号	项目编号（定额编号）	项目名称（分项工程）	单位	工程数量	综合单价组成（元）					综合单价
					人工费	材料费	机械费	管理费	利润	
38	020302001001	天棚吊顶	m^2	4.75	8.88	70.74	0.71	2.40	1.15	83.88
	14－1	厕所间方木天棚龙骨	10 m^2	0.48	32.76	307.16	0.27	8.26	3.96	
	14－90	天棚塑料扣板面层	10 m^2	0.48	55.16	392.81	6.75	15.48	7.43	
39	020402001001	金属平开门	樘	1	55.01	982.86	4.51	14.88	7.14	1 064.42
	15－23	不锈钢栏栅门安装	10 m^3	0.231	179.95	3 751.16	19.52	49.87	23.94	
	15－344	闭门器安装	只	1	8.12	83.86		2.03	0.97	
	15－346	门执手锁安装	把	1	5.32	32.48		1.33	0.64	
40	020402005001	塑钢门	樘	2	29.13	569.89	2.95	8.02	3.85	613.84
	15－10	塑钢门安装（900×2 100）	10 m^2	0.378	126.00	2 843.43	15.62	35.41	16.99	
	15－346	门执手锁安装	把	2	5.32	32.48		1.33	0.64	
41	020402005002	塑钢门	樘	2	21.17	477.70	2.62	5.95	2.85	510.29
	15－10	塑钢门安装（800×2 100）	10 m^2	0.336	126.00	2 843.43	15.62	35.41	16.99	
42	020406007001	塑钢窗	樘	3	37.18	638.94	4.50	10.20	4.89	695.71
	15－11	塑钢窗安装（1 800×1 600）	10 m^2	0.864	129.08	2 218.55	15.62	35.41	16.99	
43	020406007002	塑钢窗	樘	3	30.98	532.45	3.75	8.50	4.08	579.76
	15－11	塑钢窗安装（1 200×1 600）	10 m^2	0.576	129.08	2 218.55	15.62	35.41	16.99	
44	020406007003	塑钢窗	樘	2	18.59	319.47	2.25	5.10	2.45	347.86
	15－11	塑钢窗安装（900×1 600）	10 m^2	0.288	129.08	2 218.55	15.62	35.41	16.99	
45	020406010001	特殊五金	个/套	5	4.02	3.33	12.70	4.18	2.01	26.24
	7－45	门窗运输（运 10 km）	100 m^2	0.27	32.88	—	235.20	67.02	32.17	
	15－349	门吸	副	5	2.24	3.33		0.56	0.27	
46	020507001001	喷刷涂料	m^2	104.58	2.74	3.91		0.69	0.33	7.66
	16－307	内墙面刷乳胶漆	10 m^2	10.46	27.44	39.05		6.86	3.29	
47	020507001002	喷刷涂料	m^2	75.97	3.02	3.91		0.69	0.33	7.94
	16－307 换	天棚面刷乳胶漆	10 m	7.60	30.18	39.05		6.86	3.29	
48	020508002001	线条刷涂料	m	167.64	0.11	0.13		0.03	0.01	0.28
	16－314	腰线、门窗套及压顶刷乳胶漆	100 m	1.68	10.64	12.85		2.66	1.28	

附表 5　措施项目清单综合单价分析表

序号	措施项目名称	定额编号	子目名称	单位	数量	单价					合价					小计
						人工费	材料费	机械费	管理费	利润	人工费	材料费	机械费	管理费	利润	
1	脚手架															1 452.14
		19-1	内墙砌筑脚手架（高 < 3.6 m）	10 m²	1.91	2.68	2.52	0.50	0.80	0.38	5.12	4.81	0.95	1.53	0.73	
		19-2	外墙砌筑脚手架（高 > 3.6 m）	10 m²	21.39	17.32	36.40	3.74	5.27	2.53	370.48	778.60	80.00	112.73	55.19	
		19-10	内墙面及天棚抹灰脚手架（高 < 3.6 m）	10 m²	20.50	0.21	1.07	0.50	0.18	0.09	4.31	21.94	10.25	3.65	1.85	
			合　　计	元							379.91	805.35	91.20	117.91	57.77	
2	模板及支架															4 849.44
		20-1	基础垫层模板	10 m²	0.590	108.68	87.54	7.52	29.05	13.94	64.12	51.65	4.44	17.14	8.23	
		20-2	带形基础模板	10 m²	0.858	75.66	88.09	7.52	20.80	9.98	64.92	75.58	6.45	17.85	8.56	
		20-6	屋面刚性防水层模板	10 m²	0.068	68.64	86.35	10.54	19.80	9.50	4.67	5.87	0.72	1.35	0.65	
		20-10	独立柱基础模板	10 m²	0.121	82.16	80.17	13.97	24.03	11.54	9.94	9.70	1.69	2.91	1.40	
		20-30	构造柱模板	10 m²	2.142	130.52	69.46	9.40	34.98	16.79	279.57	148.78	20.14	74.93	35.96	
		20-25	矩形柱模板	10 m²	0.760	104.78	104.11	17.30	30.52	14.65	79.63	79.12	13.15	23.20	11.14	
		20-40	圈梁模板	10 m²	2.782	79.82	74.88	10.42	22.56	10.83	222.06	208.32	28.99	62.76	30.13	
		20-42	过梁模板	10 m²	0.684	113.36	102.45	12.58	31.49	15.11	77.54	70.08	8.61	21.54	10.34	
		20-34	屋面梁模板	10 m²	0.938	103.48	116.53	23.63	31.78	15.25	97.06	109.31	22.17	29.81	14.31	
		20-56	屋面板模板	10 m²	8.421	71.50	104.65	21.48	23.25	11.16	602.10	881.26	180.88	195.79	93.98	
		20-73	雨篷模板	10 m²	0.893	179.92	205.81	33.66	53.40	25.63	160.67	183.79	30.06	47.69	22.89	
		20-89	压顶模板	10 m²	1.187	93.86	111.03	18.16	28.01	13.44	111.41	131.79	21.56	33.25	15.95	
			合　　计	元							1 773.65	1 955.25	338.88	528.12	253.54	

附表 6　分部分项工程量清单计价表

工程名称:某传达室工程

序号	项目编号	项目名称	计量单位	工程数量	金额(元)	
					综合单价	合价
		A. 1 土(石)方工程				
1	010101001001	平整场地	m^2	78.70	5.87	461.97
2	010101003001	挖基础土方(地槽)	m^3	61.25	29.46	1 825.05
3	010101003002	挖基础土方(地坑)	m^3	3.72	41.36	153.86
4	010103001001	土方回填(基础)	m^3	43.54	27.80	1 210.41
5	010103001002	土方回填(室内)	m^3	4.73	130.91	619.21
		A. 3 砌筑工程				
6	010301001001	砖基础	m^3	18.08	260.54	4 710.56
7	010302001001	实心砖墙(内隔墙)	m^3	1.78	190.56	339.20
8	0103002001002	实心砖墙(外墙)	m^3	22.54	184.17	4 151.19
9	0103002001003	实心砖墙(女儿墙)	m^3	6.07	184.17	1 117.91
		A. 4 混凝土及钢筋混凝土工程				
10	010401001001	混凝土带形基础	m^3	11.60	222.38	2 579.61
11	010401002001	混凝土独立基础	m^3	0.69	324.64	224.00
12	010402001001	混凝土矩形柱(承重柱)	m^3	0.57	277.28	158.05
13	010402001002	混凝土矩形柱(构造柱)	m^3	1.93	309.33	597.00
14	010403004001	混凝土圈梁	m^3	3.34	263.60	880.42
15	010403005001	混凝土过梁	m^3	0.57	285.99	163.02
16	010405001001	混凝土有梁板	m^3	8.95	260.62	2 332.55
17	010405008001	混凝土雨篷(复式)	m^3	0.86	317.88	273.38
18	010407001001	混凝土其他构件	m^3	1.07	283.23	303.06
19	010407002001	混凝土散水	m^2	26.93	27.65	744.62
20	010416001001	现浇混凝土构件钢筋 ($\phi \leqslant 12$)	t	1.546	3 421.48	5 289.61
21	010416001002	现浇混凝土构件钢筋 ($\phi > 12$)	t	0.421	3 241.82	1 364.81
		A. 7 屋面及防水工程				
22	010702001001	屋面卷材防水	m^2	93.56	38.98	3 646.97
23	010702003001	屋面刚性防水	m^2	66.85	21.11	1 411.20
24	010702004001	屋面排水管	m	13.20	46.80	617.76
		A. 8 防腐、隔热、保温工程				
25	010803001001	保温隔热屋面	m^2	66.85	15.55	1 039.52

续附表 6

序号	项目编号	项目名称	计量单位	工程数量	金额(元)	
					综合单价	合价
26	010803001002	保温隔热屋面	m^2	66.85	44.82	2 996.22
		B.1 楼地面工程				
27	020102002001	块料楼地面	m^2	76.52	78.80	6 029.78
28	020105003001	块料踢脚线	m^2	6.68	80.26	536.14
		B.2 墙、柱面工程				
29	020201001001	墙面一般抹灰(内墙面)	m^2	104.58	7.25	758.20
30	020201001002	墙面一般抹灰(厕所间)	m^2	32.83	9.85	323.38
31	020203001001	零星项目	m^2	41.63	29.16	1 213.93
32	020203001002	零星项目	m^2	9.20	25.25	232.30
33	020204003001	块料墙面	m^2	19.18	42.20	809.40
34	020201001003	墙面一般抹灰(外墙面)	m^2	184.69	9.70	1 791.50
35	020204003002	块料墙面	m^2	142.82	91.92	13 128.01
36	020204003003	块料墙面	m^2	41.87	57.32	2 399.99
		B.3 天棚工程				
37	020301001001	天棚抹灰	m^2	81.56	7.26	592.13
38	020302001001	天棚吊顶	m^2	4.75	83.88	398.45
		B.4 门窗工程				
39	020402001001	金属平开门	樘	1	1 064.42	1 064.42
40	020402005001	塑钢门	樘	2	613.84	1 227.68
41	020402005002	塑钢门	樘	2	510.29	1 020.58
42	020406007001	塑钢窗	樘	3	695.71	2 087.13
43	020406007002	塑钢窗	樘	3	579.76	1 739.28
44	020406007003	塑钢窗	樘	2	347.86	695.72
45	020406010001	特殊五金	个	5	26.24	131.20
		B.5 油漆、涂料、裱糊工程				
46	020507001001	喷刷涂料	m^2	104.58	7.66	801.08
47	020507001002	喷刷涂料	m^2	75.97	7.94	603.20
48	020508002001	线条刷涂料	m	167.64	0.28	46.94
		合计	元			76 841.61

附表 7 措施项目清单计价表

工程名称:某传达室工程

序号	项目名称	单位	计算基础	费率(%)	金额(元)		备注
					单价	合价	
1	现场安全文明施工措施费						
1.1	基本费	元	分部分项工程费	2.2	76 841.61	1 690.52	
1.2	考评费	元	分部分项工程费	1.1	76 841.61	845.26	
1.3	奖励费	元	分部分项工程费	0.7	76 841.61	537.89	
2	现场临时设施费	元	分部分项工程费	2	76 841.61	1 536.83	
3	检验试验费	元	分部分项工程费	0.2	76 841.61	153.68	
4	环境保护费	元	分部分项工程费	1	76 841.61	768.42	
5	工程按质论价费	元	分部分项工程费	2	76 841.61	1 536.83	
6	赶工措施费	元	分部分项工程费	2	76 841.61	1 536.83	
7	脚手架费	元			1 452.14	1 452.14	
8	模板及支架费	元			4 849.44	4 849.44	
合计		元				14 907.85	

附表 8 其他项目清单计价表

工程名称:某传达室工程

序号	项目名称	单位	计算基础	费率(%)	金额(元)		备注
					单价	合价	
1	招标人部分						
1.1	预留金(暂估)	元				10 000.00	
1.2	材料购置费(暂估)	元				6 000.00	
2	投标人部分						
1.1	总承包服务费	元				5 000.00	
1.2	零星工作项目费	元				0.00	
合计		元				21 000.00	

附表 9 单位工程费汇总表

工程名称:某传达室工程

<table>
<tr><th rowspan="2">序号</th><th rowspan="2" colspan="2">项目名称</th><th rowspan="2">单位</th><th rowspan="2">计算基础</th><th rowspan="2">费率(%)</th><th colspan="2">金额(元)</th><th rowspan="2">备注</th></tr>
<tr><th>单价</th><th>合价</th></tr>
<tr><td>1</td><td colspan="2">分部分项工程量清单费用</td><td>元</td><td>工程量×综合单位</td><td></td><td></td><td>76 841.61</td><td></td></tr>
<tr><td>2</td><td colspan="2">措施项目清单费用</td><td>元</td><td></td><td></td><td></td><td>14 907.85</td><td></td></tr>
<tr><td>3</td><td colspan="2">其他项目费用</td><td>元</td><td></td><td></td><td></td><td>21 000.00</td><td></td></tr>
<tr><td rowspan="5">4</td><td colspan="2">规　费</td><td></td><td></td><td></td><td></td><td></td><td></td></tr>
<tr><td rowspan="4">其中</td><td>4.1 工程排污费</td><td>元</td><td>(1＋2＋3)×1%</td><td>1</td><td></td><td>1 127.50</td><td></td></tr>
<tr><td>4.2 安全生产监督费</td><td>元</td><td>(1＋2＋3)×0.2%</td><td>0.2</td><td></td><td>225.50</td><td></td></tr>
<tr><td>4.3 社会保障费</td><td>元</td><td>(1＋2＋3)×3%</td><td>3</td><td></td><td>3 382.48</td><td></td></tr>
<tr><td>4.4 住房公积金</td><td>元</td><td>(1＋2＋3)×0.5%</td><td>0.5</td><td></td><td>563.75</td><td></td></tr>
<tr><td>5</td><td colspan="2">税金</td><td>元</td><td>(1+2+3+4)×3.44%</td><td>3.44</td><td></td><td>4 060.88</td><td></td></tr>
<tr><td>6</td><td colspan="2">工程造价</td><td>元</td><td>1＋2＋3＋4＋5</td><td></td><td></td><td>122 109.57</td><td></td></tr>
</table>

参考文献

[1] 全国一级建造师执业资格考试用书编写委员会编.建设工程经济.北京:中国建筑工业出版社,2010

[2] 钱昆润,戴望炎,张星.建筑工程定额与预算.南京:东南大学出版社,2006

[4] 沈杰主编.工程估价.南京:东南大学出版社,2005

[5] 董丽君主编.建筑工程计量与计价. 南京:东南大学出版社,2010

[6] 中华人民共和国住房和城乡建设部标准定额研究所.建设工程工程量清单计价规范(GB 50500—2008).北京:中国计划出版社,2008

[7] 中华人民共和国住房和城乡建设部标准定额研究所.建设工程工程量清单计价规范宣贯教材.北京:中国计划出版社,2008

[8] 全国一级建造师执业资格考试用书编写委员会编.建设工程项目管理.北京:中国建筑工业出版社,2010

[9] 沈杰.工程造价管理.南京:东南大学出版社,2006

[10] 冯振荣.谈清单计价与定额计价的异同.山西建筑,2005(4)

[11] 李殿君,杨军.工程量清单计价与定额计价的区别与联系.煤炭工程,2008(1)

[12] 2010 全国一级建造师执业资格考试用书编写委员会编.2010 全国一级建造师执业资格考试用书:建筑工程管理与实务(第 2 版).北京:中国建筑工业出版社,2010